卓越工程师培养计划 电工电子

LED照明应用基础与实践

（第2版）

刘祖明 丁向荣 陈 丽 编著

U0335171

電子工業出版社
Publishing House of Electronics Industry
北京·BEIJING

内 容 简 介

本书结合国内外LED技术的应用和发展，全面系统地阐述了LED的基础知识和最新应用。全书共分为9章，系统地介绍了LED照明基础知识、LED驱动电路、LED应用基本知识与LED应用常见故障、LED照明灯具的设计与组装等内容。本书题材新颖实用，内容由浅入深，循序渐进，通俗易懂，图文并茂，是一本具有很高实用价值的LED入门指南。

本书可供电信、信息、航天、汽车、国防及家电等领域从事LED工程应用的技术人员、产品推广人员、广告制作及安装人员阅读使用，也可作为高等学校相关专业的教学用书。

图书在版编目（CIP）数据

LED照明应用基础与实践/刘祖明，丁向荣，陈丽编著. —2版. —北京：电子工业出版社，2017.7
（卓越工程师培养计划）
ISBN 978-7-121-32240-2

Ⅰ.①L… Ⅱ.①刘… ②丁… ③陈… Ⅲ.①发光二极管-照明设计 Ⅳ.①TN383.02

中国版本图书馆CIP数据核字（2017）第169099号

策划编辑：张　剑（zhang@phei.com.cn）
责任编辑：刘真平
印　　刷：北京天宇星印刷厂
装　　订：北京天宇星印刷厂
出版发行：电子工业出版社
　　　　　北京市海淀区万寿路173信箱　邮编 100036
开　　本：787×1 092　1/16　印张：18.5　字数：473.6千字
版　　次：2013年6月第1版
　　　　　2017年7月第2版
印　　次：2024年11月第10次印刷
定　　价：58.00元

凡所购买电子工业出版社图书有缺损问题，请向购买书店调换。若书店售缺，请与本社发行部联系，联系及邮购电话：(010)88254888，88258888。

质量投诉请发邮件至zlts@phei.com.cn，盗版侵权举报请发邮件至dbqq@phei.com.cn。

本书咨询联系方式：zhang@phei.com.cn。

前　言

LED 问世于 20 世纪 60 年代初，1964 年出现红光 LED，然后出现黄光 LED，直到 1994 年才研制成功蓝光、绿光的 LED。1996 年由日本日亚公司成功开发出白光 LED。LED 以省电、寿命长、耐震动、响应速度快、冷光源等特点，广泛应用于指示灯、信号灯、显示屏、景观照明及家用电器、电话机、仪表板照明、汽车防雾灯、交通信号灯等领域。近年来，随着人们对半导体发光材料的不断研究，以及 LED 制造工艺的不断进步及新材料的应用，使各种颜色 LED 取得了突破性进展，其发光效率提高了近 1000 倍，LED 可以显示可见光波段的所有颜色，超高亮度白光 LED 的出现，使 LED 应用领域跨越至高效率照明市场。

21 世纪，人们开始关注温室气体排放源、能源消耗及其对气候的影响。有关低效能耗的分析令全球立法转而支持逐步淘汰甚至最终禁止使用白炽灯泡。我国 2011 年发布逐步淘汰白炽灯路线图，再次表明我国政府深入开展绿色照明工程、大力推进节能减排、积极应对全球气候变化的坚强决心和采取的积极行动，将会对我国乃至全球淘汰白炽灯进程产生重要而深远的影响。随着国家推出“十城万盏”方案，上海世博会采用 LED 灯具，LED 在各个领域中的应用日益广泛。

高亮度 LED 是人类继爱迪生发明白炽灯泡后最伟大的发明之一。LED 作为一种新型的照明技术，其应用前景举世瞩目，LED 被誉为 21 世纪照明最有价值的光源，必将引起照明领域一场新的革命。随着 LED 技术的不断创新和发展，使得 LED 在照明领域得以推广应用。在照明领域，LED 照明灯具因为具有体积小、重量轻、方向性好、节能、寿命长、动态变幻、色彩丰富、抗震等特点而适用于各种恶劣环境条件，LED 照明灯具必将对传统的照明光源市场带来冲击，成为一种很有竞争力的新型照明光源。

LED 照明技术的发展与应用已引起国内外光源界的普遍关注，现已成为具有发展前景和影响力的一项高新技术产业。目前，由于 LED 照明技术的广泛应用及其潜在的市场，LED 照明灯具显示出了强大的发展潜力，其产品的开发、研制、生产成为发展前景十分诱人的朝阳产业，并已形成一条完整的 LED 照明灯具产业链。目前，LED 照明已经广泛应用在动植物生长或生产、室内照明、室外照明、汽车照明、医学及背光和显示等方面。随着 LED 行业的发展，相关 LED 灯具标准、能效标准、安全标准、EMC 标准等标准更新也在加快。

本书结合国内外 LED 技术的应用和发展，全面系统地阐述了 LED 的基础知识和最新应用。全书共分为 9 章，系统地介绍了 LED 照明基础知识、LED 驱动电路、LED 应用基本知识与 LED 应用常见故障、LED 照明灯具的设计与组装等内容。本书题材新颖实用，内容由浅入深，循序渐进，通俗易懂，图文并茂，是一本具有很高实用价值的 LED 入门指南。

笔者长期从事 LED 照明技术的研究和开发工作，积累了丰富的实践经验，并且编写了数本关于 LED 照明方面的图书，在业界产生了一定的影响。《LED 照明应用基础与实践》一书出版两年来，深受读者的关注与喜爱，很多读者发来邮件或打来电话与笔者交流 LED 技术，并提出了宝贵的意见。在吸取读者意见的基础上，并结合近几年 LED 发展的新技术，决定对该书进行修订，增加了很多实际的 LED 设计实例与新技术，使本书内容更加全面和实用。

全书由刘祖明、丁向荣、陈丽编著。其中，刘祖明编写了第 1 章、第 2 章、附录 A ～ C，陈丽编写了第 3 ～ 5 章，丁向荣编写了第 6 ～ 9 章。刘祖明负责全书的统稿工作。另外，参加本书编写的还有刘文沁、钟柳青、钟勇、张安若、祝建孙、刘国柱、刘艳生、刘艳明和邱寿华。

本书在写作过程中参考了大量书籍，也引用了互联网上的资料，在此向这些书籍和资料的原作者表示衷心的感谢。同时，在资料收集和技术交流方面得到了国内外专业学者和同行的支持，在此也向他们表示衷心的感谢。对于有些引用资料的出处，基于各种原因可能未能出现在参考文献中，在此表示歉意与感谢！

本书的所有实例都经过编著者的实际应用，但由于 LED 照明设计涉及面广，实用性强，加之编著时间仓促，以及作者水平有限，书中难免存在不足之处，敬请广大读者批评指正。

同时感谢读者选择了本书，希望我们的努力能对您的工作和学习有所帮助，也希望广大读者不吝赐教。

编著者

目　录

第 1 章　LED 照明基础知识及应用

1.1　光的基本知识

1. 光的基本特性

光在电磁波中只占很小一部分，人眼只能接收 380 ～ 780nm 的光，称为可见光。人眼接收到可见光，就会产生视觉效应。如果人眼接收到 760nm 左右波长的光波，就发生红色的视觉效应，波长短些为橙色。由此就会产生红、橙、黄、绿、青、蓝、紫七种颜色。波长、振幅及频率之间的关系如图 1-1 所示。

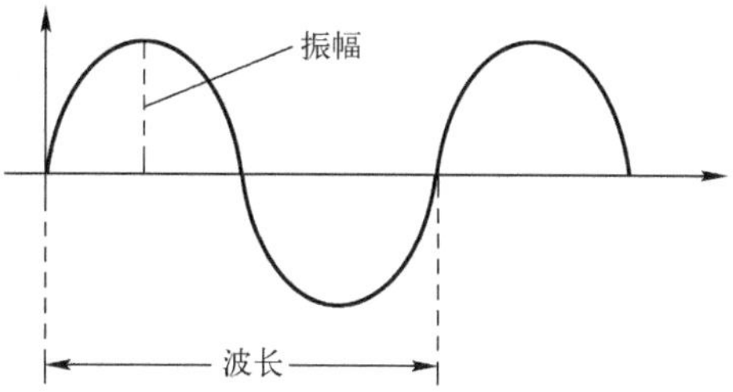

图 1-1　波长、振幅及频率之间的关系

频率（Frequency）是指在单位时间内完成振动（或振荡）的次数或周数，通常用符号 f 表示，等于周期 T 的倒数，即 $f=1/T$，单位为赫兹（Hz）。

电磁波的辐射波谱如图 1-2 所示。

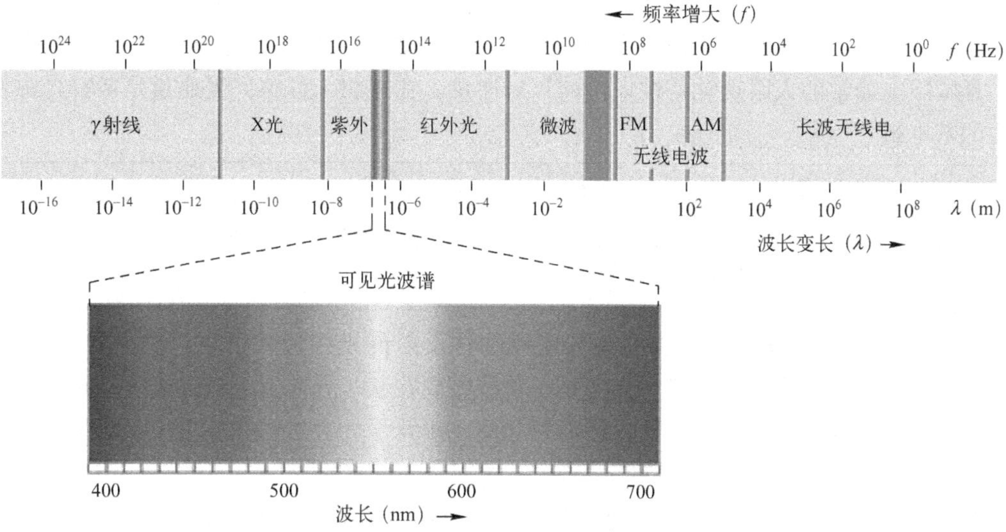

图 1-2　电磁波的辐射波谱

电磁波谱波长区域如表1-1所示。

表1-1 电磁波谱波长区域

电磁辐射种类	波长范围	
无线电波	0.1m以上	
红外线	780nm以上	
可见光	红	630～780nm
	橙	600～630nm
	黄	570～600nm
	绿	500～570nm
	青	470～500nm
	蓝	420～470nm
	紫	380～420nm
紫外线	10nm以上，380nm以下	
X射线	0.005nm以上，100nm以下	
γ射线	0.0005nm以上，0.1nm以下	
宇宙射线	比γ射线更短	

2. 光的常用术语

1）发光强度（luminous intensity） 又称为光度或光强。发光强度是指点光源在某方向的光强，符号为I，单位是坎德拉（cd）。其定义为光源在这一方向上立体角内发射的光通量与该立体角之商。光强常用于说明光源和照明灯具发出的光通量在空间各方向或在选定方向上的分布密度。

【说明】 1cd＝1lm/sr（流明/球面度）。

2）光通量（luminous flux） 光源发射并被人的眼睛接收的能量之和即为光通量，单位是流明（lm）。一般情况下，同类型的灯的功率越高，光通量也越大。光通量又称为光束，是国际上通常的人眼视觉特性评价的辐射通量。在照明工程中，光通量是考察光源发光能力的基本量。

【说明】 流明（lumen；lm）是光通量的单位，均匀发光强度的1烛光（坎德拉）的点光源，在单位立体角内所发射的光通量为1lm；或者所有距此光源均为单位距离处的单位面积上所接收的光通量为1lm。

3）亮度（luminance） 是指光源或受照物体反射的光线进入眼睛，在视网膜上成像，使我们能够识别它的形状和明暗。亮度是一单位表面在某一方向上的光强密度。它等于该方向上的光强与此面在这个方向上的投影面积之商，用符号L表示。亮度单位是坎德拉每平方米（cd/m^2）。

4）照度（illuminance） 是指受照射平面上接收的光通量的面密度，符号为E。照度的单位是勒克斯，符号为lx。

【说明】1lx 等于 1lm 的光通量均匀分布在 $1m^2$ 表面上所产生的照度，即 $1lx = 1lm/m^2$。照度表示被照物体照得有多亮，是照明设计中一个重要的指标。

光通量、光强、照度、亮度之间的关系示意图如图 1-3 所示。

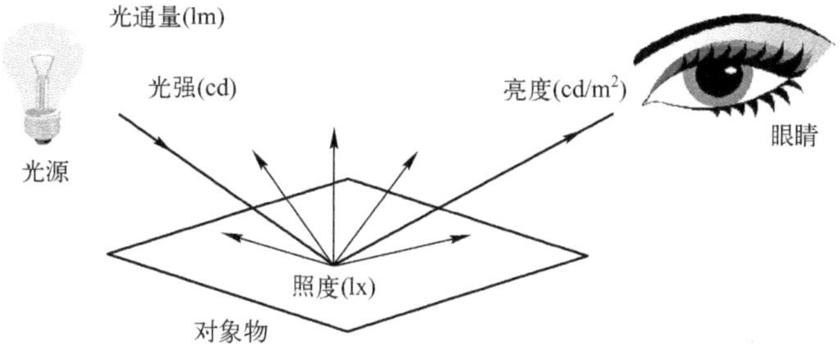

图 1-3　光通量、光强、照度、亮度之间的关系示意图

5）色温（K）　以热力学温度 K（开尔文）来表示。将一标准黑体加热，温度升高至某一程度时颜色开始由深红、浅红、橙黄、白、蓝白、蓝红、蓝色，逐渐变化。利用光色变化特性，某光源的光色与黑体的光色相同时，将黑体当时的热力学温度定义为该光源的色温。一般情况下，在高照度环境中建议使用高色温的光源，在低照度环境中建议使用低色温的光源。

【说明】色温与发光材质无关，只与温度有关。

6）显色指数（Ra）　光源对物体的显色能力称为显色性。通俗地讲显色指数指的是光源发出的光中各种颜色含量的程度，即某光源照射的物体所产生的心理感官颜色与该物体在标准光源照射下的心理颜色相符合的程度的参数。显色指数的分类与应用如表 1-2 所示。

【说明】

① 显色指数越高，色彩失真越小。通常用正常日光作为标准光源。国际照明委员会（CIE）把太阳的显色指数定为 100。

② 显色指数高的光源，对颜色的表现较好，人眼所看到的颜色也就越接近自然原色。显色指数低的光源，对颜色的表现较差，人眼所看到的颜色偏差也较大。

表 1-2　显色指数的分类与应用

显色指数分组	平均显色评价数值 Ra	应用范围
Ⅰ	Ra > 90	色检查、临床检查、美术馆、印刷、广告
Ⅱ	90 > Ra≥80	住宅、饭店、商店、医院、学校、精密加工写字楼、印刷厂等
Ⅲ	80 > Ra ≥60	一般作业场所
Ⅳ	60 > Ra≥40	粗加工工厂
Ⅴ	40 > Ra≥20	储藏室等变色要求不高的场所

【说明】显色指数越高，显色性越好；色温越高，偏蓝色给人的感觉越清爽；色温低，偏红色给人一种鲜艳温暖感。

7）光源效率（简称光效） 是以其所发出的光的流明除以其耗电量所得之值，即

光源效率(lm/W)) = 流明(lm)/耗电量(W)

> **【说明】** 光源效率是指每 1W 电力所转换成光的量，其数值越高表示光源效率越高。光源效率通常是一个重要的考虑因素。

常用光源光效如表 1-3 所示。

表 1-3 常用光源光效

光源种类	光效（lm/W）	光源种类	光效（lm/W）
白炽灯泡	16	石英卤素灯 25	25
水银灯 65	65	普通日光灯 75	75
三基色荧光灯 88	88	T5 荧光灯	92
eHF 荧光灯	104	高压钠气灯	130
低压钠气灯	200		

8）寿命（h）

平均寿命指一批灯泡点灯至其 50% 的数量损坏不亮时的小时数。

额定寿命是指在长期制造的同一形式的灯具点灯 2.5h、灭灯 0.5h 的连续反复试验条件下，到“大多数灯不能再灭亮为止的点灯时间”或“全光束下降到初光束的 70% 时的点灯时间”中的短时平均值。

经济寿命是指在同时考虑灯泡损坏以及光衰的状况下，其总和光束输出减至一特定比例的小时数。此比例一般用于室外光源时为 70%，用于室内光源时为 80%。

9）光通维持率（luminous flux maintenance） 灯在规定的条件下点燃，灯在寿命期间内一特定时间的光通量与该灯的初始光通量之比，以百分数来表示。

> **【说明】** 国标要求是 2000h 不小于 78%，国外先进水平是 2000h 不小于 90%，美国能源之星标准是 40% 额定寿命时不小于 80%。

10）照明功率密度（Lighting Power Density，LPD） 单位面积上的照明安装功率（总功率），单位为瓦特每平方米（W/m^2）。

1.2 照明布线基础知识

1. 接线方式

传统灯具的接线方式是放射式、树干式、混合式及环链式，如图 1-4 所示。大多数情况下，常用的接法方式是树干式和混合式。

2. 照明设计布线的注意事项

1）安全用电注意事项 在特别潮湿、高温、导电性灰尘、导电性地面的地方，需要特别

注意用电的安全。保证用电安全有很多方法，最常见的是将灯具的金属外壳接地，也有用 PVC 等绝缘材料将线路中容易漏电的地方进行处理或者将整个用电场所围起来只让专业人员进入。

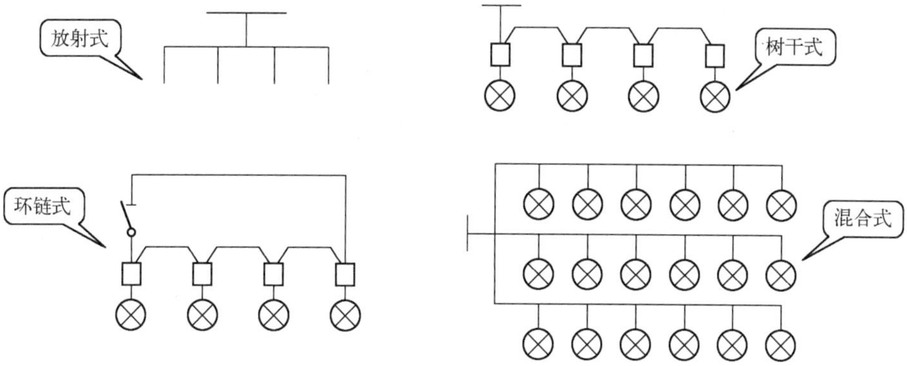

图 1-4　接线方式

2）电气设备干扰　照明灯具可能会被电网中的其他电气设备干扰。如果有大型的电气设备，每次只要使用电气设备，照明灯具就不能正常工作。笔者建议对灯具供电网进行改造，从而彻底解决问题。

3）对实际场所考察与实施安装　对线路进行改造或者需要制定新的线路方案时，就需要对线路方案的实施进行实际场所的安装考察，以保证方案在实际施工中的可行性。照明布线时，一般导线是在 PVC 管或钢管中穿过的。管子的截面积一般比线大一倍。为了保证布线的可靠性，导线在管子内是不可以有接头和扭结的，其接头应在专门的接线盒内连接。不同回路的导线不应同穿于一根管子，不同电压的导线不应同穿于一根管子，交流与直流的导线不应同穿于一根管子。因此要注意照明布线经过的地方是否能按这些要求装下管子和接线盒。照明布线中，人容易碰到的电缆，应配有一定机械强度的保护管或加装保护罩。同时根据实际需要对安装地方加保护管或保护罩。

3. 常用电力电缆（PVC）

常用电力电缆（PVC）载流量与芯线粗细的关系如表 1-4 所示。

表 1-4　常用电力电缆（PVC）载流量与芯线粗细的关系

标称截面面积（mm^2）	载流量（A）											
	空气中				土壤敷设				管道敷设			
	双芯		三芯或四芯		双芯		三芯或四芯		双芯		三芯或四芯	
	铜	铝	铜	铝	铜	铝	铜	铝	铜	铝	铜	铝
1.5	20		19		30		26		26		22	
2.5	29		25		40		34		34		29	
4.0	40		33		50		45		44		37	
6.0	52		43		66		57		55		47	
10	71		59		88		75		73		62	
16	90	67	77	55	115	85	98	73	96	72	80	60
25	120	90	100	75	150	110	130	95	125	94	105	78
35	150	110	125	90	185	135	155	115	150	110	125	93

【说明】如果不知道电力电缆（PVC）的线径，可以通过实际测量利用公式 $S=\pi R^2$（S 就是电缆线芯线标称截面面积，R 为电缆线芯线标称截面那个圆形的半径）估算出来。

常用电力电缆（PVC 绝缘铜芯）基本参数如表 1–5 所示。

表 1–5　常用电力电缆（PVC 绝缘铜芯）基本参数

标称截面面积（mm^2）	近似外径（mm）	最大直流电阻（Ω/km）	成品近似重量（kg/km）
1.0	2.8	18.1	10.9
1.5	3.3	12.1	13.6
2.5	3.9	7.41	23.3
4.0	4.4	4.61	35.2
6.0	4.9	3.08	54.5
10.0	7.0	1.83	75.8
16.0	8.0	1.15	110.7
25.0	10.0	0.727	183.7
35.0	11.5	0.524	278.2

1.3　照明灯具及照明设计

1. 照明灯具的基本特点

照明的目的以能舒适地看清楚所视对象，提高工作效率为主。如机关单位、办公室、学校、工厂、交通及住宅等工作活动场所的功能性照明与装饰性照明等均以照明良好为条件。功能性照明要求根据不同的空间、不同的场合、不同的对象选择不同的照明方式和灯具，并保证恰当的照度和亮度。装饰性照明主要是烘托一种温暖、和谐、浪漫的情调，体现舒适、休闲的氛围。功能性照明与装饰性照明的条件与要求如表 1–6 所示。

表 1–6　功能性照明与装饰性照明的条件与要求

项目序号	项 目 名 称	功能性照明	装饰性照明
1	照度	以高照度为标准	照度根据需要而定，不一定要求高照度
2	均匀性	尽可能要求照度均匀	照度按重要点配置，重要点的照度要高，周围较为暗
3	眩光	尽可能将眩光减少至最小程度（直射与反射光源）	视场所应用而定，必要时利用适度的眩光以达到气氛要求
4	方向性	在手部不造成阴影的情况下，做适当的光扩散配置	强调立体感，必要时须要求强烈的方向性
5	光质及光色（色温）	尽可能与自然光相近，并要求不产生紫外线及红外线	配合室内装修及装潢材料，选择适当光色或合适色温的光源。室内反射光及合成的色感必须充分表现

续表

项目序号	项 目 名 称	功能性照明	装饰性照明
6	灯具的形式及配置	灯具的设计简单，视觉上应满足明快舒适，同时必须满足上面第 2～4 项的要求	考虑第 2～4 项的要求，选择间接型灯具、半间接型灯具、直接型灯具的照明方式，来改变室内的高度及宽度的感觉
7	效率及节能	以节能、高效率灯具为主	以实际状况为主，以达到气氛要求优先并结合节能的要求
8	开关及调光	就经济观点而言，必须能简易操作开关控制点亮、熄灭	能配合气氛效果变化，必须能简易操作开关控制点亮、熄灭及调光功能

2. 灯具的功能

☺ 视安装场所的功能与用途，有效地利用灯光，使灯光的分布合理。
☺ 防止或限制眩光，保护视力。
☺ 提高光源光通量输出的利用率，取得节能效益。
☺ 灯具外表美观，能美化环境，照明光效达到环境需求。
☺ 保证灯具使用安全，防止发生事故，如防火、防爆等。
☺ 保护灯具光源，免致受损，且能防湿、防潮、防水等。

3. 照明设计

照明设计分为数量化设计与质量化设计两种。数量化设计是照明设计的基础，其目的是根据场所的功能和活动要求确定照明等级和照明标准（照度、眩光限制级别、色温和显色性）来进行数据化处理计算。同时还在此基础上进行质量化设计，其目的是以人的感受为依据，考虑人的视觉和使用的人群、用途、建筑的风格，尽可能多地收集周边环境（所处的环境、重要程度、时间段）等多种因素，做出合理的决定来进行综合考虑。

照明设计其实就是灯光设计，灯光是一个较灵活及富有趣味的设计元素，可以成为气氛的催化剂，是一室的焦点及主题所在，也可以加强现有装潢照明设计的层次感。

随着 LED 的出现，照明设计理论也在不断发展。目前主要有情景照明与情调照明两种。

情景照明是由飞利浦公司提出的，以环境的需求来设计灯具。同时也以场所为出发点，旨在营造一种漂亮、绚丽的光照环境，去烘托场景效果，使人感觉到有场景氛围。

情调照明是由凯西欧公司提出的，以人的需求来设计灯具。同时以人的情感为出发点，从人的角度去创造一种意境般的光照环境。情调照明包含环保节能、健康、智能化、人性化四个方面。

情调照明与情景照明是不同的，情景照明是静态的，强调场景光照的需求，而不能表达人的情绪。情调照明是动态的，是可以满足人的精神需求的照明方式，使人感到有情调。从某种意义上说，情调照明涵盖情景照明。

4. 照明设计相关概念

1）眩光（glare） 由于视野中的亮度分布或亮度范围的不适宜，或存在极端的对比，以致引起不舒适感觉或降低观察细部或目标的能力的视觉现象。由于亮度分布或范围的不合理分配或空间、时间上的强烈反差，而引起的不舒适视觉条件或观察能力的下降。

2）配光曲线 配光曲线的单位是坎德拉/千流明（cd/klm），配光曲线是灯具的特有性质，同一种类型的灯具，无论功率大小，其配光曲线完全一样。通过灯具配光曲线和灯具的光通量，可以算出任意方向的光强和确定距离处的照度。

【说明】 从配光曲线上我们也可看出灯具的配光性质，如投光灯具有对称狭长形的配光曲线，泛光灯具有扁平形的配光曲线，非对称灯具的配光曲线是非对称的。

3）照度均匀度（uniformity ratio of illuminance） 照度均匀度是指区域内的最小照度与平均照度之比。在固定照明设计中，灯具总要安装一定的高度，且每两只灯具之间有一定距离。当高度一定时，灯具之间距离越小，照度的均匀度越高，距离大了，照度就不均匀。这时均匀度只与灯之间的距离和高度之比有关。

【说明】 照度的均匀度等于0.8，被认为是设计允许照度均匀度的最小值。灯具的距高比是灯具安装时，照度的均匀度不小于0.8 的灯具之间距离与灯具安装高度之比，记为 L/H。

4）灯具效率（luminaire efficiency） 在相同的使用条件下，灯具发出的总光通量与灯具内所有光源发出的总光通量之比，也称光输出比。

5）维护系数（maintenance factor） 照明装置在使用一定周期后，在规定表面上的平均照度或平均亮度与该装置在相同条件下新装时在同一表面上所得到的平均照度或平均亮度之比。

6）一般照明（general lighting） 为照亮整个场所而设置的均匀照明。

7）局部照明（local lighting） 特定视觉工作用的，为照亮某个局部而设置的照明。

8）混合照明（mixed lighting） 由一般照明和局部照明组成的照明。

1.4 LED 封装形式简介

1. 插件型封装（引脚式封装）

常规 ϕ5mm 型 LED 引脚式封装是将边长 0.25mm 的正方形管芯黏结或烧结在支架上，管芯的正极通过球形接触点与金线键合为内引线与一条引脚相连，负极通过反射杯和支架的另一引脚相连，之后在其顶部用环氧树脂包封。插件型封装的外形与结构如图 1-5 所示。

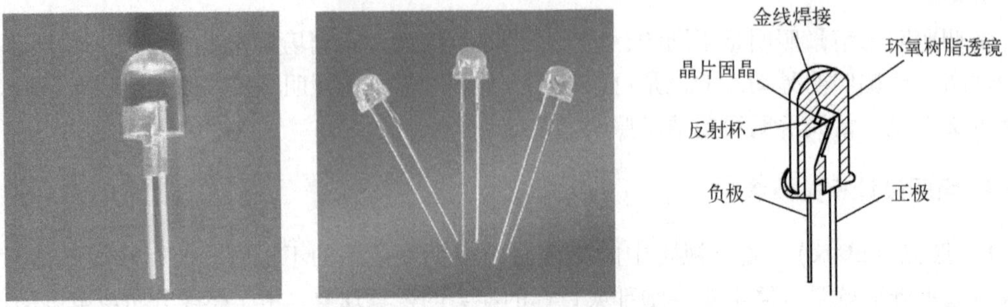

图 1-5 插件型封装的外形与结构

【说明】反射杯的作用是收集管芯侧面、界面发出的光，向期望的方向角内发射。顶部包封的环氧树脂做成一定形状，其作用是保护管芯等不受外界侵蚀或采用不同的形状和材料性质，起透镜或漫射透镜功能，控制光的发散角。

2. COB 封装

COB 是板上芯片直装的英文缩写（Chip On Board），其工艺是先在基底表面用导热环氧树脂（掺银颗粒的环氧树脂）覆盖硅片安放点，再通过粘胶剂或焊料将 LED 芯片直接粘贴到 PCB 上，最后通过引线（金线）键合实现芯片与 PCB 间电互连的封装技术。

COB 封装技术主要用来解决小功率芯片制造大功率 LED 灯的问题，可以分散芯片的散热，提高光效，同时改善 LED 灯的眩光效应，减少人眼对 LED 灯的眩光效应的不适感。COB 封装的外形与结构如图 1-6 所示。在 COB 基板材料上，从早期的铜基板到铝基板，再到当前部分企业所采用的陶瓷基板，COB 光源的可靠性也逐步提高。低热阻 COB 封装目前分为铝基板 COB、铜基板 COB 和陶瓷基板 COB。

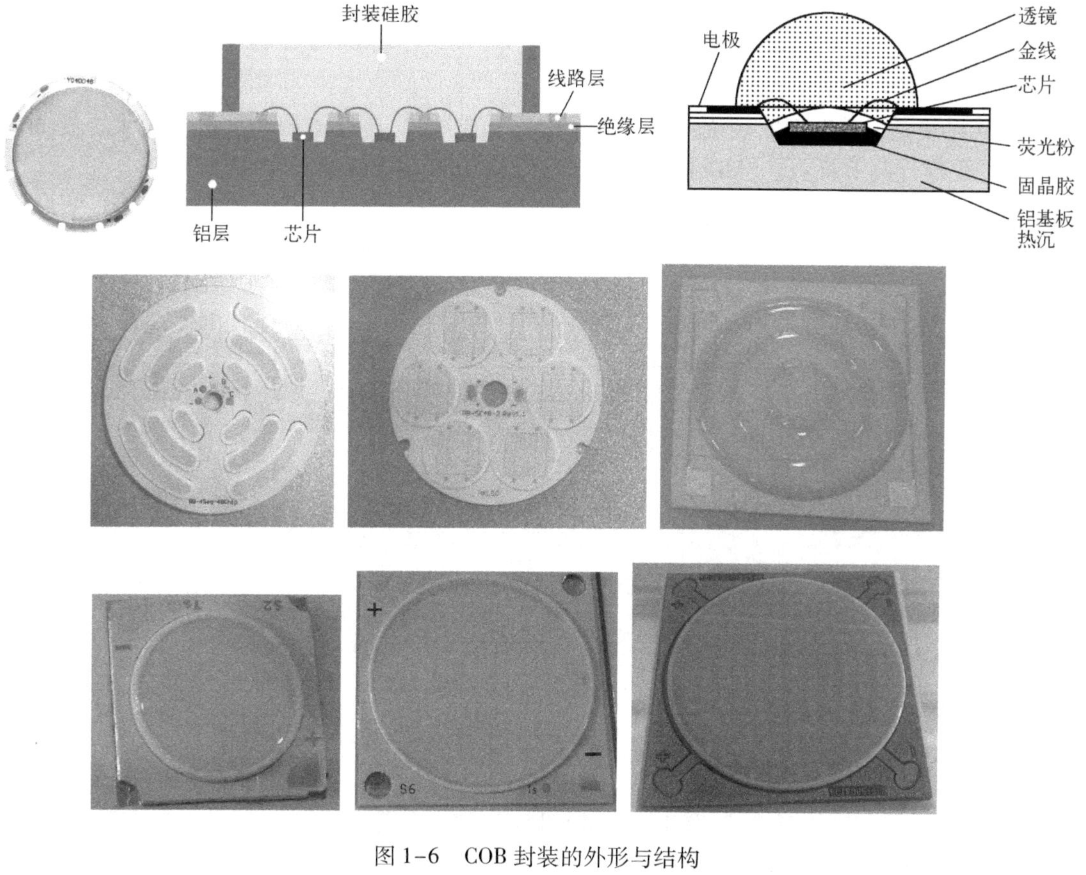

图 1-6　COB 封装的外形与结构

【说明】

① 芯片直接置于铝基或铜基板上，导热、散热性好，光衰小。小芯片做大功率，成本低、光效高。极大地消除了点状效应，表现为面光源。整体发光，光线均匀柔和。

② COB 在长时间工作时容易让围坝胶快速老化，无法与 LED 寿命同步，长时间在高热环境下工作；围坝胶容易造成脱落或与基板松开，硫气体和潮湿气体比较容易渗透到芯片区域，易造成基板上导电层硫化及芯片的受潮破坏。

③ 选择 COB 光源时，一定要选择大公司生产的 COB 光源，如科锐、西铁城、LG、三星、首尔半导体，也可以选择国内一线品牌的产品。

- ☺ 铝基板 COB：铝基板的成本低，封装出来的 COB 光源性价比高。其光效可达到 130lm/W，应用于 LED 球泡灯、LED 筒灯等灯具中，由于铝基板导热系数的限制，光源功率为 5 ～ 10W 。
- ☺ 铜基板 COB：芯片直接固定在铜上面（导热系数在 380W/m · K），导热效果好，可以封装 20 ～ 500W 的 COB（防止局部过热），光效可达 130lm/W，广泛应用于 LED 投射灯。
- ☺ 陶瓷基板 COB：陶瓷目前最适合做 LED 封装基板的材料，因其具有优良的导热性能、优良的绝缘性能、热形变小等优点。目前可封装 3 ～ 60W COB 光源，由于基板价格较贵，一般用于高端照明或高可靠性的照明领域。

3. SMD 封装

SMD 封装是一种新型的表面贴装式半导体发光器件，具有体积小、散射角大、发光均匀性好、可靠性高等优点。SMD 封装的外形与结构如图 1-7 所示。

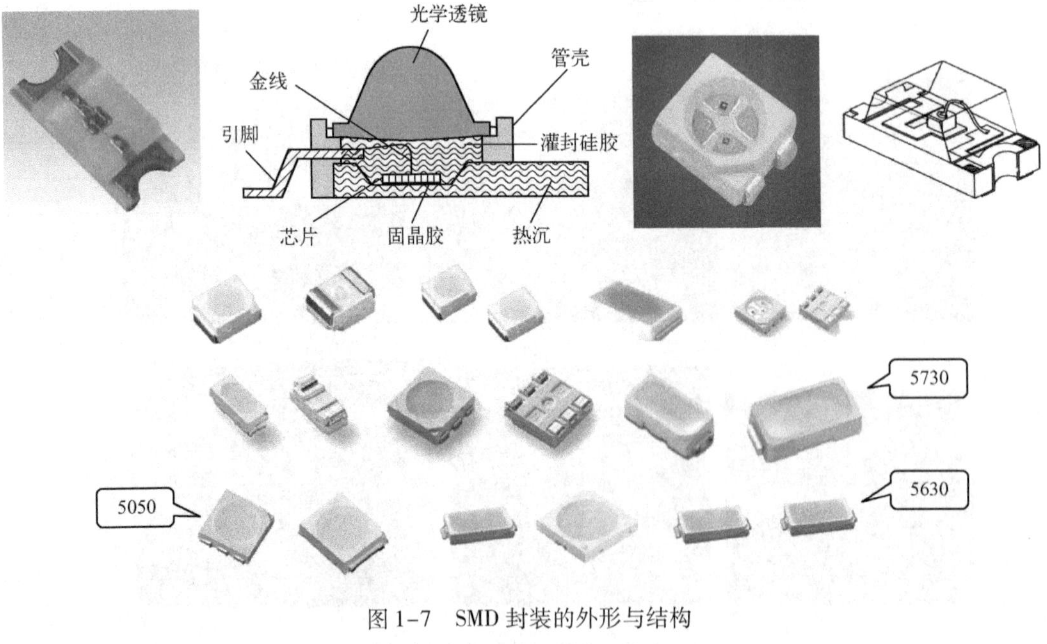

图 1-7　SMD 封装的外形与结构

4. 食人鱼型封装

食人鱼型封装是因 LED 的形状很像亚马孙河中的食人鱼 Piranha 而得名，是 4 引脚的直插封装形式。食人鱼型封装 LED 所用的支架是铜制的，面积较大，具有传热和散热快的特点。食人鱼型封装与结构如图 1-8 所示。食人鱼型封装目前已经不生产了。

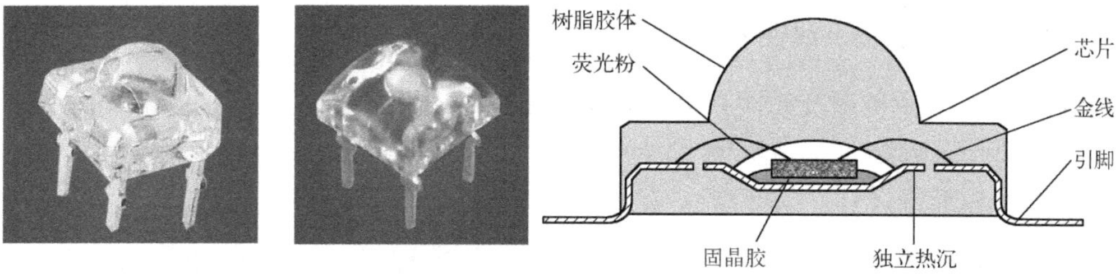

图 1-8　食人鱼型封装与结构

5. 大功率 LED 封装

大功率 LED 是指拥有大额定工作电流的 LED，功率可以达到 1W、2W，甚至数十瓦，工作电流可以是几百毫安到几安不等。在此主要以仿 lumileds 封装为例。大功率 LED 封装如图 1-9 所示。

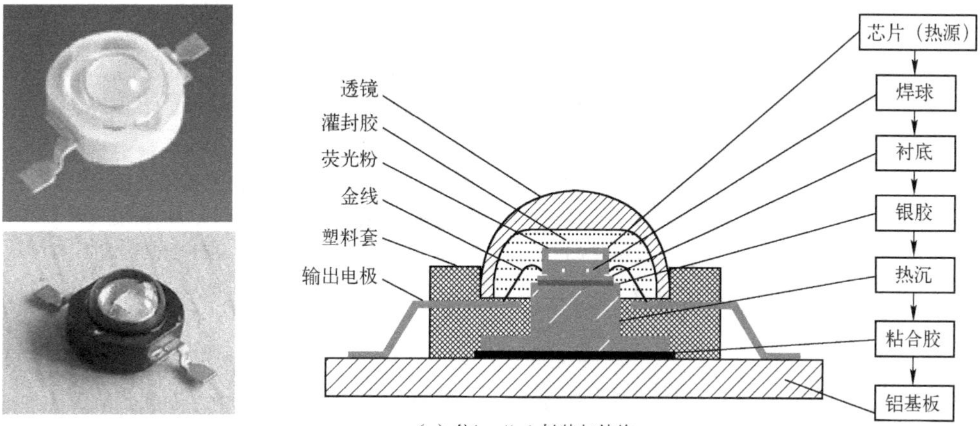

（a）仿lumileds封装与结构

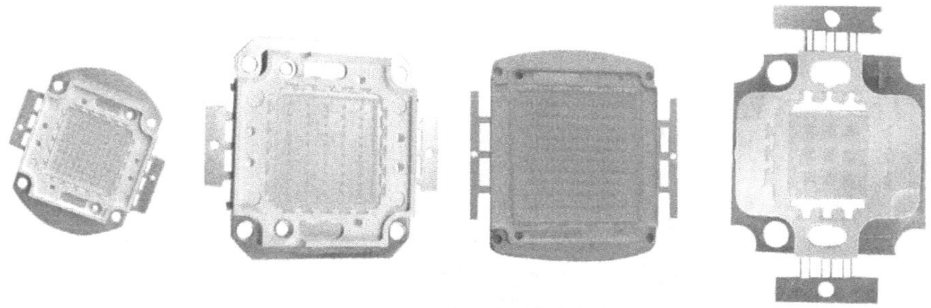

（b）大功率集成光源

图 1-9　大功率 LED 封装

【说明】

☺ 目前集成光源采用美国普瑞、台湾晶元、台湾光宏等芯片，支架采用全铜，经过镀银处理。荧光粉采用美国英特美与日本宏大产品，胶水采用美国道康宁产品。邦定 LED 芯片的金线是 99.99% 纯金线，银胶采用日本京瓷与美国泰克产品。

☺ 集成式封装光源功率有 10W、20W、30W、40W、50W、60W、70W、80W、90W、100W、110W、120W、130W、140W、150W、160W、170W、180W、190W、200W 等。

☺ LED 支架底面与平整散热片连接处涂敷高导热系数的导热脂。

6. LED 芯片电极图及线性 PCBA 外形图

常用 LED 芯片电极图及线性 PCBA 外形图如图 1-10 所示。

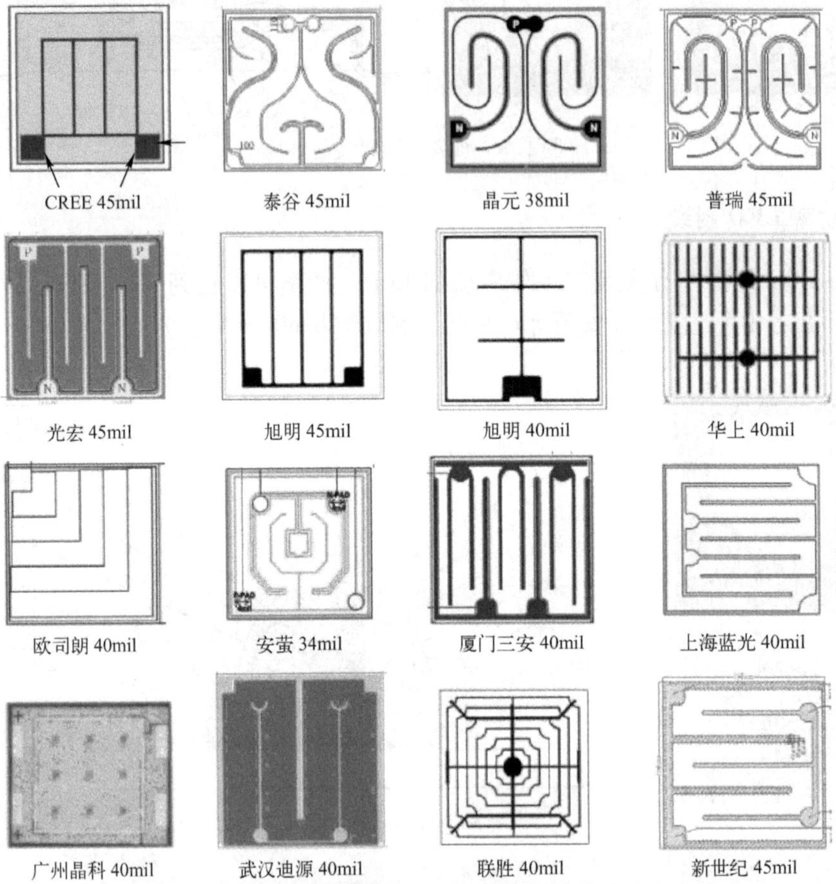

（a）常用LED芯片电极图

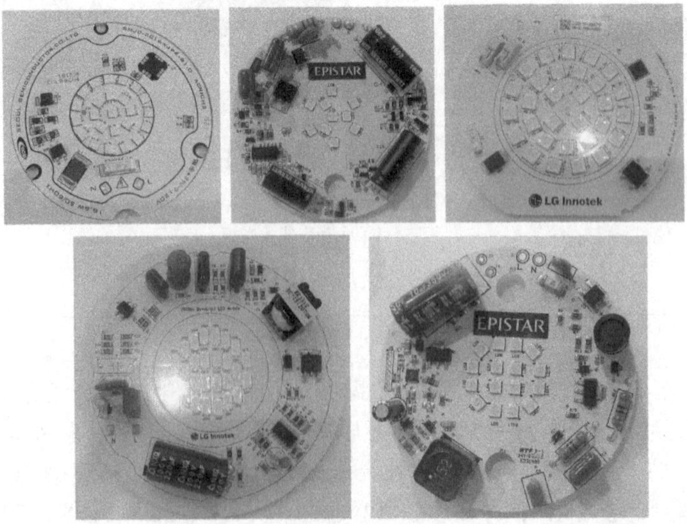

（b）线性PCBA外形图

图 1-10　常用 LED 芯片电极图及线性 PCBA 外形图

1.5　LED 光源光电参数简介

1. LED 光源的电学参数

- 正向电压 V_F：LED 在加载正向电流 20mA、60mA、150mA 或 350mA 及更大电流时的正向电压。
- 正向电流 I_F：对于小功率 LED 正向工作电流一般为 20mA，大功率芯片要依据芯片的规格（大小）来确定正向工作电流，一般为 350mA。

【说明】在同一批产品中，I_F值相同，而 V_F值则可能会有偏差。

- 反向漏电流 I_R：是指 LED 在加上反向偏置电压 5V 时电流的大小。

【说明】反向漏电流与温度有着密切的关系，大约温度每升高 10℃，反向漏电流增大一倍。二元、三元、四元晶片的 LED 反向漏电流 $I_R \leqslant 10\mu A$，GaN 类晶片的 LED 反向漏电流 $I_R \leqslant 50\mu A$。

- 耗散功率 P_D：即正向电流乘以正向电压。

2. LED 光源的极限参数

- 最大允许耗散功率 P_{max}：$P_{max} = I_{FH} \times V_{FH}$，一般按环境温度为 25℃时的额定功率。当环境温度升高时，P_{max}会下降。
- 最大允许工作电流 I_{FM}：由最大允许耗散功率来确定。最好在使用时不要用到最大工作电流，要根据散热条件来确认，为安全起见，实际电流 $I_F < 0.6I_{FM}$。与亮度成比例关系。
- 最大允许正向脉冲电流 I_{FP}：一般由占空比与脉冲重复频率来确定。LED 工作于脉冲状态时，可通过调节脉宽来实现亮度调节。
- 反向击穿电压 V_R：一般要求反向电流为指定值的情况下可测试反向电压 V_R，反向电流一般在 5 ～ 100μA 之间。反向击穿电压通常不能超过 20V，在设计电路时，一定要确定加到 LED 的反向电压不要超过 20V。

【说明】一般要求为 $V_R < 0.6V_{RM}$。

3. LED 的光学参数

LED 的光学参数主要涉及光谱、光度和色度等方面的性能要求。根据行业标准“半导体发光二极管测试方法”，主要有发光峰值波长、光谱辐射带宽、轴向发光强度、光束半强度角、光通量、辐射通量、发光效率、色品坐标、相关色温、色纯度和主波长、显色指数等参数。相关色温和显色指数是照明用的白光 LED 的主要参数之一。

4. 光辐射强度参数

光辐射强度参数有光通量（Φ）、发光强度（I）、亮度（L）、照度（E）、半强角度等。

【说明】$\theta_{1/2}$是指发光强度值为轴向强度值一半的方向与发光轴向（法向）的夹角。半值角的 2 倍为视角（或称半功率角）。

5. 热学参数

LED 发光效率和功率的提高是目前 LED 产业发展的关键问题之一，由此可知 LED 的 PN 结温度及壳体散热问题显得尤为重要，一般用热阻、壳体温度、结温等参数表示。

1）LED 结温 LED 的基本结构就是 PN 结。当电流流过 LED 元件时，PN 结的温度将上升，实际就是把 PN 结区的温度定义为 LED 结温，LED 的光学参数与 PN 结结温有很大的关系。

目前降低 LED 结温的主要途径有减小 LED 本身的热阻、采用良好的二次散热机构、减小 LED 与二次散热机构安装界面的接触热阻、控制额定输入电流的大小。

2）LED 热阻 在 LED 点亮之后热量传导稳定时，LED 芯片表面每 1W 耗散，PN 结的温度与连线的支架或散热基板之间的温度差就是 LED 的热阻 R_{th}。热阻值一般常用 θ 或 R 表示，单位为℃/W。LED 典型热阻数值如表 1-7 所示。

表 1-7　LED 典型热阻数值

LED 类型	CHIP LED	TOP LED	ϕ3mm LED	ϕ5mm LED	Snap LED	Power LED
$R_{thJ.A}$(℃/W)	550～700	450～600	350～550	300～500	50～100	10～20

【说明】当热量流过两个相接触的固体的交界面时，界面本身对热流呈现出明显的热阻，称为接触热阻。

1.6　LED 防静电知识简介

1. 静电基础知识

静电属于电荷和电场的存在而产生电荷转移的一种现象，静电与常用电性质上都是一样的，本质都是电荷。静电产生的原因是摩擦、感应、剥离等，其机理是物质因失去或得到电子而带电，是一种普通的物理现象。静电产生不仅取决于材质，而且在相当程度上还与外界因素有关。运动摩擦可引起静电放电效应。静电具有高电位、低电量、小电流、短作用时间的特点。

【说明】同种物质摩擦也会因其表面光滑程度、纹理差异或温度不同而带电。

几种常见情况下的 ESD 放电对照表如表 1-8 所示。

表 1-8　几种常见情况下的 ESD 放电对照表

人体活动	静电电位（kV）	
	(10～20)%RH	(65～90)%RH
人在地毯上走动	35	1.5
人在乙烯树脂地板上行走	12	0.25
人在工作台上操作	6	0.1
包工作说明书的乙烯树脂封皮	7	0.6
从工作台上拿起普通聚乙烯袋	20	1.2
从垫有聚氨基甲酸泡沫的工作椅上站起	18	1.5

2. LED 防静电知识

LED 属于 SSD（静电敏感性器件）半导体器件，且各种芯片的抗 ESD 能力（尤其是对于白、绿、蓝、紫色 LED）也有所不同，因此要求用户在半成品、成品装配过程中必须加强对静电的防范（特别是气候干燥的冬季），必须做好预防静电产生和消除静电工作。正是因为存在静电威胁，对于上述结构的 LED 芯片和器件，在加工过程中对加工场地、机器、工具、仪器，包括员工服装均要采取防静电措施，确保不损伤 LED。另外，还要在芯片和器件的包装上也采用防静电的材料。

GaInN 类 LED（蓝色、绿色、白色）为 I 类器件（≤100V），应在 I 类防静电工作区内使用。而一般的上下电极的红色和黄色 LED 的抗 ESD 能力相对较高，能够耐不超过 500V 的静电放电，因此属于 II 类器件（≤500V）。

【说明】III 类器件（≤1000V）。

LED 器件使用环境的防静电措施如下。

（1）工作车间铺设防静电地板并做好接地，工作台采用防静电工作台，带电产品接触低阻值的金属表面时，由于急放电引发产品故障的可能性是很高的，故要求工作台及与产品相接触之处使用表面电阻为 $10^6 \sim 10^9\Omega/cm^2$ 的桌垫。

（2）LED 在周转以及使用过程中，必须在防静电作业台和防静电周转盒/箱流转、使用，防静电工作台面应铺设用静电耗散材料制作的防护台布，这些设施都必须予以良好的接地，且这些设施的相关参数必须能够符合以下要求：

☺ 表面电阻率：$10^6 \sim 10^9\Omega/cm^2$。

☺ 体电阻率：$10^3 \sim 10^8\Omega/cm^2$。

☺ 摩擦起电电位：≤100V。

☺ 静电电压衰减时间：≤0.5s。

（3）静电敏感器件的整个使用操作过程，应开启直流式离子风机，且在离子风机的有效作用范围内（一般不超过 60cm）操作。

【说明】静电区域内所有物品的静电电压不能超过 100V，静电区域内的容器应该用防静电材料的，若静电区域内的物品的静电电压超过 100V，应采用去离子风机消除物体表面静电。

（4）静电防护区的相对湿度控制在 50% 以上，环境湿度以 50% ～ 60% 左右为宜。

（5）要有良好的防静电接地系统，将地面、作业台、生产设备（切脚机、锡炉、波峰焊、回流焊、SMT 设备、电烙铁）、检测设备/仪器、腕带等，工作区域和单元，相互隔离，顺次入地，再汇入总线入地。

【说明】接地交流阻抗小于 1.0Ω。

（6）静电保护区内应使用防静电器具：

☺ 静电防护区的各种容器、工装夹具、作用台面和设备垫等应避免使用易产生静电的材料，主要指普通塑料制品和橡胶制品。

☺ 焊接用的烙铁（直流式恒温烙铁）和使用的测试仪器要接地良好。

【说明】盛装 LED 需使用防静电元件盒，包装则采用防静电材料。

（7）有条件时应安装静电监测报警装置。在生产现场设定静电敏感区域，并且要做明显警示，使到现场的每个人都能注意。

【说明】

☺ 操作者应该佩戴防静电腕带，应该穿着防静电服装、鞋、围巾，椅子应该套防静电套（一端与人体接触，另一端与地线相连）。

☺ 静电接地需与电源零线、防雷地线分开，接地措施应完全防止静电产生，必须用粗的铜线引入泥土内，在铜线末端系上大铁块，埋入地表 1m 以下，各接地线均需与主线连接在一起。

1.7 常用 LED 灯珠及 COB 光源简介

本节所介绍的 LED 规格书内容在后续中都会用到，主要介绍 LED 的封装规格及相关的知识。

【说明】

☺ 目前的封装技术有 COB、EMC、倒装、CSP（Chip Scale Package，是指芯片级封装、芯片尺寸封装）等，它们之间具有相互交集关系，各自的侧重点不一样。

☺ 侧重封装形式有 COB、CSP，侧重封装材料有 EMC，倒装技术主要侧重芯片类型及芯片安放方式。

1. 3030 封装的 LED 规格书

本产品采用 EMC 材质的一种 SMD 贴片光源，具有高光效、低光衰、高一致性和性价比，广泛应用于普通照明、城市亮化、汽车照明、LCD 背光等领域。

1）极限参数（温度 =25℃） 具体见表 1-9。

表 1-9　极限参数（1）

参数名称 Parameter	符号 Symbol	数值 Rating	单位 Unit
正向电流 Forward Current	I_F	200	mA
正向脉冲电流 Pulse Forward Current	I_{FP}	300	mA
反向电压 Reverse Voltage	V_R	10	V
工作温度 Operating Temperature	T_{OPR}	-30～+80	℃
储存温度 Storage Temperature	T_{stg}	-40～+85	℃
功耗 Power Dissipation	P_D	1200	mW

2）光电参数（温度=25℃）　具体见表 1-10。

表 1-10　光电参数（1）

参数名称 Parameter	符号 Symbol	条件 Condition	最小值 Min.	典型值 Typ.	最大值 Max.	单位 Unit
反向电流 Reverse Current	I_R	V_R =10V			10	μA
正向电压 Forward Voltage	V_F	I_F =150mA	5.6	6.0	7.2	V
显色指数 Color Rendering Index	Ra		50	70/75/80	90	
色温 Color Temperature	T_c		1900	6000/4000/3000	10000	K
光通量 Luminous Flux	Φ		90	95	110	LM
视角度 View Angle	$2\theta_{1/2}$			120		deg

3）3030 封装的外形与封装尺寸　具体见图 1-11。

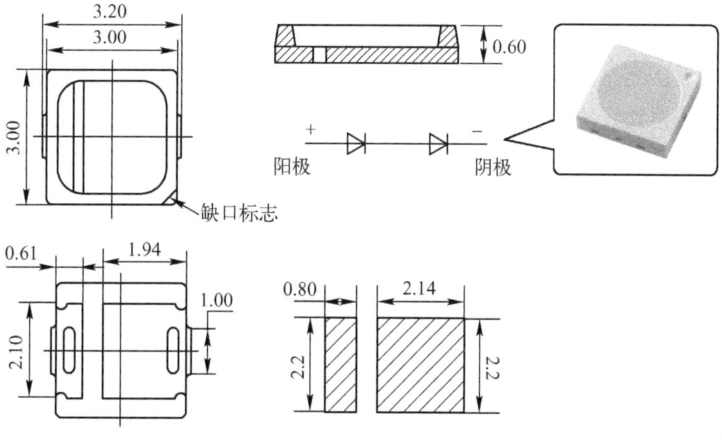

图 1-11　3030 封装的外形与封装尺寸

【说明】顶部表面的压力会影响 LED 的可靠性。应采取预防措施，以避免有过大的压力作用于封装件上。封装的 LED 的材料为硅材料，在选用吸嘴时，应适用于有机硅树脂的压力。

2. 2835 封装的 LED 规格书

1）极限参数（温度=25℃）　具体见表 1-11。

表 1-11　极限参数（2）

2835 极限参数（0.2W）			
参数名称 Parameter	符号 Symbol	数值 Rating	单位 Unit
正向电流 Forward Current	I_F	90	mA
正向脉冲电流 Pulse Forward Current	I_{FP}	150	mA
反向电压 Reverse Voltage	V_R	5	V
工作温度 Operating Temperature	T_{OPR}	-40～+85	℃
储存温度 Storage Temperature	T_{stg}	-40～+85	℃
功耗 Power Dissipation	P_D	300	mW
2835 极限参数（0.5W）			
参数名称 Parameter	符号 Symbol	数值 Rating	单位 Unit
正向电流 Forward Current	I_F	200	mA
正向脉冲电流 Pulse Forward Current	I_{FP}	500	mA
反向电压 Reverse Voltage	V_R	5	V
工作温度 Operating Temperature	T_{OPR}	-40～+85	℃
储存温度 Storage Temperature	T_{stg}	-40～+85	℃
功耗 Power Dissipation	P_D	720	mW

2）光电参数（温度=25℃）　具体见表 1-12。

表 1-12　光电参数（2）

2835 光电参数（0.2W）						
参数名称 Parameter	符号 Symbol	条件 Condition	最小值 Min.	典型值 Typ.	最大值 Max.	单位 Unit
反向电流 Reverse Current	I_R	V_R =5V			10	μA
正向电压 Forward Voltage	V_F	I_F =60mA	2.8	3.2	3.6	V
色温 Color Temperature	CCT			6000		K
光通量 Luminous Flux	Φ_v		22		26	lm
视角度 View Angle	$2\theta_{1/2}$			120		deg
显色指数 Color Rendering Index	Ra		80			
2835 光电参数（0.5W）						
参数名称 Parameter	符号 Symbol	条件 Condition	最小值 Min.	典型值 Typ.	最大值 Max.	单位 Unit
反向电流 Reverse Current	I_R	V_R =5V			10	μA
正向电压 Forward Voltage	V_F	I_F =150mA	2.8	3.2	3.6	V
色温 Color Temperature	CCT			6000		K
光通量 Luminous Flux	Φ_v		50		60	lm
视角度 View Angle	$2\theta_{1/2}$			120		deg
显色指数 Color Rendering Index	Ra		80		85	

3）2835 封装的外形与封装尺寸　具体见图 1-12。

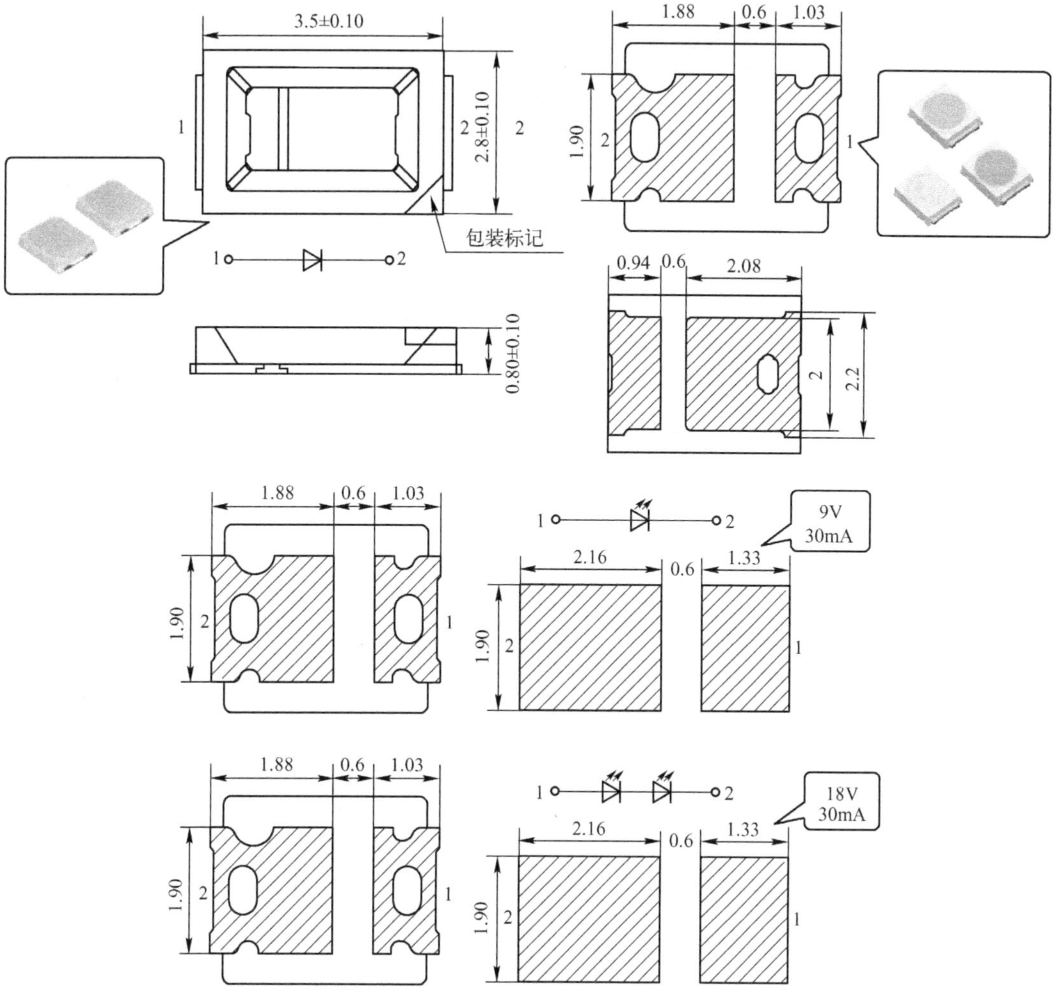

图 1-12　2835 封装的外形与封装尺寸

【说明】

☺ LED 灯珠 2835 的功率与电流除上述介绍外，还有其他形式，如 9V 30mA、18V 30mA 等。

☺ LED 灯珠 2835 最多只可回焊两次，且在首次回焊后须冷却至室温之后方可进行第二次回焊。

☺ 打开包装袋之前，LED 灯珠 2835 在温度为 30℃或更低湿度 70% RH 以下可保存一年。

☺ LED 灯珠 2835 拆装后使用时间超过 24h 未用完，需烘烤 75℃/6h 除湿后才可使用。

3. 3535 封装的 LED 规格书

1W 或以上的功率等级，采用 HTCC 高导热陶瓷基板，硅胶透镜封装。集成了高光效、低热阻、体积小、易配光的特点，适用于电视背光、各种室内照明、汽车信号灯等通用照明、大功率信号灯领域。

1）极限参数（温度 =25℃） 具体见表 1-13。

表 1-13 极限参数（3）

参数名称 Parameter	符号 Symbol	数值 Rating	单位 Unit
正向电流 Forward Current	I_F	350	mA
正向脉冲电流 Pulse Forward Current	I_{FP}	1000	mA
反向电压 Reverse Voltage	V_R	5	V
工作温度 Operating Temperature	T_{OPR}	-20～+65	℃
储存温度 Storage Temperature	T_{stg}	0～+40	℃
功耗 Power Dissipation	P_D	1000	mW

2）光电参数（温度 =25℃） 具体见表 1-14。

表 1-14 光电参数（3）

参数名称 Parameter	符号 Symbol	条件 Condition	最小值 Min.	典型值 Typ.	最大值 Max.	单位 Unit
反向电流 Reverse Current	I_R	V_R =5V			2	μA
正向电压 Forward Voltage	V_F	I_F =350mA		3.4	3.6	V
色温 Color Temperature	CCT		6070		7035	K
光通量 Luminous Flux	Φ_v		90	100		lm
视角度 View Angle	$2\theta_{1/2}$		120		140	deg

3）3535 封装的外形与封装尺寸 具体见图 1-13。

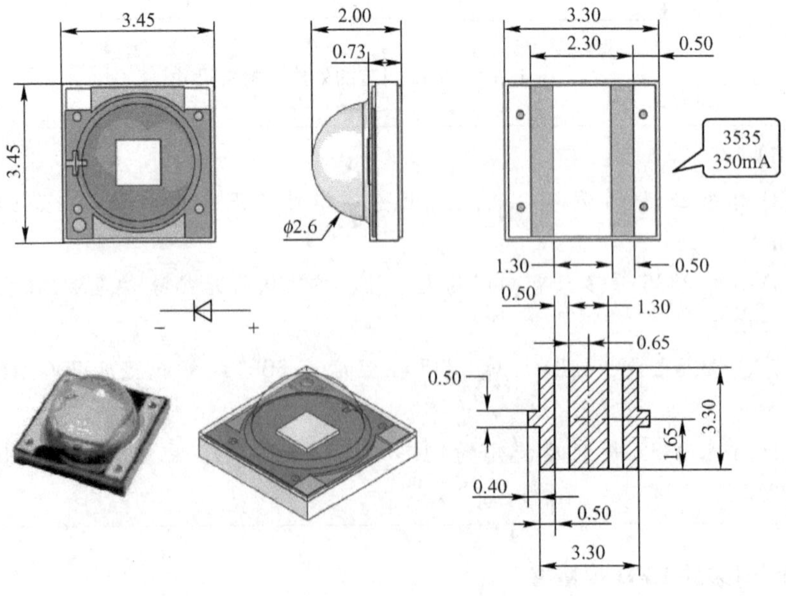

图 1-13 3535 封装的外形与封装尺寸

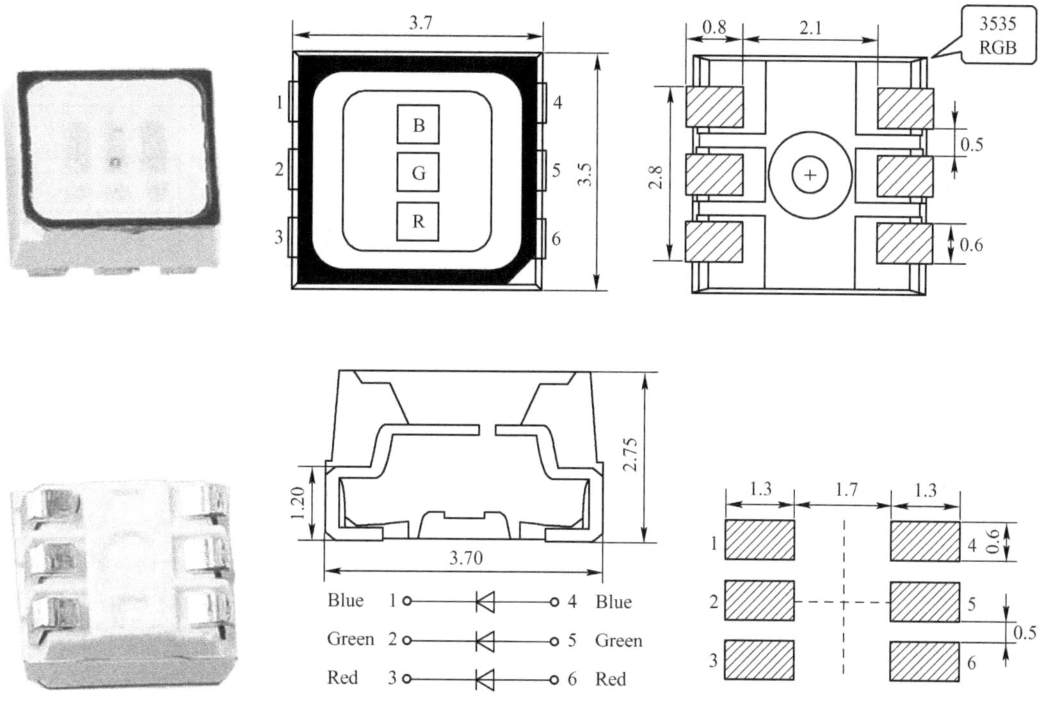

图 1-13　3535 封装的外形与封装尺寸（续）

4. 5050 封装的 LED 规格书

本产品主要作为信号指示及照明的电子元件广泛应用于各类使用表面贴装结构的电子产品或各类室内外的装饰照明。

1）极限参数（温度 =25℃）　具体见表 1-15。

表 1-15　极限参数（4）

参数名称 Parameter	符号 Symbol	数值 Rating	单位 Unit
正向电流 Forward Current	I_F	75	mA
正向脉冲电流 Pulse Forward Current	I_{FP}	200	mA
反向电压 Reverse Voltage	V_R	5	V
工作温度 Operating Temperature	T_{OPR}	-30～+85	℃
储存温度 Storage Temperature	T_{stg}	-40～+100	℃
功耗 Power Dissipation	P_D	90	mW

2）光电参数（温度 =25℃）　具体见表 1-16。

表 1-16　光电参数（4）

参数名称 Parameter	符号 Symbol	条件 Condition	最小值 Min.	典型值 Typ.	最大值 Max.	单位 Unit
反向电流 Reverse Current	I_R	V_R =5V			10	μA

续表

参数名称 Parameter	符号 Symbol	条件 Condition	最小值 Min.	典型值 Typ.	最大值 Max.	单位 Unit
正向电压 Forward Voltage	V_F	$I_F = 60mA$	1.6	2.0	2.6	V
峰值波长 Peak Wavelength	λ_P			635	nm	
主波长 Dominant Wavelength	λ_D		615	624	640	nm
半波宽度 Spectrum Radiation Bandwidth	$\Delta\lambda$			20		nm
光强 Luminous Intensity	I_V		1800	2300	2700	mcd
视角度 View Angle	$2\theta_{1/2}$			110		deg

3）5050 封装的外形与封装尺寸 具体见图 1-14。

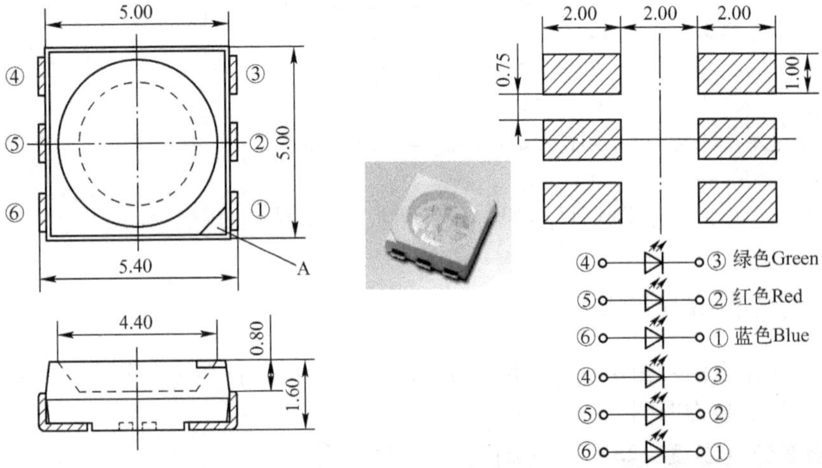

产品型号Product	颜色Color	电压 V_F(V) Min.	电压 V_F(V) Max.	波长/色温(nm/K) Min.	波长/色温(nm/K) Max.	亮度 I_V(mcd/lm) Min.	亮度 I_V(mcd/lm) Max.	电流 I_F(mA)	角度angle
5050RGB (8mil)	红光	2.0	2.2	620	630	400	600	20	140
	绿光	3.0	3.4	515	525	800	1000	20	140
	蓝光	3.0	3.4	465	470	300	500	20	140
5050RGB (10mil)	红光	2.0	2.2	620	630	600	800	20	140
	绿光	3.0	3.4	515	525	1200	1400	20	140
	蓝光	3.0	3.4	465	470	500	700	20	140
5050RGB (14mil)	红光	2.0	2.2	620	630	600	800	20	140
	绿光	3.0	3.4	515	535	1500	2000	20	140
	蓝光	3.0	3.4	465	470	500	700	20	140

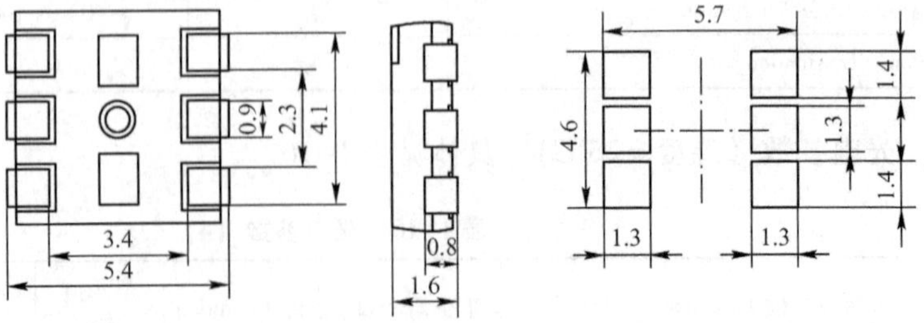

图 1-14 5050 封装的外形与封装尺寸

产品型号Product	颜色Color	电压V_F(V)		波长/色温(nm/K)		亮度I_V(mcd/lm)		电流I_F(mA)	角度angle
		Min.	Max.	Min.	Max.	Min.	Max.		
5050RGBW (0.3W)	红光	2.0	2.2	620	630	600	800	20	120
	蓝光	3.0	3.4	460	470	400	600	20	120
	绿光	3.0	3.4	520	530	1000	1200	20	120
	暖白	2.8	3.4	2800	3200	10	12	30	120
5050RGBW (0.3W)	红光	2.0	2.2	620	630	600	800	20	120
	蓝光	3.0	3.4	460	470	400	600	20	120
	绿光	3.0	3.4	520	530	1000	1200	20	120
	正白	2.8	3.4	6000	6500	10	12	30	120

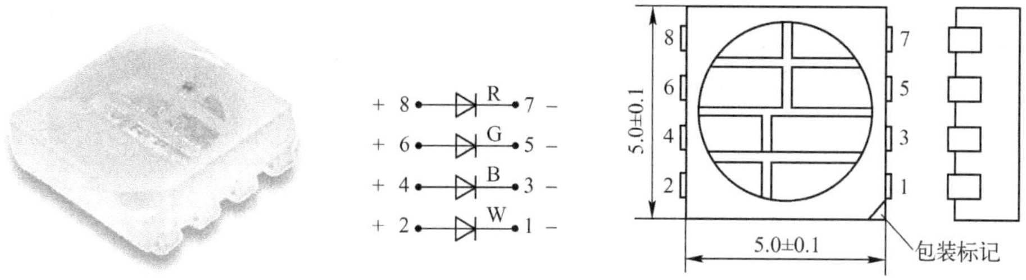

图 1-14　5050 封装的外形与封装尺寸（续）

5. 5730 封装的 LED 规格书

1）极限参数（温度 =25℃） 具体见表 1-17。

表 1-17　极限参数（5）

参数名称 Parameter	符号 Symbol	数值 Rating	单位 Unit
正向电流 Forward Current	I_F	200	mA
正向脉冲电流 Pulse Forward Current	I_{FP}	300	mA
反向电压 Reverse Voltage	V_R	5	V
工作温度 Operating Temperature	T_{OPR}	−40 ～ +85	℃
储存温度 Storage Temperature	T_{stg}	−40 ～ +85	℃
功耗 Power Dissipation	P_D	600	mW

2）光电参数（温度 =25℃） 具体见表 1-18。

表 1-18　光电参数（5）

参数名称 Parameter	符号 Symbol	条件 Condition	最小值 Min.	典型值 Typ.	最大值 Max.	单位 Unit
反向电流 Reverse Current	I_R	V_R =5V			120	μA
正向电压 Forward Voltage	V_F	I_F =150mA	3.0		3.4	V
色温 Color Temperature	CCT		5500		6500	K
光通量 Luminous Flux	Φ_v		45		60	lm
视角度 View Angle	$2\theta_{1/2}$			120		deg
显色指数 Color Rendering Index	Ra		70		85	

3）5730 封装的外形与封装尺寸 具体见图 1-15。

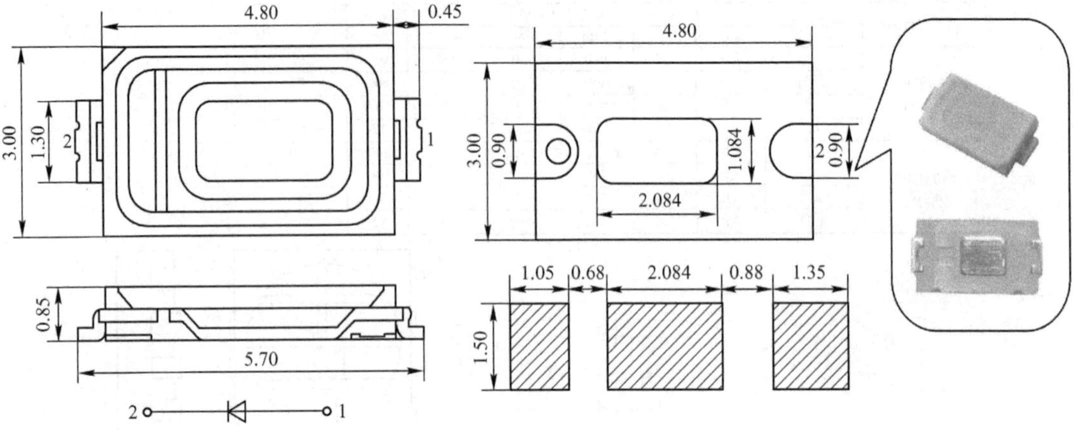

图 1-15　5730 封装的外形与封装尺寸

【说明】

☺ 同一包装箱，外箱和料盘标识内容应清晰包含产品型号、颜色、色区 Bin、生产日期、生产厂家等内容。

☺ 白光 LED 极性正确，在料槽内摆放方向一致，无明显卡槽现象，荧光粉色泽无明显色差。

☺ 白光 LED 的正向电压 V_F、初始光通量 L_m、色温和色区 Bin 的检验结果应符合厂家料盘标签的标识范围。

☺ R（红）、G（绿）、B（蓝）的正向电压 V_F、初始光通量 L_m、主波长 λ（R（620 ～ 645nm）、G（520 ～ 550nm）、B（460 ～ 490nm））检验结果应符合厂家料盘标签的标识范围。

6. 大功率 LED 封装的规格书

1）极限参数（温度 =25℃） 具体见表 1-19。

表 1-19　极限参数（6）

参数名称 Parameter	符号 Symbol	数值 Rating	单位 Unit
正向电流 Forward Current	I_F	350	mA
正向脉冲电流 Pulse Forward Current	I_{FP}	1000	mA
反向电压 Reverse Voltage	V_R	5	V
工作温度 Operating Temperature	T_{OPR}	-20 ～ +75	℃
储存温度 Storage Temperature	T_{stg}	-30 ～ +80	℃
功耗 Power Dissipation	P_D	1120	mW

2）光电参数（温度 =25℃） 具体见表 1-20。

表 1-20　光电参数（6）

参数名称 Parameter	符号 Symbol	条件 Condition	最小值 Min.	典型值 Typ.	最大值 Max.	单位 Unit
反向电流 Reverse Current	I_R	V_R =5V			10	μA

续表

参数名称 Parameter		符号 Symbol	条件 Condition	最小值 Min.	典型值 Typ.	最大值 Max.	单位 Unit
正向电压 Forward Voltage		V_F	$I_F=350mA$		3.2		V
色温 Color Temperature		CCT			6500		K
色度坐标 Chromaticity Coordinates	X				0.3130		
	Y				0.3290		
光通量 Luminous Flux		Φ_v			100		lm
热阻 Thermal Resistance		R_{J-B}			8		℃/W
视角度 View Angle		$2\theta_{1/2}$			135		deg

3）大功率 LED 封装的外形与封装尺寸　具体见图 1-16。

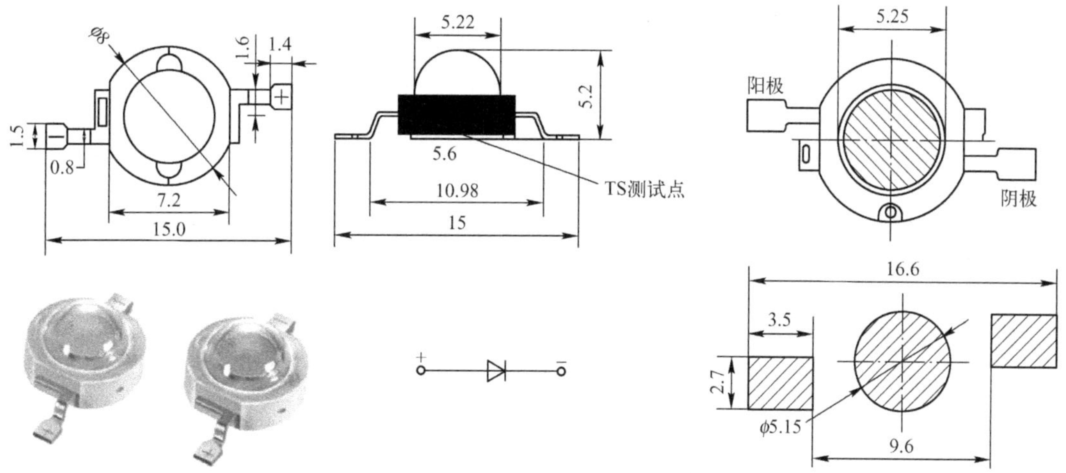

图 1-16　大功率 LED 封装的外形与封装尺寸

【说明】 大功率 1W LED 仿流明灯珠也有紫光（402～405nm、4～5lm）、红光（620～630nm、30～40lm）、绿光（520～530nm、60～80lm）、蓝光（455～465nm、15～20lm）。

7. 5W COB LED 封装的规格书

COB 封装形式的面光源又称 COB 光源，COB 光源在室内 LED 灯具中的应用主要有 LED 射灯、LED 筒灯和 LED 天花灯。

1）极限参数（温度 =25℃）　具体见表 1-21。

表 1-21　极限参数（7）

参数名称 Parameter	符号 Symbol	数值 Rating	单位 Unit
功率 Power Dissipation	P_D	5	W
正向输入电流 Continuous Forward Current	$I_{F\ MAX}$	500	mA
顺向脉冲电流 Peak Forward Current	I_F（Peak）	350	mA

续表

参数名称 Parameter	符号 Symbol	数值 Rating	单位 Unit
结点温度 LED Junction Temperature	T_J	105	℃
工作温度 Operating Temperature	T_{OPR}	-30～+80℃	
高压测试 HIPOT Test		DC：500V TestTime=3s current<5mA	
抗静电能力 ESD Sensitivity	ESD	2000V HBM	
储存温度 Storage Temperature	T_{stg}	18～+30℃	
手工焊接温度 Manual Solding Temperature	T_{SOL}	260±20℃，3～5s	

2）光电参数（温度=25℃） 具体见表1-22。

表1-22 光电参数（7）

参数名称 Parameter	符号 Symbol	条件 Condition	最小值 Min.	平均值 Typ.	最大值 Max.	单位 Unit
发光强度 Luminous Flux	Φ	I_F=300mA	450	—	500	lm
发光效率 Luminous Efficiency		I_F=300mA	100	—	110	lm/W
色温 Color Temperature	CCT	I_F=300mA	2300	2400	2500	K
正向压降 Forward Voltage	V_F	I_F=300mA	15	16	18	V
热阻 Thermal Resistance	R_{J-B}	I_F=300mA	—	1.6	—	℃/W
视角度 View Angle	$2\theta_{1/2}$	I_F=300mA	—	140	—	deg

3）COB LED封装的外形与封装尺寸 具体见图1-17。

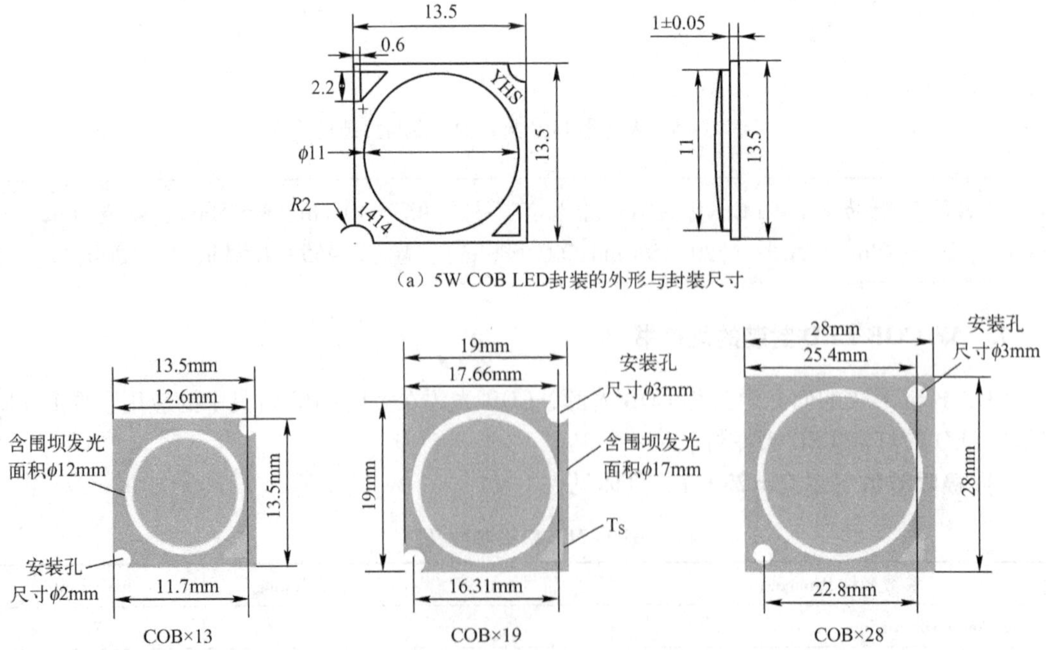

（a）5W COB LED封装的外形与封装尺寸

（b）COB LED封装的外形与封装尺寸

图1-17 COB LED封装的外形与封装尺寸

【说明】

☺ COB 光源的 X、Y 色度坐标的测量误差为 ±0.005mm，COB 光源拆封后需尽快使用完，产品不得在有腐蚀性气体的环境下存储和使用。

☺ COB 光源作业时需注意静电防护，COB 光源作业人员须戴有线静电环及防静电手套，设备及仪器需良好接地。

☺ COB 光源硅胶表面不可用手按压，组装后反射杯不可碰到硅胶，建议配合相应尺寸的塑料保护壳使用。

☺ COB 光源使用时，匹配 COB 光源规格书参数要求的恒流电源使用，恒流电源的输出电压需与 COB 光源规格书要求一致。

☺ COB 光源组装成光源时，COB 产品基板与散热器之间建议使用高导热散热膏（道康宁 8640），以降低热阻、提高产品寿命和确保产品的可靠性能。

☺ COB 光源存放于干燥通风的环境中，储存温度为 -40 ～ +100℃，相对湿度在 85% 以下。未用完的 COB 光源需密封保存，否则会导致氧化。

1.8　LED 应用电路设计

1. LED 在线路中的排列方式

在 LED 设计应用电路中，设计 PCB 线路时应根据 LED 特性，合理选择 LED 排列方式。对于 TOP LED，在柔性 PCB 的应用中，由于柔性软灯条在作业或使用过程中无法避免弯折、卷曲、拉伸的情形，一般情况下都采用横向排列方式。主要是因为 LED 内部线路（金线焊接位置）走向与软性 PCB 延展方向一致，其生产、焊接、使用的过程中产生的内应力释放将直接作用于 LED，增加 LED 死灯的概率，故 LED 应用于柔性 PCB 产品的线路设计中，应考虑此项因素带来的影响，要选择竖向排列。竖向排列的 LED 示意图如图 1-18 所示。

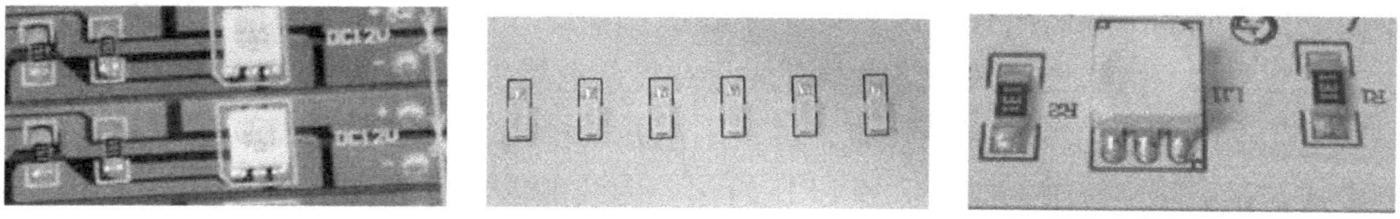

图 1-18　竖向排列的 LED 示意图

【说明】 特别针对类似 4008、5730 等引脚式的 TOP LED，用于软性 PCB 场合时，应避免采用横向排列方式。

TOP LED 元件如应用于硬性 PCB（如 FR4、铝基板），也应优先选择竖向排列方式。由于应用产品的实际设计中需要考虑美观、发光曲线等需要，故某些应用场合也会采用横向排列方式，如图 1-19 所示。在生产组装、成品安装过程中必须对硬性 PCB 翘曲程度进行一定管控，如图 1-20 所示。

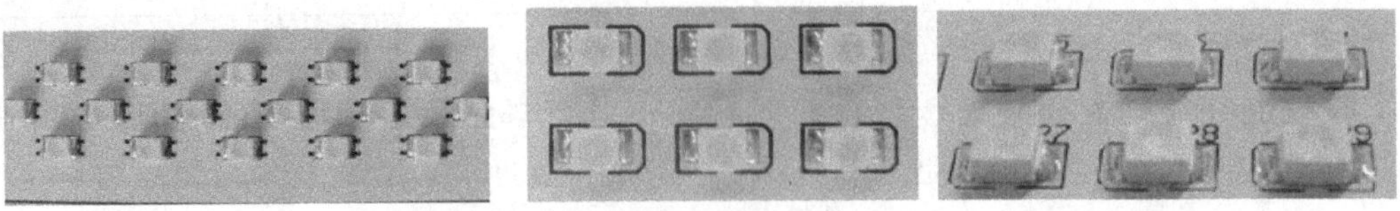

图 1-19　横向排列方式的 LED 示意图

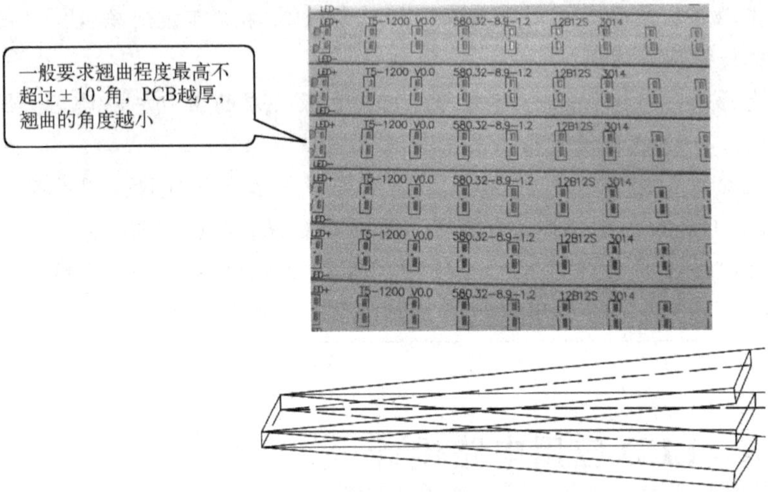

一般要求翘曲程度最高不超过±10°角，PCB越厚，翘曲的角度越小

图 1-20　PCB 翘曲程度

【说明】LED 应用产品常规的布线方式是焊盘与 PCB 走向应保持垂直状态，以减小 PCB 在弯折时产生的外力拉伸作用下对 LED 金线的影响。在进行 PCB 布线设计时，主要针对软性线路板及 0.5*T*（*T* 为厚度）以下的板材，焊盘走向应与 PCB 延展方向保持垂直，可避免组装和使用过程中在外力作用下，造成的 SMDs 元件内部线路开路。

2. LED 串并联使用须知

在 LED 应用产品中，必须对 LED 进行一定的电路设计。一般情况下，要根据驱动电压的不同选择不同的串并联组合方式，同时应充分了解 LED 的电、热学特性，以确保 LED 产品长期可靠工作。为降低串联线路中单灯故障对整条电路带来的风险，应尽量减少串联支路中串联 LED 的个数。在单灯应用场合，尽量采用并联模式。并联模式 LED 灯尽量采用恒压供电模式。在实际工作中，应评估各 LED 的伏安曲线的差异及光强产生的不同步变化带来的影响，并采取措施平衡各单灯之间的电流值。LED 连接方式的优、缺点如表 1-23 所示。

表 1-23　LED 连接方式的优、缺点

序号	连接方式	电路原理图	示意图	优点	缺点及应用说明
1	串联		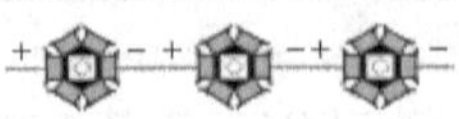	流过 LED 的电流相同，LED 工作时亮度基本一致	➢ 其中一个 LED 开路，整个电路不工作（所有 LED 都不亮）。 ➢ LED 的数量大时不宜采用。 ➢ 每个 LED 两端并联一个齐纳二极管（稳压管）

续表

序号	连接方式	电路原理图	示意图	优点	缺点及应用说明
2	并联	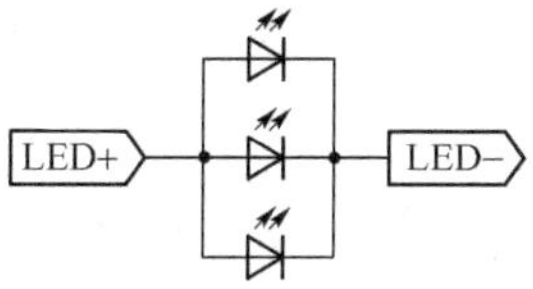	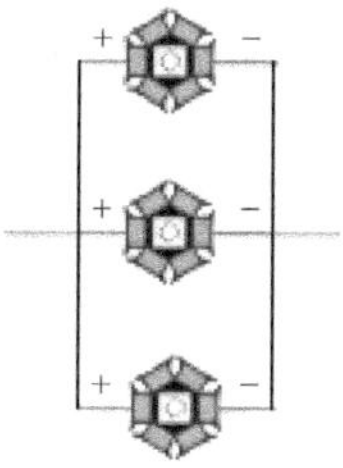	其中任意一个LED出现开路，不会影响其他LED工作	➢ LED 驱动器要提供较大电流。 ➢ LED 的 V_F 一致性差时，通过每个 LED 的电流大小不一致会造成 LED 的亮度有明显差异。 ➢ 要求 LED 的 V_F 一致性好，在实际设计中，一般不采用直接并联的方式
3	混联	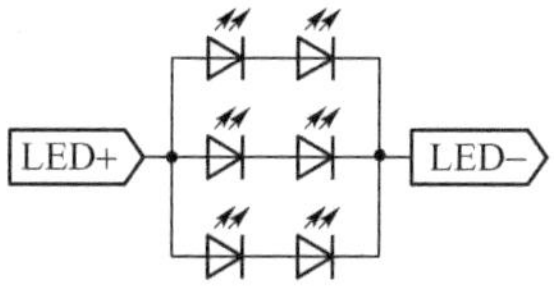	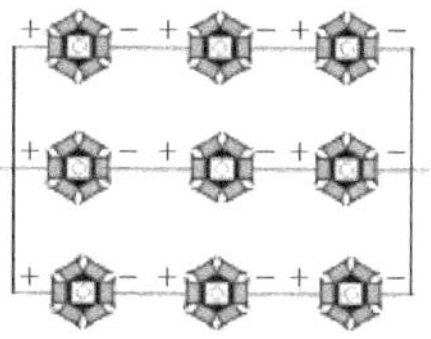	结合了串、并联各自的优点	➢ 电路设计较复杂。 ➢ 混联的连接方式对 LED 的参数要求较宽且适用范围大，是目前 LED 照明电路设计中最多采用的连接方式。 ➢ LED 数量平均分配，其分配在同一串 LED 上的电压相同，流过同一串每个 LED 上的电流也基本相同（即流过每串 LED 的电流也大致相同），LED 亮度也大致相同
4	交叉阵列	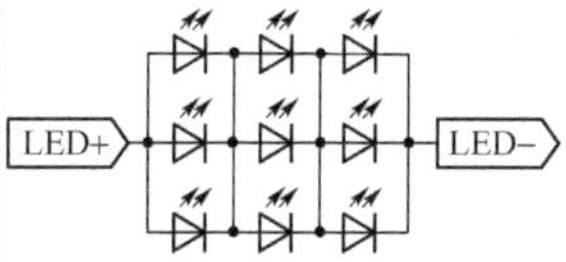	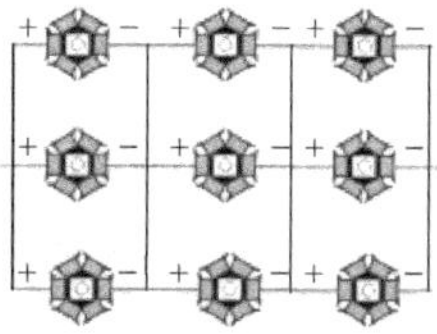	其中任何一个LED开路或短路，不至于造成整个电路不工作	➢ 电路设计复杂。 ➢ 断路（开路）LED 对整个陈列电流的分配影响较小。 ➢ 交叉阵列连接方式中断路（开路）LED 将不亮，对整个电路性能影响极小，整个电路仍可以正常工作

1.9 LED 清洗方法及作业

1. SMD LED 的清洗方法

通常推荐使用清洁溶剂为酒精（乙醇），常作为 SMD LED 清洁溶剂。使用时先用无纺布（电子产品专用）蘸取适量酒精将灯体表面的杂质轻轻擦拭，擦拭过程中防止用力过度擦伤封装胶体或破坏灯体内部结构，擦拭干净后放置在常温下自然干燥，然后开始使用。使用过程应避免将 SMD LED 浸渍于酒精溶液中。

2. 大功率LED（HIGH-POWER LED）的清洗方法

清洁大功率LED灯体时，可用干净的无尘布（或软质棉纱布）轻轻擦拭脏污部位。如果仅使用干净的无尘布（或软质棉纱布）难以擦除脏污，则可以用干净的无尘布（或软质棉纱布）蘸取适量酒精轻力擦除异物。

> 【说明】酒精在使用过程中会挥发，容易造成透镜表面模糊，对较难擦除的大功率LED表面的脏污，酒精用量应尽可能少。

3. 车间环境及物料安全的管控

（1）车间环境温度最好保证在30℃以下，湿度在40%～60%RH范围内（可用指针式干湿温度表监测环境湿温度变化），作业接触LED时，必须戴白手套或手指套，包装袋开口后应及时封口，防止引脚（脚位）氧化。

（2）尽量避免LED暴露在偏酸性（pH<7）的环境中，对于采购的其他公司LED组装配套的物料，尽量要求生产厂家提供原物料的MSDS报告（物质安全数据表），确认其中是否含硫、卤素类物质，以防止其与LED材料发生化学或物理反应，从而导致LED光电性能的失效。

（3）通常LED发生硫化的环节基本在应用产品贴装、回流焊接完成后，放置一段时间才逐渐发现。硫化后的LED表现为支架功能区黑化，如图1-21所示。硫化后的LED光通量严重下降，色温出现漂移（即色温升高）。

> 【说明】LED的硫化是由于环境中的硫（S^{2-}）元素通过渗透进入LED支架内部，在一定温、湿度条件下（热量促使分子运动加剧），-2价的硫与+1价的银发生化学反应生成黑色Ag_2S的过程。

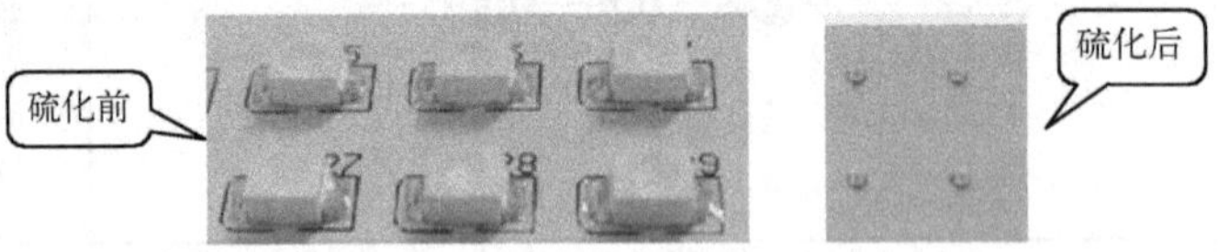

图1-21　硫化前后的LED对比图

> 【说明】
> ☺ 回流焊回来的LED包装不能用橡皮筋包扎。目前含有硫物质的物料有PCB板材、橡胶手套、橡皮筋、硫磺香皂、玻璃胶、低端的双组分树脂胶。
> ☺ PCB在刮锡膏前，以及回流焊接之后，要先对焊盘、露铜部位、焊点等位置进行表面清洁处理，可以消除或降低PCB表面残硫对LED的危害。
> ☺ LED元件、LED产品避免与含硫、氧化性物质存放于同一空间环境。
> ☺ TOP LED白光产品未经密封处理，避免在酸性环境下工作。
> ☺ TOP LED白光产品应避免在酸性环境下（pH<7）使用，不可接触到酸性防水胶、酸性热熔接剂。

4. LED 光源取拿

1）TOP LED 光源取拿（见图 1-22）

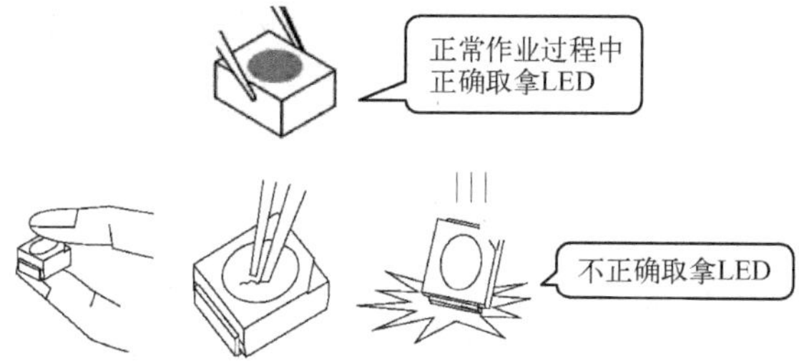

图 1-22　TOP LED 光源取拿

2）大功率 LED 光源取拿（见图 1-23）

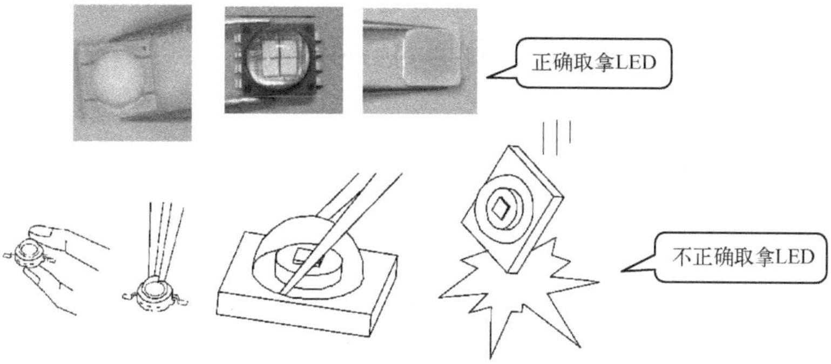

图 1-23　大功率 LED 光源取拿

3）COB 光源取拿（见图 1-24）

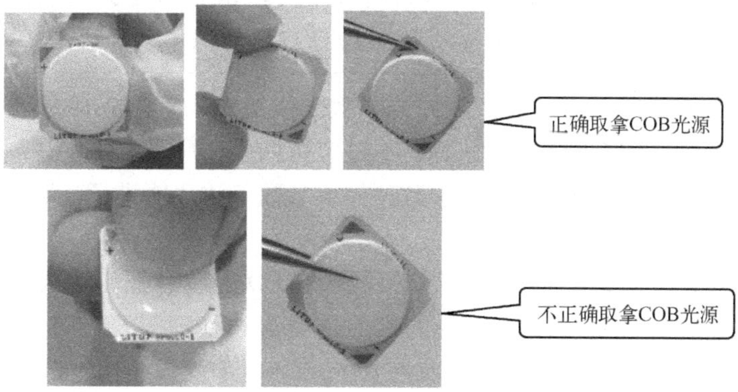

图 1-24　COB 光源取拿

4）LED 光源或 LED 光源组件堆放（见图 1-25）　堆放焊有 LED 的 PCB 或组件时不可使 LED 透镜受压，透镜上方至少有 2cm 的空隙。

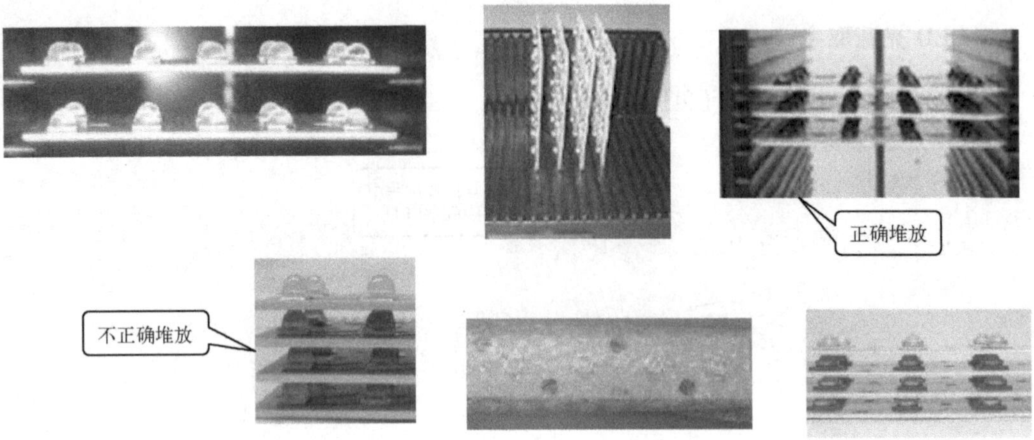

图 1–25　LED 光源或 LED 光源组件堆放

1.10　LED 应用须知与应用失效

1. LED 应用须知

（1）LED 是恒流型元器件，在使用过程中避免用恒定电压方式点亮 LED。在单灯并联设计电路中，应保持各单个 LED 灯驱动电流值恒定，否则会使单个 LED 产生颜色、亮度不一致情况。当环境温度升高时，因 LED 结温上升使内阻减小，使 LED 电流升高（恒定电压），影响其寿命，严重的使 LED 损坏。故 LED 最好采用恒流源供电，以保证 LED 持久可靠工作。

> **【说明】** 测试 LED 的压降、亮度、波长等参数时，0.2W 小功率 LED 电流设定为 60mA；0.5W 中功率 LED 电流设定为 150mA；1W 大功率 LED 电流设定为 350mA；3W 大功率 LED 电流设定为 700mA（具体可以参照 LED 规格书）。

（2）白光 LED 在产品应用时，按相同等级代码组装在一起，在确认颜色一致性满足使用要求的前提下，可将相邻等级连续贴装，不过应咨询生产厂家。不同进料批次同等级代码产品在进行贴装前，要用积分球测试其参数，如果参数一致才能进行贴装，以免产生颜色差和亮度差异。

（3）TOP LED 系列白光产品，出于散热需要，LED 封装行业内主要采用软硅胶封装工艺，故在将 LED 组装为成品时，对 LED 的表面进行清洁处理、灌封防水胶，安装过程中，要防止在 LED 封装胶体上方施加外力，以免损坏 LED 内部焊线结构，造成 LED 开路，产生死灯现象。

> **【说明】** 在生产组装过程中，不对 LED 封装胶体进行人为的触碰或按压。

（4）在 LED 的设计过程中要加强对散热问题的考量，设计时采用低热阻的线路板、低热阻散热件，减小 LED 的放置密度，防止紫外光的直接照射。

【说明】LED 产品组装前，应仔细检测大功率热沉与铝基板之间，以及铝基板与灯具外壳或散热片之间接触是否良好，务必将导热硅脂的厚度控制在 100μm 以下。

（5）LED 产品户外应用时，要根据使用环境，采用相应 IP 等级，在对 LED 进行防水胶的灌封时，应注意胶量在 LED 表面的均匀性，不能覆盖 LED 表面，防止因胶的厚薄使产品透光率不同，造成色差现象。

【说明】不同防水胶（密封胶），其硬度、透光率、折射率、黏度、散热性能、膨胀系数等物理特性都会存在较大差异。在对 LED 进行防水胶的灌封时，应充分评估封胶后色温的偏移量、封胶厚度、胶量一致性及两种不同胶水的黏合能力。在实际生产中，也要采取特定工艺对封装防水胶内的气泡进行消除与控制。

（6）电源驱动。

☺ LED 不允许反向驱动，因线路工作时产生的脉冲电流应远小于 LED 规格上限值，以避免过大脉冲电流导致 LED 因 EOS 击穿。

【说明】EOS 为 Electrical Over Stress 的缩写，是指电气过应力，就是 LED 上施加的电流超过该 LED datasheet 中规定的最大电流。主要表现为 LED 器件立即失效，如接合线熔断、芯片/齐纳击穿、烧毁等，也可能在发生 EOS 事件后，在长期工作中才失效。

☺ LED 工作时，必须采取必要的限流措施，否则可能因轻微的电压变化而导致较大的电流变化，造成 LED 失效。

☺ 在光通量满足要求的前提下，尽量采用低于额定电流的驱动电流，这样可以提高 LED 的可靠性。

☺ 在电路设计时应考虑 LED 单灯最大 V_F 与最小 V_F 的差异，设置合理的驱动电流上下限，避免电流不同而产生亮度异常。

（7）点亮防护。

☺ 高亮度 LED 发光强度足以刺伤人的眼睛，所以在工作时应避免长时间注视 LED 光源，并应采取适当的防范措施，具体措施参照 IEC（国际电学委员会）标准及产品标注。

☺ LED 灯珠广泛应用于工业与日常生活中，有一部分闪光性 LED 产品，在使用过程中会引起人眼的不舒服，应格外注意。

（8）LED 灯珠的安装防护。

☺ LED 灯珠应避免在酸性、硫浓度较高的环境下使用。

☺ 因酸性物质具有一定腐蚀性，会造成 LED 封装胶体黄化，同时 LED 白光产品所用的荧光粉在长时间酸性环境下被酸化后将出现漂白现象，故 LED 成品安装时应避免使用酸性胶。

【说明】不能用醋酸硅酮密封胶来黏合固定 LED 成品。

☺ LED 灯珠在产品组装、防水处理过程中，也要避免接触到 pH <7 的酸性防水胶、酸性热焊性溶剂等。

【说明】选用防水外封胶、色素等物料时，在引进新物料之前，必须要求供应商提供原料的物质安全成分表，并通过相关试验验证产品的可靠性，防止存在物质间的污染。

（9）LED 产品在户外使用时，应做好接地保护，以防止漏电或雷击对产品带来的破坏。

2. 常见 LED 应用失效

常见 LED 应用失效如表 1–24 所示。

表 1–24　常见 LED 应用失效

失效现象	失效类型	失效原因	预防措施	备　注
死灯（不亮）	灾难性失效	LED 散热不佳，固晶胶老化、层脱，芯片脱落	做好 LED 散热工作，保证 LED 的散热通道顺畅	焊接时防止 LED 悬浮、倾斜
		PCB 布线方式不当	焊盘与 PCB 走向应保持垂直状态，以减小 PCB 弯折时产生的外力拉伸作用对 LED 金线的影响	
		过电流、过电压冲击/驱动，芯片烧毁（开路或短路）	做好 EOS 防护，防止过电流、过电压冲击或者长时间驱动 LED	输入过大的电压、电流导致晶片烧毁或金线烧断
		使用过程中，未做好 ESD 防护，导致 LED PN 结被静电击穿	做好 ESD 防护工作	
		用户使用不当，胶体膨胀剧烈扯断金线，或是外力冲击碰撞封装胶体，扯断金线	按照推荐的焊接条件焊接使用；装配过程中注意保护封装结构部分不受损坏	SMT 机台参数或回流焊温度曲线设置不合理，造成回流过程中胶体剧烈膨胀致金线断开
光输出微弱（微亮）	灾难性失效	过电流驱动造成芯片电极加速劣化，接触不良，V_F 严重上升	在额定电压、电流内使用 LED	单灯工作电流达到或接近 LED 的分光分色电流条件
		过电压或过电流冲击后 PN 结结构严重受损，V_F 严重上升		
		严重 ESD 损伤，PN 结结构严重受损，V_F 严重上升	做好 ESD 防护工作	
光衰大（>10%）	参数失效	散热不好或过电流使用造成热量积累，在高温条件下封装胶体结构发生变化	更换耐热性更好的封装胶体；保证充分散热及在额定电流内使用	
		在高温高湿或酸性等苛刻环境条件下，荧光粉变质分解，性能下降	选用可靠性高的荧光粉材料；避免长期在高温高湿环境下使用；避免在酸性环境下使用	
		在一定温、湿度条件下，环境中的硫（S^{2-}）元素通过渗透进入 LED 支架内部	选用有质量保证的 PCB 板材、焊料及其他配套辅料，避免接触含硫物质；避免与含硫、氧化性物质存放于同一空间环境	TOP LED 白光产品如未经密封处理，避免在酸性环境下点亮
色差		LED 受潮未除湿	SMDs 产品务必做好密封防潮保存，TOP 产品使用前务必确认湿度指数卡是否符合上线要求	LED 产品防水/防尘等级达不到使用环境的要求
		散热不良，LED 温度升高，荧光粉激发效率下降，芯片波长红移	做好 LED 散热工作，保证 LED 的散热通道顺畅	
		不同防水胶存在不同的透光率、折射率，灌封后，光源色温一般会增大；而胶量厚度也会影响到色温的偏移量	胶量厚度一致性要好，消除防水胶内气泡	

第 2 章　LED 室内照明灯具的设计与组装

目前市场上所生产的 LED 射灯均为自镇流式灯具，也就是说 LED 驱动电源安装在灯体内部，直接接通 AC 220V 交流即可使用。LED 射灯主要由透镜或反光杯、LED、散热器、驱动电源、灯头组成。由于生产厂家众多，每个厂家采用的材料、工艺、LED 封装方式不同，使得市场上的 LED 射灯在设计和加工上有很大差别。

按照传统照明产品的分类方法，LED 照明产品主要包括以下 4 类：

☺ LED 灯具，主要包括 LED 路灯、LED 隧道灯、LED 台灯、LED 筒灯、LED 天花射灯等。

☺ LED 光源，主要是各种类型的自镇流 LED 灯，如 LED 球泡灯、PAR 灯、MR16 射灯、LED 蜡烛灯等。

☺ LED 模块控制装置，主要是 LED 驱动电源。

☺ LED 模块用连接器，可以实现 LED 模块的互换，目前欧洲已有，国内尚无。

自镇流 LED 灯主要对标志、互换性、绝缘电阻、介电强度、机械强度、能效限定值、电源端子骚扰电压、辐射电磁骚扰、意外接触带电部件的防护、功率、功率因数、光通量、颜色特征、光生物危害、灯的外形尺寸、初始光效、光束角、中心光强等项目进行检测。

自镇流 LED 灯检测的国家标准有 GB 24906—2010《普通照明用 50 V 以上自镇流 LED 灯 安全要求》、GB/T 24908—2014《普通照明用非定向自镇流 LED 灯 性能要求》、GB/T 29296—2012《反射型自镇流 LED 灯 性能要求》、GB/T 20145—2006《灯和灯系统的光生物安全性》、GB 30255—2013《普通照明用非定向自镇流 LED 灯能效限定值及能效等级》、GB 17625.1—2012《电磁兼容 限值 谐波电流发射限值（设备每相输入电流≤16A）》、GB 17743—2007《电气照明和类似设备的无线电骚扰特性的限值和测量方法》等。

【说明】 国家标准是在不断更新的，当有新的国家标准发布时，以新发布的国家标准为准，同时也要考虑其实施的时间。可以在国家标准查询网中查询。设计者或生产商要在标准实施前就做好对新标准的理解，生产及使用的 LED 灯具或相关配件应满足新标准中技术指标或相关要求，避免在市场流通时出现相关质量问题。

LED 射灯是指发出的光线具有方向性的 LED 灯具，灯头符合 E14、E27、GU5.3、GU10 的 MR16、PAR20、PAR30、PAR38 等产品。灯头的外形尺寸应符合相关的国家标准。

【说明】 大部分 LED 射灯都以 MR16 为主，其中以插脚方式为主，其灯脚（灯头）称为 GU5.3，按灯脚（灯头）区分，还包括 E14、E27、GU10 等。

（1）Exx：指灯座为螺纹口灯座，xx 是螺纹口的直径，单位为 mm。如 E27 是指螺纹口直径为 27mm 的螺旋。

（2）MRxx：是指细针脚的灯座，xx 指灯具的口径（灯具直径的长度），单位是 1/8 英寸。如 MR16 的口径 = 16 × 1/8 = 2 英寸 = 50mm。MR 系列一般为低压灯。

（3）GUxx：指灯座类型为插入式，U 表示灯头部分呈现 U 字形，xx 表示灯脚的中心距，单位是 mm。如 GU10，是指灯脚中心距为 10mm 的灯座，一般为高压灯，在欧洲国家应用较多。

（4）MR16通常采用GU5.3灯头，PAR20、PA30、PAR38主要采用E26（美洲）/E27（欧洲及中国）灯头。

（5）CE认证常规指令有LVD、EMC、WEEE、ROSH、ERP，新能效标贴指令在2013年9月1日取代98/11/EC。ERP认证包括非定向LED灯的能效要求、定向LED灯的能效要求、LED灯具的能效要求及能效标贴指令（能效标贴）。

（6）LED照明灯具的调光方式有可控硅调光、0～10V/1～10V调光、DMX、DALI、PLC，以及WiFi、蓝牙、ZigBee、ENOCEAN等有线与无线技术。

LED射灯类产品，目前主要以点光源加透镜的方式（主导方向），可能会在不久的将来被市场所摒弃。而COB光源模块加反光杯方式，将是以后发展的主要方向。要用透光率高的混光材料来做灯罩，这样可以提高光学系统的效率，又可以减少眩光。

CCC认证LED灯具分为嵌入式灯具、固定式通用灯具、可移式通用灯具、水族箱灯具、电源插座安装的夜灯、地面嵌入式灯具6大类。

LED灯具分为一类、二类、三类灯具，LED灯管（日光灯）、LED球泡灯、LED面板灯、LED射灯、LED天花灯、LED筒灯、LED蜡烛灯、LED玉米灯、LED PAR灯都是二类灯具，其标识为“回”。

在LED射灯的认证方面，国际上主要以欧洲CE和北美UL认证为主，同时也要进行相关的能源认证。在国内可以进行自愿性认证CQC。在CQC认证中对LED射灯的色温、显色指数、初始光通量、光效、光通维持率、寿命、中心光强、标称功率、功率因数、产品标识等进行了规定。相关的认证规则可以参照中国质量认证中心（CQC）的照明电器自愿性产品认证规格。

【说明】对于LED射灯内部接线的要求，可按照GB 7000.1—2015规定执行。目前大多数LED射灯内部接线电流小于2A，其导线的最小截面积可小于0.4mm^2。如果电缆可以承受相关控制装置提供的正常电流和短路电流，则每个导体的最小横截面积可以是0.2mm^2。

2.1　MR16 LED射灯的设计与组装

MR16 LED射灯采用与传统MR16卤素灯同尺寸设计，用以替换传统的25W卤素灯，12V（AC/DC）输入电压设计（DC 12～24V为低电压），减小了电源器件及灯具本身散热量，确保MR16射灯在装入灯具之后，仍然能够保持良好的散热。同时保证LED发光可以有效控制在更小角度内，产品除白光、暖白光、冷白光外，客户还可以选择红、黄、绿、蓝颜色。MR16 LED射灯外形如图2-1所示。MR16 LED射灯光线柔和、雍容华贵，既可对整体照明起主导作用，又可进行局部采光，烘托气氛。

【说明】LED行业内多数是以灯珠的功率来对灯具进行表述，如射灯内大功率单颗1W LED为3个，射灯功率就为3W（有几个灯珠就视为几瓦）。主要用于对射灯、天花灯、洗墙灯等产品确定功率的大小时。

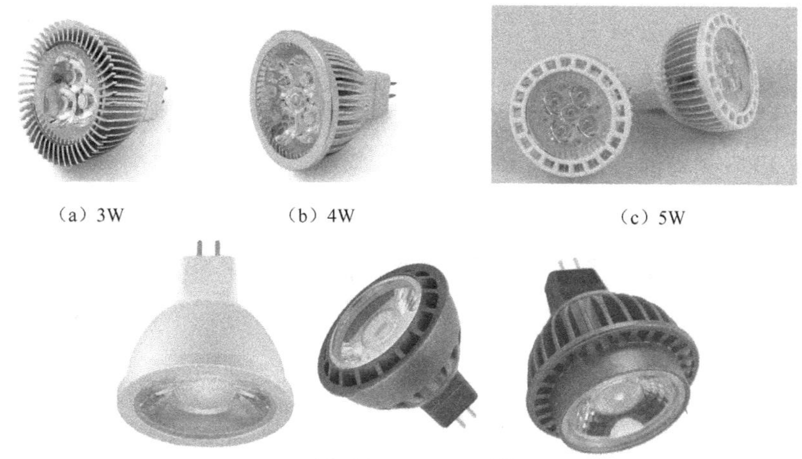

（a）3W　（b）4W　（c）5W

（d）COB MR16 LED射灯

图 2-1　MR16 LED 射灯外形

【说明】 目前 MR16 LED 射灯主要达到替换传统 MR16 卤素灯的目的，满足其照明使用要求，所以在灯具尺寸结构形式、出光形式、配光等方面会参考传统 MR16 卤素灯，使得 MR16 LED 射灯必然需要向传统灯具的形式靠拢。

MR16 LED 射灯散热体可采用铝挤、压铸铝、鳍片散热等，下面对 3 种散热体一一进行介绍。

☺ 铝挤就是将铝锭高温加热至 520 ～ 540℃，在高压下让铝液流经具有沟槽的挤型模具，做出散热片初坯，然后再对散热片初坯进行裁剪、剖沟等处理，做成散热片。一般采用铝合金（6063 - T5），其热传导率为 180 ～ 190 W/m · K，主要应用于功率较大的 LED 灯具。铝挤可以做到比较精美，厚薄很容易控制，会增加散热表面面积，增强了散热效果。

☺ 压铸铝一般采用锌铝合金（ADC12），其传导率为 80 ～ 90 W/m · K，大多数的小功率射灯（1 ～ 3W）基本采用此工艺。压铸铝可制作各种立体复杂形状散热器，但热传导率较差。目前多以 AA1070 铝料来作为压铸材料，其热传导率高达 200 W/m · K 左右。

【说明】 铝压铸技术是通过将铝锭熔解成液态后，填充入金属模型内，利用压铸机直接压铸成型，制成散热片。采用压注法可以将鳍片做成多种立体形状，散热片可依需求做成复杂形状，亦可配合风扇及气流方向做出具有导流效果的散热片，且能做出薄且密的鳍片来增加散热面积。

☺ 鳍片散热是采用鳍片的形状，主要是为了加大散热面积，以利于辐射散热和对流散热。FIN 片材质一般是 AA1050（传导率约 200W/m · K）。鳍片散热的优点是具有良好的散热效果，重量轻。鳍片散热的缺点是扣 FIN 模具费用高，受冲击易变形。

【说明】

（1）散热器不同部位的散热效果是不同的，散热效果最差的位置是在根部，散热效果最好的位置是在顶部。

（2）散热器的有效散热面积是实际面积的 70% 左右，50 ～ 60cm^2 的有效散热器面积可以将 1W 大功率 LED 的热量散出去。

1. MR16 LED 射灯的设计

由于 MR16 卤素射灯在目前占有极大市场，高性价比的 MR16 LED 射灯将成为取代卤素灯的关键因素。MR16 LED 射灯主要应用在商场、橱窗、餐厅等室内装饰照明；展厅、会议室、博物馆、办公室等局部照明；酒吧、卡拉 OK 等氛围照明；珠宝、金银首饰及时装展示照明等。

【说明】 LED 室内照明光源相关色温可分为暖色、中间色、冷色 3 种，小于 3300K 为暖色，适用于客房、卧室、病房、酒吧、餐厅；3300 ～ 5300K 为中间色，适用于办公室、教室、阅览室、诊室、检验室、机加工车间、仪表装配；大于 5300K 为冷色，适用于热加工车间、高照度场所。

目前 MR16 LED 射灯主要有两种形式，一种为仿流明大功率 LED、3535 封装为主，另一种为 COB 作为 LED 光源。材质主要以铝合金、PC 为主，发光角度主要以 15°、24°、30°、45°、60°为主，可以有多种选择。

【说明】 MR16 LED 射灯的材质还有陶瓷及高导热塑胶。MR16 射灯工作电压在 25V 以下，对爬电距离和电气间隙没有要求。

MR16 LED 射灯电气部分主要由两大部分组成，一为电源部分，二为 LED 灯板部分。电源部分将在后面的章节进行介绍。这里主要介绍 LED 灯板部分。LED 灯板由铝基板和 LED 灯两部分组成。设计 LED 灯板时要求灯杯的尺寸并结合 LED、LED 透镜来进行设计。目前 LED 透镜主要有两种，一种是单个的，即有多少个 LED 就有多少个 LED 透镜，这种 LED 透镜一般要外加一个面板；另一种为集成的，即将所有的 LED 透镜集成在一起成为一个整体，当作 LED 灯杯的面板，用 LED 透镜压簧（弹簧扣）压住，光源为 COB 光源。设计 LED 灯板时，可以参照 LED 灯杯的规格书进行设计。目前 LED 的产品主要以公模为主，所以在设计时，要有自己的特色。

【说明】

（1）目前的 LED 射灯大多为自镇流式射灯，电源分为隔离、非隔离两种。隔离电源的初级与次级形成了电气隔离，在 LED 射灯设计时，将电源初级与外壳及人体可接触部分做好充分的防触电即可。其缺点是电源放置空间大，转换效率低。非隔离电源由于初、次级之间未做电气隔离，在 LED 射灯设计时，要做严格的防触电隔离，其优点是电源体积小，转换效率高。

（2）LED 灯具功率与电源转换效率有关，设计时要根据电源转换效率来设定合适的电源输出电压及电流。

（3）LED 灯具光源输出光通量（流明数）与光学系统、热系统和电气系统有关，即光源光通量 = 灯具输出光光源 /(光学效率 × 热效率 × 电源转换效率)。

在设计灯板时，先确定 LED 灯杯的散热效果，可以知道 LED 灯杯最大功率是多少。结合

LED 灯杯的空间和 LED 透镜，就可以确认 LED 灯（COB 光源）、LED 灯板的厚度、直径。

【说明】 LED 照明产品的长期寿命预测和重复光通维持率标准有 3 个，即 IES LM - 80 - 15《LED 封装、阵列和模块的光通量及颜色维持测量方法》、IES TM - 21 - 11《LED 光源长期光通维持率的预测方法》、IES TM - 28 - 14《LED 灯、光引擎和灯具光通维持率的预测方法》，由 IESNA 协同美国国家标准学会发布。

MR16 LED 射灯的灯板设计时，要注意几个定位点。一个是铝基板与灯杯的定位，即如何将铝基板固定在灯杯上；另一个是 LED 透镜的定位及穿线孔。下面以 5W MR16 LED 射灯设计为例，其外形尺寸及实物图如图 2-2 所示。

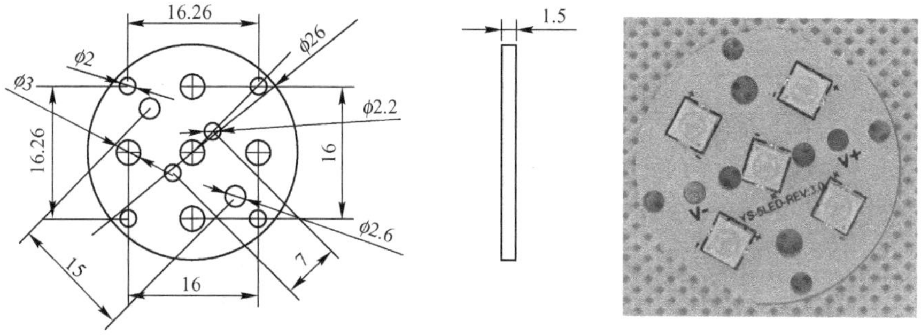

图 2-2　5W MR16 LED 射灯铝基板外形尺寸及实物图

【说明】 在 PCB 设计时，尽可能将铝基板上用于散热盘的覆铜面的面积设计得比较大，这样有利于将热量传递给铝基板，从而更快地将热量均匀传递出去。

2. MR16 LED 射灯（COB 光源）的组装流程

MR16 LED 射灯（COB 光源）的组装流程图如图 2-3 所示。

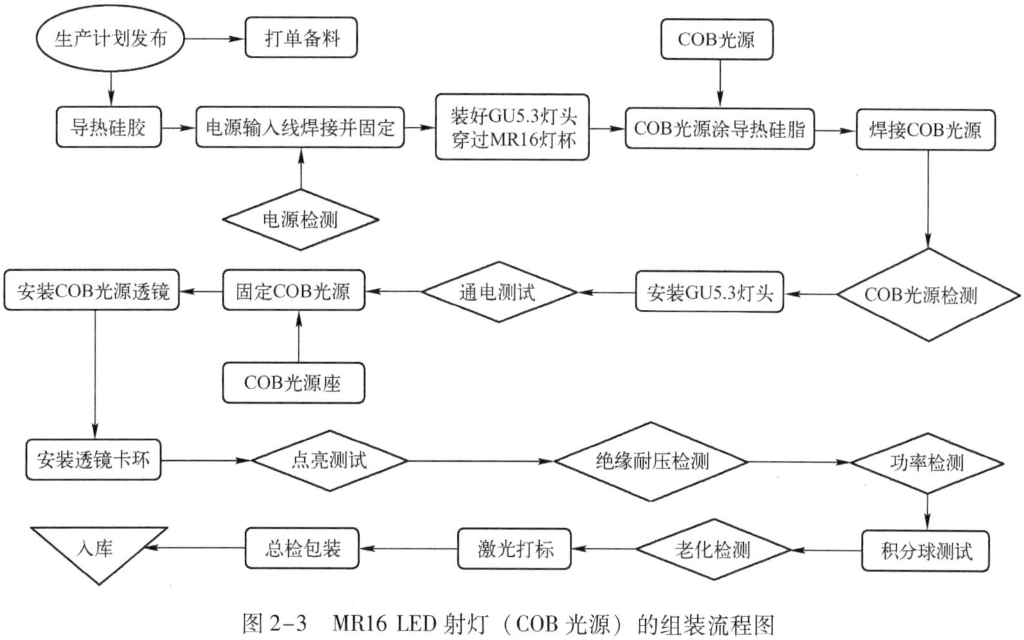

图 2-3　MR16 LED 射灯（COB 光源）的组装流程图

3. MR16 LED 射灯调光

MR16 LED 射灯调光示意图如图 2-4 所示。

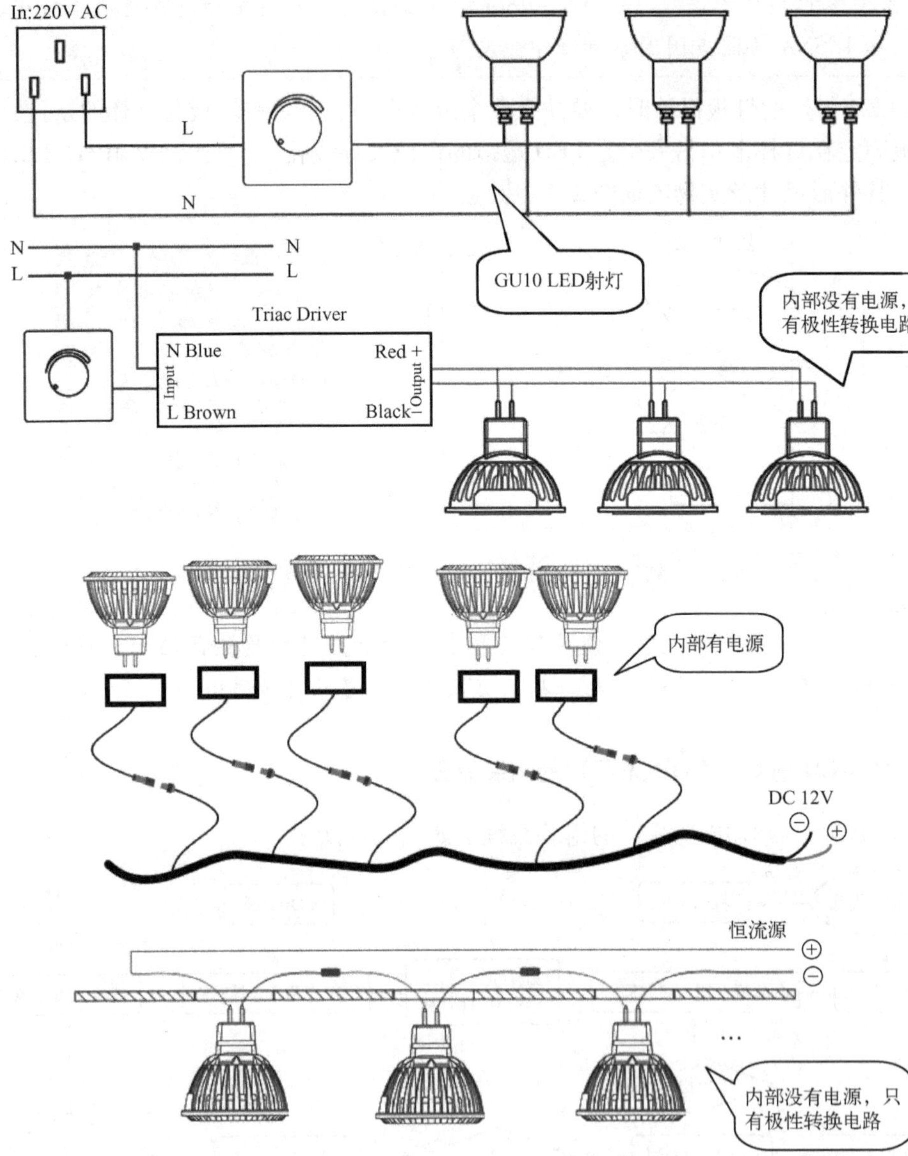

图 2-4 MR16 LED 射灯调光示意图

> **【说明】**
>
> （1）LM－80 是美标 LED 模块测试方法，可以用于美国的能源之星，不能用于欧盟 ERP 认证。欧盟 ERP 认证有自己 LED 模块测试方法，标准号为 IEC/PAS 62717，两者之间的测试方法存在差异。

（2）LED 灯的初始值测试只需要等到 LED 稳定即可测试，LED 开关测试时间为开关 30s。

（3）LED 芯片的显色指数要求≥80，R9 >0（室内产品）。

（4）LED 模块测试中要进行型号覆盖时，要求灯具用的是同一个 LED 模块，即 LED 芯片排列相同，LED 封装种类和封装上的芯片的数量也要相同。LED 灯具如果核心发光部件相同则可以覆盖。

（5）定向/非定向 LED 灯都需测色坐标，并与标准中的色坐标范围比对。

4. MR16 LED 射灯的组装

5W MR16 LED 射灯部件如图 2-5 所示。

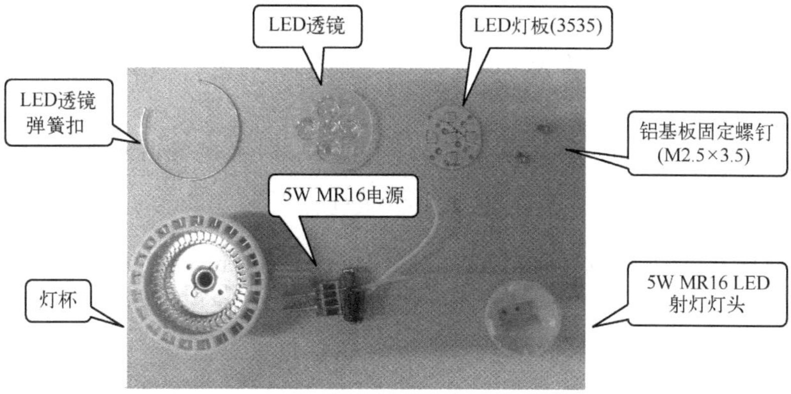

图 2-5　5W MR16 LED 射灯部件

1）外观检查

☺ 取样一套灯杯，目测灯杯外观有无刮伤、变形等不良现象，是否有灯头毛刺、裂痕等不良现象。

☺ 目测 SMT 回来的灯板、焊接元件有无任何偏移，元件的焊接端与基板焊盘接触是否良好，铜箔有无鼓起等不良现象。

☺ 通过测试 LED 灯板，目测 LED 灯珠发光是否正常，颜色及亮度是否符合生产要求。

☺ 检测电源时先接 LED 灯板，然后通电测试电源，用两个数字万用表测试电源的电压与电流，核对测试参数是否与电源标称值一致。

【说明】 测试电源时要按如下步骤操作：测试时，先接负载后通电，测试后，先断电后拆负载。这样做的目的是保护电源。

2）固定电源　取出 1 根 MR16 射灯电源，在 MR16 灯头的内槽上打固定胶（189 胶或 704），其用量要根据电源的大小而定，最多不能超过 MR16 灯头内槽容量的三分之一。取 1 根 MR16 电源（电源输出线一般都是供应商提供的即焊接好），将 MR16 电源灯脚从打好 189 胶的 MR16 射灯灯头内槽孔穿出，用手压一下。最后将残留在引脚上的 189 胶擦拭干净，放置在通风处。操作过程如图 2-6 所示。

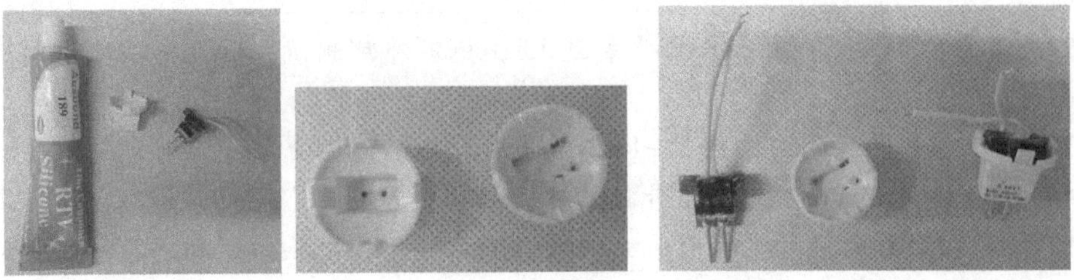

图 2-6　固定电源

3）安装电源　MR16 射灯灯头（电源及电源线）从灯杯出线孔引出，如图 2-7 所示。

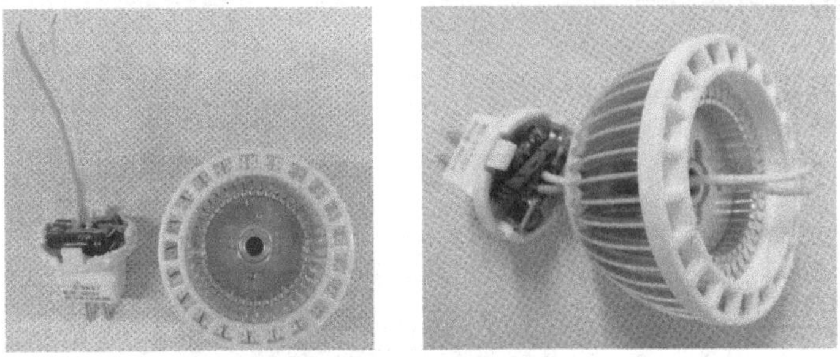

图 2-7　安装电源

4）连接灯板及灯板涂导热硅脂　在灯板均匀涂上导热硅脂，将电源引线从涂好导热硅脂灯板的电源引线孔中穿出，白色的线从“V-”旁边的孔穿出，粉红色的线从“V+”旁边的孔穿出。然后再将电源引线焊接到铝基板的 LED 灯板焊盘上，焊接时要将正极（粉红色线）焊接到 LED 灯板的“V+”焊盘上，负极（白色线）焊接到 LED 灯板的“V-”焊盘上。其过程如图 2-8 所示。

5）通电测试　将 MR16 射灯插入 MR16 灯座，接通电源，如图 2-9 所示。

图 2-8　连接灯板及灯板涂导热硅脂

图 2-9　通电测试

> 【说明】如接通电源不工作，就对其进行检查及修理。MR16 射灯的工作电压为 AC/DC 12V，千万不能接到 AC 220V 上使用。

6）固定铝基板（灯板）　将连接好 LED 灯板的 MR16 射灯灯头对准杯底部的定位孔，同时把引线拉紧，使 LED 灯板与灯杯良好接触，最后用电批或螺丝刀将铝基板固定螺钉（M2.5×3.5）拧紧，其过程如图 2-10 所示。

【说明】固定铝基板时，电源输出引线不能被压破。铝基板固定螺钉（M2.5×3.5）要拧到位，同时拧螺钉不能用力过大，防止拧断螺钉。

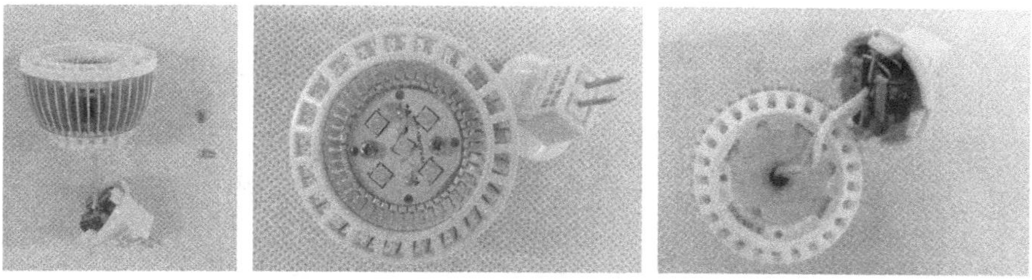

图 2-10　固定铝基板（灯板）

【说明】焊接时要分清 LED 灯板的正负极，焊接操作时用镊子夹住电源引线进行焊接，且焊接时要佩戴防静电手环。

7）安装 GU5.3 灯头　将多余的电源输出引线拧紧，放在灯杯后面的空间处，同时将 MR16 射灯灯头上 4 个卡扣与灯杯上的卡位相对应，在位置正确的情况下，用手一压就卡住，即安装好了。其过程如图 2-11 所示。

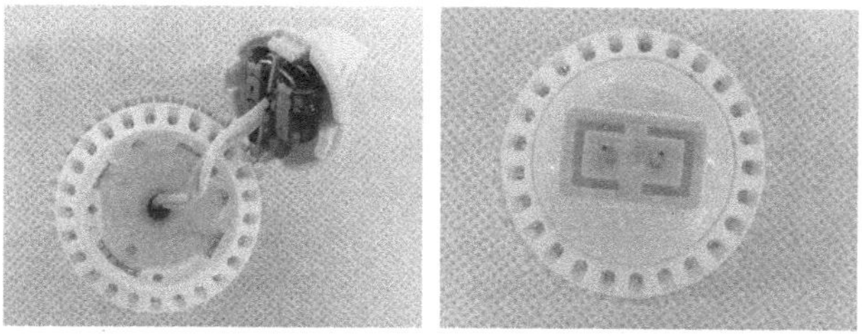

图 2-11　连接 MR16 射灯灯头与灯杯

【说明】安装时能够听到清脆的声音，表示 MR16 射灯灯头与灯杯已经接触良好。

8）安装透镜　取一体化 LED 透镜 1 个，将一体化 LED 透镜内凹陷处对准 LED 灯，同时也要将 LED 透镜上的定住柱对准 LED 灯板上的 LED 透镜定位孔。其过程如图 2-12 所示。

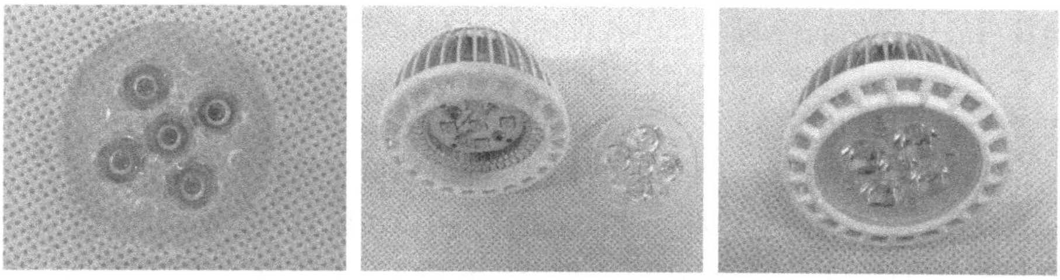

图 2-12　安装透镜

注意： 安装 LED 透镜前，必须将 LED 灯板清理干净。安装 LED 透镜时要戴白手套，同时保证 LED 透镜镜面干净。

9）安装 LED 透镜弹簧扣 取 LED 透镜弹簧扣 1 个，将 LED 透镜弹簧扣安装到灯杯内凹陷处。对准灯杯内凹陷处，将 LED 透镜弹簧扣放在灯杯内凹陷处压住 LED 透镜。其过程如图 2-13 所示。

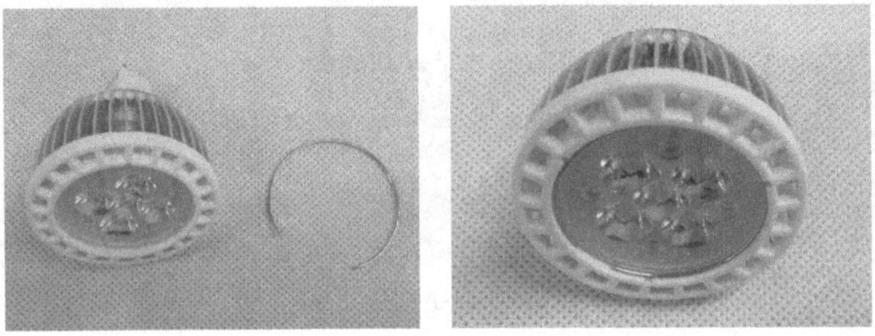

图 2-13 安装 LED 透镜弹簧扣

10）老化 将 MR16 射灯插入 MR16 射灯灯座上，接通开关电源（开关电源输出电压为 DC 12V），老化时间为 8h。老化过程如图 2-14 所示。

> 【说明】在大规模生产时，可以将 100 个左右的 MR16 灯座分成两组，用 $2\times2.5\text{mm}^2$ 的铜导线将 MR16 灯座并联在一起，然后接到开关电源（开关电源输出电压为 DC 12V）上，这样可以简单做一个老化台。

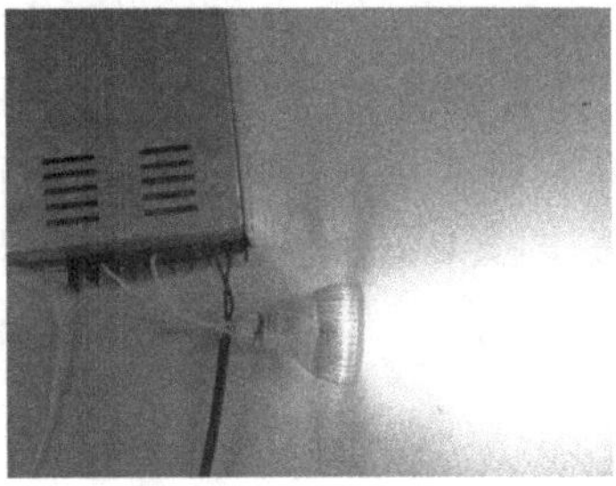

图 2-14 老化过程

2.2 LED 轨道灯的设计与组装

1. LED 轨道灯简介

LED 轨道灯是针对商业照明、商品展示而设计的 LED 新型灯，新型轨道可调式设计，采用优质 LED 光源，光谱纯正，色彩丰富，环保节能；采用铝合金外壳，轻巧简便，美观大方；电源与灯具完美结合，更突出其优雅特性。材质颜色有黑、白、闪银等，可安装于轨道或直接安装于天花或墙壁，既可解决基础照明又可突出重点照明，突出展示产品，是效果照明的最佳选择，广泛用于商场、服装、珠宝、酒店、宾馆、会堂、会所、别墅、橱窗等场所的照明和装饰。LED 轨道灯的外形（COB）及常用 COB 光源外形与装配如图 2-15 所示。COB 轨道灯采用最新光源技术 COB 光源，光效高，可以达到 110lm/W，出光均匀，无眩光。国内安装 LED 导轨灯的轨道条都是两线，欧洲国家用的轨道条是三线、四线的。调光 LED 轨道灯有可控硅、双色调光、0 ～ 10V、DALI 调光。在设计 LED 轨道灯时，要考虑到其他工作环境，也就是说要知道 COB 光源工作结温，COB 光源结温在其规格书上有标明，现在介绍最高环境温度的计算。

$$T_j = T_a + (R_{\text{th散热器的热阻}} \times P_{\text{总功率(电源的功率)}}) + (R_{\text{th LED 封装的热阻}} \times P_{\text{LED功耗}})$$

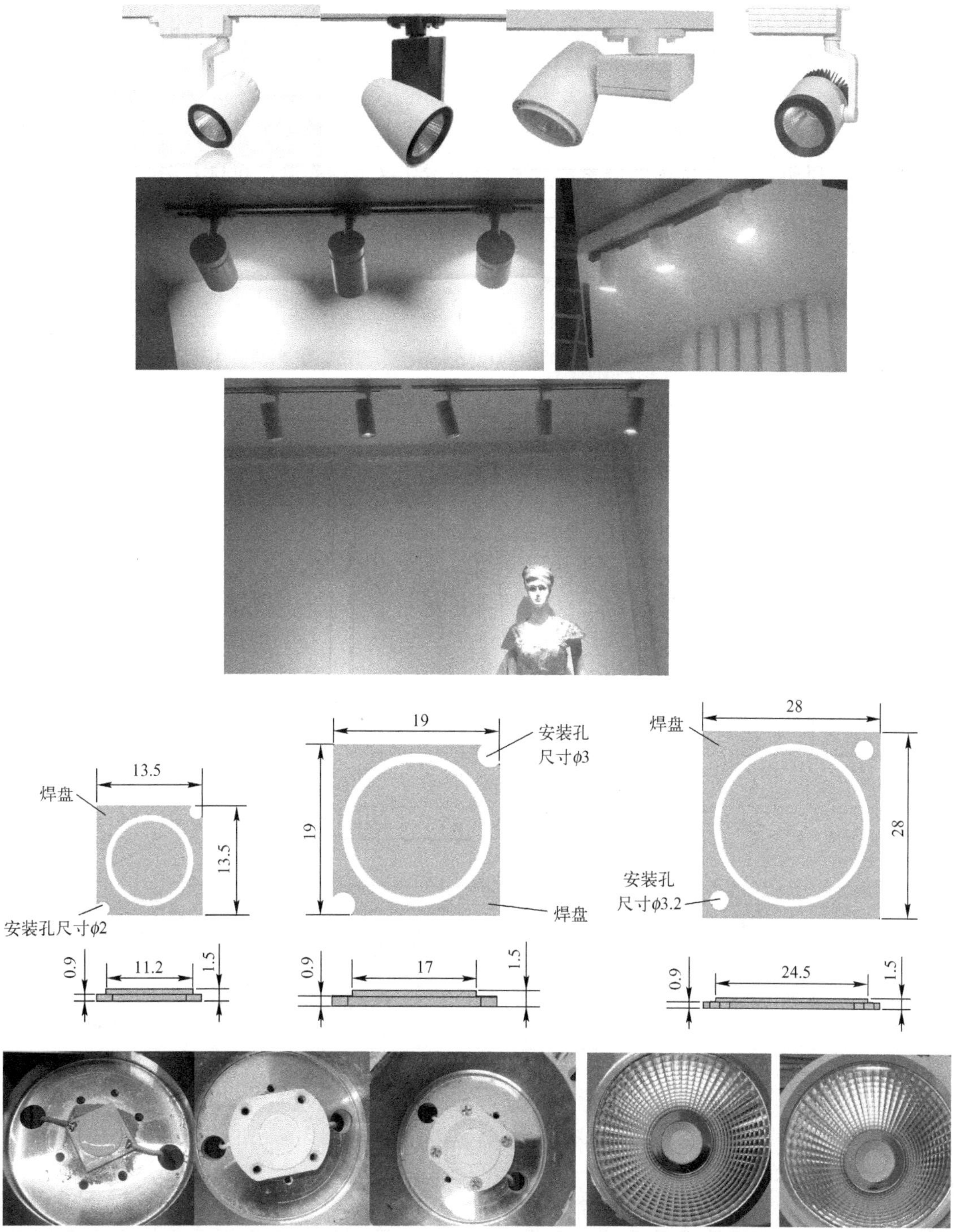

图 2-15　LED 轨道灯的外形（COB）及常用 COB 光源外形与装配

【说明】

☺ LED 轨道灯防尘、防虫，不易变形，发光角度有 15°、24°、36°、40°。

☺ LED 轨道灯显色指数高，一般在 80 左右，其 R9 >0。

☺ LED 轨道灯光线照射在物品上可保持物品色泽鲜艳、华丽，不会像其他传统金卤灯那样由于过长的照射而导致物品失去原有的光泽。
☺ 一些高档的商场、服装、珠宝、酒店、宾馆、会堂、会所、别墅、橱窗等场所，要求 LED 轨道灯的显色指数在 90 以上，色容差小于等于 3。
☺ 服装照明的 LED 轨道灯，要求显色指数在 80 以上，色温以 6000K 为宜。

【说明】
☺ LED 轨道灯由面盖、亚克力扩散片、反光杯、支架、螺丝、散热体、导轨头组成，一般来说导轨头默认 2 线，可配 3 线、4 线。
☺ 反光杯的角度有 15°、30°、40°、60° 等，光源可配西铁城、CREE、夏普，内置电源。

2. LED 轨道灯组装流程

LED 轨道灯组装流程图如图 2-16 所示。

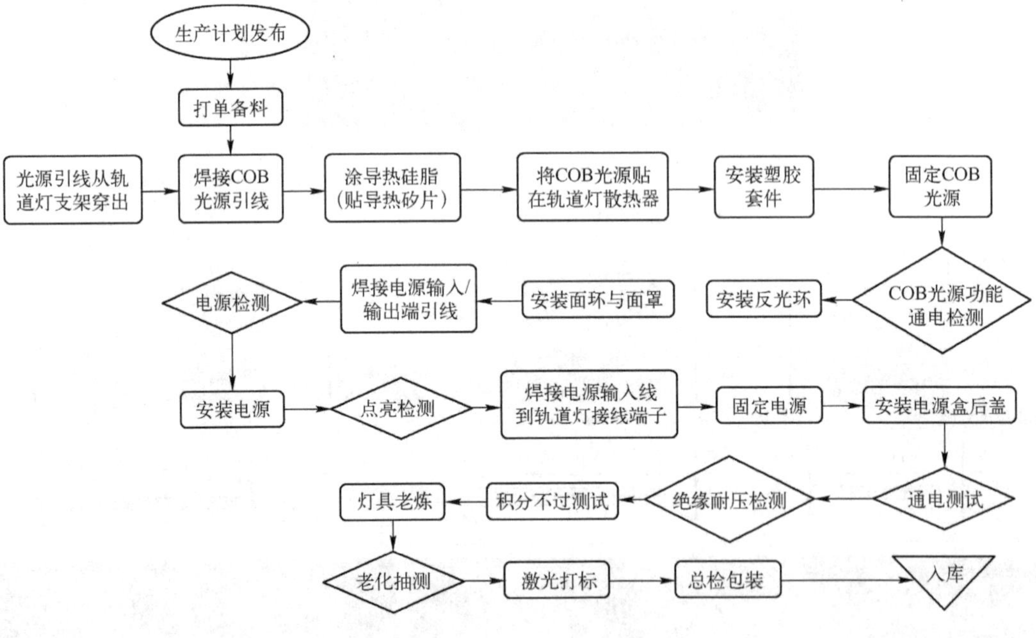

图 2-16 LED 轨道灯组装流程图

【LED 轨道灯组装过程中的注意事项】
☺ 在 COB 光源上的两焊盘上焊接引出线时，注意引出线的颜色（红 +）、（黑 -），用低温焊锡焊牢，焊接温度不要超过 COB 光源规格书规定的焊接温度。
☺ 要特别注意 COB 光源上引出线焊接点的高度，否则安装光源座不能平整到位，有可能损坏 COB 光源的围堰，出现死组现象。
☺ 在散热器中央涂上导热硅胶，把焊接引线的 COB 光源穿过散热器过孔后，COB 光源贴在散热器中央。

☺ 在 COB 光源装上安装光源座，注意安装光源座底面和散热器平面吻合，否则 LED 轨道灯反光杯会安装不到位，用两螺钉固定安装光源座。
☺ COB 光源固定完后进行一次测试。要求 COB 光源无脱焊、无不亮、无死组，正负极无反接。
☺ COB 光源引线按原样穿回轨道灯接线盒孔内，要用螺母和花垫片固定。
☺ 将 COB 光源输出线焊接在电源连接线上，注意正负极。把电源输入线与后盖上的电缆连接。
☺ 挂耳应可 90°旋转并带有一定的阻力。
☺ 电源放入 LED 轨道灯电源盒内并固定，合上后盖用 4 颗螺钉把后盖固定在电源盒上。
☺ 套上反光罩、定位环和灯前罩，把灯前罩固定在散热器上。

2.3　LED 球泡灯的设计与组装

1. LED 球泡灯简介

在全球资源紧张的大环境下，由于传统白炽灯耗能高、寿命短，已渐渐被世界上许多国家禁止生产。现在可以用电子节能灯替代，虽然电子节能灯提高了光效，节能效果也不错，但由于电子节能灯要使用污染环境的重金属元素（水银）作为材料，又有悖于全世界保护环境的大趋势。随着 LED 技术的发展，LED 照明逐渐深入人心，成为新型绿色照明的不二之选。LED 照明灯具在发光原理、节能、环保方面都优于传统照明产品。目前 LED 球泡灯是替代传统白炽灯最理想的新型节能灯具。LED 球泡灯采用高性能环保材料、优质铝材加工，表面经过特殊氧化处理或喷漆，其结构独特、高效节能、绿色环保。主要应用于商场、专卖店、酒店、办公楼、舞厅等照明场所。

LED 球泡灯的外形与传统白炽灯类似，传统白炽灯过去大都采用卡口式（B22），不过现在都是采用螺口式（E27）。LED 球泡灯由灯头、恒流驱动电源、散热器、LED 光源组件（LED、铝基板）、灯罩、连接件、螺口组成。

传统白炽灯都是由玻璃做成的，在 LED 球泡灯中也有用玻璃来做灯罩的。目前灯罩玻璃透光率为 82%～93%，多采用静电喷涂工艺，扩散效果好，毛坯不良率高，易碎，没有大批量使用。现在市场上的 LED 球泡灯大多数采用塑料作为灯罩，灯罩都是乳白色的。塑料灯罩最大的问题是透光率，因为有眩光问题存在，灯罩尽可能采用乳白色，以免看到 LED 球泡灯中的 LED 灯珠。而乳白色灯罩的透光率好坏，就会对 LED 球泡灯产生大问题。LED 球泡灯罩具备如下要求：

☺ LED 球泡灯罩具有高透光、高扩散、不会出现眩光及光影的现象。
☺ LED 光源隐蔽性要好，尽量不要看到 LED 灯珠。
☺ LED 球泡灯罩透光率最小达到 90%。
☺ LED 球泡灯罩具备高阻燃性及高抗冲击强度的性能。

市场上常见的 LED 球泡灯的外形如图 2-17 所示。LED 球泡灯主要应用于写字楼、办公室、工厂、商场、学校、公共场所、居家等室内照明。

图2-17　LED球泡灯的外形

【说明】

（1）LED球泡灯在设计或组装过程中，驱动电源采用电源盒或其他方式进行保护，使电源与灯体（金属部分）进行有效隔离，确保LED灯具安全。

（2）LED灯具功率因数（PF）要求，$P \leqslant 2W$，无要求；$2W < P \leqslant 5W$，$PF > 0.4$；$5W < P \leqslant 25W$，$PF > 0.5$；$P > 25W$，$PF > 0.9$。

（3）LED灯具色容差小于6。

（4）从2016年9月1日开始（第三阶段），LED灯泡控制装置的待机功率不能大于0.50W。

（5）能效标贴背景为白色，如果能效标贴是黑白标贴，要求其背景颜色能让字体清晰可辨。

（6）2016年10月1日起，我国对LED球泡灯（普通照明用非定向自镇流LED灯）实施能源效率标识认证，上市销售必须加贴能源效率标识。

2. LED灯具分类

LED灯具的安全等级分为3种，分别为：

☺ Ⅰ类灯具（有地线灯具）：防触电保护不仅依靠基本绝缘，而且还包括附加的安全措施，即把易触及的导电部件连接到设施的固定线路中的保护接地导体上，使易触及的导电部件在万一基本绝缘失效时不致成为带电体。

☺ Ⅱ类灯具（无地线灯具）：防触电保护不仅依靠基本绝缘，而且具有附加安全措施，如双重绝缘或加强，但没有保护接地或依赖设备安装条件。

☺ Ⅲ类灯具：防触电保护依靠电源电压为安全特低电压（参照国家标准GB 7000.1），而且不会产生高于SELV电压（安全超低电压）的灯具。

3. LED球泡灯灯体材料选择

LED球泡灯灯体材料的选择主要考虑材料的导热能力、价格及工艺性。导热系数是表明金属导热能力大小的参数，是通过实验的方法来确定的。导热系数越大，热阻越低，导热能力越强。目前LED球泡灯灯体采用AL6063-T5（压铸或挤压成型），其优点是加工性好，表面处理容易，成本低廉。也有采用压铸铝的，其原料为 ADC12，导热系数约为 96W/m · K。多采用冲压或数控处理，表面处理多采用烤漆、喷塑、电泳，也有部分涂装辐射材料。

【说明】铝合金热导率约为纯铝的 1/2，随着温度上升，铝合金的热导系数也会增大。

本节的 LED 球泡灯灯体材料 1000 系列铝带卷料，采用扣 FIN 形式。其特点如下：

☺ 导热系数约为 200W/m · K。

☺ 可以采用高速冲床冲压，效率高，速度快。

☺ 表面可以阳极处理，可以有多种颜色。

☺ 外形美观，重量轻，鳍片镀镍需回流焊增加成本，同时热沉、热阻较大。

☺ 鳍片产品一致性好，不良品低，适合大批量生产。

【说明】散热能力与散热面积成正比，所以 LED 球泡灯采用鳍片散热，这样可以增加散热面积。氧化处理是改进金属材料辐射的重要途径。散热器的表面积越大，散热性能越好。在外形尺寸有限的情况下，可以通过适当加深沟道深度的方法来增加 LED 球泡灯表面积。

4. LED 球泡灯的设计

LED 球泡灯的设计主要有两个方面，一是驱动电源的设计，二是铝基板的设计，也就是 LED 灯板的设计。驱动电源的设计在后面的章节进行介绍，在这里主要是对 LED 灯板部分进行着重介绍。

【说明】对于 LED 球泡灯，隔离式电源效率要求在 80% ～ 85%，非隔离式电源效率要求在 90% 左右。电源功率因数（PF），不加 PF 校正为 0.55 ～ 0.6，加 PF 校正为 0.9 ～ 0.99。

目前 LED 球泡灯灯珠的封装有 3014（0.1W）、5050（1W）、3535（1W）、2835（0.5W）、5630（0.5W）、5730（0.5W）、仿流明大功率 LED，也有的采用面光源 COB 封装。在设计过程中，可以根据不同的要求来选择不同的 LED，按照所需的光通量及光效来进行设计。LED 球泡灯发光的光效与电源转换效率及灯罩透光率有关。目前流行的 LED 光源为 2835（0.5W）、5630（0.5W）、5730（0.5W）。

【说明】大陆封装企业采用陶瓷基板生产 3535 封装形式，代表性企业有鸿利光电、瑞丰光电、深圳市红绿蓝光电、国星光电等。

LED 球泡灯灯板的设计是根据 LED 球泡灯规格书来定，以 G60 6W LED 球泡灯为例。G60 6W LED 球泡灯的 LED 灯板尺寸大小如图 2-18 所示。可以根据 LED 球泡灯的光通量及功率来选择合适的 LED 电源，设计 LED 球泡灯的灯板。因为 LED 球泡灯没有 PMMA 透镜，只要保证 LED 球泡灯的发光均匀、发光效率好即可。这样对 LED 球泡灯就有很大的设计空间，读者可以根据实际情况，选择合适的 LED 灯，达到设计要求就行了。笔者建议，

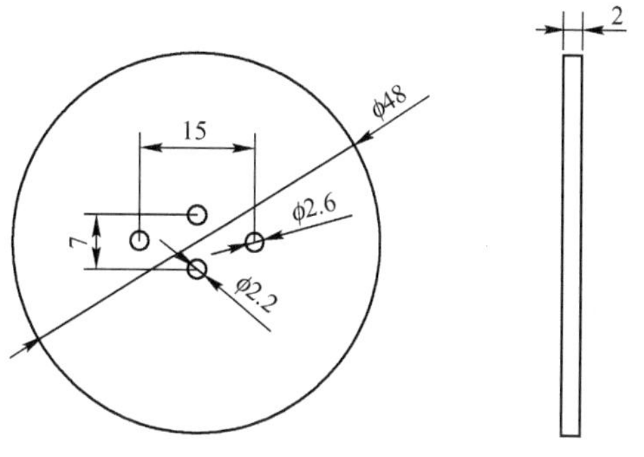

图 2-18　6W LED 球泡灯的 LED 灯板尺寸大小

LED 球泡灯色温不能超过 6500K，显色指数大于 80 以上，色容差要求达到国家标准。

【说明】

（1）LED 模块（LED 灯板）与可接触金属之间的爬电距离、电气间隙分别为：c_r（爬电距离）>1.2mm，c_l（电气间隙）>0.2mm（$25V < U_{LED模块} \leqslant 60V$）。

（2）爬电距离是指带电件间或带电件与可触及部分之间沿着绝缘材料表面的最短距离。

（3）电气间隙是指带电件间或带电件与可触及部分之间沿空气的最短距离。

（4）通常爬电距离和电气间隙符合要求，则电气强度一定符合要求，反之不成立。

（5）对于不高于 250V 的供电电压，其爬电距离与电气间隙应不小于 5mm，这一条适用于所有的 LED 射灯。

5. LED 球泡灯组装流程

LED 球泡灯组装流程图如图 2-19 所示。

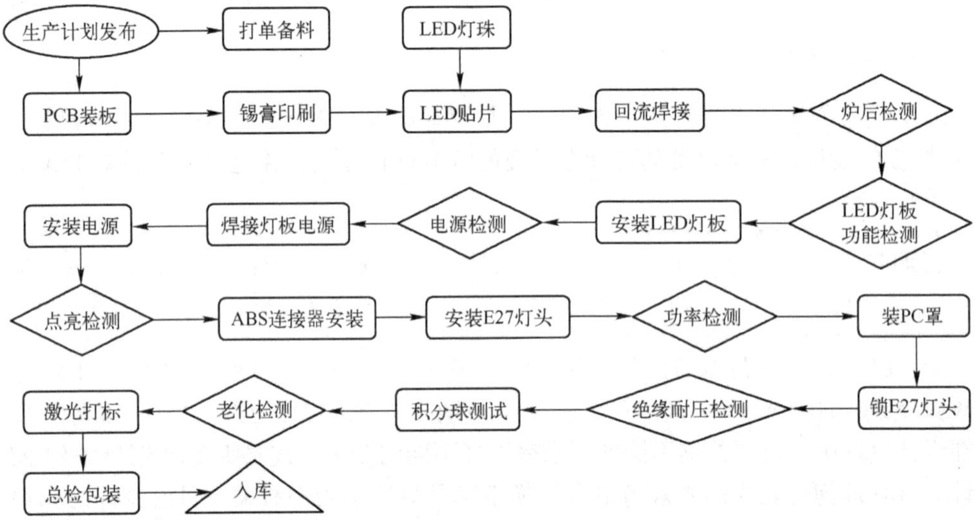

图 2-19 LED 球泡灯组装流程图

在用 LED 灯泡替换白炽灯时，一般情况下都是按照 1∶10 来定，即 1W LED 可以替换 10W 白炽灯。在实际操作过程中，传统白炽灯光通量与替代白炽灯（LED 球泡灯）光通量对比如表 2-1 所示。

表 2-1 传统白炽灯光通量与替代白炽灯（LED 球泡灯）光通量对比

白炽灯功率（W）	15	30	45	60	75	100
白炽灯光通量（lm）	112.5	240	382.5	570	787.5	1200
白炽灯光效（lm/W）	7.5	8	8.5	9.5	10.5	12
替代白炽灯（LED 球泡灯）光通量（lm）	136	249	470	806	1055	1521

【说明】白炽灯最常用的瓦数有 15W、30W、45W、60W、75W 和 100W 等。白炽灯的发光效率为 7.5 ～ 12lm/W。

6. LED 球泡灯的组装

LED 球泡灯的主要部件如图 2-20 所示。

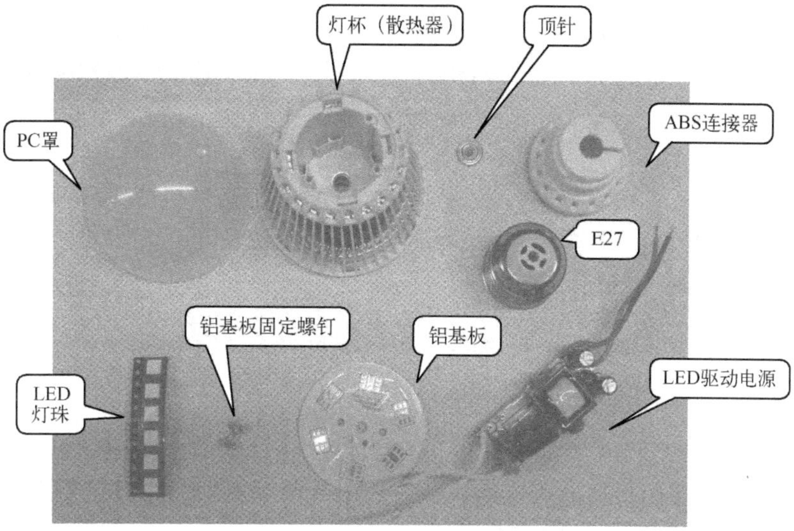

图 2-20　LED 球泡灯的主要部件

1）外观检查

☺ 检查 LED 球泡灯灯杯是否有刮花现象，散热器鳍片是否变形或有黑点，卡位及导向柱是否正常，ABS 连接器是否变形、刮花，卡位及导向孔是否正常。

☺ 检查 E27 灯头与顶针的装配是否符合要求。

☺ 检查 LED 球泡灯 PC 罩尺寸大小是否正常、是否变形，PC 罩表面是否有刮花、黑点。

☺ 检查 LED 灯表面有无刮伤，焊接引脚有无氧化。用积分球核对 LED 的色温、光通量、光效是否与设计要求一致。

☺ 将 LED 灯板输入与 LED 驱动电源的输出连通，通电确认电源参数与规格书标称的电源参数一致。

☺ 用游标尺确认灯板固定螺钉是否符合设计要求。

2）铝基板涂导热硅脂　取出导热硅脂，将导热硅脂均匀涂在铝基板丝印所标示的 LED 灯对应的散热焊盘位置上。其过程如图 2-21 所示。

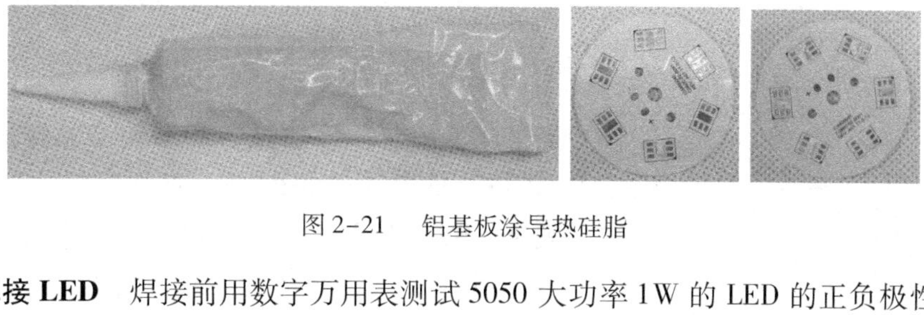

图 2-21　铝基板涂导热硅脂

3）焊接 LED　焊接前用数字万用表测试 5050 大功率 1W 的 LED 的正负极性，将数字万用表挡位转换为二极管挡，测试 LED 的极性，其过程如图 2-22 所示。取 6 个 LED 灯，焊接前先在铝基板的负极性引脚上上少量焊锡。上锡完后，将 LED 的负极性引脚与预先上好焊锡的焊盘进行焊接。最后将 LED 的另一个引脚也焊接在铝基板的正极性引脚上，其过程如图 2-23 所示。

图 2-22　测试 LED 的极性

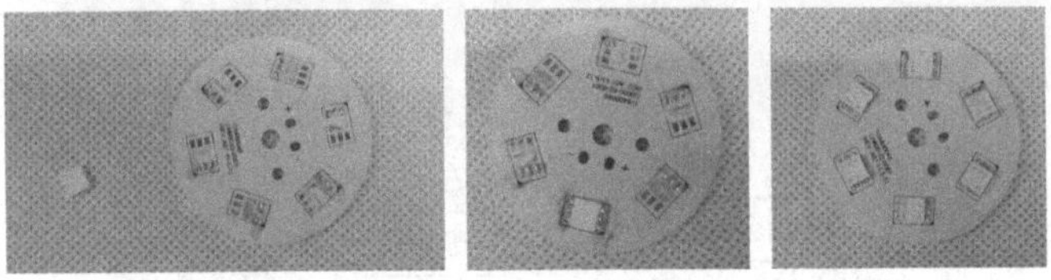

图 2-23　焊接 LED

4）固定铝基板　在 LED 球泡灯灯杯上铝基板固定位置均匀涂上导热硅脂，将焊好 LED 灯的铝基板与涂好导热硅脂的散热器结合，最后用两个 M2.5×3.5 十字螺钉将铝基板固定在鳍片的散热器上，其过程如图 2-24 所示。

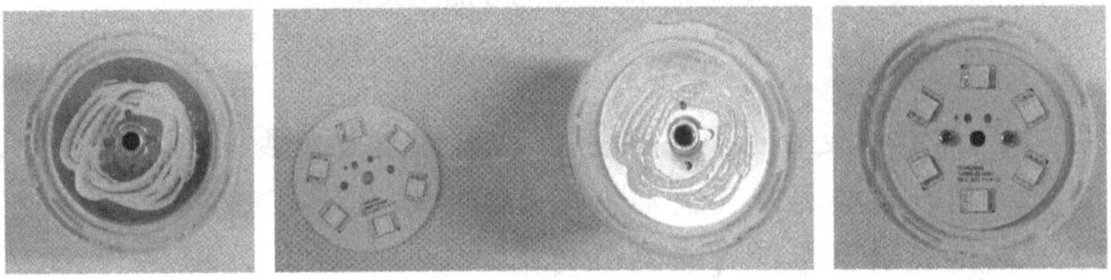

图 2-24　固定铝基板

5）电源安装　将电源输出线从鳍片散热器的灯体内电源线孔穿出并将电源插入到灯体的底部，在铝基板上的“+”、“-”焊盘上锡，将穿出铝基板的电子线焊接到铝基板“+”焊盘上。红色电子线接正极，蓝色电子线接“-”焊盘上。其过程如图 2-25 所示。

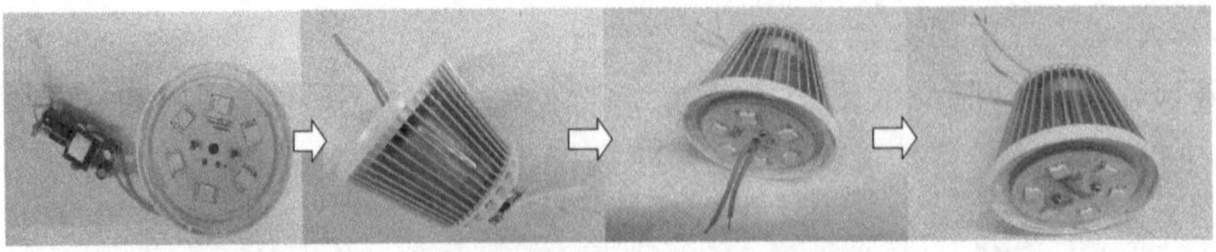

图 2-25　连接电源

图 2-26　通电测试

6）通电测试　将连接电源的 LED 灯标，接通 AC 220V 电源，点亮 LED 球泡灯，如图 2-26 所示。

7）安装 ABS 连接器　将焊接好的电源输出引线从铝基板上拉出并将电源插入到灯体的底部，电源一定要插到位并将电源输入线从 ABS 连接器中穿出。ABS 连接器与鳍片散热器连接时，防止电源或电源引线顶住 ABS 连接器。同时要注意鳍片散热器 3 个导向柱与 ABS 连接器的 3 个导向孔要一一对应，方向要正确，在方向正确的情况下用手一压，鳍片散热器的卡扣就会钩住 ABS 连接器。其过程如图 2-27 所示。

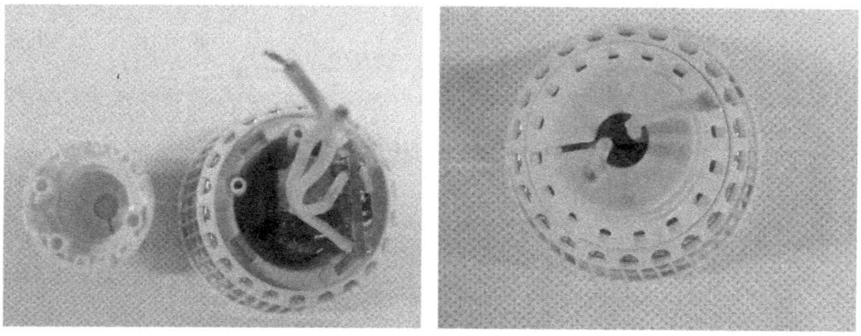

图 2-27 安装 ABS 连接器

8）E27 灯头的安装 将电源的输入引线两根中的一根在合适的位置剥去外皮并将电子线的线芯拧实，在 ABS 连接器开槽位置引出并将线芯卡在连接器开槽位置。用 E27 灯头拧紧，拧紧之后去掉多余引线线头。其过程如图 2-28 所示。

图 2-28 E27 灯头的安装

9）安装顶针 将电源输入引线从 E27 灯头引出，在合适位置剥去电子线的外皮并拧实，将拧实电子线线芯压在 E27 灯头的塑料部分，用顶针压住线芯。其过程如图 2-29 所示。

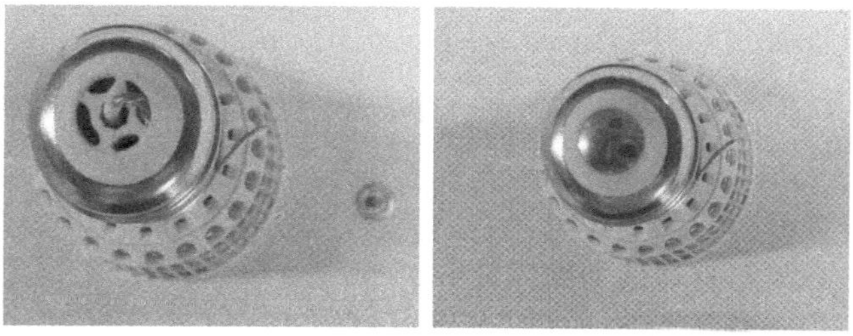

图 2-29 安装顶针

10）安装 PC 灯罩 安装 PC 灯罩之前，要先通电确认 LED 球泡灯工作是否正常，如图 2-30 所示。将鳍片散热器的卡位与 PC 罩的卡位一一对应，对应之后用手压住 PC 罩，就可以将 PC 罩安装在鳍片散热器上。其过程如图 2-31 所示。

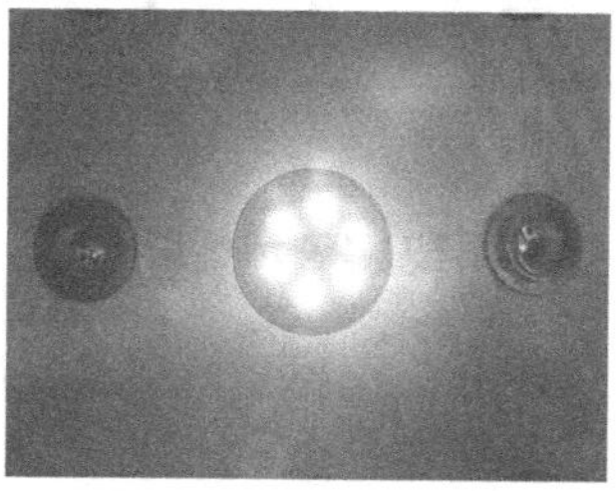

图 2-30 测试 LED 球泡灯

11）锁 E27 灯头 用打灯头工具将灯头锁紧，如图 2-32 所示。

12）老化测试 通电老化 8h，在老化期间要对 LED 球泡灯进行不断的开关电（通断时间为 15s）冲击测试。老化测试如图 2-33 所示。

图 2-31 安装 PC 灯罩

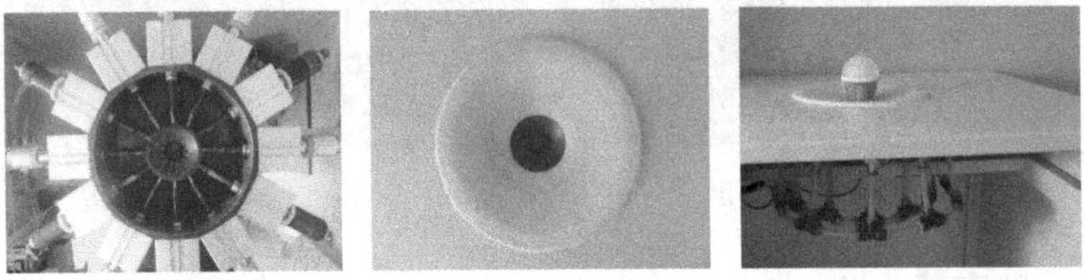

图 2-32 锁 E27 灯头

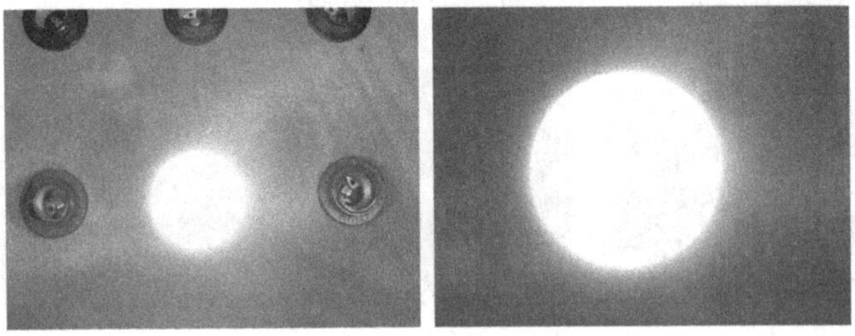

图 2-33 老化测试

13）入库 对通电老化 8h 之后的 LED 球泡灯，可以用光电测试仪（积分球）测试其光通量、光效及电源输入电流、PF 值、功率。

【说明】

（1）LED 球泡灯的安装方式与传统白炽灯一致，可直接安装在与传统灯具配套的灯架螺口 E27 上。

（2）非定向自镇流 LED 灯能效要求，按照标准 GB 30255—2013《普通照明用非定向自镇流 LED 灯能效限定值及能效等级》表 2 执行。

2.4 LED PAR 灯的设计与组装

1. LED PAR 灯简介

PAR 灯全称是碗碟状铝反射“Parabolic Aluminum Reflector”，是指将金卤灯封装到反光杯中，现在逐渐被 LED PAR 射灯取代。LED PAR 射灯一般有 PAR20、PAR30、PAR38 等，PAR 灯是将集中光线直接照射到物品上，突出主观审美，达到重点突出的作用。LED PAR 射灯光线柔和，既可对整体照明起主导作用，又可局部采光。同时 LED PAR 射灯透镜有强力折射功能，可以产生较强的光线，做出不同的投射效果。反射型自镇流 LED 灯用于替换传统 PAR 系列卤钨灯光源；注意不是用于替代金卤灯的，其范围要求如下：

☺ 额定功率 60W 以下。

☺ 额定电压 220V AC 50Hz。

☺ 灯头符合 GB 24906 的要求。

【说明】PAR20 ≈ 64mm、PAR30≈95mm、PAR38 = 1/8 ×38 ×25.4≈120mm、PAR56 ≈ 178mm 。

LED PAR 射灯的灯杯材料一般有压铸、车铝、扣 FIN 三种，一般 LED PAR 射灯的底座都是 E27 或 E26，工作电压有 110V 或 220V。LED PAR 射灯的外形如图 2-34 所示。

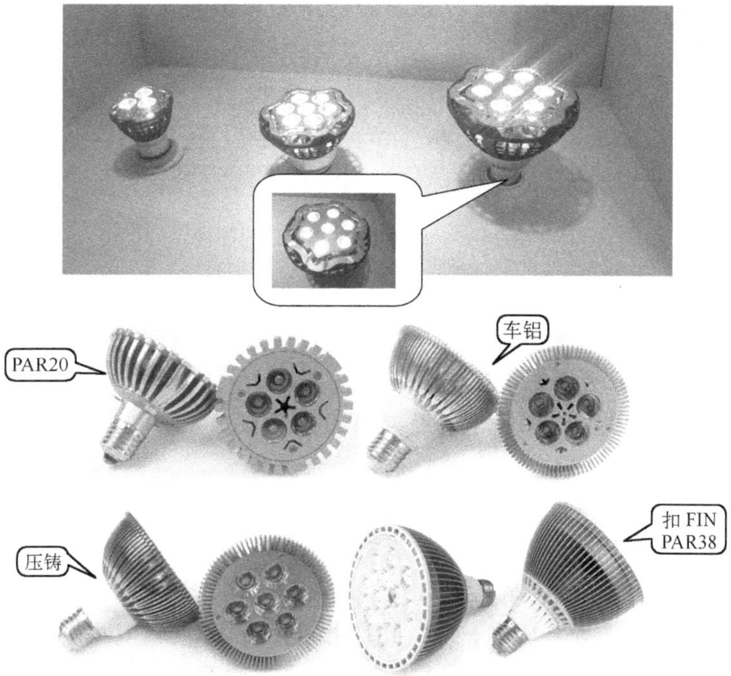

图 2-34　LED PAR 射灯的外形

LED PAR 射灯的透镜主要有两种，一种是单体的透镜，可选的角度比较多；另一种是集成透镜，角度以 38°为主。LED PAR 射灯在选择外壳时，一定要注意 LED PAR 射灯的散热与重量。

2. LED PAR 灯的设计

目前 LED PAR 射灯散热器主要采用扣 FIN 方式，在散热器鳍片结合处采用压铆方式，以便形成一个碗碟状铝反射平面，其中平面用来安装灯板。散热器与电源板支架相结合处采用卡钩方式，用卡钩方式对装配来说相对容易，但应注意导向柱与卡钩的方向，防止装配后松动，其装配公差要较好管控。电路板支架与灯头结合处采用螺纹方式，其灯头为 E27 灯头。LED 灯板用螺钉固定在散热器上。通常用 2 ～ 4 个螺钉将 LED 灯板锁在散热器上，同时将电源安装在电源板支架上。透镜固定架与散热器的固定，用螺钉将一体化透镜架直接锁在散热器上，从 LED PAR 射灯正面可以看到螺帽。

LED PAR 射灯目前主要用仿流明的大功率 LED 灯，其灯板尺寸要根据一体化透镜的位置及相关的尺寸来定，在设计时一定要结合一体化透镜，这样才能有好的配光，才能达到设计要求。PAR20 的设计功率为 5W，PAR30 的设计功率为 7W，PAR38 的设计功率为 12W。

3. LED PAR 灯的组装

12W PAR38 射灯的部件如图 2-35 所示。

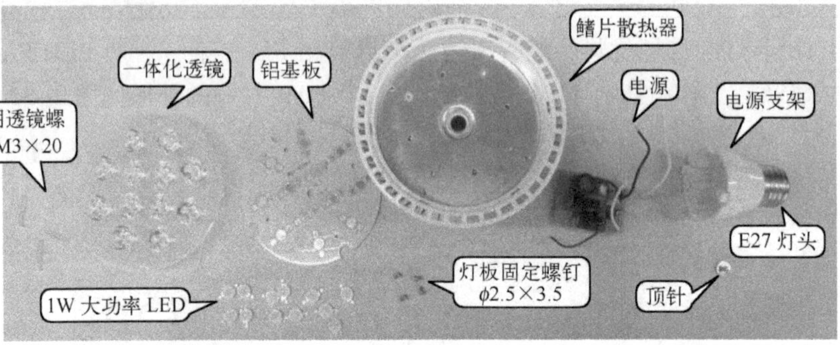

图 2-35　12W PAR38 射灯的部件

1）外观检查

☺ 检查散热器（灯杯）塑料部分是否有刮花、变形或塑料是否与设计颜色一致；散热器鳍片是否变形，卡扣、卡位（导向柱）是否正常。

☺ 检查 ABS 连接器是否变形，卡扣位、导向孔是否正常，同时还要核对塑料是否与设计颜色一致；检查 E27 灯头与顶针是否符合要求。

☺ 检查一体化透镜（38°）是否与设计尺寸相符，表面有无刮花、变形，同时还要检测固定螺丝孔是否正常。

☺ 检查散热器鳍片面板固定螺钉的数量，灯板固定螺钉与螺丝孔是否符合。

☺ 核对 LED 的色温是否与所需一致，LED 灯表面有无刮伤，LED 引脚有无氧化，参数通过积分球进行测试，核对测量参数与规格书中的参数是否一致。

☺ 加负载通电确认电源参数与电源规格书中的参数是否一致。检查完之后，可以取一套样品进行试装，以确认 12W PAR38 射灯部件的各参数与规格。

2）铝基板上锡、涂导热硅脂　取导热硅脂均匀涂在铝基板上所标识的 LED 灯焊盘丝印上，其位置是对应的散热焊盘的中心圆盘。在涂导热硅脂前，可以先对其中一个 LED 焊盘上的引脚进行上锡，其操作过程如图 2-36 所示。

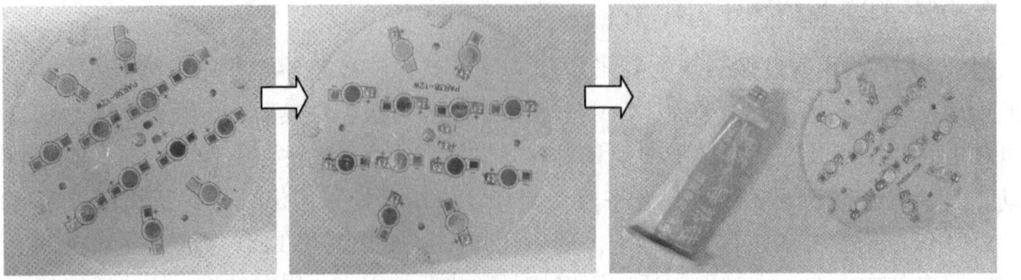

图 2-36　铝基板上锡、涂导热硅脂

【说明】导热硅脂应涂得均匀，用量合适。上锡时先对所有的 LED 灯的正极性引脚进行上锡。

3）铝基板上焊接 LED　取 12 个大功率仿流明型的 LED 灯，按铝基板“＋”、“－”极位置进行焊接。焊接前已经在铝基板的其中一个正极性引脚上少量焊锡，上锡完后，将 LED 的同极性（正极性）引脚与原先上好焊锡的引脚端进行焊接。最后将 LED 的另一个引脚（负极性）也焊接在铝基板上，焊接完之后要进行清理工作，清除多余的松香、锡渣。最后通电测试 LED 灯板。其过程如图 2-37 所示。

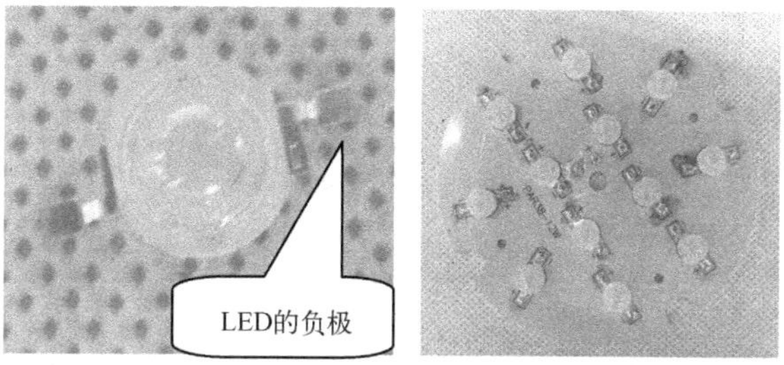

图 2-37　铝基板上焊接 LED

【说明】

☺ 焊接时将电烙铁温度调至 300℃，焊接时间控制在 3 ～ 5s 之内。焊接时必须佩戴防静电手环。焊接时要求焊点饱满，没有虚焊、假焊的现象，LED 焊接位置正确。

☺ 在焊接过程中如果对 LED 极性不清楚，可以用数字万用表二极管挡进行测试，这样可以点亮 LED，其结果是数字万用表红表笔接的是 LED 的正极。

☺ 将焊接完的 LED 灯板进行测试，测试前先将直流稳压电源调至 DC 36V，通电测试 LED 灯板，点亮 LED。如果有 LED 灯不能点亮，必须进行维修。

4）固定铝基板　在 LED 灯板背面均匀地涂上导热硅脂，将涂好导热硅脂的灯板放到散热器上的灯板位置，然后用 4 颗 $\phi 2.5\times 3.5$ 十字螺钉，用螺丝刀或电批将焊接 LED 的铝基板固定在鳍片散热器上，如图 2-38 所示。

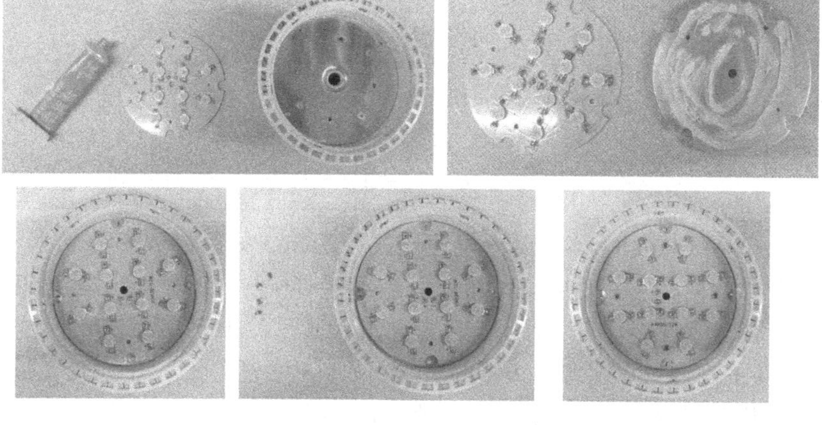

图 2-38　固定铝基板

5）电源安装 焊接好输入/输出引线的电源，将电源输出线从鳍片散热器出线孔引出，然后用电烙铁将电源线（输出线）红色电子线焊接到 LED 灯板的正极（+），蓝色电子线焊接到 LED 灯板的负极（-），并通电测试，如图 2-39 所示。

图 2-39　电源连接

【说明】为 LED PAR 选择电源，一定要选择合格的电源供应商，其电源要求达到 CE 或 CCC 认证的标准。LED PAR 的电源要求无频闪，用数码相机拍摄的时候不能存在闪烁或者不能出现水波纹。

6）安装 ABS 连接器（电源支架） 将连接到 LED 灯板的电源线拉直，然后将 LED 电源放进鳍片散热器的灯体内，将电源插到灯体的底部，如图 2-40 所示。

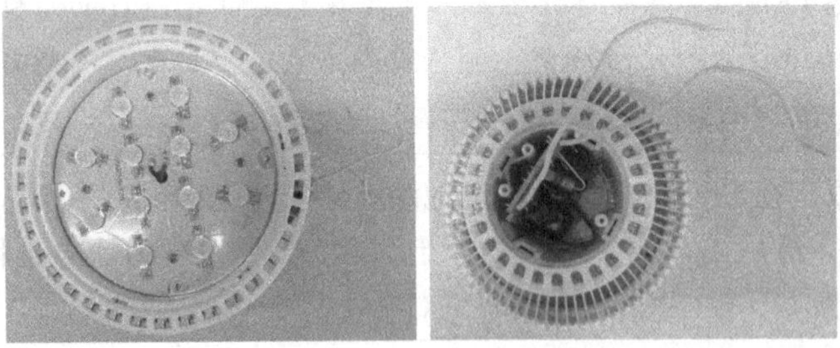

图 2-40　电源的安装

【说明】THD 是指电流谐波含量占基波含量的百分比，一般是指 2 ～ 39 次谐波总量与基波电流的百分比。通常 PF 越高，THD 越低。目前业界主流 LED 电源 THD < 15% ～ 20%。

将电源输入端引线从 ABS 连接器（电源支架）引出，然后将 ABS 连接器（电源支架）的导向孔与散热器导向柱一一对应，在鳍片散热器导向柱与 ABS 连接器导向孔位置正确的情况下，用手一压就卡住，即安装好了。其操作过程如图 2-41 所示。

7）E27 灯头的安装 从电源输入端的引线中取其中一根白色电子线，在长 4 ～ 5cm 的位置剥皮，之后用手将线芯拧实，将线芯卡在 ABS 连接器开槽位置，用 E27 灯头拧紧，拧紧之后用剪刀或尖嘴钳去掉多余的引线线头，如图 2-42 所示。

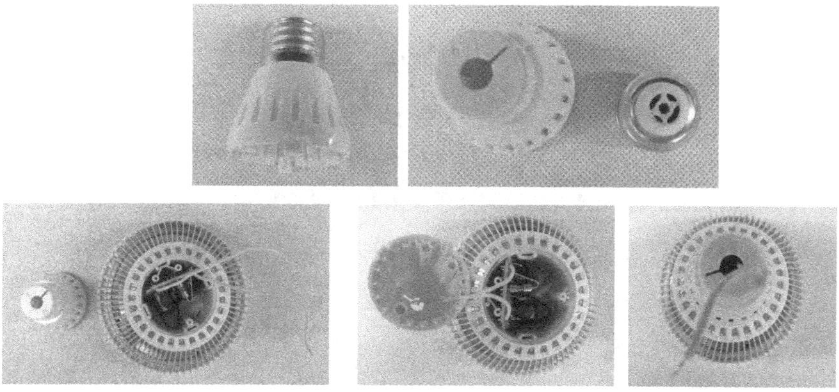

图 2-41　安装 ABS 连接器（电源支架）

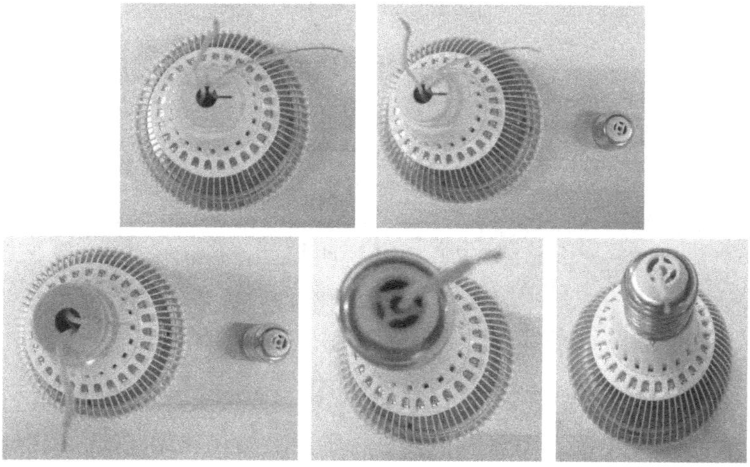

图 2-42　灯头连接

8）顶针安装　将电源线白色电子线从 E27 灯头孔中穿出，在 3 ～ 5mm 处剥皮并将线芯拧实，将线芯压在 E27 灯头的塑料部分，然后用顶针压住线芯，如图 2-43 所示。

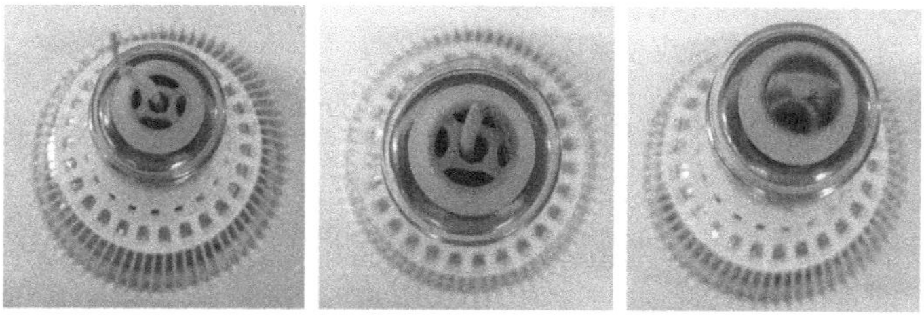

图 2-43　顶针固定

9）安装透镜　将一体化透镜放到 LED 灯板上，保证透镜与 LED 灯接触良好，同时保证一体化透镜螺丝孔与散热器上的孔一一对应，然后用 4 个塑料螺钉拧紧，如图 2-44 所示。

【说明】 拧螺钉时要先将 4 个螺钉对角拧入，将 4 个螺钉拧到一定位置后，再将所有螺钉拧紧。

图2-44　安装透镜

图2-45　通电检验过程

10）通电检验　用交流220V进行通电检测，12W LED PAR射灯全亮为合格。发现不亮时，需对12W LED PAR射灯进行检查，并针对不良项进行修理。通电检验过程如图2-45所示。

【说明】老化时间为8h，老化过程中可以检测是否有不亮的现象。同时可以采用智能电量测试仪来测量电源的参数，如输入电压、电流、PF值。

11）全检　检验螺钉松紧，灯杯及面板是否牢固，外观有无残缺，确保成品表面干净、无异物。

12）锁E27灯头　用打灯头机打E27灯头，固定E27灯头。

【说明】灯头要打紧，不能松动，同时也要保证针孔的深浅、位置一致。

4. LED PAR灯的安规要求或检测标准

目前PAR灯电源都是采用隔离电源，电流为280～300mA，这样可以减少电源的发热量，有利于延长LED电源的寿命。PAR灯电源要具有高功率因数、高效率、高精度、全电压输入等要求，其输出电压范围、输出电流范围能满足LED PAR灯的工作需求，其安规要求如表2-2所示。

表2-2　安规要求或检测标准

序　号	项　　目		限　　值	标　　准	备　　注
1	抗电强度	输入对输出	≤5mA@1min@3000VAC	IEC60598-1:2014 GB 7000.1—2015	试验要求电源无击穿飞弧现象，试验后，电源需正常工作
2	绝缘阻抗	输入对输出	>10MΩ@500V DC	IEC60598-1:2014 GB 7000.1—2015	试验要求电源无击穿飞弧现象，试验后，电源需正常工作
3	电气安全间距		L/N输入间：>3mm 初次级间：>6.05mm 保险丝焊盘间：>3mm	IEC60598-1:2014 GB 7000.1—2015	

【说明】 反射型自镇流 LED 灯要求产品用于替换传统 PAR 系列卤钨灯，尺寸应该符合 GB/T 7249—2016《白炽灯的最大外形尺寸》的要求。

5. ERP 认证简介

ERP 的正式实施分为 3 个阶段，2013 年 9 月 1 日实行第一阶段要求，2014 年 9 月 1 日实行第二阶段要求，2016 年 9 月 1 日实行第三阶段要求。

ERP 认证测试项目如下：

☺ 6000h 残损率≥0.9，2014 年 3 月 1 日实施。

☺ 6000h 光通量维持率≥0.8，2014 年 3 月 1 日实施。失效前开关次数≥15000 次（额定寿命 30000h）或者≥1/2 额定寿命（小时计算）。

☺ 启动时间小于 0.5s。

☺ 达到 95% 光通量所需时间小于 2s。

☺ 早期失效率≤5%（正常点亮 1000h）。

☺ 显色指数（Ra）≥80，用于室外或工业用途的显色指数（Ra）≥65。

☺ 色容差≤6SCDM。

☺ 功率≤2W，功率因数无要求；2 ～ 5W，PF > 0.4；5 ～ 25W，PF > 0.5；功率 > 25W，PF > 0.9。

【说明】 EMC 测试包括辐射干扰（EMI）、静电放电干扰（ESD）、脉冲群抗扰（EFT）、电压跌落干扰（CSS）和雷击浪涌干扰（SG），LED 灯具的浪涌测试标准为 GB/T 18595—2014《一般照明用设备电磁兼容抗扰度要求》。

2.5　LED 天花灯的设计与组装

LED 天花灯是采用导热性极高的铝合金及相关结构技术设计生产的一种新型天花灯。LED 天花灯主要在商业照明领域使用，现在已向家居照明领域渗透。LED 天花灯功率有 3W、5W、7W、9W、12W、15W、18W、20W、25W、30W、35W 等，光源单颗 LED 或 COB 光源。由于安装或使用的地方不一样，LED 天花灯功率大小主要取决于使用者要求的亮度、照射距离、安装处的宽度等。LED 天花灯不同于 LED 射灯，主要是以散射光源为主，照射面积广，光线大多柔和，光斑均匀。LED 天花灯的外形如图 2-46 所示。

【说明】

☺ 配光方式有光面透镜（强光）、网纹透镜（半强光）、珠面透镜（柔光）3 种。COB 天花灯在商业照明中使用功率有 3W、5W、6W、7W、9W、10W、12W、15W、20W 等。

☺ COB 天花灯由面环、卡圈、反光杯、散热器、弹簧、螺钉组成，可配发光面 12mm、10.5mm 的 COB 光源，供应商有西铁城、夏普、CREE 等光源。

☺ 酒店用的 COB 天花灯称为洗墙 COB 天花灯。

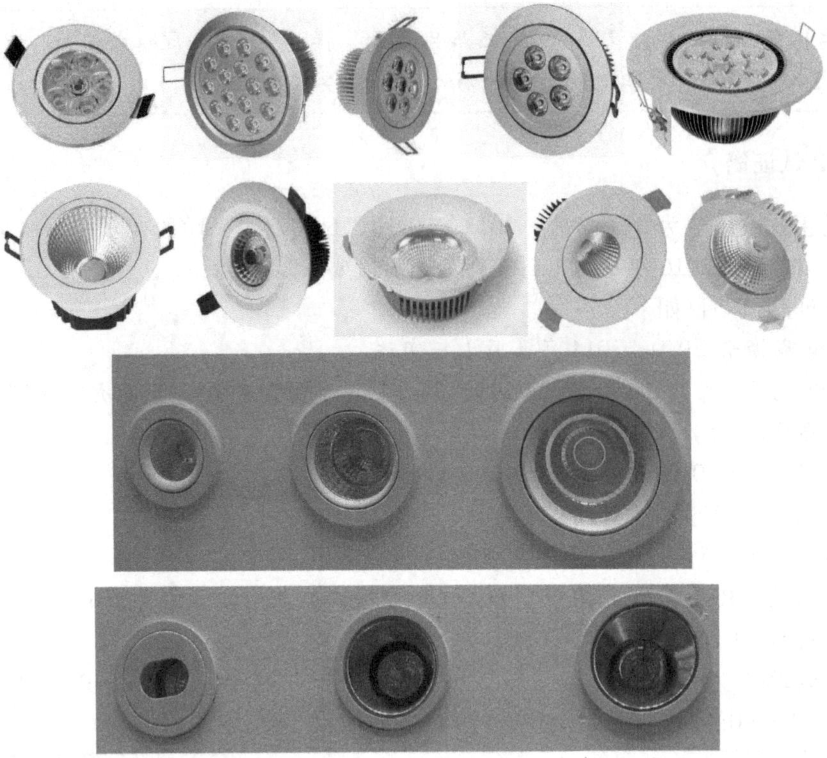

图2-46　LED天花灯的外形

1. LED天花灯的设计

LED天花灯目前主要应用于商业照明、家庭照明、办公照明、特殊照明等领域。这些照明领域对于灯具的各项指标都有较高的要求，在对LED天花灯进行开发或设计时，主要从配光、光污染、显色指数等方面进行。

LED天花灯灯具本身的基本作用是散热及光源的电气连接，在使用情况下，用户最关心的是LED天花灯是否能够照亮设计的范围及舒适度。配光曲线是所有灯具的生命线。LED天花灯配光曲线跟LED天花灯灯体的选材、灯体深度、透镜及反光系统有关。可以通过LED天花灯的配光曲线了解LED天花灯投射的光斑质量，计算LED天花灯的效率与空间内任意点的照度值及计算空间区域内的照度分布情况。

LED天花灯还要注意光污染问题。现在的生活环境里人们十分强调有关光强度及光闪烁的管制，因为这些灯光会产生光污染，引起人们的不适应或产生危险。LED天花灯在这方面的表现也是相当完美的，无眩光、无频闪。

LED室内照明应用最重要的参数之一是显色指数。色温也是很重要的参数，会对商品的展示效果产生影响。色温可以创造一种环境的效果，让商品增加价值感。LED可以根据不同的环境调节不同的光色，因此LED天花灯在这些领域更占有优势。

2. LED天花灯的组装流程

LED天花灯的组装流程表如表2-3所示。

表 2-3　LED 天花灯的组装流程表（单颗 LED）

序号	步骤符号	步骤名称	检验工具/手段	检查项目	控制重点	处理方式
1	○	铝基板刷锡膏	目视	覆盖面积、位置	焊盘区域均匀刷满锡膏	
2		贴 LED 灯珠		位置、极性	正负极，偏位 <0.5mm	
3		焊接灯珠		锡点、位置	避免虚焊，偏位 <0.5mm	
4	◇	试亮检验	功率计、万用表、测试夹具	试亮，检测 LED 灯珠明暗是否一致	各灯珠均亮，明暗没有明显变化	通知品管主管
5	○	铝基板安装	螺钉	与散热器锁紧拧固	螺钉无松动、滑丝	通知 PIE/车间主管
6		焊接电源输出线	目视	电源输入线 N 及电源输出线 +、-	极性、锡点符合设计要求或样品	
7		安装透镜		外观、透光性	无刮花、裂纹，透光均匀，无明显暗亮	
8		装车铝件（散热器）		外观	外观没有刮花，没有明显色差	
9	◇	首件检验	目视、游标卡尺、积分球、功率计	电参数、光参数、光均匀性	按成品检验内容进行控制	通知品管主管
10		电参数测试	功率计、测试夹具	工程规范要求	按工程规范要求	
11		光电参数测试	积分球			
12	○	老化	老化台、调压器	灯闪、死灯、温升、电压及时间	灯闪、死灯、温升	通知 PIE/车间主管
13	◇	测试	积分球、功率计	光参数、电参数	与初始值变化 <3%	通知品管主管
14	○	清洁	目视	外观	产品表面应干净，无刮花、脏污的现象	通知 PIE/车间主管
15		贴标贴		标贴内容、位置、种类	与设计要求或样品一致	
16		包装		打包装	打包装后，产品无松动，堆码不得超过 4 层	
17	◇	成品检测	目视、游标卡尺、积分球、功率计	按成品检验内容进行控制	按成品检验内容进行控制	通知品管主管
18	▽	入库	目视	数量、防护、实物	数量准确，实物、客户名称应与订单一致	通知仓库主管
符号说明：○——加工；◇——检测；▽——存储						

3. LED 天花灯的检验标准

LED 天花灯的检验标准如表 2-4 所示。

表 2-4　LED 天花灯的检验标准

序号	检验名称	检验项目	检测条件或标准	备注
1	标志	方法位置	➢ 标志方法、位置 ➢ 符合公司产品设计的要求或国家标准	
		耐久性	➢ 用蘸有水的湿布轻轻擦拭 15s，等其完全干后，再用蘸有汽油的湿布擦拭 15s，试验完成后标志依然清晰	
2	工作环境		➢ 室内温度：-25～+45℃ ➢ 相对湿度：不大于 90%（25±5℃）	正常工作和燃点

续表

序号	检验名称	检验项目	检测条件或标准	备注
3	外形尺寸		➢ 灯具外形尺寸与钳入式尺寸的配合 ➢ 符合相关国家标准的规定	
4	外观		➢ 灯具表面应平整、光洁，无划伤等缺陷 ➢ 灯具的标志应清晰，无缺画、断画、少字等现象 ➢ 灯具内外应无尖角和毛刺 ➢ 灯具的所有零件均应定位安装、牢固可靠，没有松动现象 ➢ 转动件应能灵活转动、接触良好、无轴向窜动 ➢ 焊接部位应平整、牢固，无虚焊、假焊等现象	
5	安全		➢ 一般的性能、安全及相应的试验 ➢ 符合 GB 7000.1 的规定	
6	控制装置		➢ 控制装置安全及性能要求应符合 GB 19510.14、GB/T 24825 的规定 ➢ LED 模块安全及性能要求应符合 GB 24819、GB/T 24823 的规定 ➢ 光生物安全要求应符合 IEC 6247 及 GB/T 20145 的规定	
7	电磁兼容		➢ 电磁兼容要求应符合 GB 17743 的规定 ➢ 输入电流谐波应符合 GB 17625.1 的规定 ➢ 电磁兼容抗扰度符合 GB/T 18595 的规定	
8	功率		➢ 实际消耗的功率与额定功率之差不应大于 10% ➢ 实测功率≤5W，PF 值≥0.5 ➢ 5W＜实测功率≤15W，PF 值≥0.7 ➢ 实测功率＞15W，PF 值≥0.9 ➢ 功率因数不低于额定值 0.05	额定电源电压
9	光参数		➢ 初始光通量不应低于额定光通量的 90%，不应高于额定光通量的 120% ➢ 显色指数：Ra≥80，R9＞0 ➢ 初始光效（不带面罩）：≥90lm/W ➢ 初始光通量：不低于额定值的 90% ➢ 色温：冷白 RL（4000K＜色温≤6500K），其光效：≥80lm/W ➢ 暖白 RN（色温≤4000K），其光效：≥60lm/W ➢ 3000h 光通量维持率：≥95% ➢ 6000h 光通量维持率：≥90%	
10	LED 结温		➢ 对称中心位置的 LED 的结温不超过 60℃	额定工作条件
11	产品标志（标牌）		➢ 灯具在明显位置固定产品标牌（符合 GB/T 13306 的规定） ➢ 制造厂厂名、厂址 ➢ 产品名称及型号 ➢ 产品编号及生产日期 ➢ 主要技术参数 ➢ 产品标准号、相关认证标志	
12	包装外箱标志		➢ 产品名称、型号及数量 ➢ 出厂年月 ➢ 外形尺寸（mm×mm×mm）：长×宽×高 ➢ 毛重：kg ➢“防湿”、“禁止翻滚”、“防压”、“防摔”等字样或标志（图形应符合 GB/T 191 的规定） ➢ 制造厂名和地址 ➢ 安全标志准用证号	

续表

序号	检验名称	检验项目	检测条件或标准	备　注
13	技术文件		➢ 产品合格证 ➢ 产品使用说明书（说明书符号 GB 9969.1 的规定）	
14	储存		➢ 储存环境为温度 -25～+40℃ ➢ 干燥、清洁及通风良好、无腐蚀性介质的仓库内	

4. LED 天花灯的安装

1）LED 天花灯安装步骤　LED 天花灯安装步骤如表 2-5 所示。

表 2-5　LED 天花灯安装步骤

序　号	步骤名称	步骤说明	示意图	备　注
1	开孔	用开孔器在天花板上开一合适的安装孔		开孔尺寸参照 LED 天花灯外形的尺寸
2	接电源线	将接好的电源线的外置电源放入安装孔内		
3	弹簧卡	将弹簧卡压向箭头方向，使其垂直于灯体面板，然后装入安装孔内	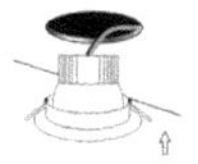	
4	安装灯具	确定弹簧卡到位，灯具面盖紧贴天花板	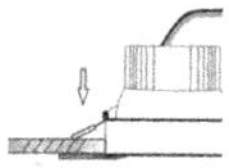	灯具不能被隔热衬或类似材料覆盖，以免影响灯具散热
5	安装完毕	将 LED 天花灯的灯体完全装入天花板内	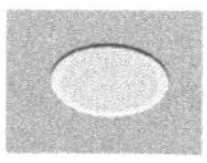	

2）LED 天花灯的安装示意图　LED 天花灯的安装示意图如图 2-47 所示。

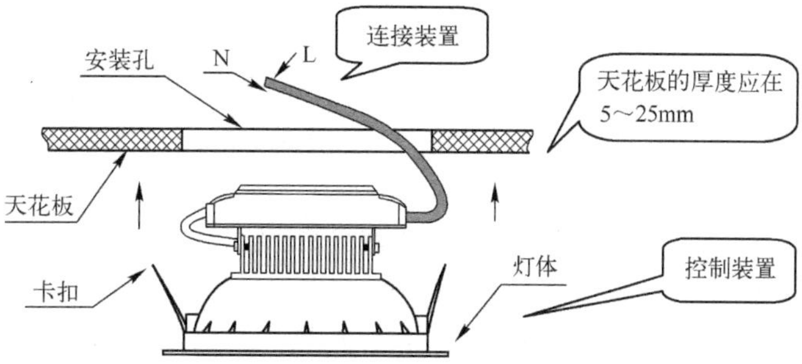

图 2-47　LED 天花灯的安装示意图

5. COB LED 天花灯组装流程

COB LED 天花灯组装流程图如图 2-48 所示。

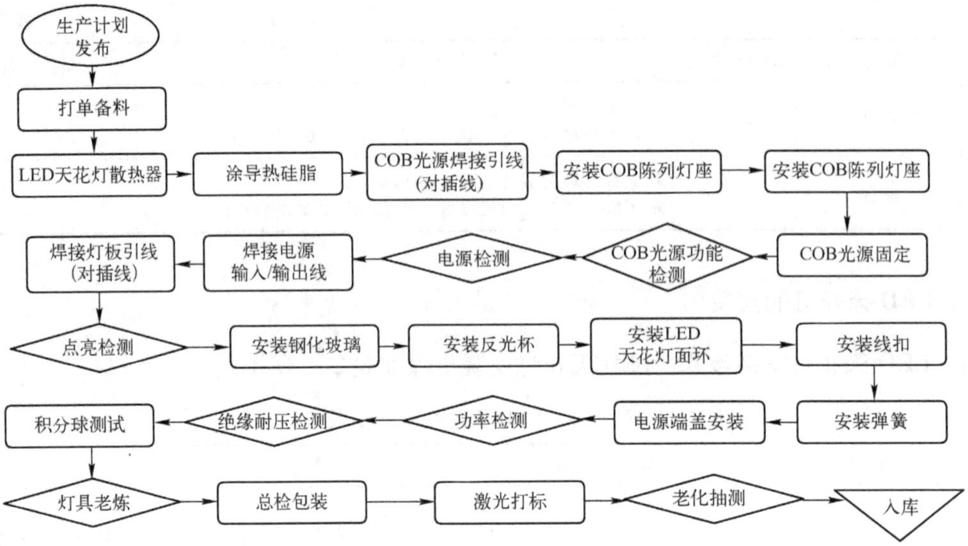

图 2-48 COB LED 天花灯组装流程图

2.6 LED 筒灯的设计与组装

LED 筒灯根据安装方式分为固定式 LED 筒灯、嵌入式 LED 筒灯，根据产品结构分为电源一体式和电源分体式；其范围要求应特别注意产品的安装尺寸与传统光源筒灯之间的互换性。LED 筒灯是一种嵌入到天花板内光线下射式的照明灯具，一般用于普通照明或辅助照明。LED 筒灯由 LED 模块、控制装置、连接器、灯体等组成。按结构可分为自带控制装置式（即整体式）、控制装置分离式。LED 筒灯按安装方式分为嵌入式与明装式；LED 筒灯的大小有 2 英寸、2.5 英寸、3 英寸、3.5 英寸、4 英寸、5 英寸、6 英寸、8 英寸、10 英寸等。LED 筒灯的外形如图 2-49 所示，广泛应用于大型办公室、会议室、百货商场、专卖店及一些民用家居。COB 筒灯分为明装和嵌入式，明装直接安装，嵌入式需要吊顶开孔安装。COB 筒灯一般为散光效果漫射型，不可调节光源角度。

图 2-49 LED 筒灯的外形

【说明】

（1）LED 筒灯主要应用于家居照明、娱乐场所照明、办公场所照明、大型公共场所照明、局部照明及商业场所照明等。

（2）LED 筒灯为了达到传统灯具照明效果，应采用反光杯的形式，这样才能满足配光要求。当然，也可以使用点光源混光方式，然后通过反光杯来实现。不过目前也有一些 LED 筒灯使用 COB 光源模块，再外加一个反光杯，这样可以使出光效率更高，同时可以避免因点光源混光引起的光损。

（3）筒灯大小单位为英寸，指里面的反射杯的口径。4 英寸、6 英寸筒灯的使用频率是最高的，具体使用频率如下：4 英寸 >6 英寸 >8 英寸 >2.5 英寸 >3 英寸。商业照明多用 4 英寸、6 英寸筒灯；在正门外安装高度在 8 ～ 10m，室内过道、店内天花安装高度多为 3 ～ 4m，柜台的安装高度在 2 ～ 2.5m；安装间隔没什么规律性，一般在 1 ～ 2m，行间 1.5 ～ 2m；店铺外多用冷白光，店内多用暖白光；因为多与白色天花板配衬，多用白边灯具。

（4）LED 筒灯外壳的表面处理方法：高光氧化、喷砂氧化（砂银、砂金等）、拉丝氧化（拉丝银、拉丝金等）、喷油处理、喷粉处理。

（5）COB 使点光源变成了面光源，解决眩光问题，广泛应用于 LED 天花灯、LED 球泡灯中。在使用时可以添加红光成分来提高显色性，能使它的光效牺牲比例少。

（6）压铸 LED 筒灯表面应清洁，不得有锈蚀、毛刺、裂纹、刮痕或其他机械损伤。

1. LED 筒灯结构简介

LED 筒灯结构示意图如图 2-50 所示。

【说明】

（1）LED 筒灯还包括 PCB 或铝基板、LED、LED 驱动电源。

（2）IP65 LED 筒灯内部有两个防水 O 形圈衔接散热器、外壳和灯罩；进线处另有一个防水堵头，在结构上解决了进水的可能。输出线是防水公母接头，电源配置防水电源，防水电源里面做灌胶防水处理。

（3）美规筒灯与我们常用的 LED 筒灯是有区别的，安装方法也不一样，这一点读者一定要注意。

（4）调色温、调光的 LED 筒灯由两种色温的灯珠构成，由 2.4G RF 无线遥控器、控制电源及 LED 筒灯配合使用，实现 LED 筒灯的亮度、色温调节功能。

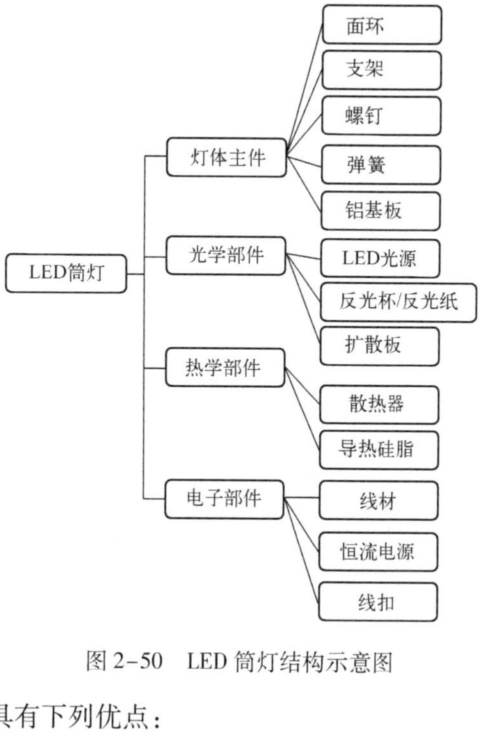

图 2-50　LED 筒灯结构示意图

一些高档的 LED 筒灯中在碗形反射面上贴有反光纸，反光纸由 MCPET 材料制成。MCPET 具有下列优点：

☺ 优异的光反射特性；

☺ 轻巧、抗落下冲、承受高温；

☺ 利用 PET 资源回收方式废弃处理，材料未使用有害原料，以及表面具有高平滑性等；

☺ 在二次加工方面，可利用裁切、冲压、弯曲、加热等方式进行成型；

☺ 符合发泡材料 UL94 – HBF 的燃烧标准。

世界三大照明厂家 GE Lighting、OSRAM、PHILIPS 都已使用 MCPET 材料，达到提升照度、均匀亮度、降低用电等效果。

【说明】

（1）MCPET 反光板由日本古河电工株式会社发明，其反射率为 99%，能协助灯具厂商解决眩光及亮度不均匀等问题，MCPET 反光板微发泡反射具有高反射和扩散能力，在不增加光源的情况下，可提升灯具的照度，提升幅度可高达 40% ~ 60%。

（2）MCPET 材料的绝佳特性，对于各种光源的反射能力都能够维持均一性，对于有忠实反射原光源要求的情况，更能发挥其特长。可维持所期望的亮度与照度，减少电费支出，节约能源。

（3）MCPET 反光板的全反射率在 99% 以上，扩散反射率为 96%，镜面反射率为 3%。

（4）在 160℃下 MCPET 反光板仍能保持原来的形状。

PET 反光纸广泛应用于 LED 板灯、LED 筒灯、LED 应急灯、LED 台灯、LED 日光灯等各类节能照明灯具，协助灯具厂商解决眩光问题及供应充足的亮度。

2. LED 筒灯常用光源及参数

LED 筒灯选用高亮度、高显色指数的灯珠，常用灯珠的封装形式有 2835、5630、5730 及 COB 等形式。目前 LED 筒灯的供电方式为恒流供电方式，恒流电源采用 AC 220V 或 AC 85 ~ 265V 供电，电源直接转换为直流恒流源进行供电。LED 筒灯常用光源及参数如表 2-6 所示。

表 2-6　LED 筒灯常用光源及参数

序号	规　格	光　源	开孔尺寸	建议功率	常用的串并方式	光通量
1	2in/51mm	SMD2835（0.2W）、 SMD2835（0.5W）、 SMD5730（0.5W）、 SMD5630（0.5W）、 COB	65mm	3W	3 串 2 并（SMD5730）、 3 串 5 并（SMD2835）	300lm、400lm、 600lm、800lm
2	2.5in/64mm		70mm	3~5W	5 串 2 并（SMD5730）、 5 串 5 并（SMD2835）	
3	3in/76mm		80mm	5~7W	7 串 2 并（SMD5730）、 7 串 5 并（SMD2835）	300lm、400lm、 600lm、800lm、 1100lm
4	3.5in/89mm		90mm	7~10W	9 串 2 并（SMD5730） 9 串 5 并（SMD2835）	
5	4in/102mm		110mm	10~12W	12 串 2 并（SMD5730）、 12 串 5 并（SMD2835）	
6	5in/127mm		145mm	12~15W	12 串 3 并（SMD5730）、 15 串 2 并（SMD5730）、 12 串 6 并（SMD2835）、 15 串 5 并（SMD2835）	600lm、800lm、 1100lm、1500lm
7	6in/152mm		160mm	15~20W	12 串 3 并（SMD5630）、 12 串 4 并（SMD5630）、 18 串 2 并（SMD5730）、 20 串 2 并（SMD5730）、 12 串 6 并（SMD2835）、 12 串 8 并（SMD2835）	600lm、800lm、 1100lm、1500lm、 2000lm
8	7in/178mm			20~25W	—	1100lm、1500lm、 2000lm、3000lm
9	8in/203mm		190mm	25~30W	12 串 5 并（SMD5630）、 12 串 6 并（SMD5630）、 24 串 2 并（SMD5730）、 30 串 2 并（SMD5730）、 12 串 10 并（SMD2835）、 12 串 12 并（SMD2835）	
10	10in/254mm			30W 以上	—	—

【说明】LED 筒灯开孔尺寸也不相同，读者要根据不同的 LED 筒灯外形来定开孔尺寸。

3. LED 筒灯组装流程

LED 筒灯组装流程图如图 2-51 所示。

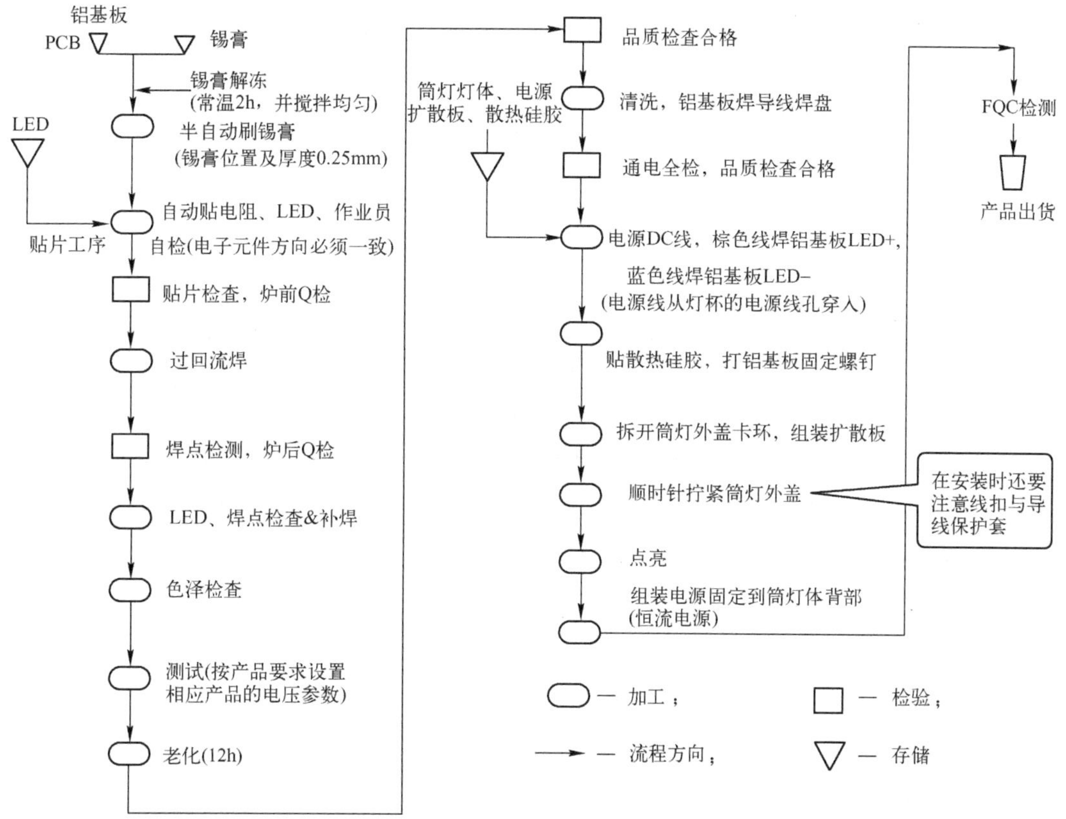

图 2-51　LED 筒灯组装流程图

【说明】

（1）LED 筒灯的外部电源线截面积不得小于 0.75mm^2，即 AWG18 线；内部接线（电子线除外）不得小于 0.5mm^2，即 AWG22 线。

（2）LED 筒灯 CE 认证要求满足欧盟低电压指令的要求及欧洲标准 EN60598 - 1 和 EN61347。

（3）LED 筒灯要进行不同极性带电部件之间的绝缘电阻与电器强度试验，试验时应将不同极性带电部件之间的功能性部件拆除，使试验电压加到部件的绝缘上。

（4）相应减小 GB 7000.1—2015 中爬电距离和电气间隙数值部分，具体参照国家标准 GB 7000.1—2015 表 11.1。

（5）相应减小 GB 7000.1—2015 中的电气强度，具体参照国家标准 GB 7000.1—2015 表 10.2。

(6) Ⅰ类和Ⅱ类灯具电气强度测试端为电子控制装置（电源）输入端，其测试电压为 $2U+1000$V（I 类）、$4U+2000$V（II 类）。

(7) Ⅰ类和Ⅱ类灯具电气强度测试端为电子控制装置（电源）输出端时，如果电子控制装置（电源）输出属于 SELV 认证的电源，其测试电压为 500V（III 类灯具）。

(8) Ⅰ类和Ⅱ类灯具电气强度测试端为电子控制装置输出端时，如果电子控制装置（电源）输出不属于 SELV 认证的电源，其测试电压为 $2U+1000$V（I 类）、$4U+2000$V（II 类）。

4. COB LED 筒灯组装流程及调光示意图

COB LED 筒灯组装流程及调光示意图如图 2-52 所示。

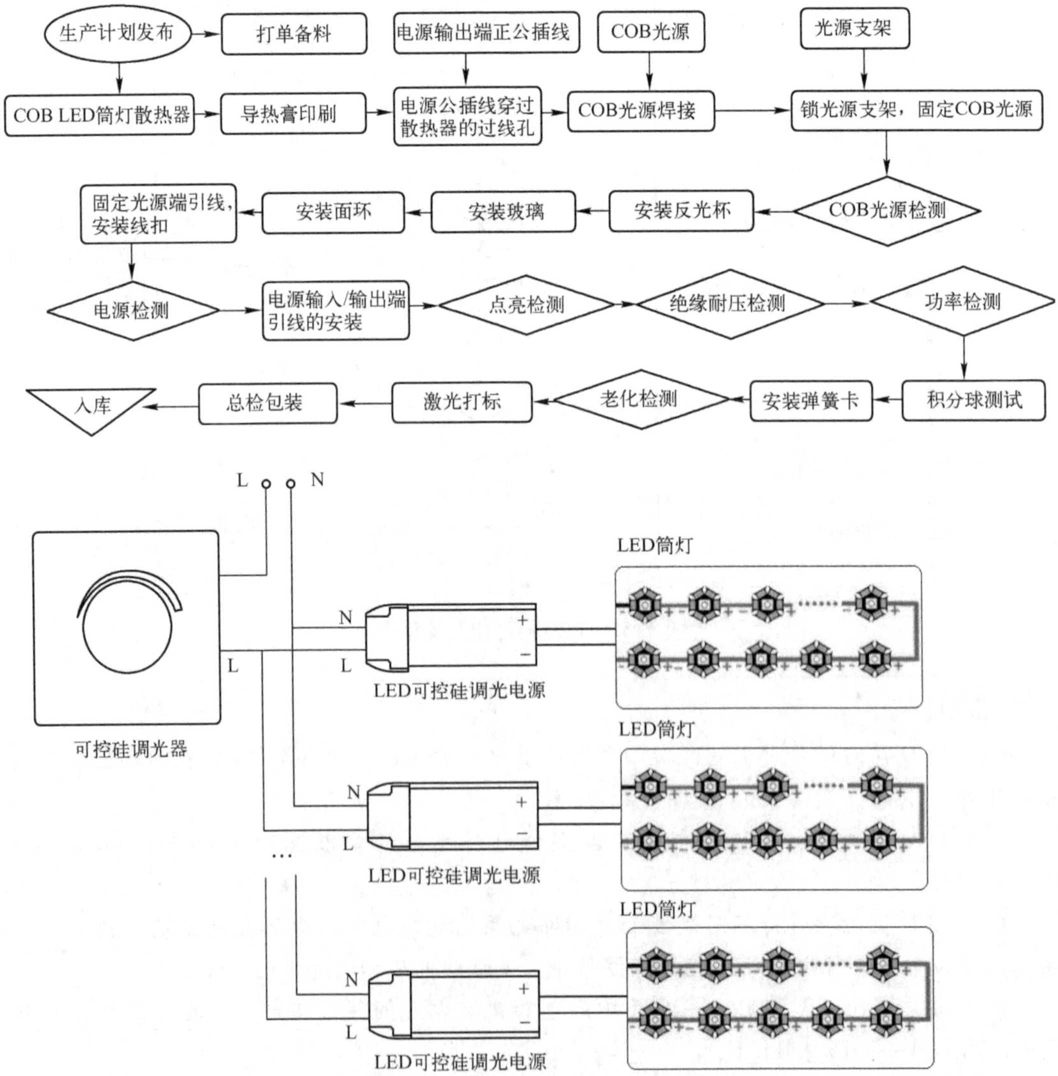

图 2-52　COB LED 筒灯组装流程及调光示意图

【说明】市面上的可控硅调光器一般都是单线制，直接串接在电源输入端的火线（L）上就可以实现调光。

5. LED 筒灯生产或检验注意事项

☺ GB 50034—2013《建筑照明设计标准》4.4.2 明确规定：长期工作或停留的房间或场所，照明光源的显色指数（Ra）不宜低于 80。

☺ 在灯具安装高度大于 6m 的工业建筑场所，Ra 可低于 80，但必须能够辨别安全色。

☺ GB 50034—2013 也同时规定多种常用房间或场所的显色指数最小允许值均不能低于 80。

☺ GB 7000.1—2015 中对“灯具不适宜被隔热材料覆盖的相关符号”或“灯具不适宜直接安装在普通可燃材料表面的相关符号”做了相应的更改，这一点读者应注意，同时要求符号的最小尺寸应为每条边 25mm。

☺ GB 7000.1—2015 中规定“当灯具不适宜被隔热材料覆盖时，要求有警告语和符号”。

☺ GB 7000.1—2015 中对“不可替换光源和非使用者替换光源的灯具”有关内容进行修订，要求使用说明书说明补充。

☺ GB 7000.1—2015 中对“不可替换光源”警告语为“此灯具的光源是不可替换的；当光源到其寿终时，应替换整个灯具。”

☺ GB 7000.1—2015 中对“非使用者替换光源的灯具”警告语为“此灯具内的光源应由制造商或其服务代理商或一个有类似资格的人来更换。”

2.7　LED 格栅灯的设计与组装

LED 格栅灯是一种照明灯具，适合安装在有吊顶的办公场所。传统格栅射灯光源一般是卤素灯。LED 格栅灯的光源是大功率的 LED，说简单一点就是将多个 LED 天花灯组装在一起。LED 格栅灯的外形如图 2-53 所示。LED 格栅灯适合多种应用场合。LED 格栅灯在设计时应考虑散热是否充分，面盖温度是否较低，安全、保护性是不是符合相关的标准，节能效果是否显著。

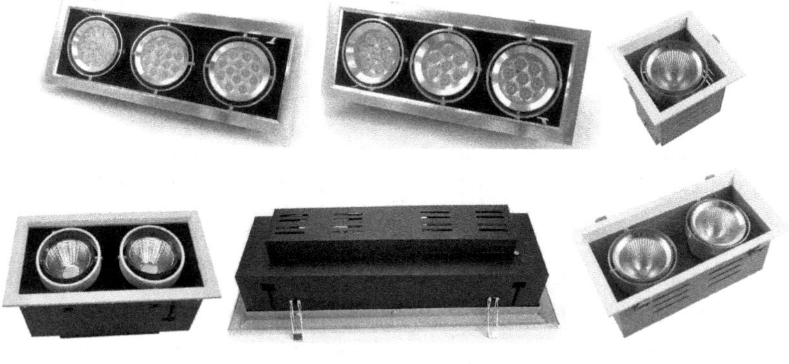

图 2-53　LED 格栅灯的外形

LED 格栅灯的透镜采用进口材料，透光性好，光线均匀柔和，防火性能好，符合环保要求。底盘采用优质冷轧板，表面采用磷化喷塑工艺处理，防腐性能好，不易磨损、褪色。所有塑料配件均采用阻燃材料。LED 格栅灯灯具表面进行拉丝氧化处理，灯具灯体部分采用车铝。这种结构的优点是加工成本低，散热也不错。其缺点是散热器重，与空气接触面积较大。LED 格栅灯采用散热性能好的金属材料制成，其功率有 7W、9W、12W、14W、18W、21W、24W、27W 等。

1. LED 格栅灯的设计

LED 格栅灯的设计主要是透镜、PCB（铝基板）的设计，目前 LED 格栅灯都是用 1W LED 或 COB 光源作为主要照明的灯珠。LED 灯板由铝基板和 LED 灯两部分组成。设计 LED 灯板时要求灯杯的尺寸并结合 LED、LED 透镜来进行设计。目前 LED 透镜主要有两种，一种是单个的，即有多少个 LED 就有多少个 LED 透镜，这种 LED 透镜一般要外加一个面板，材料一般为铝合金，透镜可以随意组合，多种角度可以选择。另一种为集成的，即将所有的 LED 透镜集成在一起成为一个整体，当作 LED 格栅灯的面板，但是其角度是固定的，用 LED 透镜卡在外壳（盖）上，形成一个面板。设计 LED 灯板时，可以参照 LED 格栅灯配件规格书进行设计。COB LED 格栅灯以 COB 光源为主，主要考虑与反光杯及 COB 光源的配套。目前 LED 格栅灯的产品主要以公模为主，所以在设计时要有自己的特色。

在设计 LED 格栅灯灯板时，先确定 LED 格栅灯的散热效果，可以知道 LED 格栅灯最大功率是多少。结合 LED 格栅灯的空间和 LED 透镜位置及反光杯的角度，就可以确认 LED 灯的数量及 COB 光源的功率、LED 灯板的厚度、直径，同时也确认 LED 格栅灯的配光曲线、照射范围。因为 LED 格栅灯主要用来做局部照射和自由散射，其发光角度有 8°、15°、24°、45°、60°、90°、120°等多种选择。

LED 格栅射灯以清新、自然的灯光效果，人性化的结构设计，安装与维护简单的特点，广泛应用于酒店、卧室、客房、楼道、商场、博物馆、酒吧、别墅、咖啡吧、展柜等的照明。

2. LED 格栅灯的组装流程

LED 格栅灯的组装流程及调光、接地示意图如图 2-54 所示。

> **【说明】**
>
> ☺ 安装电源时，请注意区分输入端和输出端并正确接线，核对无误后才能通电。
>
> ☺ LED 电源的输入端交流火线（L）和零线（N）、输出端按 LED 电源标识接线，注意正负极。

智能调光 LED 格栅灯调光方式有 0 ～ 10V、PWM、DALI（数字可寻址照明接口）、可控硅调光，可调光调色调光方式有 2.4G、WiFi、ZigBee。2.4G 遥控调色调光 LED 格栅灯采用 2.4GHz 高频无线遥控控制，实现亮度、色温效果无级调节，各种色温灯光效果自由选择，并且具备特有的小夜灯功能。ZigBee 调光调色格栅灯安装方便，支持 802.11 b/g/n 无线标准，可以转换为 WiFi 信号，可以实现远程单灯开关、调光、场景设置、定时等管控功能。

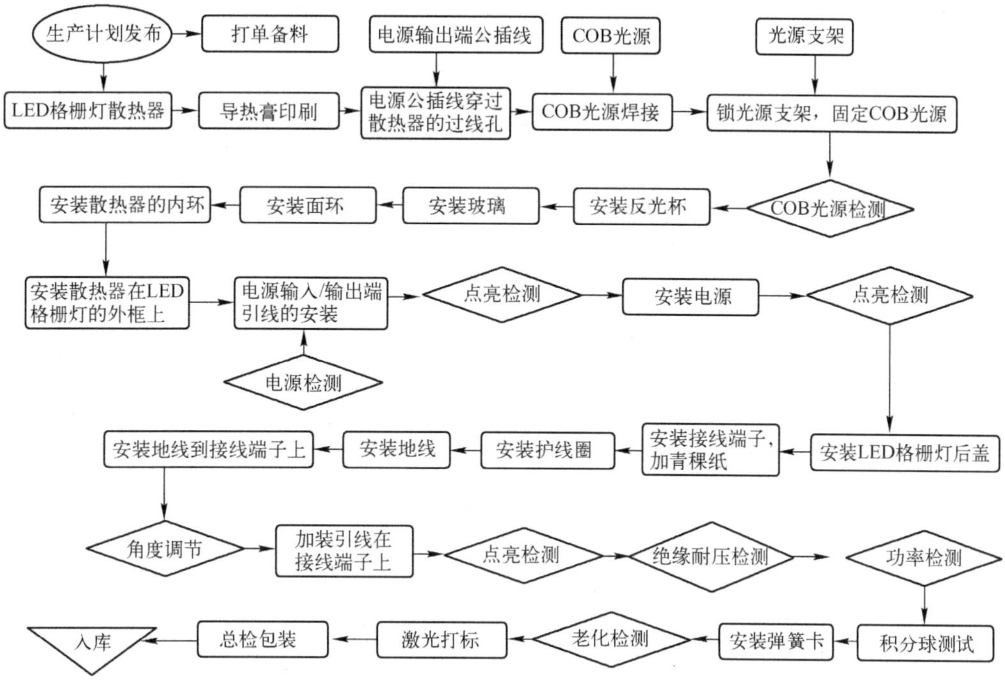

（a）LED格栅灯的组装流程

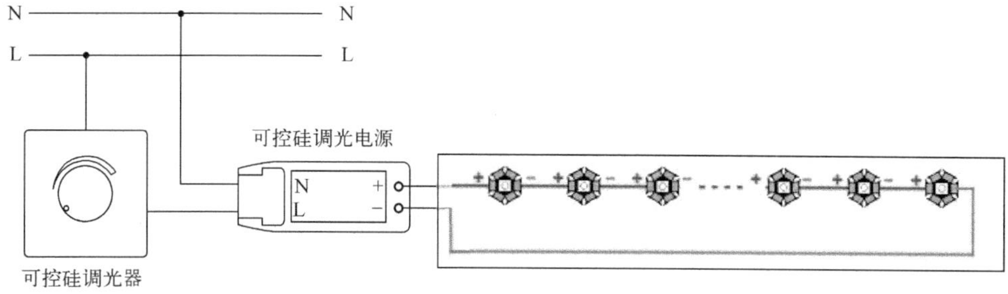

（b）调光示意图

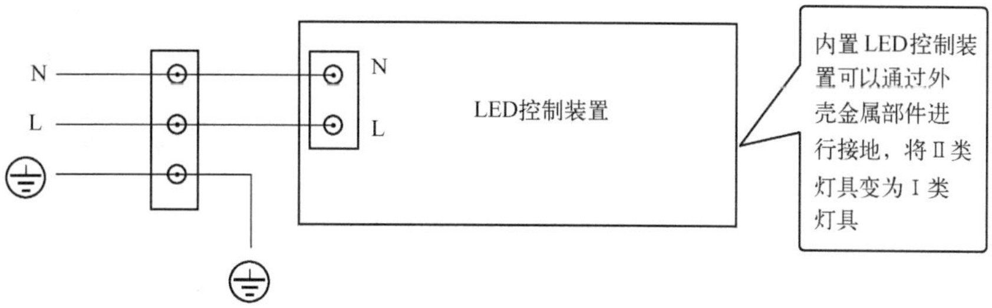

（c）接地示意图（摘自GB 7000.1—2015）

图 2-54　LED 格栅灯的组装流程及调光、接地示意图

【说明】

（1）普通灯具的防水等级 IP20 标记不要求标注。但当一个灯具有两个 IP 等级时，较低的数字应标在灯具的型号标记上，即使是 IP20 也要求标注，较高的数字应分开标在相关的部件上。

（2）国家标准 GB 7000.1—2015 中规定“内装式控制装置可以通过将控制装置固定到灯具的接地金属部件进行接地。灯具保护接地的连接不允许借助于内装式控制装置。”接地示意图见图 2-54（c）。

（3）目前世界上的调光系统供应商有美国路创系统（Lutron）、快思聪系统（CRESTRON）、飞利浦（PHILIPS dynalite）、欧司朗（OSRAM）、Control4、立维腾（Leviton）、ABB、施耐德（Merten）、西门子（SIEMENS）、澳大利亚邦奇系统（Dalitek）、香港城长（Citygrow）、澳大利亚奇胜系统（CLIPSAL）、永林（Lite-Puter）、聚辉（Koti）、泰创（Tantron）、日顺、LDS、JUNG、博科（Berker）、Be Lichtregle、HelvarKNX/EIB、GIRA、Tantron、VN3040、MP Micropara、河东（HDL）、爱瑟菲（ASF）、美莱恩（Melion）等照明控制系统。

2.8　LED 蜡烛灯的设计与组装

LED 蜡烛灯因其外形与蜡烛火焰外形相似而得名，光线为黄色柔和光，具蜡烛火焰感，且没有危险性，可安心使用。目前传统蜡烛灯都更换为 LED 蜡烛灯。LED 蜡烛灯采用大功率高亮光源，色温有 2600 ～ 4500K 可供选择，底座采用铝合金，表面做氧化处理，内部采用特殊的通气结构设计，具有产品重量轻、散热好、外形美观高档等优点，灯罩由透明或乳白玻璃或 PC 材料制造而成，具有散热好、光衰小、高效省电的特点。LED 蜡烛灯的外形如图 2-55 所示。

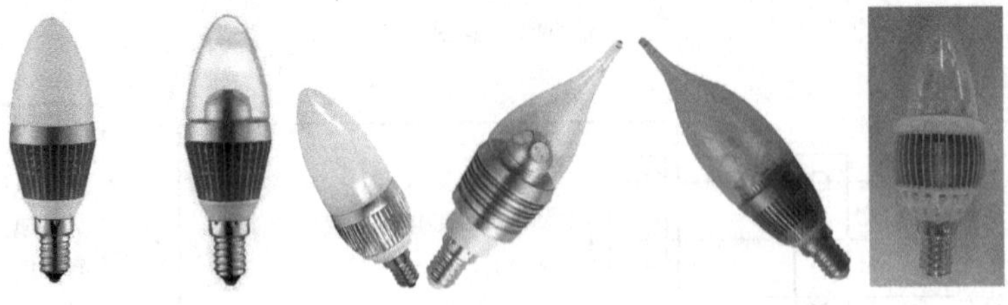

图 2-55　LED 蜡烛灯的外形

【说明】 灯头采用标准的 E14、E27（E26）、GU10 等多种灯头，安装更换方便。

1. LED 蜡烛灯的设计

LED 蜡烛灯的设计主要是透镜、PCB（铝基板）的设计，目前 LED 蜡烛灯都是用 1W LED 作为主要照明的灯珠。LED 灯板由铝基板和 LED 灯两部分组成。设计 LED 灯板时要求灯杯的尺寸并结合 LED、LED 透镜来进行设计。目前 LED 蜡烛灯有两种，一种是仿传统蜡烛灯，其外壳是玻璃，设计时只要将多个 LED 灯按照一定的位置与顺序排列，设计 LED 灯板相对容易，但是铝基板的直径大小一定要注意。另一种为集成的 LED 透镜，即将所有的 LED 透镜集成在一起成为一个整体，当作 LED 蜡烛灯的透镜，但是其角度是固定的，用 LED 透镜卡在焊有 LED 灯的铝基板上，形成反光面，其外壳是 PC。设计 LED 灯板时，可以参照 LED 蜡烛灯配件规格书进行设计。目前 LED 蜡烛灯的产品主要以公模为主，所以在设计时要有自己的特色。

2. LED 蜡烛灯的组装

LED 蜡烛灯的主要部件如图 2-56 所示。

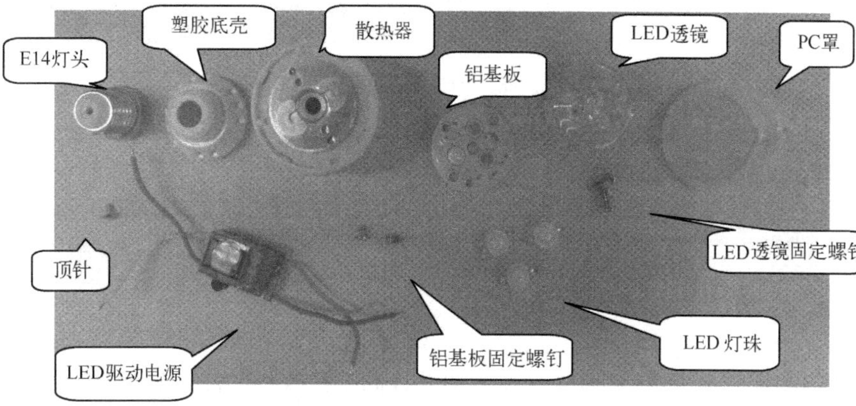

图 2-56　LED 蜡烛灯的主要部件

1）外观检查

☺ 检查 LED 蜡烛灯灯杯是否有刮花现象，散热器鳍片是否变形或有黑点，卡位及导向柱是否正常；塑胶底壳是否变形、刮花，卡位及导向孔是否正常。

☺ 检查 E14 灯头与顶针的装配是否符合要求。

☺ 检查 LED 蜡烛灯尺寸大小是否正常、是否变形，PC 罩表面是否有刮花、黑点。

☺ 检查 LED 灯表面有无刮伤，焊接引脚有无氧化。用积分球核对 LED 的色温、光通量、光效是否与设计要求一致。

☺ 将 LED 灯板输入与 LED 驱动电源的输出连通，通电确认电源参数与规格书标称的电源参数是否一致。

☺ 用游标尺确认灯板固定螺钉是否符合设计要求。

2）铝基板涂导热硅脂　取出导热硅脂，将其均匀涂在铝基板丝印所标示的 LED 灯对应的散热焊盘位置上。其过程如图 2-57 所示。

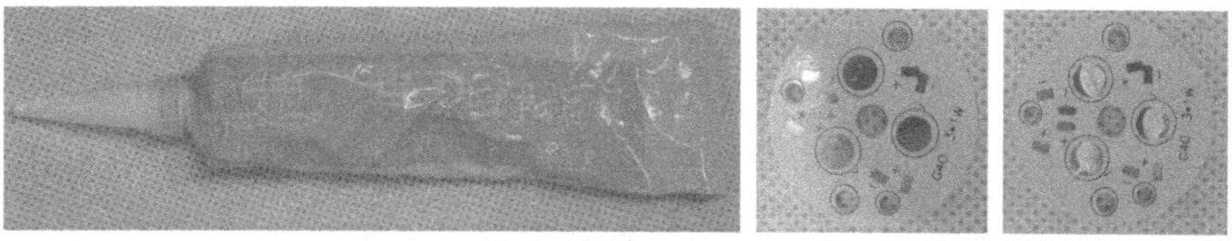

图 2-57　铝基板涂导热硅脂

3）焊接 LED 焊接前用数字万用表测试大功率 1W 的 LED 的正负极性，将数字万用表挡位转换为二极管挡，测试 LED 的极性，其过程如图 2-58 所示。取 3 个 LED 灯，焊接前先在铝基板的负极性引脚上上少量焊锡。上锡完后，将 LED 的负极性引脚与预先上好焊锡的焊盘进行焊接。最后将 LED 的另一个引脚也焊接在铝基板的正极性引脚上，其过程如图 2-59 所示。

图 2-58 测试 LED 的极性

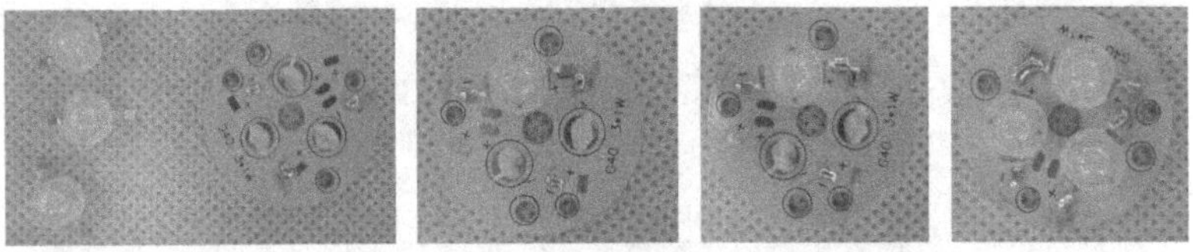

图 2-59 焊接 LED

4）固定铝基板 在 LED 蜡烛灯灯杯上铝基板固定位置均匀涂上导热硅脂，将焊好 LED 灯的铝基板与涂好导热硅脂的散热器结合，最后用两个 M2.5×3.5 的十字螺钉将铝基板固定在鳍片的散热器上，其过程如图 2-60 所示。

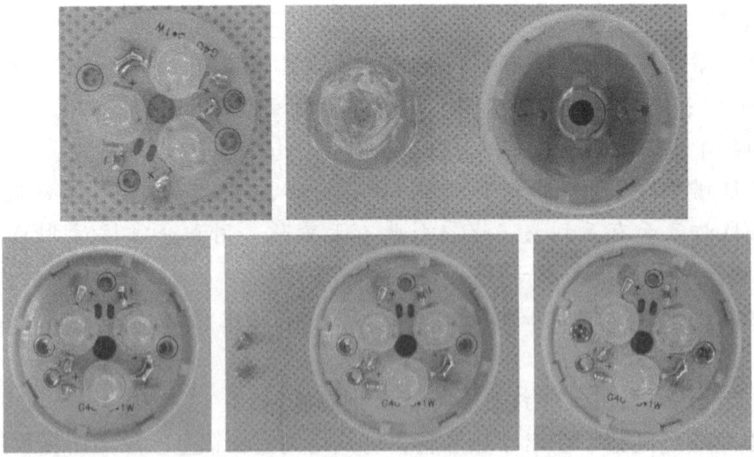

图 2-60 固定铝基板

5）连接电源 将电源输出线从鳍片散热器的灯体内电源线孔穿出并将电源插入到灯体的底部，在铝基板上的“+”、“-”焊盘上锡，将穿出铝基板的电子线焊接到铝基板“+”焊盘上。红色电子线接正极，白色电子线接“-”焊盘。其过程如图 2-61 所示。

【说明】 连接电源之后，一定要将 LED 灯板表面清理干净。

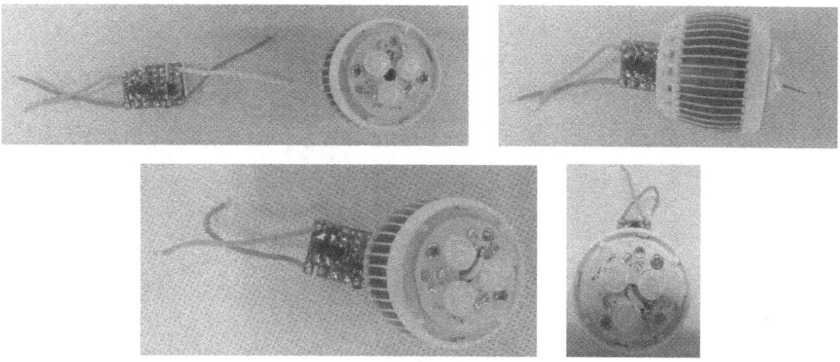

图 2-61　连接电源

6）通电测试　将连接电源的 LED 蜡烛灯接通 AC 220V 电源，点亮 LED 蜡烛灯，如图 2-62 所示。

图 2-62　通电测试

7）安装 LED 蜡烛灯透镜　用两个十字螺钉将 LED 蜡烛灯透镜固定在鳍片的散热器 LED 灯板上，其过程如图 2-63 所示。

8）安装塑胶底壳　将焊接好的电源输出引线从铝基板上拉出并将电源插入到灯体的底部，电源一定要插到位并将电源输入线从塑胶底壳中穿出。塑胶底壳与鳍片散热器连接时，防止电源或电源引线顶住塑胶底壳。同时要注意鳍片散热器 3 个导向柱与塑胶底壳的 3 个导向孔要一一对应，方向要正确，在方向正确的情况下用手一压，鳍片散热器的卡扣就会钩住塑胶底壳。其过程如图 2-64 所示。

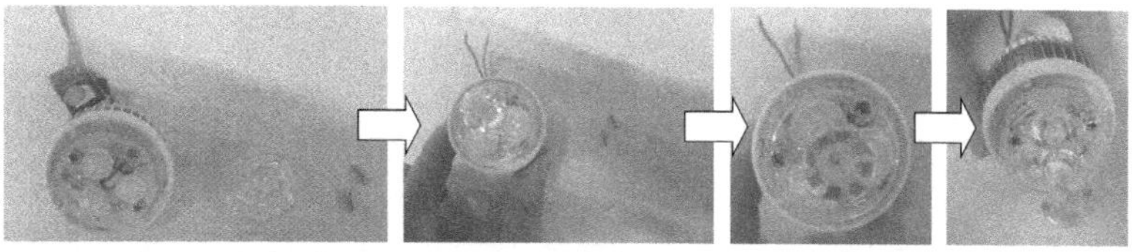

图 2-63　安装 LED 蜡烛灯透镜

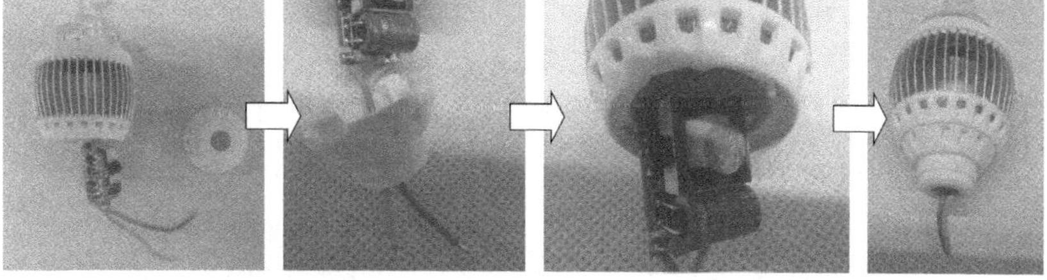

图 2-64　安装塑胶底壳

9）安装 E14 灯头　将电源的输入引线两根中的一根在合适的位置剥去外皮，并将电子线的线芯拧实，在塑胶底壳开槽位置引出并将线芯卡在连接器开槽位置。用 E14 灯头拧紧，拧紧之后去掉多余引线线头。其过程如图 2-65 所示。

10）安装顶针　将电源输入引线从 E14 灯头引出，在合适位置剥去电子线的外皮并拧实，将拧实电子线线芯压在 E14 灯头的塑料部分，用顶针压住线芯。其过程如图 2-66 所示。

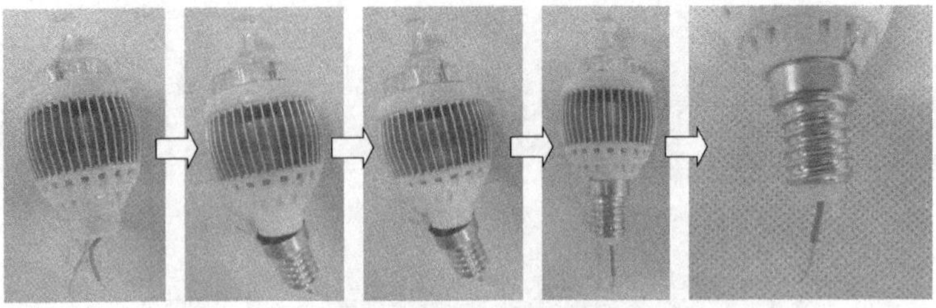

图 2-65　连接灯头

图 2-66　安装顶针

11）安装PC灯罩　安装PC灯罩之前，要先通电确认LED蜡烛灯工作是否正常，如图2-67所示。将鳍片散热器的卡位与PC罩的卡位一一对应，对应之后用手压住PC罩，就可以将PC罩安装在鳍片散热器上。其过程如图2-68所示。

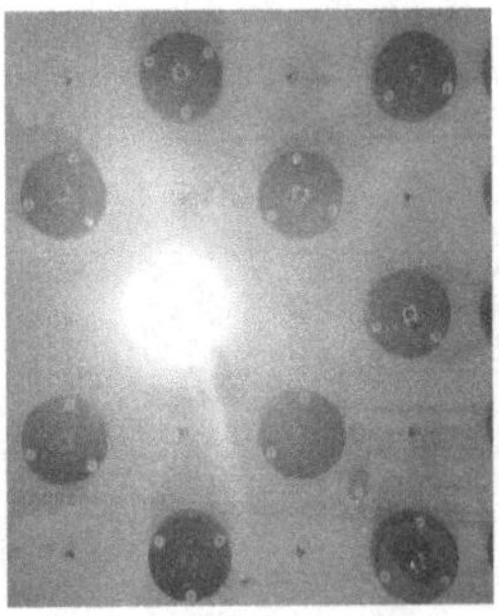

图 2-67　测试LED蜡烛灯

图 2-68　安装PC灯罩

12）锁E14灯头　用打灯头工具将灯头打紧，如图2-69所示。然后用电烙铁将输入线焊接在E14灯头上，并将多余的线剪除。

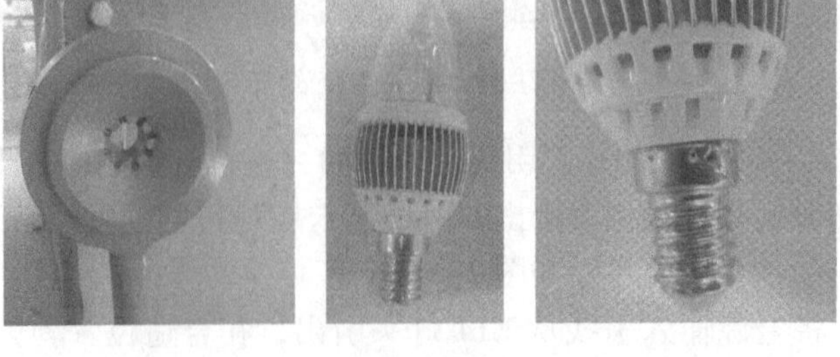

图 2-69　打灯头

13）老化　通电老化 8h，在老化期间要给 LED 蜡烛灯进行不断的开关电（通断时间为 15s）冲击测试。老化测试如图 2-70 所示。

14）入库　对通电老化 8h 之后的 LED 蜡烛灯，可以用光电测试仪（积分球）测试其光通量、光效及电源输入电流、PF 值、功率。

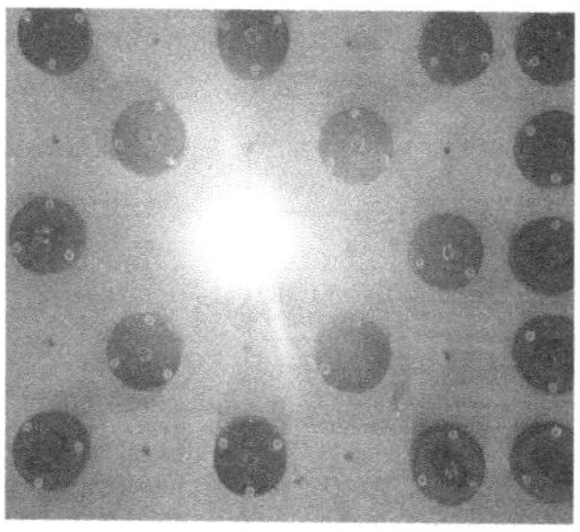

图 2-70　老化测试

> **【说明】** LED 蜡烛灯的安装方式与传统白炽灯一致，可直接安装在与传统灯具配套的灯架螺口 E14 上。

2.9　LED 象鼻射灯的设计与组装

1. LED 象鼻射灯简介

LED 象鼻射灯可以完全取代传统射灯，采用原装进口灯珠，具有高显色指数；在寿命期间色温一致稳定，光线明亮通透。采用先进光学系统，有效聚拢周围光线，使焦点更加明亮清晰，色彩更加自然，光感舒适高雅。专业外观设计，质感金属外壳时尚简约，体积小巧、美观大方；并与传统接口完全互换，安装替换方便快捷。适用于高档购物中心、酒店、专卖店、商务中心、展览厅、餐厅等场所的基础照明和重点照明。LED 象鼻射灯可以 360°自由空间旋转，90°纬度随意伸缩。LED 象鼻射灯外形及光源装配示意图如图 2-71 所示。

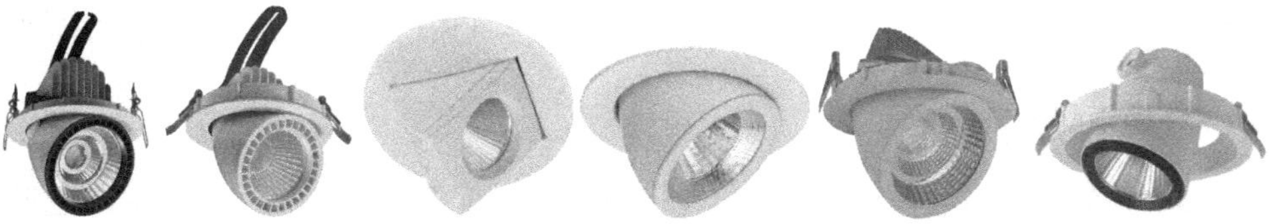

（a）LED 象鼻射灯外形

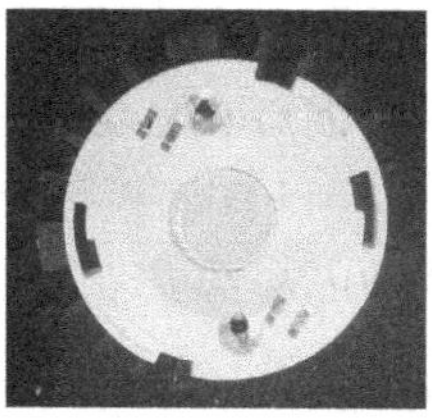

（b）光源装配示意图

图 2-71　LED 象鼻射灯外形及光源装配示意图

2. LED 象鼻射灯组装流程

LED 象鼻射灯组装流程图如图 2-72 所示。

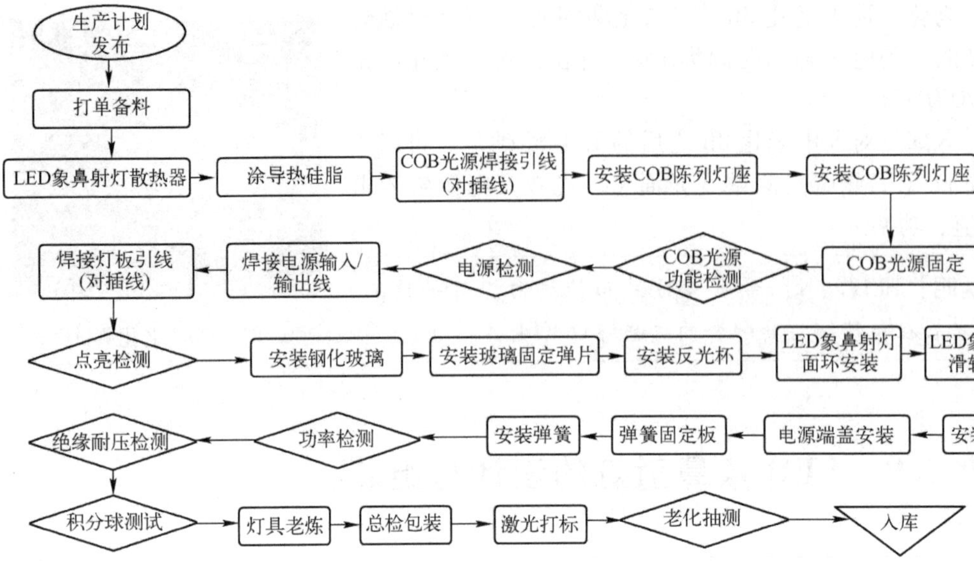

图 2-72　LED 象鼻射灯组装流程图

2.10　LED 面板灯的设计与组装

LED 面板灯是一款高档的室内照明灯具，其外边框材料为铝合金，发光光源为 LED。LED 面板灯既有良好的照明效果，又能给人带来美的感受。LED 面板灯设计独特，LED 发出的光经过导光板（高透光率）后，使整个平面达到均匀的发光效果，其照度均匀性好，光线柔和、舒适。本节主要介绍 LED 面板灯的基础知识、LED 面板灯设计及组装方面的知识。

1. LED 面板灯基础知识

LED 面板灯的外框用铝合金经阳极氧化而成，可以配置智能遥控系统，实现色温变化。LED 面板灯有正面发光和侧面发光两种。侧面发光由铝框、扩散板、导光板、铝背板、固定螺钉组成，主要将光通过导光板传递至扩散板发出。正面发光由铝框、扩散板、铝背板、固定螺钉组成。其电源为外置。LED 面板灯在各方面均优于格栅灯，主要适用于酒店、高级写字楼、办公场所、室内公共场所等。LED 面板灯尺寸规格有 300mm×300mm、600mm×600mm、300mm×600mm、600mm×1200mm 等，主要替换格栅灯灯盘。市面上常见的 LED 面板灯如图 2-73 所示。

【说明】 美国 LED 面板灯规格对应的是 303mm×303mm、303mm×603mm、303mm×1213mm、603mm×603mm、603mm×1213mm，而欧规与我国 LED 面板灯的规格是 295mm×295mm、295mm×595mm、295mm×1195mm、595mm×595mm、595mm×1195mm。

2. LED 面板灯成品检验标准

LED 面板灯成品检验标准如表 2-7 所示。

图 2-73 市面上常见的 LED 面板灯

表 2-7 LED 面板灯成品检验标准

序号	项目	项目描述	检测标准	判定
1	性能	电压	➢ 在规定电压范围内，即 LED 串联的个数 × V_F 值	合格
		电流	➢ 在规定恒定电流范围内，即 LED 并联的个数 × I_F 值	合格
2	结构	功率	➢ 在输入电压为 220V ± 10% 条件下，实际输出的功率在标称功率的 ± 10% 之间	合格
		功率因数	PF≥0.9 以上，功率因数值不比标称值低 0.05	合格
		积分球测试	➢ 色温、流明、显色指数符合生产指令单或设计要求、测试时不能有明显色差，光通量、显色指数达到设计要求。 ➢ 光通量值不低于标称光通量的 90% 。 ➢ 点亮测试无色斑、色差，无暗区。 ➢ 显色指数≥80	合格
		尺寸	➢ 产品的长度、直径符合产品标准要求，误差在 ± 2mm 的范围内	合格
3	外观	亮边	➢ LED 面板灯边框附近的亮度比其他地方明显亮很多，有亮边出现	不良
		亮点	➢ LED 面板灯的扩散板或导光板中呈现出很细小的亮点	不良
		光斑	➢ LED 面板灯的扩散板或导光板中出现一坨坨黑色的斑块	不良
		暗点	➢ LED 面板灯的扩散板或导光板中出现暗点	不良
		水波纹	➢ 将 LED 面板灯内的扩散板或导光板按一下，发现里面有黑色的水波纹一样的东西扩散开来	不良
		灯体	➢ LED 面板灯的底座出现松动、背板与外框的缝隙超过 1mm，LED 面板灯表面出现脏污、碰伤、变形等。 ➢ 产品表面整洁，无手指印，脏污直径≤1.5mm。 ➢ 边缘批锋不能伤手（伤人手为致命缺陷），毛刺长≤0.5mm，宽≤1mm，内部批锋不能影响组装和性能可接受。 ➢ 外观整洁，标识清晰，位置正确，内容完整。 ➢ 型材表面颜色、拉丝方向、面板表面处理效果与样板无明显差异。 ➢ 型材表面无明显间隙、刮伤、碰伤及氧化不良。 ➢ 灯具点亮后观察表面有无杂质、麻点、斑点、漏光、发黑、边缘颜色发黄或发光不均匀	

续表

序　号	项　目	项目描述	检测标准	判　定
3	外观	标签	➢ 产品标签贴合正确，无漏贴错贴，标签内容正确，位置一致，无模糊不清现象（偏移不超过 0.5mm）。 ➢ 外箱标签不能漏贴、错贴，位置正确，不能有乱涂乱画	
		包装	➢ 成品摆放齐整、无漏放和错乱，包装时包装盒不能被撑烂或变形，无多余的残渣残留在包装上。 ➢ 详细包装示意参考产品说明书，非标产品按照客户订单合同要求进行包装，配件需正确	

【说明】

（1）UL LED 面板灯是外置电源，其灯具部分是低压，外壳只需要满足基本绝缘，电源有金属外壳就好了。UL LED 面板灯只要电源是 class2 电源，其防火等级可达到最高的 5VA 防火。

（2）LED 面板灯采用 2.4GHz 高频无线遥控控制，具有功耗低、传输距离远、抗干扰能力强、空中通信速率高等特点。遥控器外形时尚美观，功能实用简单。具有调光、调色温、自由分组同步控制功能。

3. LED 面板灯的安装

1）方形 LED 面板灯的安装

☺ 按照产品包装盒上的开口尺寸开好孔，将电源的 AC 接头与市电的火线与零线相接并做好绝缘处理。

【说明】 将电源放置在不会渗水的位置。

☺ 双手向上压住弹簧达到可进入开孔的位置，弹簧入孔后再装灯具推入孔内。检查四周有无缝隙，再拉出 5mm 的距离看是否能自动弹回去。

方形 LED 面板灯的安装示意图如图 2-74 所示。

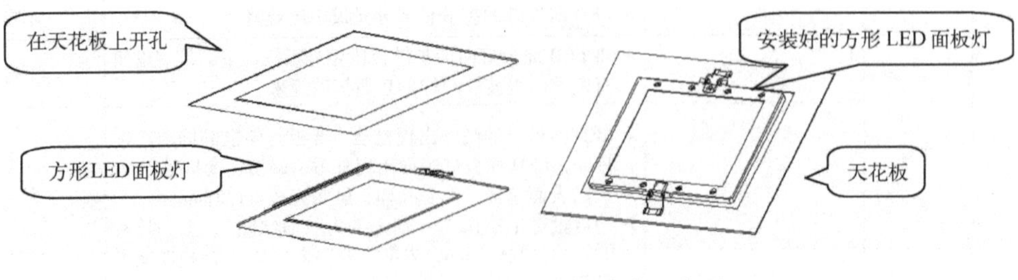

图 2-74　方形 LED 面板灯的安装示意图

2）圆形 LED 面板灯的安装　圆形 LED 面板灯的安装示意图如图 2-75 所示。

3）LED 面板灯的吸顶安装　LED 面板灯的吸顶安装示意图如图 2-76 所示。

4）LED 面板灯的吊装　LED 面板灯的吊装示意图如图 2-77 所示。

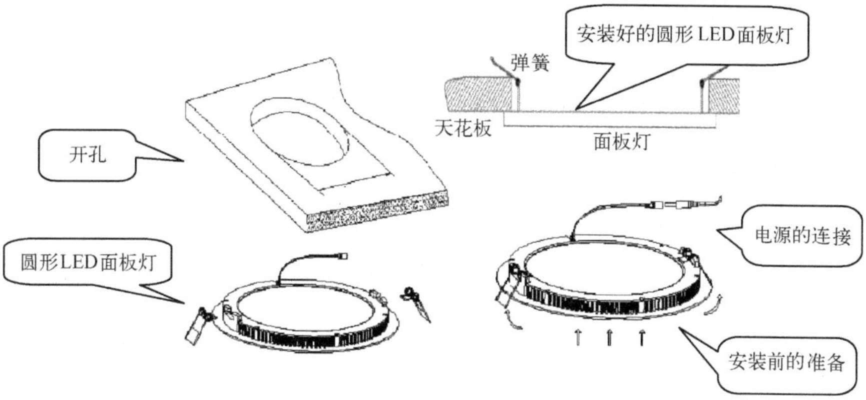

图 2-75　圆形 LED 面板灯的安装示意图

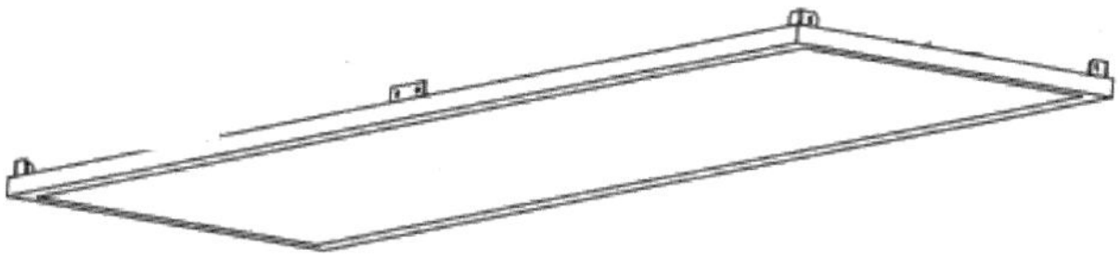

图 2-76　LED 面板灯的吸顶安装示意图

☺ 将钢丝绳安装在固定件上。
☺ 将固定件安装在面板灯铝框上。
☺ 将天花板固定件固定在天花板上，4 根钢丝绳安装在铝框上的固定件上。
☺ 调节好 4 根钢丝绳的高度，安装完成。

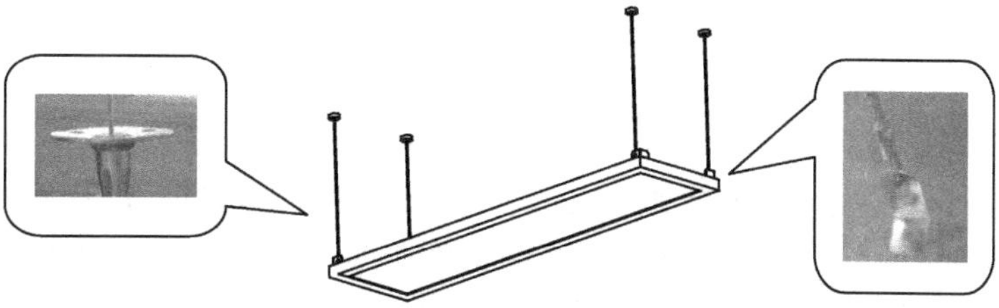

图 2-77　LED 面板灯的吊装示意图

4. LED 面板灯安装注意事项

☺ LED 面板灯与易燃材料要保证至少 0.2m 距离，要保证被安装的天顶或天花板有 2cm 高的间隙，LED 面板灯不能全部安装在天顶或天花板的里面，或有热源的墙边，要注意低压电与高压电连线分开走线。
☺ LED 面板灯上的连线可以从钻孔中通过和灯具后面的连线可以用电线夹固定，要确保固定牢固。
☺ 要确保 LED 面板灯的电源线有足够的长度，不要受到张力或切向力。安装 LED 面板灯的连线时避免过大的拉力，不要使连线打结。输出连线要注意区分，不要和其他灯具混淆。
☺ LED 面板灯安装好后，将灯具低压插头与开关电源低压插头进行连接。

☺ 将 LED 面板灯的开关电源尾巴连线与市电进行连接，通常棕色（黑色）线为火线，蓝色线为零线。
☺ LED 面板灯要使用 LED 专用驱动器，不要和其他的 LED 灯具混用。

5. LED 面板灯的认证要求

☺ LED 面板灯 FCC 认证要求比较苛刻，FCC 认证的 EMI 认证测试限值标准要求在 6dB 以上的余量，CE 认证的 EMI 测试限值标准要求余量在 3dB 或以上时（包括读点后的余量）即可。
☺ LED 面板灯的 FCC 认证空间辐射骚扰扫描测试频率为 30MHz ～ 1GHz，CE 认证中的空间辐射骚扰扫描测试频率为 30kHz ～ 300MHz。
☺ LED 面板灯的 FCC 认证传导骚扰扫描测试频率为 0.15 ～ 30MHz，CE 认证中的传导骚扰扫描测试频率为 9kHz ～ 30MHz。
☺ LED 面板灯的 FCC 认证分为 ClassA（工业、商业）和 ClassB（居民）两类，两类的测试限值完全不一样，CE 认证中只测无线电骚扰测试限值，限值大小与 FCC 中的 ClassB 相当。
☺ LED 面板灯的 FCC 认证只测试 EMI，不测试 EMS。CE 中的电磁兼容测试中要测试两项。

2.11 LED 玉米灯的设计与组装

1. LED 玉米灯简介

LED 玉米灯是 LED 照明灯具的一种，LED 最大发光角度为 120°，为了发光均匀，将 LED 灯具设计成 360°发光，其形状如同玉米棒，称为 LED 玉米灯。LED 玉米灯适用于所有家居、宾馆、学校、医院、工厂、高顶棚等的室内照明。一般 LED 玉米灯采用铝材灯体和塑胶灯座。铝不但外观漂亮光滑，无粗糙感，而且散热性能好。LED 玉米灯的外形如图 2-78 所示。LED 玉米灯适合于更换老式 3U 节能灯及安装于庭院灯、景观灯光源发光体。安装于庭院灯、景观灯的 LED 玉米灯电源必须灌胶处理。

图 2-78　LED 玉米灯的外形

LED 玉米灯灯头规格有 E27 螺口、G24/23 灯头，LED 玉米灯采用 PBT 阻燃耐高温塑料灯座、全铝散热器、底部散热器，正面和底部光源部分采用 PC 透明或乳白罩，高导热铝基板。LED 玉米灯光源有 SMD2835、SMD5050、SMD5630、SMD3528，LED 玉米灯的功率从几瓦到一百多瓦。内置式电源，即电源置于灯体内自镇流式电源。目前 LED 玉米灯防水等级也可达到 IP64。

2. LED 玉米灯组装流程

LED 玉米灯组装流程图如图 2-79 所示。

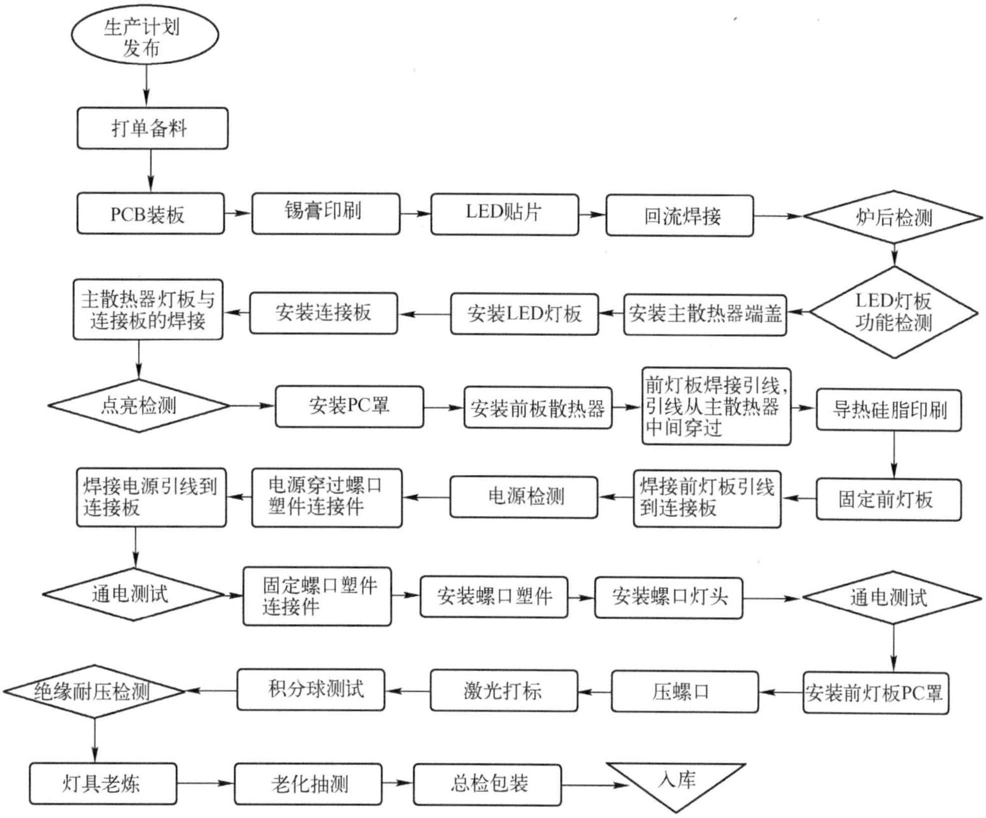

图 2-79　LED 玉米灯组装流程图

2.12　其他 LED 室内照明灯具简介

家庭照明要求营造温馨的气氛，灯具显色指数高，对于色彩还原性强。以小功率 LED 灯具及大功率 LED、组合灯具为主，白色主要为照明用，暖色主要为营造气氛用。常用灯具有 LED 水晶吊灯、LED 台灯、LED 落地灯、LED 壁灯、LED 射灯、LED 筒灯及 LED 吸顶灯。

> **【说明】** 大功率 LED 射灯一般用于客厅吊顶、背景墙，小功率的 LED 射灯主要用于酒柜、鞋柜等。

目前商场环境照明使用的主要灯具有 LED 筒灯和 T5/T8 LED 日光灯、LED 格栅灯及 LED 工矿灯等。小型零售系统，其色温要求为 5500 ～ 6000K，照度为 500 ～ 1000lx；中型超市照明系统，其色温要求为 4000K，照度为 250 ～ 500lx；大型超市环境照度为 50 ～

250lx，其色温根据产品及区域进行设定，如生鲜区的鲜肉类要求色温为 3000 ～ 3500K，蔬菜类为 4000 ～ 4200K，水果类为 3000 ～ 3000K（绿色水果为 6800 ～ 7000K，黄色水果为 4000 ～ 4200K），糕点类为 2700K，水产类为 20000K。通过加强重点照明和装饰照明在空间内调节照度等级，产生鲜明的对比度，而且色温是典型的暖色 2700 ～ 3000K。商场照明要求顾客感到舒适的视觉功效，其灯具配置如表 2-8 所示。

表 2-8　商场照明灯具配置要求

序　号	位　置	灯　具
1	入口和门厅	LED 射灯、LED 筒灯、LED 日光灯
2	商场店铺	LED 筒灯、LED 轨道灯、LED 射灯
3	商场柜台	LED 筒灯、LED 硬灯条、LED 射灯
4	超市主照明	LED 日光灯
5	冷鲜柜	LED 日光灯（粉红色）

餐厅、酒廊配置色温为 2400 ～ 3000K，显色指数要求在 85 以上，照度达到 200lx。

客房床头照度要求 150lx，写字台照度要求 300lx，其他活动区照度要求 75lx，色温为 2400 ～ 3000K，显色指数要求在 80 以上。

学校照明以教室照明设计为主，要求营造舒适、高效率的学习环境，其灯具配置主要以 LED 日光灯、LED 平板灯、LED 筒灯为主。办公室照明的灯具配置主要以 LED 射灯、LED 筒灯、LED 日光灯为主。仓库照明一般选用大功率 LED 工矿灯做主照明。

【说明】教室照明设计参考 GB 50034—2013《建筑照明设计标准》、GB 7793—2010《中小学校教室采光和照明卫生标准》、GB 50099—2011《中小学校设计规范》。

1. LED 灯丝蜡烛灯

LED 灯丝蜡烛灯采用 LED 灯丝作为发光源，为条形发光源，360° 发光，照射面积广，出光效果佳，将传统发光方式与现代科技工艺完美结合。LED 灯丝蜡烛灯由于其外形独特，当前主要用于装饰类照明，作为辅助光源，如水晶灯、艺术类照明灯具。LED 灯丝蜡烛灯的外形如图 2-80 所示。

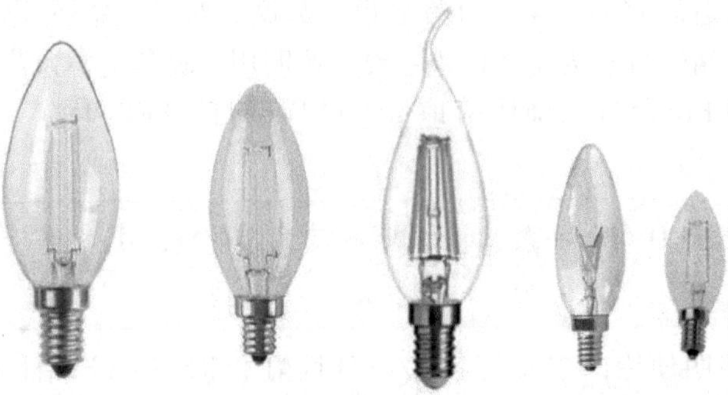

图 2-80　LED 灯丝蜡烛灯的外形

2. 明装 LED 筒灯

明装 LED 筒灯是一种吸顶式光线下射式的照明灯具，属于定向式照明灯具，其对立面才能受光，光束角属于聚光，光线较集中，明暗对比强烈。具有节能、低碳、长寿、显色性好、响应速度快等优点，同时也适合办公室或家庭使用。明装 LED 筒灯的外形如图 2-81 所示。

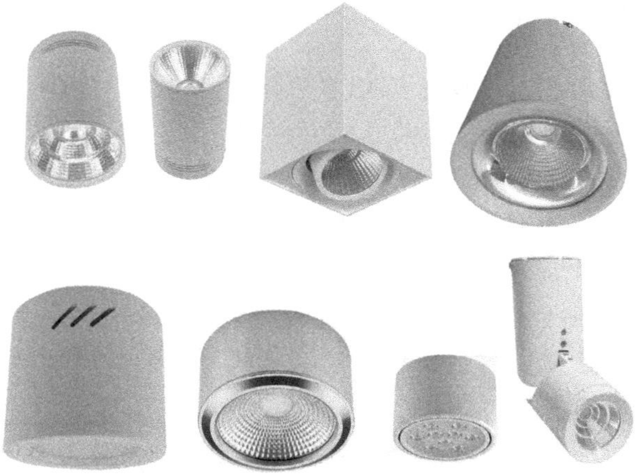

图 2-81　明装 LED 筒灯的外形

3. LED 壁灯

LED 壁灯就是用 LED 作为光源的灯具，安装在墙壁或者家具壁面上。LED 壁灯的种类和样式较多，一般常见的有床头壁灯、镜前壁灯等。LED 壁灯的外形如图 2-82 所示。

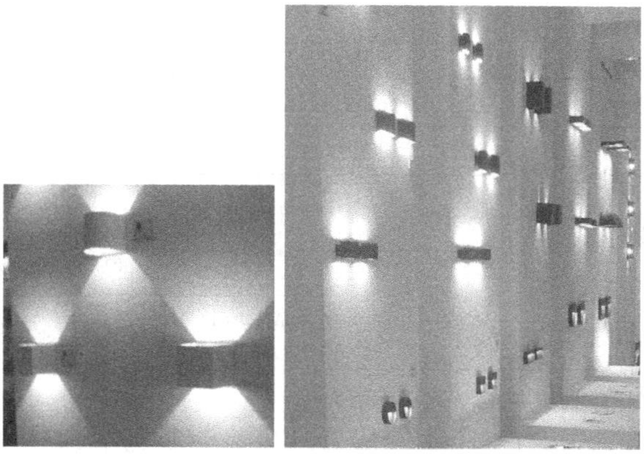

图 2-82　LED 壁灯的外形

4. LED 墙角灯

LED 墙角灯在照明领域应叫作入墙 LED 灯，在室内安装时距地 0.3m 较为适宜，采用 LED 作为其照明光源，供人夜间少量活动用。设置 LED 墙角灯，防止夜晚开普通灯会影响别人休息。LED 墙角灯的外形如图 2-83 所示。

图2-83　LED墙角灯的外形

【说明】

(1) LED墙角感应灯采用进口技术MCU电路设计而成，主动式红外线工作方式，具有稳定性好、抗干扰能力强等特点，带有红外解码方式，其实就是一个自动开关控制电路，有“声控”、“感应”、“光控”等，断开的方式基本是一样的，由一个延时电路（工作一段时间后自动断开）控制。全自动人体红外线LED墙角感应灯适用于走廊、楼道、地下室、洗手间等场所。

(2) LED感应灯是一种通过感应模块自动控制光源点亮的一种新型智能照明灯具，主要有声控、人体红外和微波雷达3种，可以应用于有螺口LED球泡、LED灯管、LED吸顶灯、LED筒灯、LED天花灯等。

(3) 红外感应的主要器件为人体热释电红外传感器。雷达感应LED以多普勒效应为基础，采用最先进的平面天线，可有效抑制高次谐波和其他杂波的干扰来进行工作，其灵敏度高、可靠性强、安全方便、智能节能，常用于楼宇智能化和物业管理。

5. LED植物灯

LED植物灯采用半导体照明原理，是专用于花卉和蔬菜等植物生产并结合高精密技术的一款植物生长辅助灯。光谱对植物生长的影响如表2-9所示。

表2-9　光谱对植物生长的影响

序　号	波　长	光谱对植物生长的影响	说　明
1	280～315nm	形态与生理过程的影响极小	
2	315～400nm（紫色光）	叶绿素吸收少，影响光周期效应，阻止茎伸长	促进植物形成色素及对磷和铝元素的吸收，直接影响植物及果实的维生素D、角质层的形成和干物质的积累
3	400～520nm（蓝色）	叶绿素与类胡萝卜素吸收比例最大，对光合作用影响最大	增强叶绿体的活动，促进植物光合作用
4	520～610nm（绿色）	色素的吸收率不高	
5	610～720nm（红色）	叶绿素吸收率低，对光合作用与光周期效应有显著影响	增加植物的光合作用，促进植物生长

【说明】不同波长的光线对于植物光合作用的影响是不同的，植物光合作用需要的光线波长在400～720nm。在红蓝（9:1）混合光照下，植物长势最好，不仅强壮，根系也非常发达。

第3章　LED日光灯的设计与组装

3.1　LED日光灯基础知识

LED日光灯（LED Tube Fluorescent Light）以LED为光源，是与传统日光灯在外形上一致的一种用于室内普通照明的组合式直管型照明灯具，它由LED模块、LED驱动（控制）器、散热铝型材、透光罩（PC罩）及两个堵头构成，可包括灯座和灯架。

【说明】LED模块是指在PCB（FR4基板、铝基板）上焊接上贴片灯珠2835、5630、5730的线路板。

1. LED日光灯的外形尺寸

现在LED日光灯的灯头类型为G5和G13。其外形图如图3-1所示。

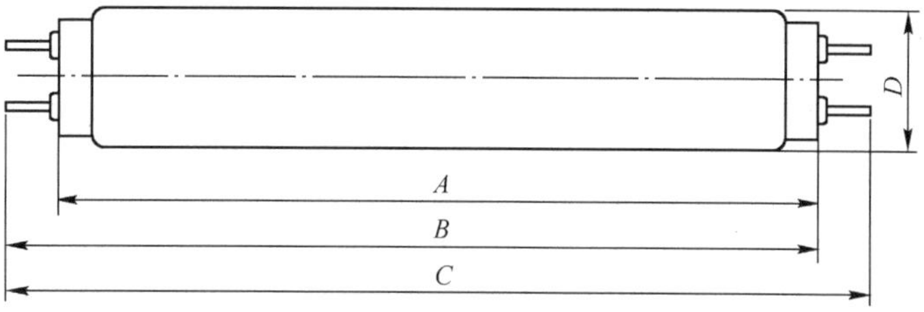

图3-1　LED日光灯的外形

现在市场上流行的LED日光灯主要为T5和T8，其中T5和T8的外形尺寸和灯头类型及功率、参数如表3-1所示。

表3-1　T5和T8的外形尺寸和灯头类型及功率、参数

（1）T5和T8的外形尺寸和灯头类型								
灯管类型	标称尺寸	A(mm)	B(mm)		C(mm)	D_{max}(mm)		灯头类型
		最大值	最小值	最大值	最大值	T5(ϕ16)	T8(ϕ26)	
T5	550	549	553.7	556.1	563.2	17	—	G5
	850	849	853.7	856.1	863.2			
	1150	1149	1153.7	1156.1	1163.2			
	1450	1449	1453.7	1456.1	1463.2			
T8	600	589.8	594.5	596.9	604	—	28	G13
	900	894.6	899.3	901.7	908.8			
	1200	1199.4	1204.1	1206.5	1213.6			
	1500	1500	1504.7	1507.1	1514.2			

续表

(2) T5和T8的功率、参数				
序号	名　　称	外形尺寸	灯板长度	参数及串并
1	0.6mT8 LED日光灯管	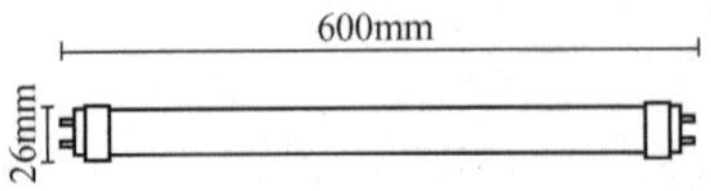	563mm×9.5mm	120pcs（24串5并）2835、 96pcs（24串4并）2835、 88pcs（22串4并）2835、 80pcs（20串4并）2835
2	0.9mT8 LED日光灯管	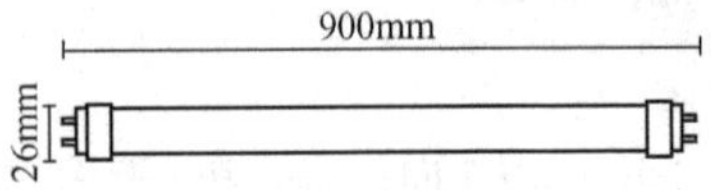	868mm×9.5mm	80pcs（20串4并）2835、 72pcs（18串4并）2835、 68pcs（17串4并）2835
3	1.2mT8 LED日光灯管	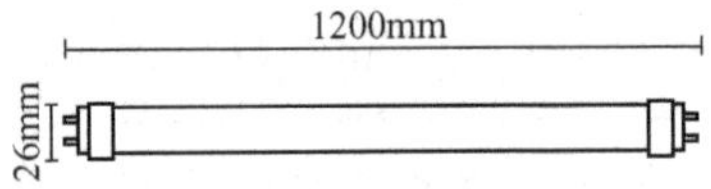	1170mm×9.5mm	60pcs（20串3并）2835、 54pcs（18串3并）2835、 48pcs（12串4并）2835、 44pcs（11串4并）2835

目前LED管灯标准各国并不统一，所以每个国家都有相应的标准。日本为保证安全性和互换性制定的LED管灯标准，只制定了L型灯头外置控制器灯管长580cm和1198cm两种规格的产品标准，工作电压小于95V。韩国标准也仅制定了灯1198cm控制器（转换器）外置的一种单一规格的产品标准，但是提出了使用D12灯头的标准，也可以使用原有的G13灯头，工作电压为49V，确保安全。

【说明】 LED日光灯的功率不能大于要被替代的荧光灯的宣称功率，其光通量＝宣称功率×该宣称功率所对应的最低光效。

2. LED日光灯所用光源与连接方式

为了得到比较均匀的发光及散热，LED日光灯通常采用数量比较多的小功率的LED灯珠串并联而构成。小功率LED有两种，一种是插针式，俗称草帽管，因其热阻大，光衰严重，所以现在基本上没有人在用。另一种是贴片式，是目前使用最多的LED灯珠。目前主要使用的LED灯珠的封装主要为SMD2835，SMD2835灯珠采用了底板散热，其工作电流为60mA，其发光也高达20lm。

在LED日光灯里所用的LED数目通常在24～200颗，所以在电子线路设计中不可能全部串联，而必须要有串并联的连接方式。一般原则是串得少，并得多。这样一旦某一串中有一个LED开路，只会使这一串中LED灯不亮，可以将这一串的电流分摊到剩余的几路LED灯中去。

【说明】 在电子设计中可以在每个LED两端都并联一个稳压二极管，即使其中有一个LED开路，开路的这一串LED也不会都不亮，而只是一个LED不亮而已。在电路设计过程中串联的LED数目少于12个，串联LED所需要的电源电压低于42V，也就是低于国际安全电压。

3. LED 日光灯的电源

LED 日光灯电源有内置式和外置式两种。内置式就是指将电源放进灯管内部，电源也是 LED 日光灯的一部分，可以将 LED 日光灯做成直接替换现有的荧光灯管，灯管部分无须做任何改动。现在内置式的 LED 日光灯电源体积也可以做得很小，通常是做成长条形的，以便塞进 T10 或 T8 半圆形或者椭圆形的管子里去。下面对内置式电源进行介绍，内置式电源分为非隔离型和隔离型。

【说明】 所谓非隔离是指在负载端和输入端有直接连接，所以触摸负载就有可能有触电的危险。

目前使用最多的电源是非隔离直接降压型电源。这种电源就是把交流电整流以后得到直流高压，然后就直接用降压（Buck）电路进行降压和恒流控制。非隔离式电源输入电压范围宽，恒流输出；采用频率抖动减小电磁干扰，利用随机源来调制振荡频率，可以扩展音频能量谱，扩展后的能量谱可以有效减小带内电磁干扰，降低系统级设计难度；线性及 PWM 调光，支持上百个小功率 LED 的驱动应用，工作频率为 25 ～ 300kHz，可通过外部电阻来设定。

【说明】

（1）非隔离恒流源具有简单、指标高的优点，其输出电流可以按 LED 串并联的个数决定。但是大多数情况下，其输出电流不能太大，输出电压也不能太高。

（2）LED 和铝散热器之间的绝缘靠铝基板的印制板的绝缘层。虽然绝缘层可以耐 2000V 高压（CE 认证时要达到 3750V），但螺丝孔的毛刺会产生爬电现象，难以通过 CE 认证，在设计时要提醒读者注意。

（3）选择 LED 日光灯电源时，最好选择通过 CQC 认证的，如果不能确定是否通过 CQC 认证，可以上 CQC 网站进行查询。

隔离式是指在输入端及输出端通过隔离变压器进行隔离，隔离变压器可能是工频的也有可能是高频的。其作用都是将输入和输出隔离起来，这样可以避免触电的危险。一般情况下，由于加入了隔离变压器，其效率会有所降低，通常大约在 88% 左右。而且隔离变压器的体积也比较大，放进 T10 的 LED 日光灯还可以，但放进 T8 的 LED 日光灯就比较紧张。目前已经解决这个问题，隔离电源也可以放进 T8 的 LED 日光灯。

【说明】 通过 CE 认证的 LED 日光灯，在设计时电源最好采用外置式电源。

目前还有一种 LED 日光灯电源供电方式，就是采用集中式外置电源。目前推广 LED 日光灯的主要是政府机关、办公室、商场、学校、地下停车库、地铁等场所。这些场所往往一间房间采用不止一个日光灯，可能在多个以上，就可以采用集中式的外置电源，可以得到最高的效率和最大的功率因数。

【说明】 所谓集中式是指采用大功率的开关电源作为主电源，而每个 LED 日光灯则采用单独的 DC/DC 恒流模块。

LED 日光灯电源目前有堵头电源、声光控感电源、可控硅 LED 驱动日光灯调光电源、兼容电子镇流器（电感整流器）日光灯电源、LED 微波雷达日光灯电源等，读者可以根据不同的要求选择不同的电源，达到不同的效果。

微波雷达感应 T8 LED 灯管利用微波普勒原理，巧妙地把微波感应器微缩在 LED 灯管内，当感应区内没有移动物体时，感应灯管处于休眠状态，灯管处在小夜灯（如 3W）状态，可以满足安保监控照明的要求。灯管待机模式分为 0% ～ 100% 及 30% ～ 100% 两种，可以根据不同要求进行选择。

【说明】 IP65 LED 灯管采用环保 PC + 双面铝槽材质，单端通电，两端堵头都打上防水胶，做密封处理，主要应用于各种冰柜、冷柜、水族馆、鱼缸等。

3.2 T8 LED 日光灯的设计与组装

1. T8 LED 日光灯的主要部件介绍

LED 日光灯由 LED 灯、铝管（管材）、PC 罩、PCB（灯板）、驱动电源、灯头部件组成。下面对 LED 部件一一进行介绍。

1）LED 灯 LED 日光灯常用灯珠封装有 2835、5630、5730，这里介绍的灯珠都是小功率的 LED，其产生的热量相对较小，对整体的 LED 管灯来说不会产生太大的热量，同时也降低灯珠的光衰问题。对于灯珠的光衰而言，笔者认为主要取决于良好的散热处理以及合理的工作电流和环境。

【说明】 单颗 2835 灯珠正常工作电流有 60mA 与 150mA 两种，5630 灯珠是 150mA，5730 灯珠是 150mA 左右，V_F 值在 3.2 ～ 3.4V 之间。目前超薄单颗 2835 灯珠正常工作电流已达到 60mA，其单颗功率为 0.2W，是目前 LED 灯管的主流方式。

LED 的数量通常是根据 LED 日光灯的光通量大小来决定的，设计时可以参考相同规格荧光灯的光通量大小，也就是要与相同规格传统荧光灯的光通量大致相当。目前使用最多的 LED 光源还是 2835、5630、5730，笔者建议使用 2835 或 5730 作为 LED 的光源。设计者可以根据当前 LED 封装及 LED 日光灯电源发展趋势，来选择合理的灯珠数量和 LED 日光灯电源电压及电流。比较流行的方式为高压、小电流，即 20 ～ 24 串，电压为 DC 50 ～ 80V，电流小于 240mA。

2）管材 LED 日光灯的管材主要是起到防护、定位、连接电子元器件、固定 LED 日光灯的灯头及散热的作用。常用 LED 管材外形如图 3-2 所示。T8 LED 日光灯管采用精工航天车铝型材，表面经过阳极氧化处理，具有优良的抗腐蚀防开裂能力，表面进行高光工艺处理，抗压不褪色。

3）PC 罩 目前市场透明面罩的透光率可以达到 88% ～ 95%，雾状面罩的透光率在 70% ～ 86%。目前 PC 罩的种类有透明、光扩散、透明条纹、光扩散条纹 4 种。市场上 PC 面罩的材料有普通的 PC 料、光学级 PC 料。它们之间因厂家不一样，透光率的差异相当大。目前一般采用光扩散的 PC 面罩，这种可以减少眩光。PC 罩的外形如图 3-3 所示。灯罩采用优质进口高透光 PC 灯罩，光线柔和均匀，使用寿命长，光效高。

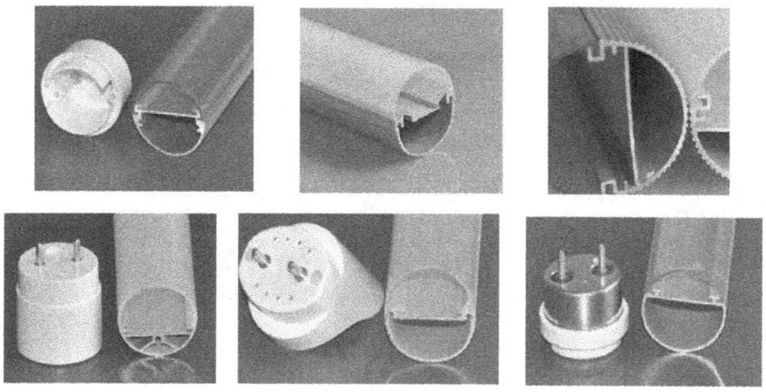

图 3-2　常用 LED 管材外形

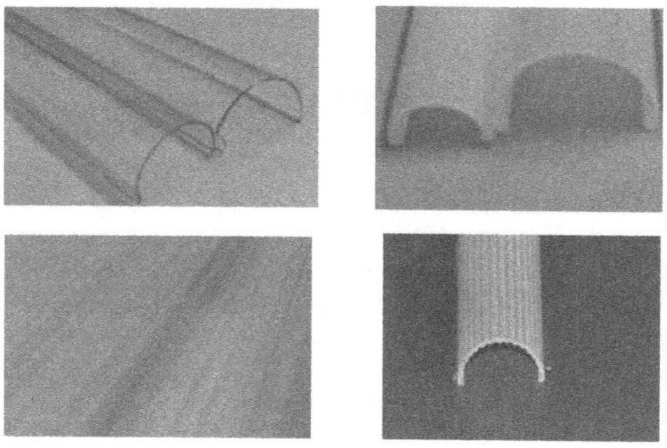

图 3-3　PC 罩的外形

【说明】聚碳酸酯（Polycarbonate，PC）是一种无定型、无臭、无毒、高度透明的无色或微黄色热塑性工程塑料，具有物理机械性能优良，耐冲击性优异，拉伸强度、弯曲强度、压缩强度高，蠕变性小，尺寸稳定的特点，同时具有良好的耐热性、耐低温性。用 PC 材料制作的灯罩耐高温，不易变形。

4）PCB（灯板）　LED 日光灯的 PCB 起到定位 LED 及 LED 散热的作用。目前 LED 日光灯应用的 PCB 主要为 FR4 和铝基板。

LED 灯板是将 LED 通过一定的排列方式贴在 PCB 或铝基电子线路板上，然后将其固定在铝合金散热器上面。PCB FR4 的导热系数是 20W/m·K，铝合金的导热系数是 200W/m·K。导热系数越大，其传热导热效果越好。LED 灯板的外形如图 3-4 所示。

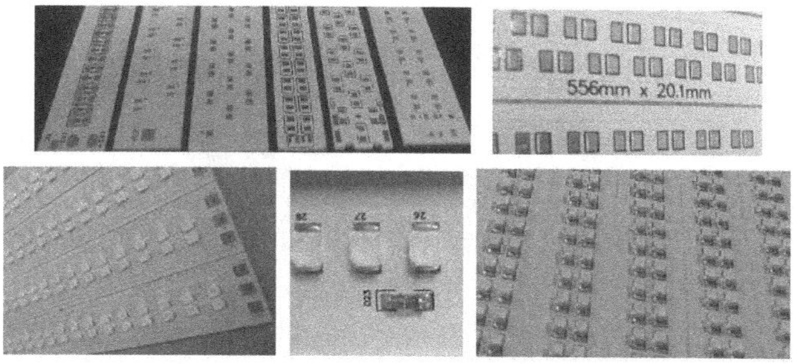

图 3-4　LED 灯板的外形

5）驱动电源　LED 的工作形式是恒流驱动，多个 LED 工作时通常的连接方式有串联、并联、混联、交叉阵列等形式。不同的连接方式有各自不同的特点，并且对驱动电源的要求也不相同。LED 日光灯目前主要有隔离与非隔离两种。LED 日光灯与微波雷达感应 LED 日光灯电源的外形如图 3-5 所示。

内置电源放置在铝合金散热器内，必须用一种方式使 LED 电源与铝合金散热器进行绝缘，不然会发生漏电。外置电源就不存在这种现象。目前市场上有 3 种内置 LED 日光灯电源处理方式，如图 3-6 所示。

（1）绝缘纸方式：用一张绝缘纸把电源四周包住，然后一同塞进铝合金散热器内。其缺点是在把电源塞进铝合金散热器的操作过程中，绝缘纸很容易被铝合金的边角划破；因电源的两端没有东西固定，电源容易在铝合金管内移动。

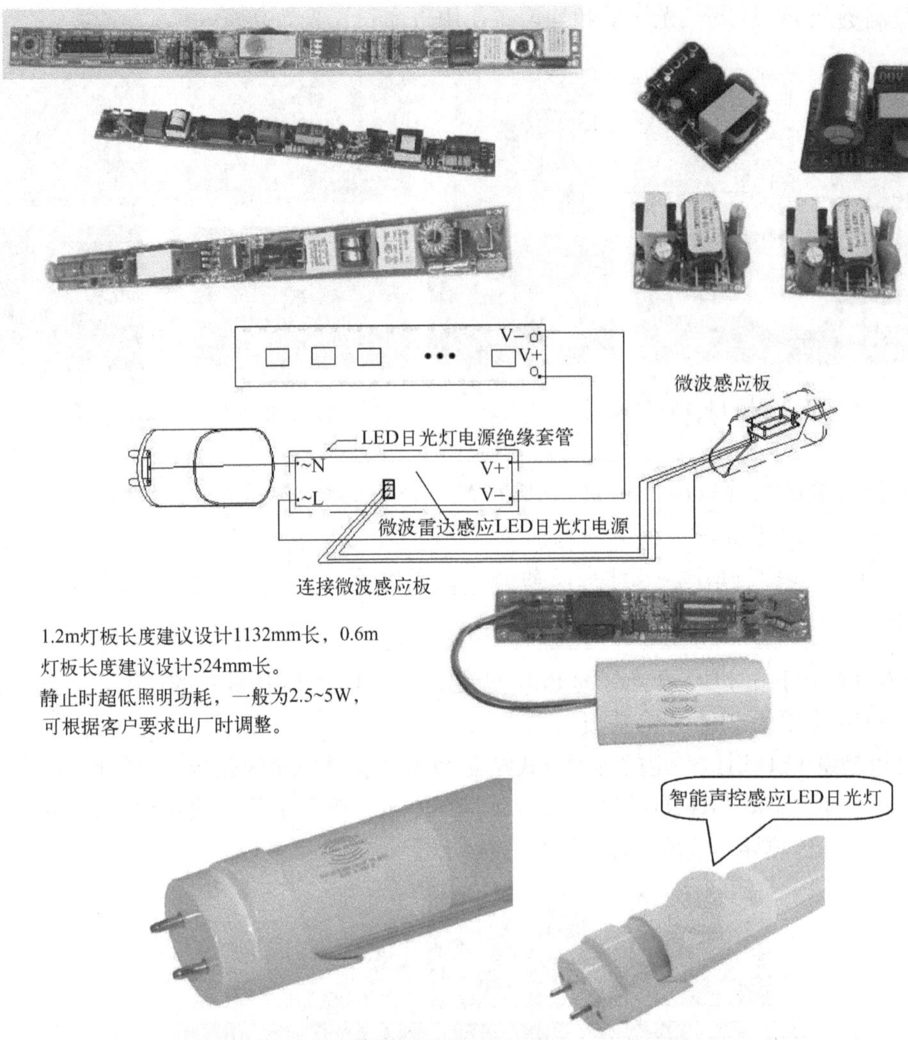

图3-5　LED日光灯与微波雷达感应LED日光灯电源的外形

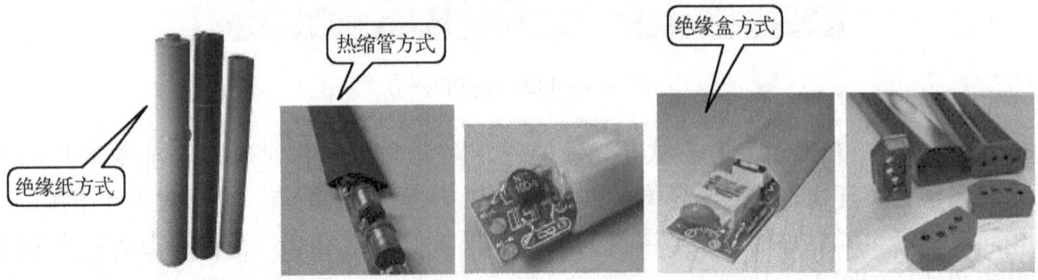

图3-6　内置LED日光灯电源处理方式

（2）热缩管方式：热缩管是一种遇热就缩紧的一种PC材料，用一段热缩管套在电源的外面，然后用热风枪吹热风，使热缩管紧密地把电源包在里面，从而达到绝缘的目的。其缺点是热缩管与电源上面的电气元件紧密结合在一起，电源散发的热能没有办法散去，从而缩短电源的使用寿命。

（3）绝缘盒方式：就是根据电源尺寸大小来定做的一种绝缘盒，它有散热孔、固定件，是目前绝缘效果最佳的一种方式。

6）灯头　目前市场上的接头方式很多，有铝皮、PC 料、铝皮加 PC 料，按固定方式分有用胶水固定在灯管两端的，也有用螺钉固定在灯管两端或用卡扣的方式固定在灯管两端的。就安全、环保而言，用螺钉固定的方式被广泛采用。LED 日光灯的灯头外形如图 3-7 所示。针脚接口采用多角点锡磷青铜，导电性能好。

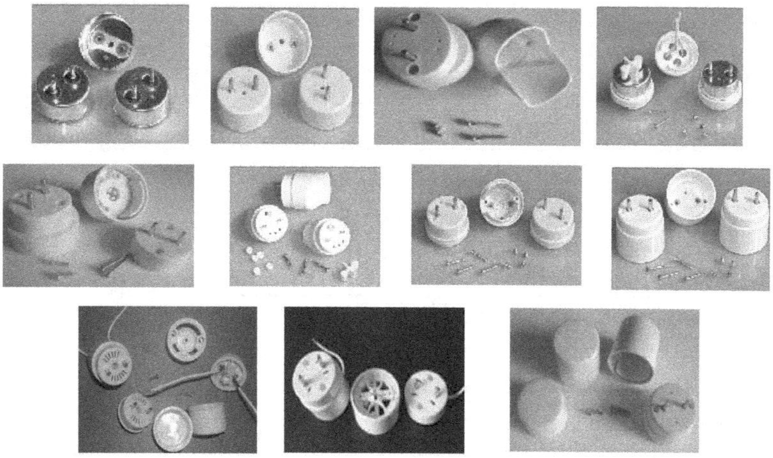

图 3-7　LED 日光灯的灯头外形

2. T8 LED 日光灯的外形与技术参数

LED 日光灯管采用宽电压设计，具备短路保护、防雷击保护功能，最后经过高压测试。同时采用软启动保护装置，避免瞬间电流对 LED 造成冲击，延长了产品的使用寿命。T8 LED 日光灯的外形及接线与调光示意图如图 3-8 所示。

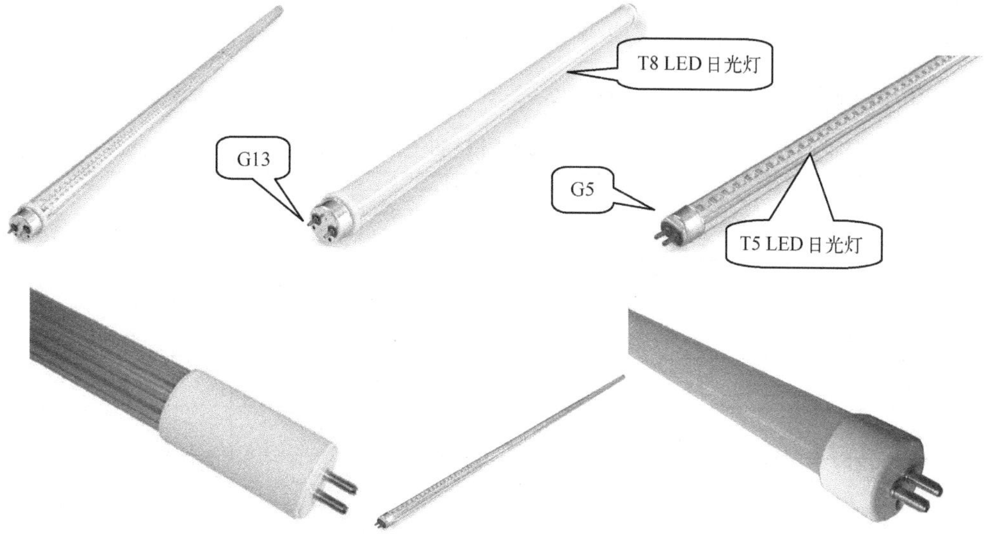

图 3-8　LED 日光灯的外形及接线与调光示意图

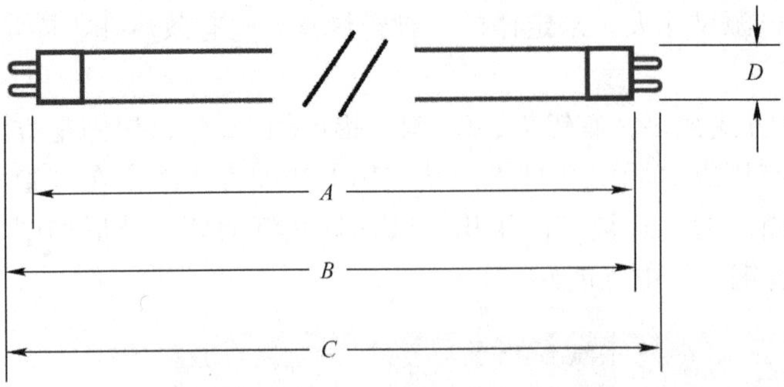

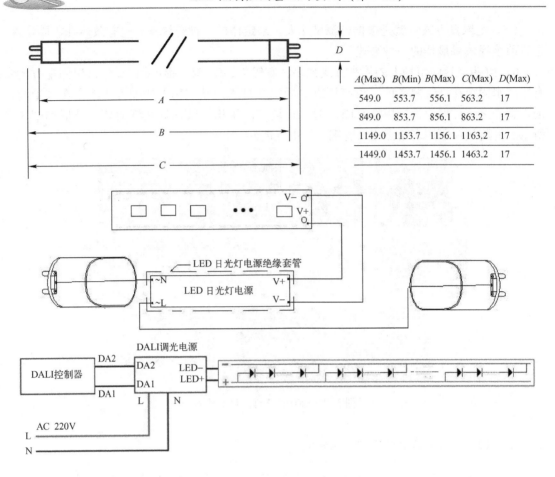

A(Max)	B(Min)	B(Max)	C(Max)	D(Max)
549.0	553.7	556.1	563.2	17
849.0	853.7	856.1	863.2	17
1149.0	1153.7	1156.1	1163.2	17
1449.0	1453.7	1456.1	1463.2	17

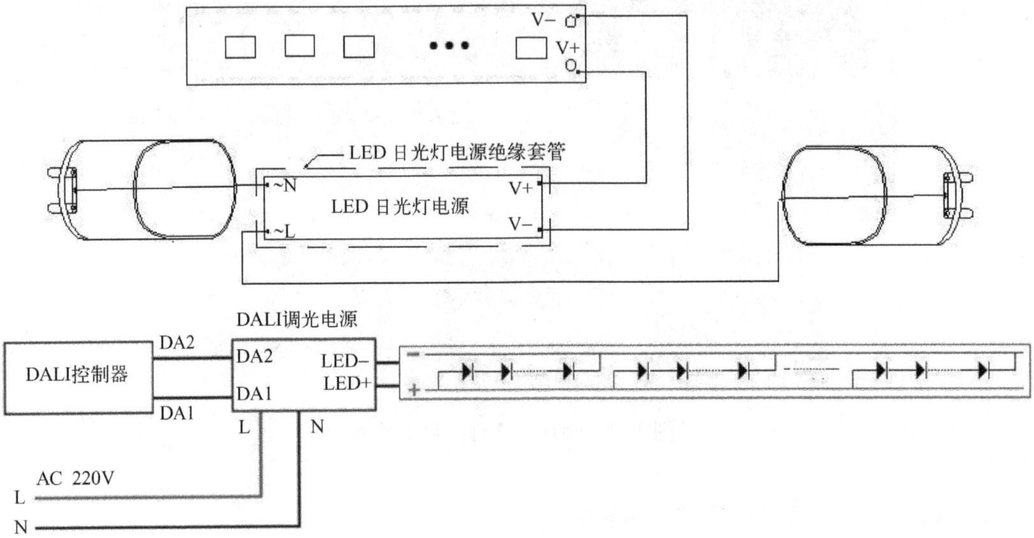

图 3-8　LED 日光灯的外形及接线与调光示意图（续）

【说明】LED 灯管电源主要分为外置电源和内置电源，T5 灯管大多数都采用外置电源，目前也有放入 T5 灯管的小型电源（T5 分体内置电源）。

T8 120cm LED 日光灯技术参数如表 3-2 所示。

表 3-2　T8 120cm LED 日光灯技术参数

(1) 基本参数			
参　　数	符　　号	数　　值	单　　位
功率消耗	P_d	19	W
交流输入（50Hz）	V_{in}	100～264	V
灯体温度	T_b	37	℃
环境温度	T_{op}	-25～+50	℃
储藏温度	T_{stg}	-25～+60	℃
LED 数量		96	PCS
LED 类型	0.12W/颗	SMD2835	

续表

(2) 光电参数						
参　　数	测试条件	符　　号	数　　值			单　　位
			最小值	典型值	最大值	
CIE 值	AC 220V 50Hz	x y	—	0. 44 0. 40	—	—
色温		CCT	—	3000	—	K
显色性		Ra	70	80	90	—
光能量		Φ	1700	1789	—	lm
发光效率		η	80	90	—	lm/W
发光角度		$2\theta_{1/2}$	—	120	—	deg
1m 处的照度		E	500	510	—	lx
功率消耗		P_d	—	19	21. 4	W
使用寿命			—	50000	—	h

T8 120cm LED 日光灯测试报告如图 3-9 所示。

电光源测试报告

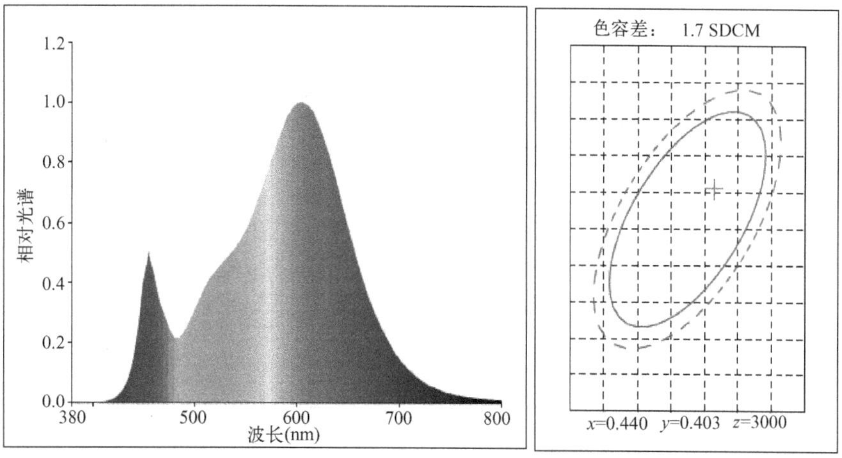

颜色参数：

色品坐标：x =0.4433 y =0.4063

色品坐标：u'=0.4433　v'=0.4063 (duv=5.17e-05)

相关色温：T_C=2913K　主波长：λ_d=583.2nm　色纯度：P_{ur}=55.0%　质心波长：591.0nm

色比：R=25.3%　G=72.3%　B=2.4%　峰值波长：λ_p=605.0nm　半宽度：$\Delta\lambda_p$=119.0nm

显色指数：Ra=82.0

R1=81　R2=92　R3=94　R4=79　R5=81　R6=91　R7=81

R8=56　R9=4　R10=83　R11=78　R12=72　R13=84　R14=97　R15=73

光度参数：

光通量：1789.9 lm　辐射通量：5.4230 W　光效：93.98 lm/W

电参数：

灯具电参数：U=220.5V　I=0.08837A　P=19.05W　PF=0.9774

图 3-9　T8 120cm LED 日光灯测试报告

3. T8 LED 日光灯板的设计

以 T8 120cm LED 日光灯为例，其电路原理图如图 3-10 所示。

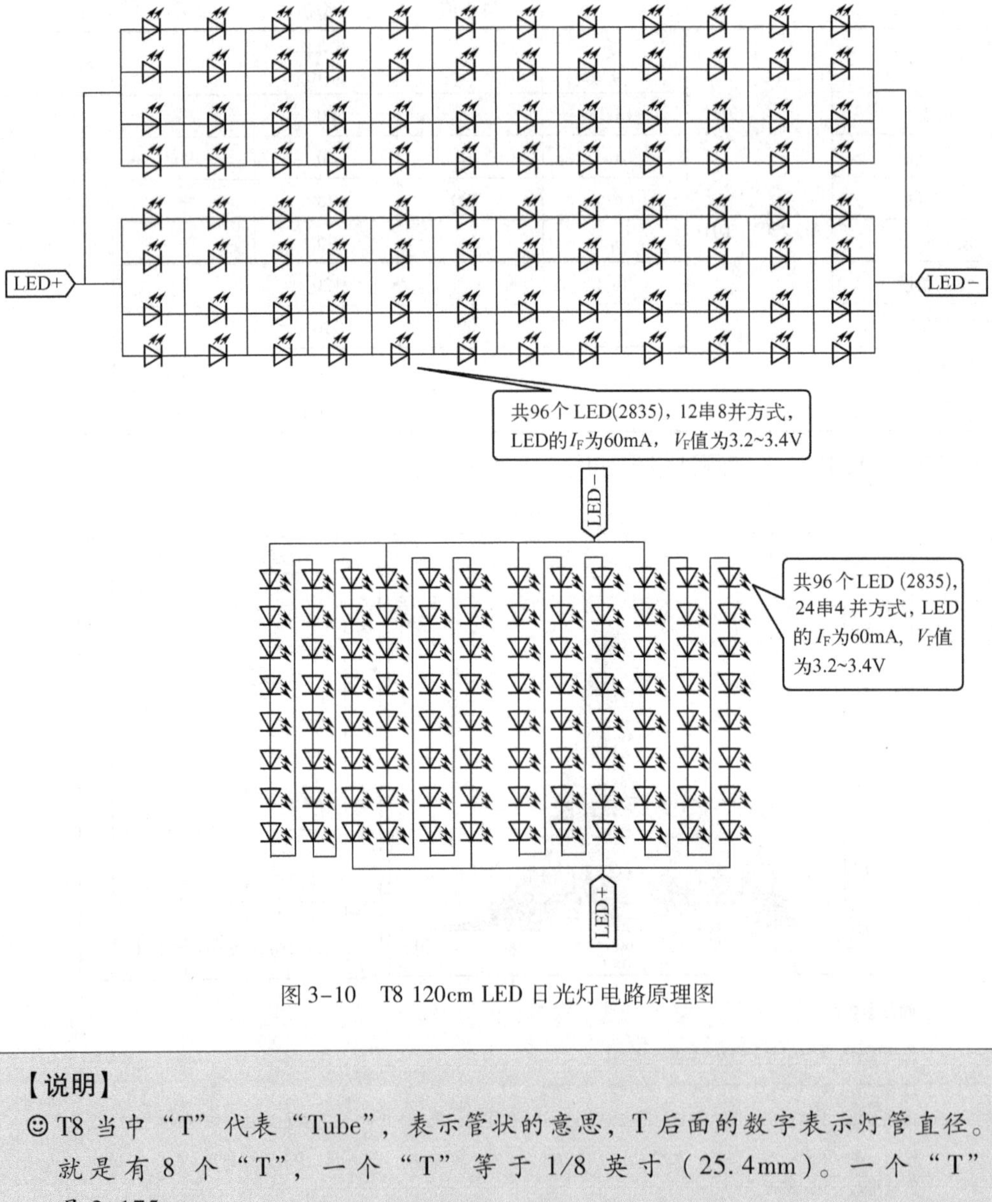

图 3-10 T8 120cm LED 日光灯电路原理图

【说明】

☺ T8 当中“T”代表“Tube”，表示管状的意思，T 后面的数字表示灯管直径。T8 就是有 8 个“T”，一个“T”等于 1/8 英寸（25.4mm）。一个“T”就是 3.175mm。

☺ 设计 LED 日光灯线路板，要根据 IEC－60598 爬电距离电气间隙表标准设计爬电距离电气间隙。

☺ 2016 年 6 月 1 日（美国东部时间），美国灯具设计联盟（DLC Design Lighting Consortium）正式发布了 Technical Requirements Table V4.0 版，针对 LED 灯具、翻新套件、灯管等产品。

由新的 2835 封装的 LED 生产的 T8 60cm LED 日光灯测试报告如图 3-11 所示。

电光源测试报告

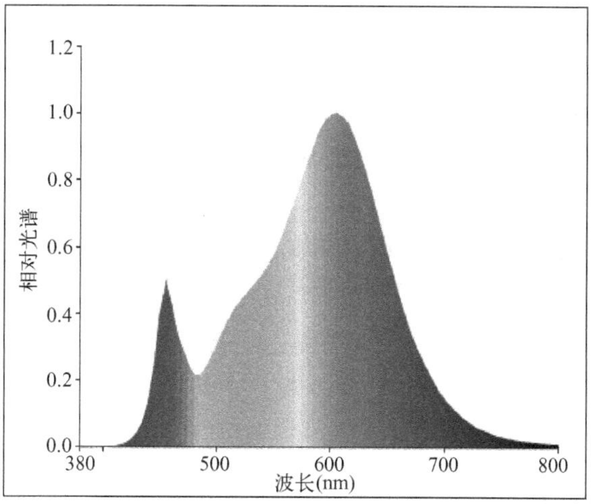

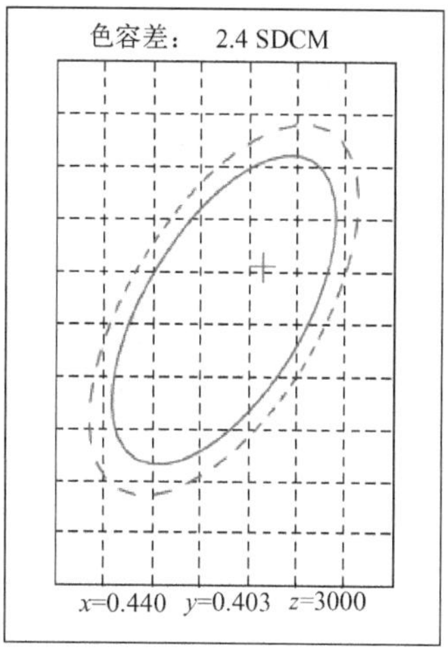

颜色参数：

色品坐标：x=0.4446　y=0.4074

色品坐标：u'=0.4446　v'=0.4074 (duv=3.39e−04)

相关色温：T_C=2902K　主波长：λ_d=583.1nm　色纯度：P_{ur}=55.7%　质心波长：591.0nm

色比：R=25.5%　G=72.2%　B=2.4%　峰值波长：λ_p=605.0nm　半宽度：$\Delta\lambda_p$=119.9nm

显色指数：Ra=82.5

R1=81	R2=93	R3=95	R4=80	R5=82	R6=91	R7=81	
R8=57	R9=6	R10=83	R11=79	R12=72	R13=84	R14=98	R15=73

光度参数：

光通量：852.64lm　辐射通量：2.5831W　光效：85.29 lm/W

电参数：

灯具电参数：U=220.6V　I=0.04686A　P=9.997W　PF=0.9670

图 3-11　T8 60cm LED 日光灯测试报告

4. T8 LED 日光灯的组装工具及辅助材料

LED 日光灯的组装工具如图 3-12 所示。

☺ 电烙铁是电子制作和电器维修必备工具，主要用途是焊接元器件及导线。

☺ 焊锡是焊接线路中用于连接电子元器件的材料，标准焊接作业时使用的线状焊锡称为松香芯焊锡线或焊锡丝。

☺ 介纸刀用来裁纸，主要是裁绝缘（青稞）纸。

☺ 万用表是一种多功能、多量程的测量仪表，一般可测量直流电流、直流电压、交流电流、交流电压等，在这里主要用来测试 LED 和线路。

☺ 钢直尺用于测量零件的长度尺寸，在这里主要用来测量电子线和绝缘（青稞）纸尺寸。

☺ 斜口钳主要用于剪切导线、元器件多余的引线。

☺ 电批（螺丝刀）是一种用来拧转螺钉以迫使其就位的工具，不同的电批装有调节和限制扭矩的机构。

☺ 镊子是在电子产品中经常使用的工具，常常用它夹持导线、元件及集成电路引脚等。

☺ 锡炉是电子焊接中使用的一种焊接工具。在这里主要用来对电子线进行上锡。

☺ 剪刀用来剪切绝缘套管、热缩管、尼龙扎线等。

☺ 防静电手环是用于释放人体所存留的静电，以起到保护电子元器件作用的小型设备。

（a）电铬铁（焊台）、焊锡丝

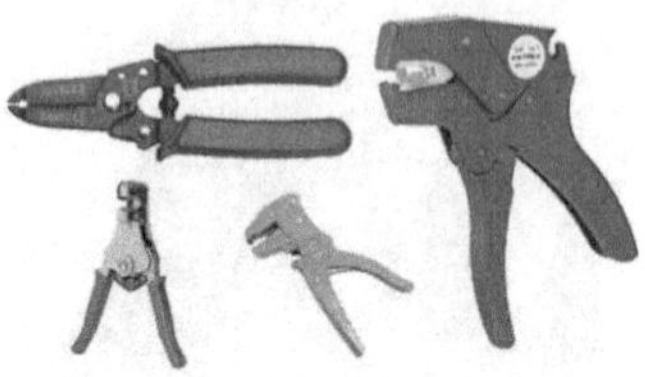

（b）剥线钳

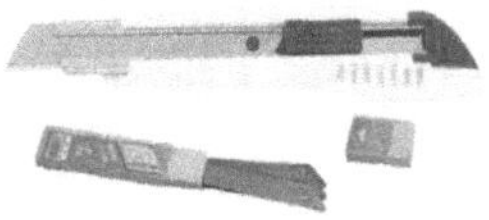

（c）介纸刀

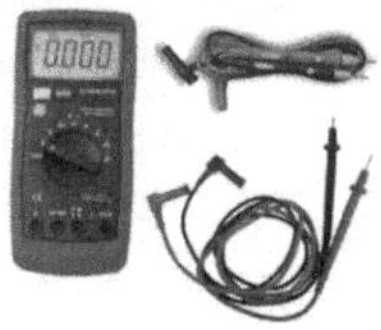

（d）万用表

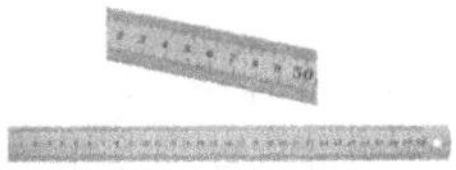

（e）钢直尺

（f）斜口钳

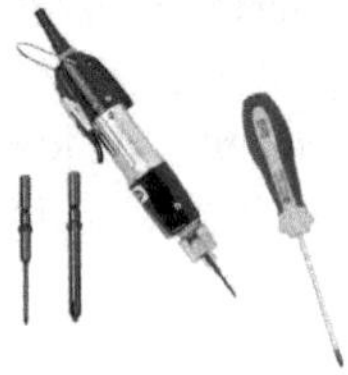

（g）电批（螺丝刀）

（h）镊子

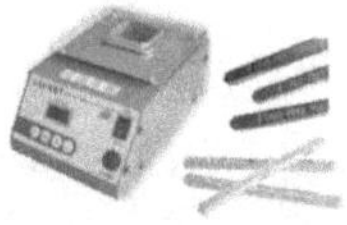

（i）锡炉

（j）剪刀

（k）防静电手环

图 3-12　LED 日光灯的组装工具

LED 日光灯的辅助材料如图 3-13 所示。

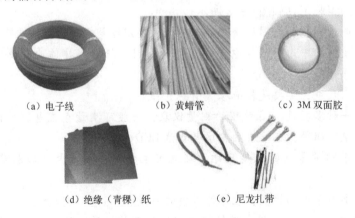

（a）电子线

（b）黄蜡管

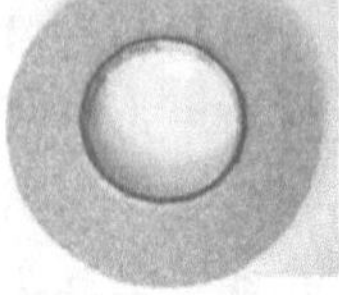

（c）3M 双面胶

（d）绝缘（青稞）纸

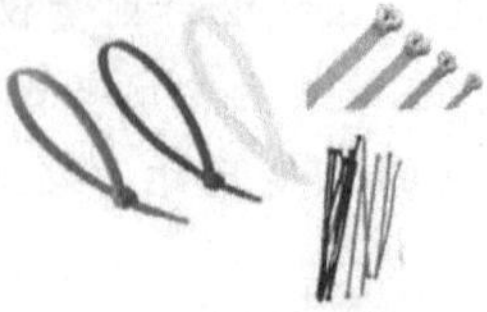

（e）尼龙扎带

图 3-13　LED 日光灯的辅助材料

☺ 电子线是电气设备内部连接线的一种简称，主要以弱电为主。一般的电子线，其通用标称尺寸以 AWG（美国线规 American Wire Gauge）为单位，内部导体有裸铜和镀锡铜两种。

【说明】市面上流通的电子线有 UL 标准、3C 标准、VDE 标准 3 个系列，以 AWG 为单位的一般为 UL 标准，以 XX 平方为单位的一般为 3C 标准或 VDE 标准，国内电子线主要以 3C 和 UL 两个标准为主。

☺ 黄蜡管是一种电气绝缘漆管，具有良好的柔软性、弹性、绝缘性、耐化学性，应用于电机、电器、仪表等装置的布线绝缘和机械保护。在这里主要用作机械保护。

☺ 3M 双面胶广泛应用于计算机、通信、家用电器、汽车等产品，主要用于粘接绝缘（青稞）纸。

☺ 绝缘纸是电绝缘用纸的总称，常用作电缆、线圈等电子电气设备的绝缘材料。在这里主要用于对 LED 日光灯电源的绝缘。

☺ 尼龙扎带也称为扎带、扎线、束线带，顾名思义为捆扎东西的带子，广泛用于线材、电线电缆、电工电器、接插件等物品的捆扎。

5. T8 LED 日光灯的组装

本节以 T8 60cm LED 日光灯组装为例，LED 日光灯的组装部件如图 3-14 所示。

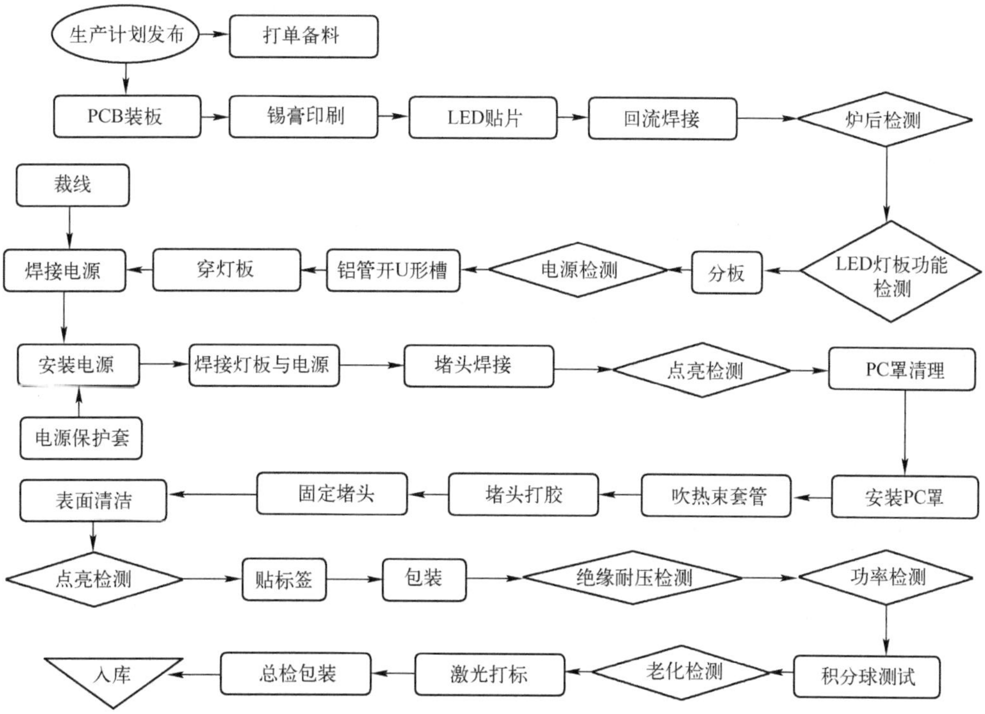

图 3-14　LED 日光灯的组装部件

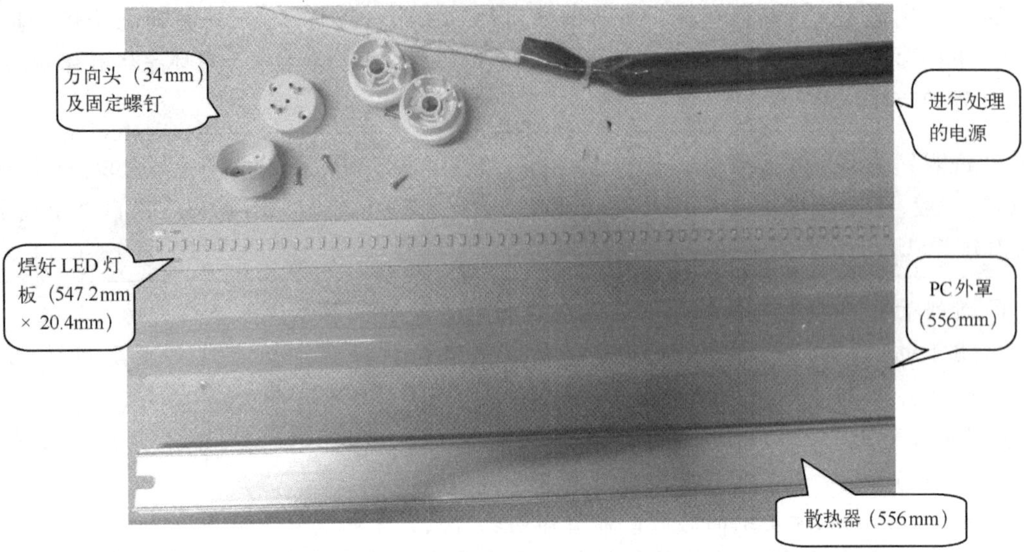

图 3-14　LED 日光灯的组装部件（续）

1）外观检查　目测散热器有无批锋（刮手）、破损、刮花、变形、脏污等不良现象，PC 灯罩表面无手指摸花，无气泡、砂眼、黑点、黑斑、杂色、透光缺陷；测量外观尺寸是否符合设计要求，目测线路上 LED 极性是否标示清楚，焊接好 LED 灯板的铜箔有无鼓起、开路等不良现象；加负载通电确认电源标示参数与规格书上的参数是否一致，并将电源接在焊接好的 LED 灯板上，通电后用万用表电压挡测量标示参数是否一致，同时也是对 LED 灯板进行检测。

> **【说明】** 在对 LED 灯表面贴装（SMT）前，必须测量 LED 灯珠色温及亮度是否符合生产、设计要求，检查 LED 灯表面有无刮伤，焊接引脚是否氧化。

2）裁剪电源线与绝缘纸

☺ 输入端（AC）电源线：线径为 AWG 22（美规），裁剪长度为 30cm，数量为 2 根。ϕ2 黄蜡管长度为 28cm，数量为 2 根。

☺ 输出端（DC）电源线：线径为 AWG 24（美规），裁剪长度为 12cm，红/黑线各 1 根。ϕ2 黄蜡管长度为 10cm，数量为 2 根。

☺ 绝缘纸裁剪为：25cm × 6cm。

将所有电子线剥好后（剥线线芯长度为 3mm），将所有电子线的线头蘸取适量助焊剂，然后再将线头浸入锡炉上锡。

3）连接电源引线　从电源包装盒中取出电源，检查电源是否有少元件的现象，或通电并连接 LED 灯板测试是否损坏，LED 日光灯电源外形如图 3-15 所示。将红、黑线连接电源输出端（DC 端），焊接时要将正极（红色线）焊接在“LED +”焊盘上，负极（黑色线）焊接到“LED -”焊盘上，最后将白色的电子线焊接在 LED 日光灯电源输入端（AC 端）L 和 N 上，如图 3-16 所示。

图 3-15　LED 日光灯电源外形

图 3-16　电源引线焊接

【说明】焊接 LED 日光灯电源时，要分清 LED 日光灯电源的输入/输出端，焊接输出端（DC 端）要注意正、负极，焊接时不能出现虚焊、假焊等不良现象。在操作此工序时必须佩戴防静电手环。

4）电源处理（包扎） 将 LED 日光灯电源 AC/DC 两端分别用黄蜡管和尼龙管套住，用尼龙扎带扎紧黄蜡管和尼龙管，将多余的尼龙扎带剪掉，取一张 25cm×6cm 绝缘纸将其一边贴上 3M 双面胶，如图 3-17 所示。

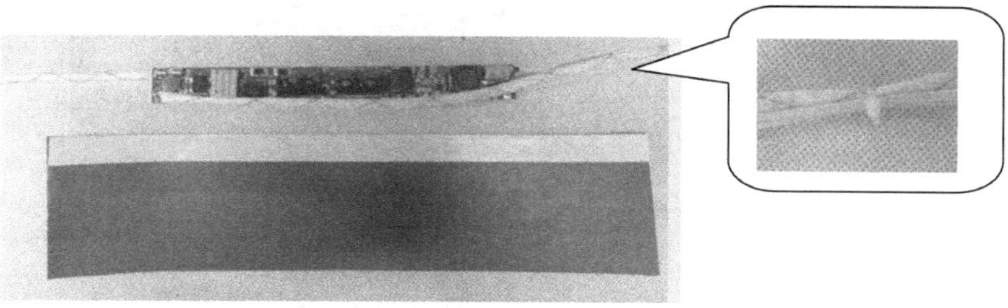

图 3-17　电源处理（包扎）前

取 1 根套好管的电源将其放在绝缘纸另一端上，并且 AC 端其中 30cm 的线往 DC 端折回，然后将绝缘纸包住电源再慢慢卷起至 3M 双面胶处拧紧，最后与双面胶对贴。将包扎好的绝缘纸用尼龙扎带扎紧两端，再把电源线扎紧，将多余的尼龙扎带剪掉，如图 3-18 所示。

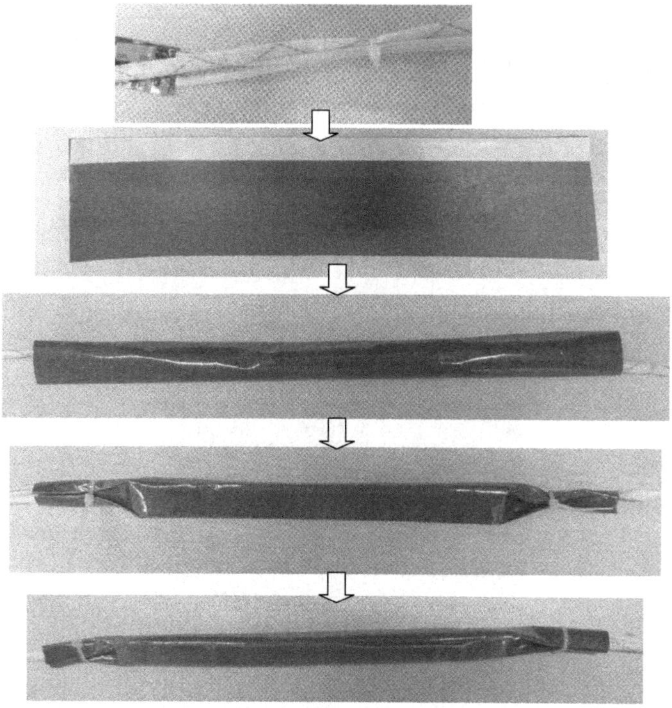

图 3-18　电源处理（包扎）后

【说明】LED 日光灯电源目前都是采用保护套，达到绝缘作用，LED 日光灯电源套管耐压 4kV，耐温 130℃。

5）安装电源 取出 1 个包扎好的 LED 日光灯电源插入铝管散热器体内，如图 3-19 所示。

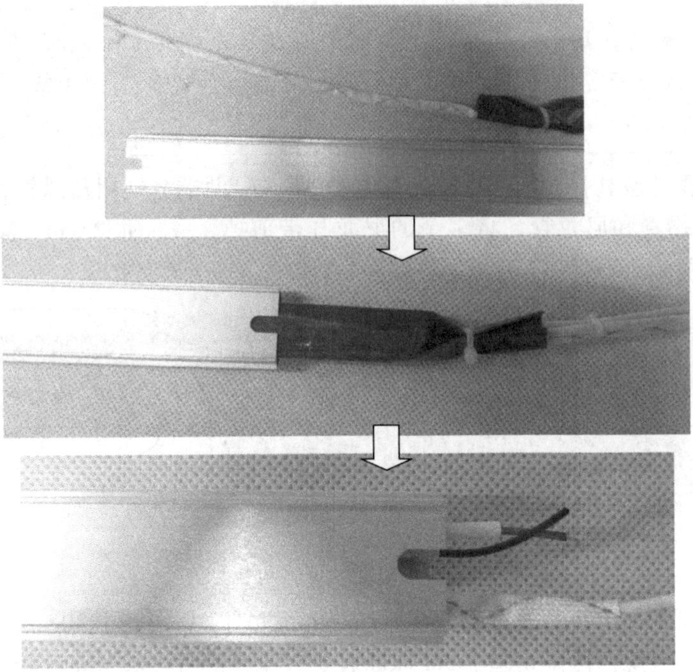

图 3-19　安装电源

【说明】焊点饱满，无虚焊、假焊，无拉尖、毛刺及连焊短路。

6）安装 LED 灯板　取 1 块焊好灯的 LED 灯板（547.2mm×20.4mm）从铝管散热器卡槽内穿入，如图 3-20 所示。

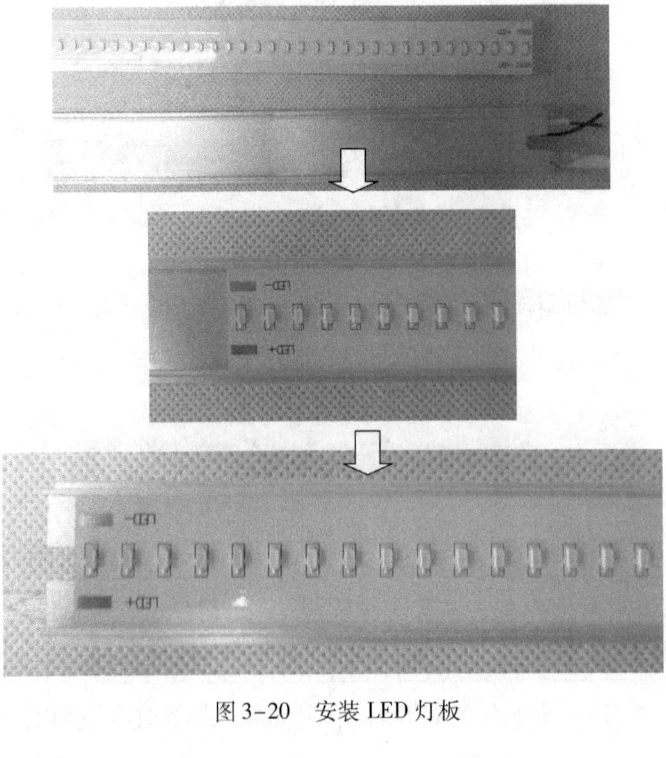

图 3-20　安装 LED 灯板

【说明】

（1）LED 灯板装入铝槽后，用力向下压实 PCB，以利于 PCB 更好地散热。PCB 整批颜色一致，无明显发黄现象，PCB 无影响组装的毛刺。

（2）PCB 应安装到位、平稳，无偏位现象，PCB 与套件之间的距离≥0.5mm，导热硅胶用量适量。

7）连接 LED 灯板与电源输出端（DC 端）　先将 LED 灯板上的“LED +”、“LED −”焊盘上锡，然后将 LED 日光灯电源 DC 输出端引线连接到 LED 灯板上，其中红线连接到“LED +”焊盘上，黑线连接到“LED −”焊盘上，如图 3-21 所示。

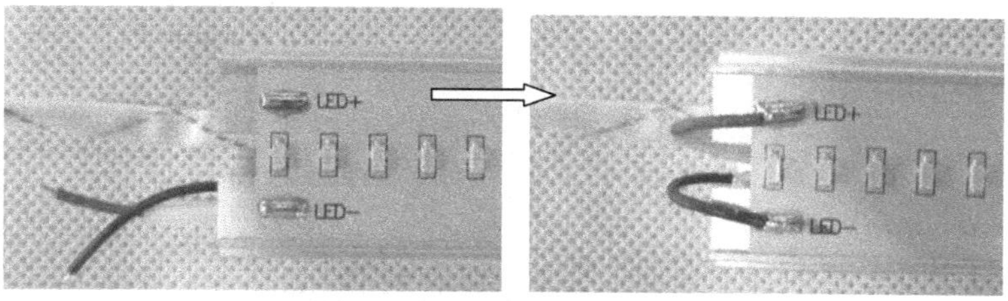

图 3-21　连接 LED 灯板与电源输出端（DC 端）

【说明】焊接时要分清 LED 日光灯电源的正、负端，焊接时不能出现虚焊、假焊等不良现象，在操作工序时必须佩戴防静电手环。检查电源线焊接是否正确；安装位置是否正确、稳靠，应无线头缩胶，无短路、开路现象。

8）连接 LED 日光灯灯头 G13（万向头）　取 2 个 LED 日光灯灯头 G13（万向头）分别与散热器两端引出的 AC 输入端电源线对接，如图 3-22 所示。连接之后，将灯头与灯头旋转部分进行组装，如图 3-23 所示。

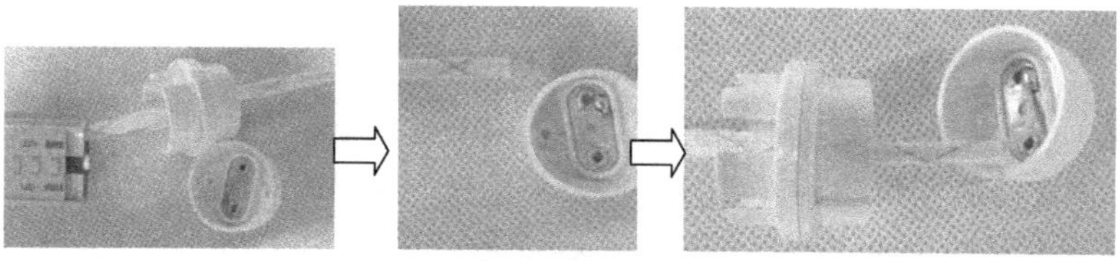

图 3-22　连接 LED 日光灯灯头 G13

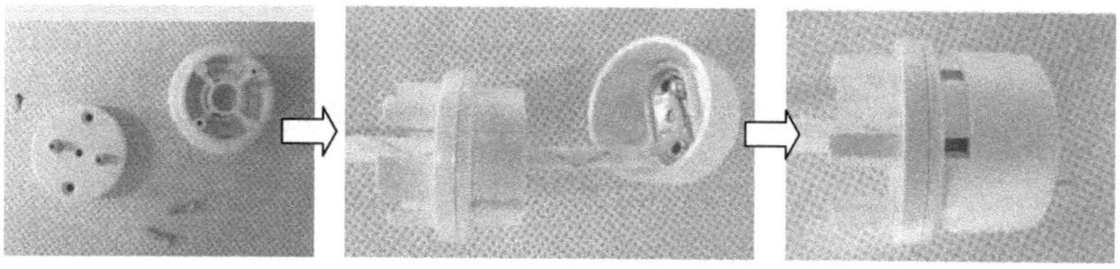

图 3-23　组装灯头

9）通电检验　将 T8 60cm LED 日光管两端万向头拧入 LED 日光灯专用连接线后通电 AC 220V 电压点亮测试，如图 3-24 所示。点亮后，目测 LED 灯珠的亮度是否均匀，色温是否符合生产的要求，色泽是否均匀，否则对 LED 灯珠、电源引线及电源进行检查修理。

图 3-24　通电检验

10）安装 PC 外罩　将 PC 外罩卡入散热器卡槽内，如图 3-25 所示。

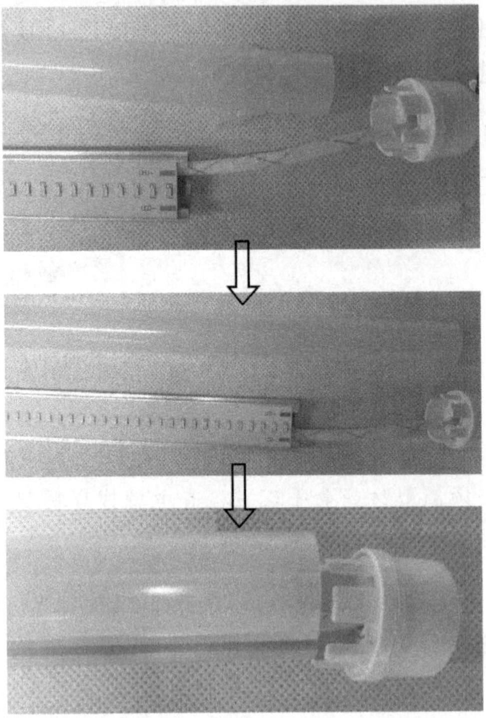

图 3-25　安装 PC 外罩

11）固定 LED 日光灯灯头 G13 组合部分　用电批（螺丝刀）将 2 个螺钉拧在灯头与灯头旋转部分，固定灯头与灯头旋转部分，使其只能旋转 180°，如图 3-26 所示。

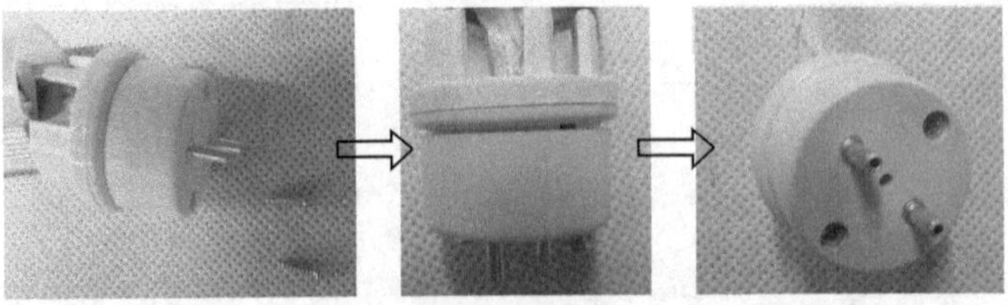

图 3-26　固定 LED 日光灯灯头 G13 组合部分

12）固定 LED 日光灯灯头 G13（万向头）　将外露的电源线塞进散热器体内，在散热器端头内部打上固定胶（181T 胶或 704），万向头也打上少许的固定胶（181T 胶或 704），然后将万向头插入散热器体内。将打好固定胶（181T 胶或 704）的日光管安装在固定支架上，并且固定 1 ～ 2h。其过程如图 3-27 所示。

13）老化　将 T8 日光管两端万向头拧入 LED 日光灯专用连接线后，通电（老化时间为

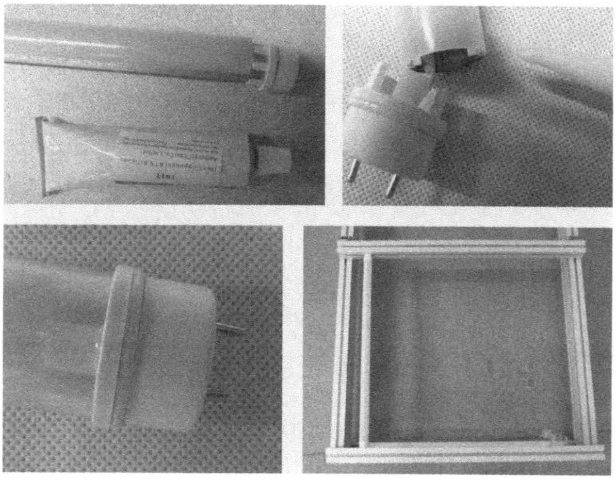

图 3-27　固定 LED 日光灯灯头 G13（万向头）

4 ～ 8h），点亮后检验 LED 灯珠的亮度是否符合本次生产要求，色泽是否均匀，否则对 LED 灯珠、电源引线及电源进行检查修理，如图 3-28 所示。

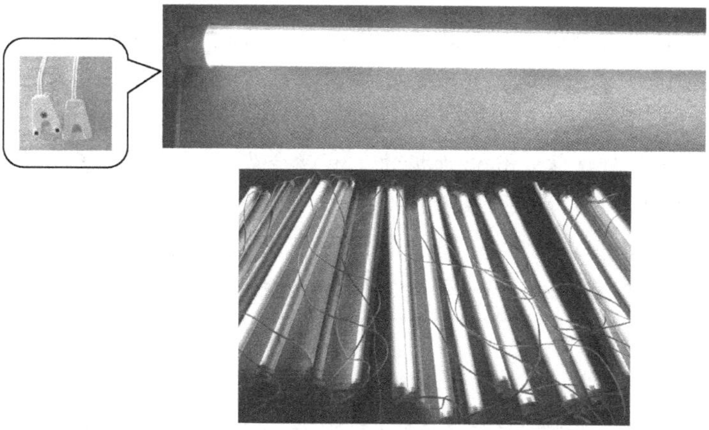

图 3-28　老化

> **【说明】**要进行耐压测试，其标准参照 UL 标准 2400V、5mA、1min 高压测试。如果是符合安规的电源，可以按照 CE 的标准测试，但前提是 PCB 的设计要符合相关的国家标准。

14）入仓检验

☺ 检验 LED 日光管与 LED 日光灯灯头 G13（万向头）结合是否牢固，LED 日光灯灯头 G13（万向头）是否能旋转 180°，旋转强度是否符合要求。

☺ 通电检查 LED 日光管是否能点亮，亮度和色泽是否均匀，色温是否符合要求，确保 LED 日光管点亮且亮度和色泽均匀，而且符合生产及其他要求。

☺ 检查 LED 日光管各部件组装是否到位，各部件应组装到位。

☺ 检验 LED 日光管灯体外观是否有残缺、刮伤的痕迹，并且 LED 日光管灯体与 LED 日光灯灯头 G13（万向头）表面不能出现固定胶（181T 胶或 704）或其他异物。

6. T5 LED 日光灯简介

T5 LED 日光灯的外形如图 3-29 所示。

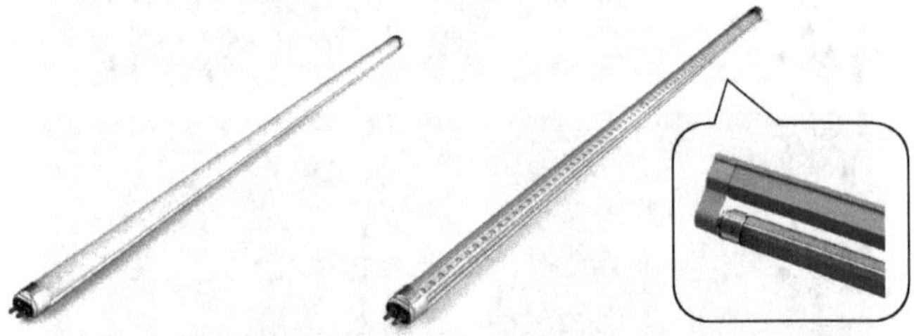

图 3-29　T5 LED 日光灯的外形

市面上普通的 T5 荧光灯灯管与灯架是一体的，目前 T5 LED 日光灯的驱动电源与荧光灯镇流器是不匹配的。T5 日光灯不可以直接安装到原有的荧光灯灯架上面。要替换 T5 荧光灯，必须将原有的 T5 荧光灯及灯架拆掉，换上 T5 LED 日光灯灯管和配套的灯架。

【说明】

（1）T5 LED 日光灯灯管小，安装不了恒流源，只能将恒流源安装在支架中，所以生产厂家在生产 T5 LED 日光灯时，会配置支架。LED 日光灯灯管安装时有方向性，方向装反了，灯管将不亮。

（2）T5 LED 日光灯灯管是分正负极的，有时会发现安装到配套的支架的 T5 灯管不亮，调换一下灯管的两端，再安装到灯架就会工作。笔者建议在 T5 LED 灯管内增加整流电路，这样就可以不分正负极了。同时，也可以在 T5 灯管支架增加开关按钮，方便操作。

（3）目前这种灯管已经被 T5 一体化 LED 日光灯取代。

3.3　T8 一体化 LED 日光灯的设计与组装

1. 一体化 LED 日光灯简介

一体化 LED 日光灯，其独特之处是将发光管、支架、散热三者合并为一体的结构设计，将 LED 光源的驱动电源内置于铝合金壳体内部，而 LED 灯的电路是敷设在铝基板上的，而铝基板又和外壳相连，在设计时可以采用隔离电源设计，达到双重保障。一体化 LED 日光灯的外形如图 3-30 所示。

T8 一体化 LED 日光管采用超高亮 LED 白光 SMD2835（60mA）作为光源，其散热效果好。外壳采用高品质散热铝，应用独特形状的铝管，发光效果更好，表面温度控制在 30 ～ 40℃，提高了使用寿命。在其两侧配无暗区灯头，配 PC 面罩（透明、磨砂条纹、雾状）。

市面上的 T8 一体化 LED 日光灯品种类型比较多，其外形也是不同的。T8 一体化 LED 日光灯主要部件由支架、PC 罩、铝基板、灯头、连接线、LED 灯、安装卡扣及 LED 日光灯电源组成。T8 一体化 LED 日光灯主要部件及光源主要参数如图 3-31 所示。

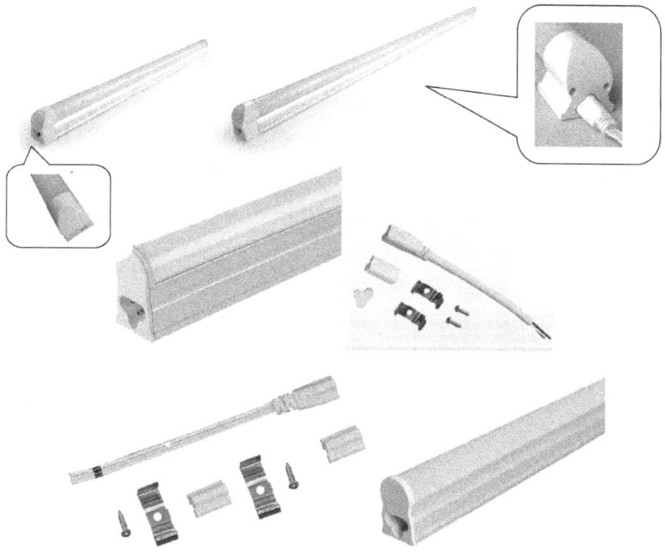

图 3-30 一体化 LED 日光灯的外形

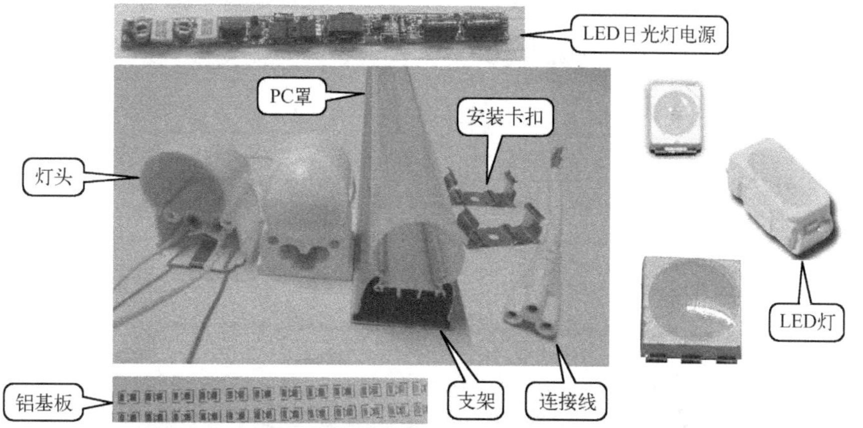

产品参数 $/T_a=25℃$ Parameters

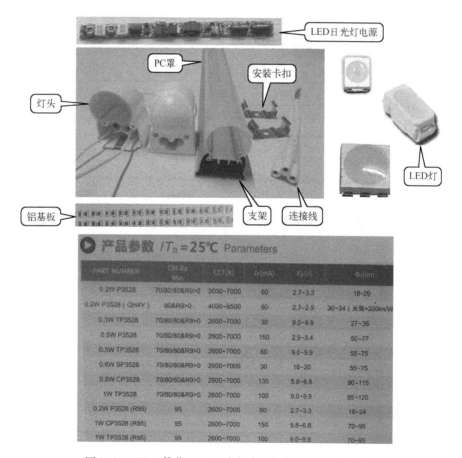

PART NUMBER	CRI Ra Min	CCT(K)	I_F(mA)	V_F(V)	Φ_v(lm)
0.2W P3528	70/80/80&R9>0	2600~7000	60	2.7~3.3	18~29
0.2W P3528 (QH4Y)	80&R9>0	4000~6500	60	2.7~2.9	30~34 (光效≈200lm/W
0.3W TP3528	70/80/80&R9>0	2600~7000	30	9.0~9.9	27~36
0.5W P3528	70/80/80&R9>0	2600~7000	150	2.9~3.4	50~77
0.5W TP3528	70/80/80&R9>0	2600~7000	60	9.0~9.9	55~75
0.6W SP3528	70/80/80&R9>0	2600~7000	30	18~20	55~75
0.8W CP3528	70/80/80&R9>0	2600~7000	135	5.8~6.8	90~115
1W TP3528	70/80/80&R9>0	2600~7000	100	9.0~9.9	95~120
0.2W P3528 (R95)	95	2600~7000	60	2.7~3.3	16~24
1W CP3528 (R95)	95	2600~7000	150	5.8~6.8	70~95
1W TP3528 (R95)	95	2600~7000	100	9.0~9.9	70~95

图 3-31 T8 一体化 LED 日光灯主要部件及光源主要参数

从图 3-31 可知，目前常用的 LED 光源有 0.2W P3528、0.2W P3528（QH4Y）、0.2W P3528（R95）。

【说明】一体化LED日光灯主要由PC罩、铝散热器、高导热率铝基板、塑胶端盖等组成。

目前一体化LED日光灯连接主要采用对接方式，其示意图如图3-32所示。一体化LED日光灯连接的数量取决于灯头引线线径的大小。灯头引线采用电子线，现在常用电子线的参数如表3-3所示。

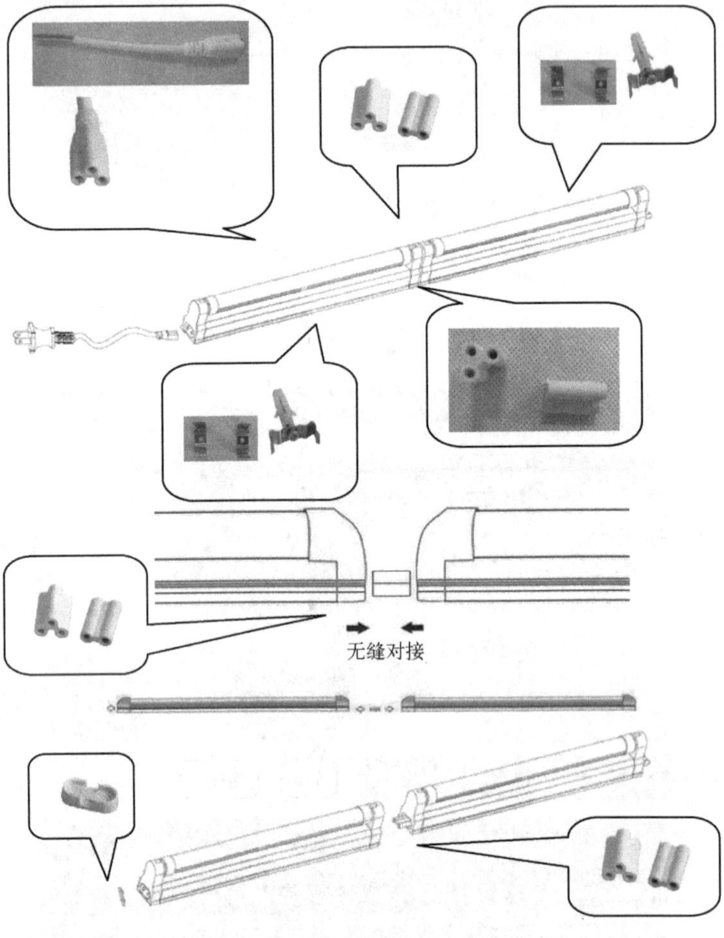

图3-32 一体化LED日光灯连接示意图

表3-3 常用电子线的参数

序号	AWG（美规）	外径		截面积（mm^2）	电阻（Ω/km）	正常电流（A）	最大电流（A）
		英制（in）	公制（mm）				
1	18	0.0403	1.020	0.8107	21.4	3.2	3.7
2	19	0.0359	0.912	0.5667	26.9	2.6	2.9
3	20	0.0320	0.813	0.5189	33.9	2.0	2.3
4	21	0.0285	0.724	0.4116	42.7	1.6	1.9
5	22	0.0253	0.643	0.3247	48.5	1.280	1.460
6	23	0.0226	0.574	0.2588	54.3	1.022	1.165

续表

序号	AWG（美规）	外　径		截面积（mm^2）	电阻（Ω/km）	正常电流（A）	最大电流（A）
		英制（in）	公制（mm）				
7	24	0.0201	0.511	0.2047	79.6	0.808	0.921
8	25	0.0179	0.440	0.1624	89.4	0.641	0.731
9	26	0.0159	0.404	0.1281	128	0.506	0.577
10	27	0.0142	0.361	0.1021	143	0.403	0.460
11	28	0.0126	0.320	0.0804	227	0.318	0.362

目前的电子线都是采用 UL 认证的电子线（UL1007 电子线），UL 电子线是通过 UL 认证的电子线的统称，是符合欧盟 RoHS 标准环保要求的电子线，一般用于弱电工程，如电子、电气设备内部连线等。

【说明】RoHS 是由欧盟立法制定的一项强制性标准，其全称是《关于限制在电子电器设备中使用某些有害成分的指令》，于 2006 年 7 月 1 日正式实施。

【说明】

☺ 在对一体化 LED 日光灯连接（并联）时，要根据灯头引线的线径大小来定并接一体化 LED 日光灯的数量。一体化 LED 日光灯的数量 N（取整数）= U（工作电压，220V）× I（灯头引线正常电流，A）÷ P（一体化 LED 日光灯功率，W）。

☺ UL 1015 电子线为电气设备内部连线，导体使用单条裸铜或镀锡铜。额定温度 105℃，额定电压 600V，试验电压 2000V。可通过 UL VW－1 及 CSA FT1 垂直型火焰测试。

☺ UL 1007 电子线为电气设备内部连线，由绝缘层（PVC 绝缘层）、导体两部分组成。额定温度 80℃，额定电压 300V，必须通过 UL VW－1 及 CSA Ft1 垂直耐燃测试，绝缘厚度均匀。

2. T8 一体化 LED 日光灯的设计

T8 一体化 LED 日光灯的设计主要包括电气部分与机械部分，在这里主要对 T8 一体化 LED 日光灯电气部分与机械部分进行简单的介绍。因为 T8 一体化 LED 日光灯大体上与 T8 LED 日光灯是相同的，不同之处在于 T8 一体化 LED 日光灯是将发光管、支架、散热三者合为一体。目前这种一体化 LED 日光灯主要应用于学校、医院、办公室、商场、工厂、酒店、会议室、商业洽谈场所、住宅机构等建筑物的照明。

T8 一体化 LED 日光灯 PC 罩要选择乳白的光扩散罩，这种 PC 罩具有透光率高、防眩光、抗 UV、耐冲击的特点。同时对 LED 灯排布时，要充分考虑散热与配光。要选择散热效果好，外形精致，其表面进行相关处理的铝散热器，这样才能有效地保证 LED 灯管的寿命。塑胶堵头中的插针要采用低电阻、高传导的铜柱，同时要对插针表面进行防氧化处理。

T8 一体化 LED 日光灯的电气部分主要分为两部分，一部分是 LED 灯板的设计，另一部分为 LED 日光灯电源部分。LED 日光灯电源大部分生产厂家都是外购的，是 LED 日光灯中最重要的部件。

目前LED日光灯工作电压为宽电压（AC 85 ～ 265V），这就决定了LED灯板的LED串并联方式。市场上的LED日光灯电源一般为非隔离电源，要求LED日光灯电源工作在宽电压时，输出电压不要超过72V（串联数不超过23串）。同时并联LED个数不要太多（推荐为6 /8/12并），总电流不超过240mA。

【说明】一般SMD2835 LED的额定工作电流为60mA，有的工厂直接设计工作电流为60mA，以目前的经验，设计工作电流为45mA是比较理想的（即设计工作电流为LED额定工作电流的0.75倍）。

笔者建议设计LED日光灯灯板时，最好事先与电源厂商沟通，量身定做。这样可以选择最优良的串并联连接方式，同时加在每个LED上的电压、电流是一样的，可以使LED日光灯电源发挥最好的性能。

LED日光灯灯板目前有铝基板与FR4两种，常用的是FR4。LED日光灯灯板的设计一般都是根据功率的大小来设计LED灯的数量，LED灯板的长度、宽度、厚度是根据散热器来定的。LED散热器种类多，外形也不相同。笔者建议设计LED日光灯灯板时要考虑到安规的问题。目前LED日光灯的排布主要分为横排与竖排两种，具体如何排列要根据实际情况决定。例如，设计T8 120cm一体化日光灯的灯板，实际上铝散热器的长度为116cm，铝散热器外形如图3-33所示。

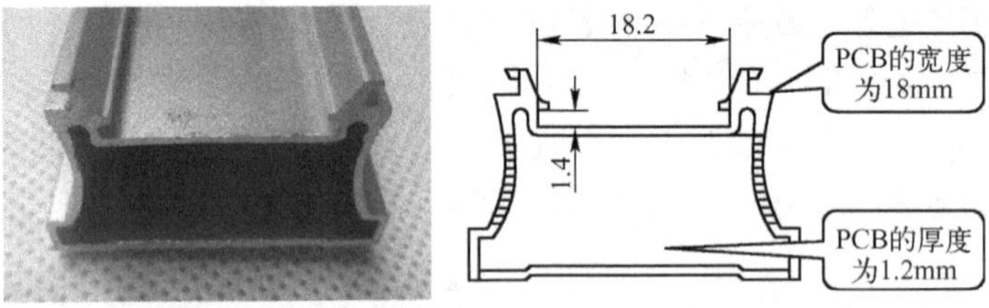

图3-33　铝散热器外形

根据图3-33所示，就可以确定PCB的宽度、厚度。长度要根据一体化T8 LED日光灯的长度来定。

3. T8一体化LED日光灯的组装

由于T8一体化LED日光灯的组装与T5一体化LED日光灯的组装相似，这里不做介绍。读者通过3.4节T5一体化LED日光灯组装的介绍，即可达到触类旁通、举一反三的目的。

3.4　T5一体化LED日光灯的设计与组装

市面上的T5一体化LED日光灯长度有307mm、568mm、868mm、1020mm、1168mm等，功率有4W、8W、12W、14W、16W等。配有90°、45°、60°卡扣，满足多样化需要。显色指数高达80以上，一致性好，连接处无暗影。内置高PF驱动电源，性能可靠、耐用。采用SMD芯片，光效高，亮度好。

1. 一体化 LED 日光灯的设计

T5 一体化 LED 日光灯的设计与 T8 一体化 LED 日光灯的设计大同小异，这里不做介绍。T5 一体化 LED 日光灯的主要部件如图 3-34 所示。

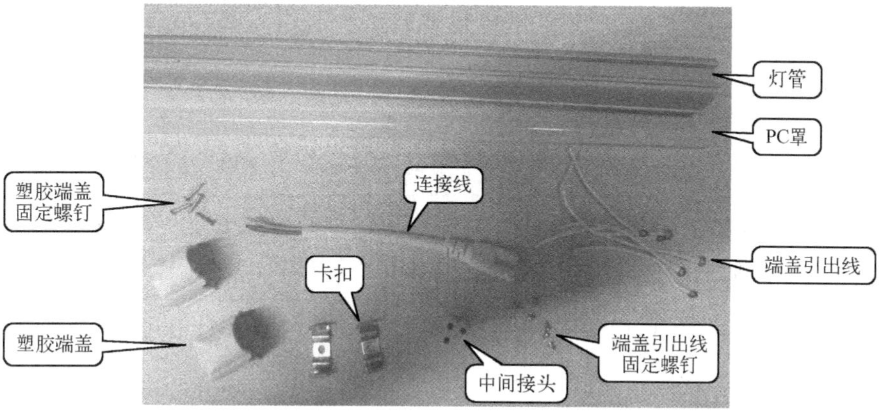

图 3-34　T5 一体化 LED 日光灯的主要部件

【说明】T5 一体化 LED 日光灯的主要部件是指机械部分，没有包括电气部分。

T5 一体化 LED 日光灯的规格、参数如表 3-4 所示。

表 3-4　T5 一体化 LED 日光灯的规格、参数

序号	名　称	实际长度（mm）	功率（W）	光通量（lm）	灯珠型号	数　量
1	0.3mT5 一体化 LED 日光管	305	4	400	2835	24（12 串 2 并）
2	0.6mT5 一体化 LED 日光管	596	9	900	2835	48（24 串 2 并）
3	0.9mT5 一体化 LED 日光管	874	14	1400	2835	72（24 串 3 并）
4	1mT5 一体化 LED 日光管	1000	15	1400	2835	72（24 串 3 并）
5	1.2mT5 一体化 LED 日光管	1180	18	1500	2835	96（24 串 4 并）
6	1.5mT5 一体化 LED 日光管	1474	22	2200	2835	120（24 串 5 并）

2. T5 一体化 LED 日光灯的组装

在对 T5 一体化 LED 日光灯的组装进行介绍之前，先介绍一下工具与辅助材料。在前面介绍过的工具与辅助材料在这里不再赘述，主要对前面没有使用过的工具与辅助材料进行简单的介绍，如图 3-35 所示。

☺ 热风枪主要是利用发热电阻丝的枪芯吹出的热风来对热缩套管收缩的工具。

（a）热风枪　　（b）热缩套管

图3-35　工具与辅助材料

☺ 热缩套管是一种特制的聚烯烃材质热收缩套管，主要应用于各种线束、焊点、电感的绝缘保护等，电压等级为600V。常用的热缩套管为PVC热缩套管。

【说明】PVC热缩套管具有遇热收缩的特殊功能，加热98℃以上即可收缩。产品分为85℃和105℃两大耐温系列，规格为ϕ2～200mm，产品符合欧盟RoHS指令。

本节以T5 60cm一体化LED日光灯组装为例。T5 LED一体化日光灯的主要部件如图3-36所示。

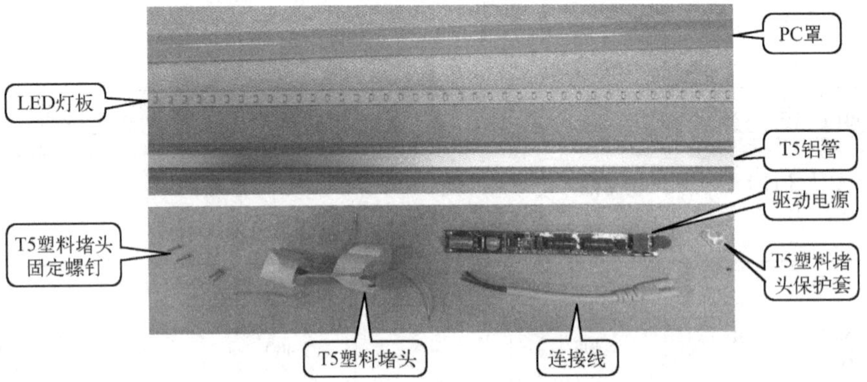

图3-36　T5 LED一体化日光灯的主要部件

1）外观检查　目测散热器无刮伤、裂痕、变形等不良现象，特别是散热器螺丝孔位置是否有裂痕或螺丝孔是否损坏；PC外罩外观有无刮伤、毛刺、裂痕、变形等不良现象；测量外观尺寸是否符合设计要求，目测线路上LED极性是否标示清楚，焊接好LED灯板的铜箔有无鼓起、开路等不良现象；加负载通电确认电源标示参数与规格书上的参数是否一致，并将电源接在焊接好的LED灯板上，通电后用数字万用表电压挡测量标示参数是否一致，同时也是对LED灯板进行检测。

【说明】在对LED灯表面贴装（SMT）前，必须测量LED灯珠色温及亮度是否符合生产、设计要求，检查LED灯表面有无刮伤，焊接引脚是否氧化。

2）裁剪电源线与绝缘纸

☺ 输入端（AC）电源线：线径为AWG 22，裁剪长度为30/56cm，数量各为2根。

☺ 输出端（DC）电源线：线径为AWG 24，裁剪长度为12cm，红/黑线各1根。

☺ 绝缘纸裁剪尺寸：25cm×6cm。

将所有电子线剥好后（剥线线芯长度为3mm），将所有电子线的线头蘸取适量助焊剂，然后再将线头浸入锡炉上锡。

3）LED 日光灯电源引线连接　从供应商提供的包装盒中取出电源，检查 LED 电源外观是否有损坏，有条件的话可以按供应商提供的规格书一一进行测试，LED 日光灯电源外形如图 3-37 所示。

图 3-37　LED 日光灯电源外形

将红、黑线焊接到电源输出端（DC 端），焊接时要将红色线焊接在 LED 日光灯电源“LED +”焊盘上，黑色线焊接在 LED 日光灯电源“LED -”焊盘上，如图 3-38 所示。

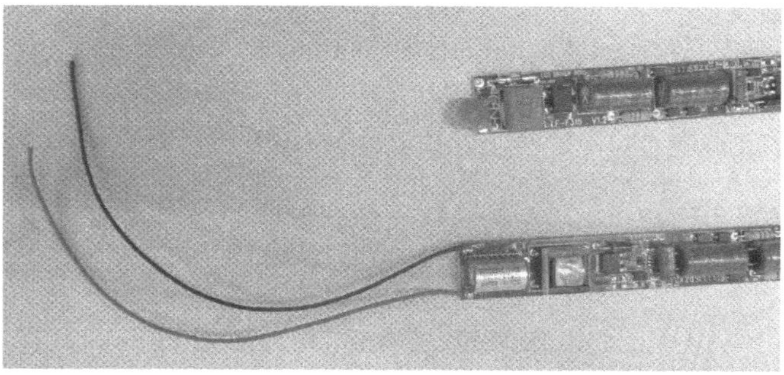

图 3-38　焊接电源输出端（DC 端）

焊接电源输出端（DC 端）之后，再将两条白色电源线分别连接到 LED 日光灯电源“L”焊盘及“N”焊盘上，如图 3-39 所示。

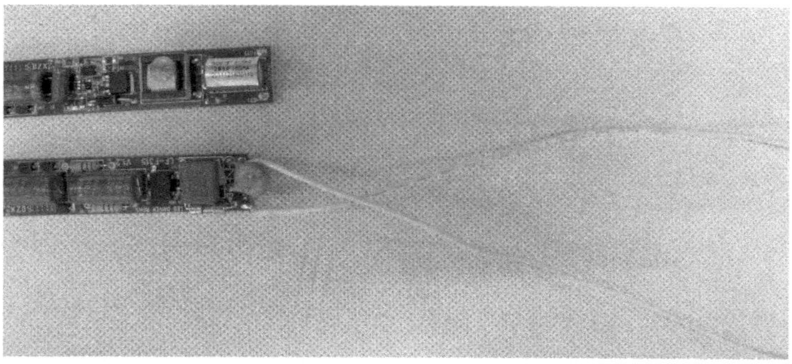

图 3-39　焊接电源输出端（AC 端）

【说明】焊接时要分清 LED 日光灯电源的输入/输出端，焊接 DC 端时要注意正负极，同时不能有虚焊、假焊等不良现象。

4）电源包扎　取一张裁好的绝缘纸（25cm × 6cm），在绝缘纸一边贴上 3M 双面胶。取 1 套焊好输出/输入线的电源，放在绝缘纸另一端。同时将交流（AC）端的白色电子线向直流（DC）端折回，将绝缘纸包住电源卷起至 3M 双面胶处，撕掉 3M 双面胶保护层与绝缘纸另一端对贴。然后将用绝缘纸包扎好的 LED 日光灯电源两端用尼龙扎带扎紧，扎紧之后将多余的尼龙扎带剪掉。电源包扎的过程如图 3-40 所示。

5）装配 LED 灯板 取 1 块焊好 LED 的灯板，将 LED 灯板插入 T5 铝管内。LED 灯板插入 T5 铝管的过程如图 3-41 所示。

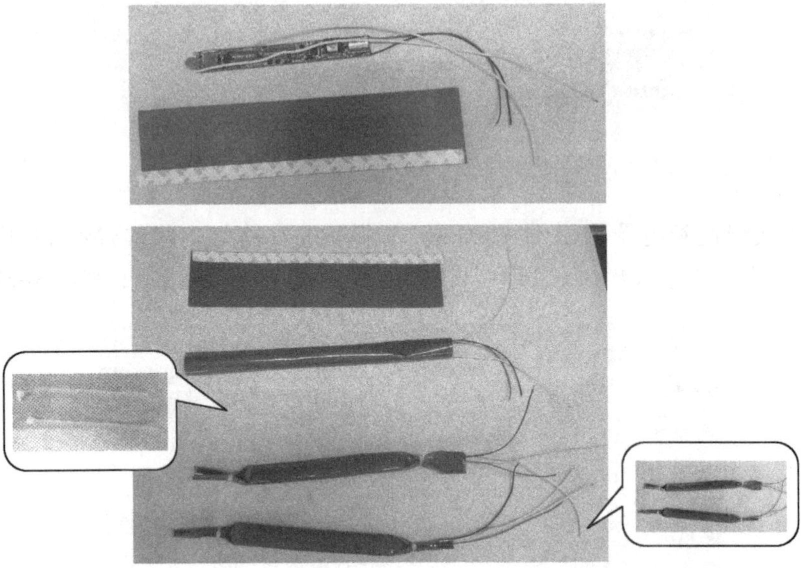

图 3-40 电源包扎的过程

6）装配电源 T5 管都是以对接形式进行连接的，所以增加一条主线作为 AC 通过的主线。交流主线一般为 AWG 22 电子线。在 T5 管电源装配前，必须将电子线穿入铝管内。其过程如图 3-42 所示。

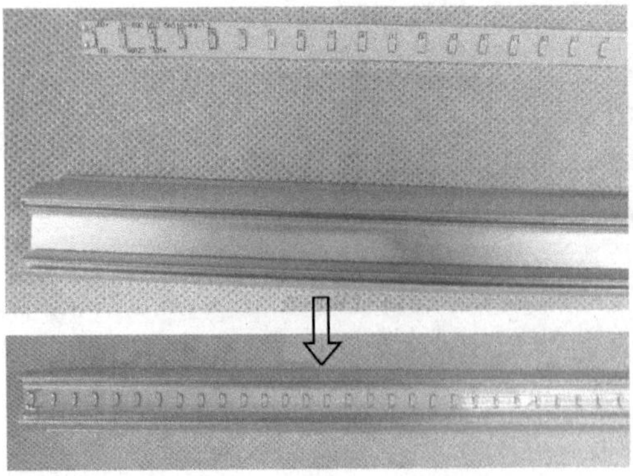

图 3-41 LED 灯板插入 T5 铝管的过程

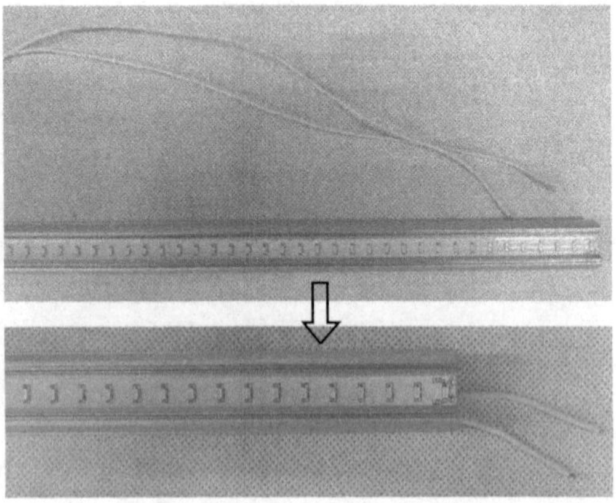

图 3-42 电子线穿入铝管

电子线穿入铝管内之后，取出 1 根包扎好的电源插入铝管散热器体内。其过程如图 3-43 所示。

7）电源 DC 端输出线焊接 将 LED 日光灯电源 DC 输出端引线连接到 LED 灯板上，其中红线焊接到 LED 灯板的“LED +”焊盘上，黑线焊接到 LED 灯板的“LED -”焊盘上，如图 3-44 所示。

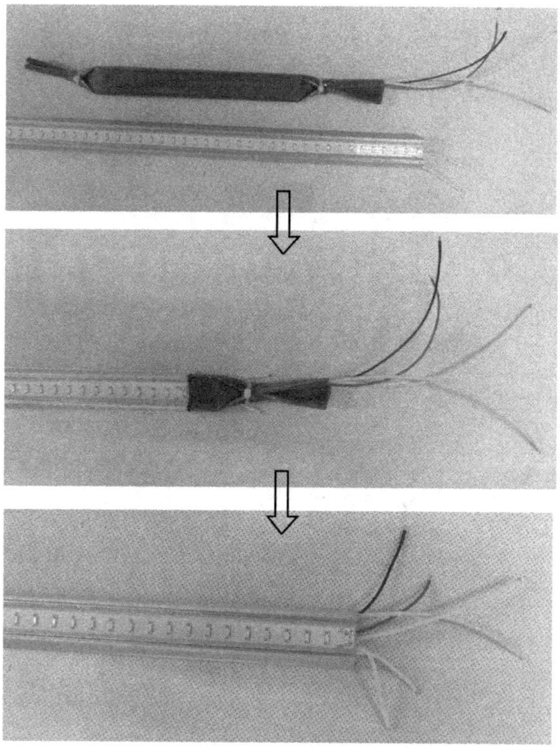

图 3-43　电源插入铝管散热器体内

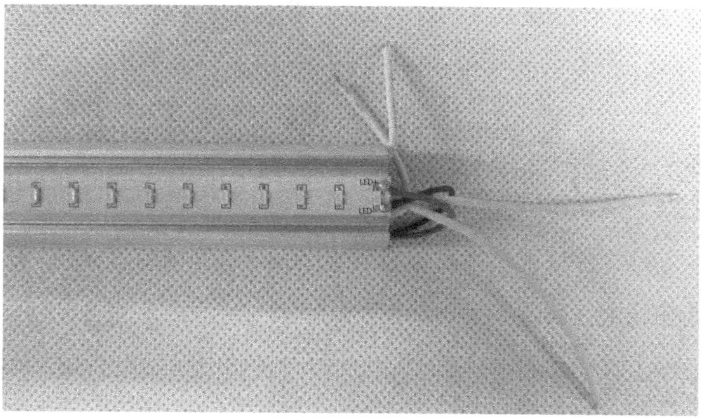

图 3-44　电源 DC 端输出线焊接

> **【说明】** 焊接时要分清 LED 日光灯电源的正负极，焊接时不能出现虚焊、假焊等不良现象，在操作时最好佩戴防静电手环。

8）连接 T5 塑料堵头　取 2 个 T5 塑料堵头分别与散热器两端引出的 AC 输入端电源线对接，在焊接 T5 塑料堵头前必须套上热缩套管，在引线一端必须分别对接两条“L”与“N”线，焊接之后，将热缩套管套好在焊接位置上，最后用热风枪加热使之收缩。另一端只要分别焊接一条“L”与“N”线，方法同上。连接 T5 塑料堵头的过程如图 3-45 所示。

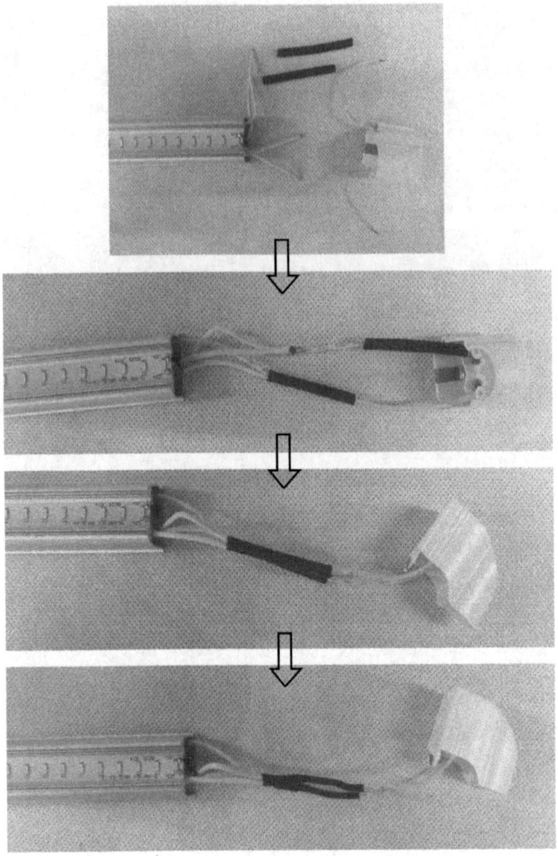

图 3-45　连接 T5 塑料堵头的过程

【说明】在图 3-45 中，为了防止热缩套管割破，可以在热缩套管外面套一段黄蜡管并用扎带扎好，但不能扎在焊接的位置。

9）通电测试　将 T5 日光管的连接线插入两个 T5 塑料堵头的任何一端，接通电源 AC 220V，进行通电点亮测试，如图 3-46 所示。

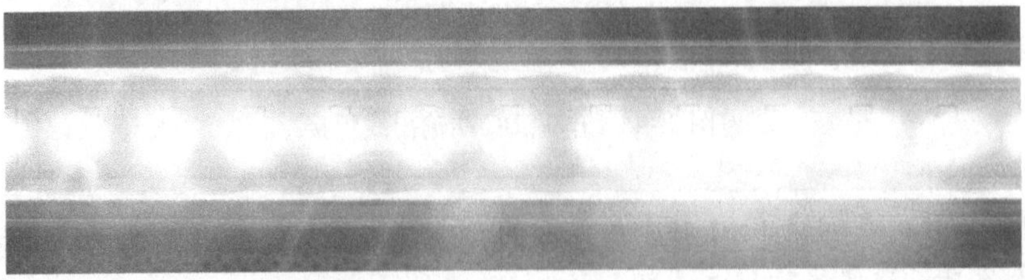

图 3-46　通电测试

【说明】点亮后，目测 LED 灯珠的色温是否符合生产要求，发光是否均匀，如果发现不亮，必须对 LED 灯珠、电源引线及电源进行检查，如有问题要进行修理或更换 LED 灯珠及电源。

10）安装 PC 罩　取 1 个 PC 罩，安装 PC 罩前要将 PC 罩的表面保护膜撕开一部分，两端都要如此。然后将 PC 罩安装到 T5 散热器，安装过程如图 3-47 所示。

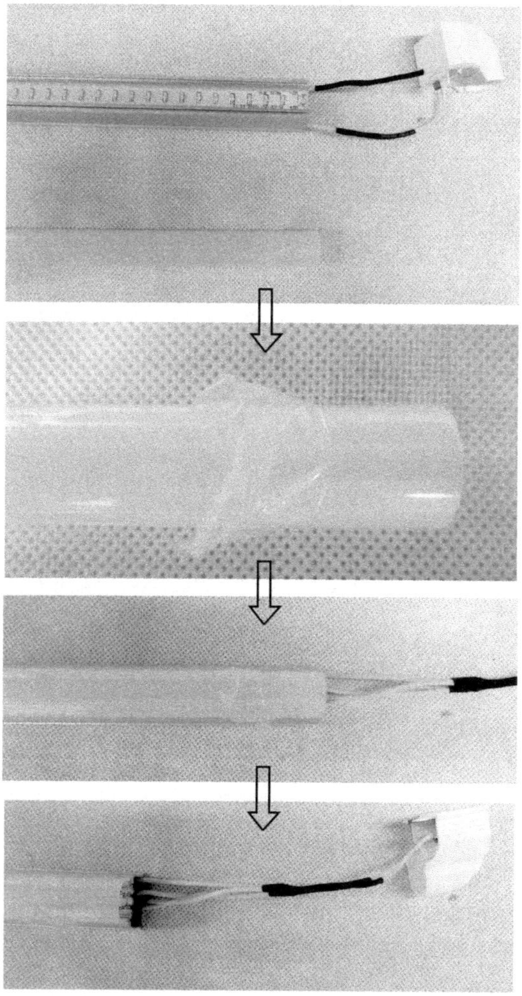

图 3-47　安装 PC 罩

【说明】安装 PC 罩时，一定要将 PC 罩卡入散热器上装入 PC 罩卡槽内，PC 罩不能有脏物、污点、刮花等不良现象。

11）T5 塑料堵头固定　将外露的 T5 塑料堵头电源线整理好，以便塞进散热器体内。取 2 个 T5 塑料堵头固定螺钉，在用螺钉将堵头固定前，必须把电源线塞进散热器体内并将 T5 塑料堵头固定卡入散热器体内，用螺丝刀或电批将螺钉固定在堵头与散热器上，成为一体。T5 塑料堵头固定过程如图 3-48 所示。

【说明】固定 T5 塑料堵头时，一定防止堵头损伤电子线。同时，用螺丝刀或电批旋转螺钉时，要注意力度。

12）通电老化　将 T5 一体化日光管堵头插入边接线后，接通电源通电，如图 3-49 所示。

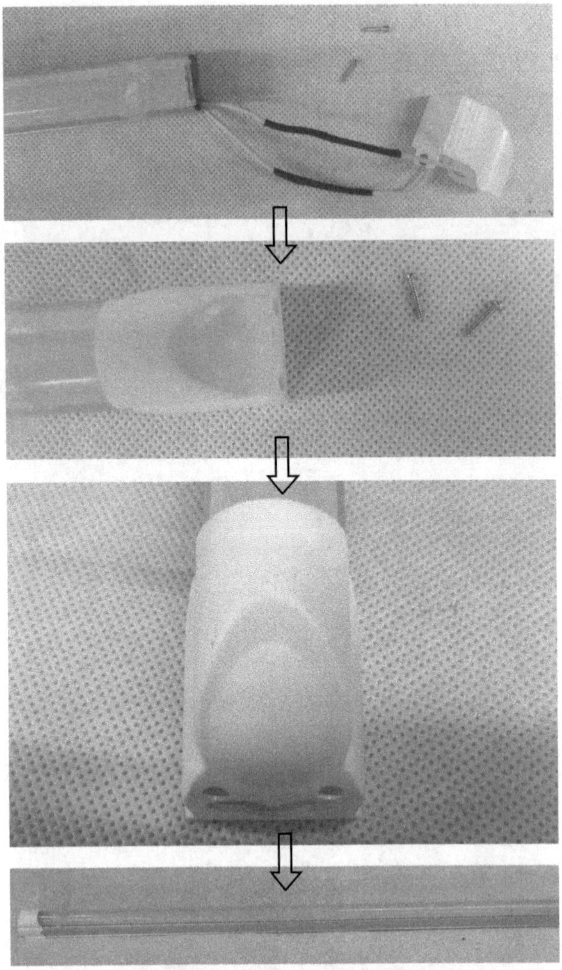

图 3-48　T5 塑料堵头固定过程

图 3-49　通电老化

3.5　LED 日光灯电源的安规要求

LED 日光灯电源要求高效率、高功率因数，符合 RoHS、CE 要求，有输出较低的高频纹波。其安规要求如下：

1. 标准 EMI（Electro Magnetic Interference，电磁干扰）

产品要符合 EN55015 和 EN55022 的要求，标准 EMI 如表 3-5 所示。EMI 包括传导、辐射、谐波等。

表 3-5　标准 EMI

序号	项　目		限　值	标　准	备　注
1	EMI	传导测试（CE）	见表 3-6	EN55015 EN55022	独立测试或安装在灯具内测试
		辐射测试（RE）	见表 3-7		

表 3-6　传导限值

序号	频率范围	限值 dB（μV）	
		准峰值	平均值
1	9～50kHz	110	—
2	50～150kHz	90～80	—
3	150kHz～0.5MHz	66～56	56～46
4	0.5～5MHz	56	46
5	5～30MHz	60	50

【说明】EMI 为电磁干扰，它是 EMC 其中的一部分。EMC 全称为电磁兼容，它包括 EMI（电磁干扰）和 EMS（电磁抗干扰）。EMC 定义为设备或系统在其电磁环境中能正常工作且不对该环境中的任何设备、任何事物构成不能承受的电磁干扰的能力。

表 3-7　辐射限值

序　号	频率范围（MHz）	准峰值 dB（μV/m）
1	30～230	30
2	230～300	37

2. 标准 EMS

☺ LED 日光灯电源的雷击浪涌抗扰度要符合 IEC－61000－4－5 等级 2 的要求。

☺ L－N 之间打 1kV 电压，5 次之后没有功能损坏。

☺ LED 日光灯电源的电脉冲群抗扰度要符合 IEC－61000－4－4 等级 4 的要求。

☺ L－N 之间施加 4kV、2.5kHz 干扰电压，1min 之后没有功能损坏。

标准 EMS 如表 3-8 所示。

表 3-8　标准 EMS

序　号	项　目		限　值	标　准
1	EMS	雷击浪涌抗扰度	见表 3-9	IEC61000－4－5—2005 GB 17626.5—2008
		电脉冲群抗扰度	见表 3-10	IEC61000－4－4—1995 GB 17626.4—1998

表 3-9　雷击限值

序　号	等　级	电压（±10%）kV
1	1	0.5
2	2	1
3	3	2
4	4	4

表 3-10　脉冲限值

序　号	等　级	电压（kV）	频率（kHz）
1	0.5	5	0.5
2	1	5	1
3	2	5	2
4	4	2.5	4

3. 安规标准

安规标准如表 3-11 所示。

表 3-11　安规标准

序号	项　目		限　值	标　准	备　注
1	抗电强度	输入对输出	≤5mA@1min@3000V AC	IEC60598-1:2014 GB 7000.1—2015	试验要求电源无击穿飞弧现象，试验后，电源需正常工作
2	绝缘阻抗	输入对输出	>4MΩ@500V DC	IEC60598-1:2014 GB 7000.1—2015	试验要求电源无击穿飞弧现象，试验后，电源需正常工作
3	电气安全间距		L/N 输入间：>3mm 初次级间：>6.5mm 保险丝焊盘间：>3mm	IEC60598-1:2014 GB 7000.1—2015	

4. LED 日光灯的成品检测标准

LED 日光灯的成品检测标准如表 3-12 所示。

表 3-12　LED 日光灯的成品检测标准

序号	检查项目	检查方法	检查工具	检查标准
1	点亮 LED 日光灯	➢ 输入电压为 220V±10% 条件下，点亮观察灯管发光表面	可调电源、墨镜	➢ 无死灯、弱光、灯珠发黑、频闪等不良现象。 ➢ 查看发光区内的斑点、亮点为 0.5mm<直径≤1mm，数量2个以内，相距30mm 以上；可接受。 ➢ 发光区域不能有阴影、发光不均匀、色差等不良现象。 ➢ 色斑，色差，有暗区。 ➢ 灯头与边缘不能有漏光现象
2	通断电测试	➢ 按照功能设置为寿命测量仪的参数。 ➢ 设置通断时间为导通 30s、断开 30s，并使之持续工作。 ➢持续 500 个周期后，切断电源	寿命测量仪、通断电测试治具	➢ 测试期间及测试后，产品能够正常工作。 ➢ 不出现发光闪烁、严重变暗甚至烧毁等现象

续表

序号	检查项目	检查方法	检查工具	检查标准
3	过、欠压测试	➢ 设置电源输出电压为产品输入电压 220V ± 10%，点亮产品	过、欠压测试治具	➢ 产品能够正常工作，不出现发光闪烁、严重变暗甚至烧毁等现象
4	耐压测试	➢ 将电源输入、输出短接接仪表测试地，将金属外壳施加 AC 1500V 高压，要求漏电流小于 1mA	耐压测试仪	➢ 仪表绿灯亮，且产品通过测试，灯珠无击穿的现象
5	电学与光学测试	➢ 实际输出的功率在标称光功率 ± 10% 之间。 ➢ 功率因数值不比标称值低 0.05。 ➢ 光通量不低于 1600lm，光效值不低于 100lm/W。 ➢ 色温值暖白 3045 ± 175K，冷白 6500 ± 500K 或在客户指定范围内。 ➢ 显色指数值不低于 80。 ➢ 发光角度值在标称值的 10% 之间	积分球系统	➢ 实际功率过大。 ➢ 功率因数 PF 值过低。 ➢ 光通量超出规格界限。 ➢ 光效值小于规定标准。 ➢ 色温值高、色温值低。 ➢ 显色指数小于规定值。 ➢ 角度小于规定值

3.6 T8 LED 日光灯的安装

1. 传统荧光灯的安装

传统荧光灯一般由支架、电感镇流器、启辉器、灯管 4 大部分组成。传统荧光灯的内部结构如图 3-50 所示。传统荧光灯的内部电路接线图如图 3-51 所示。

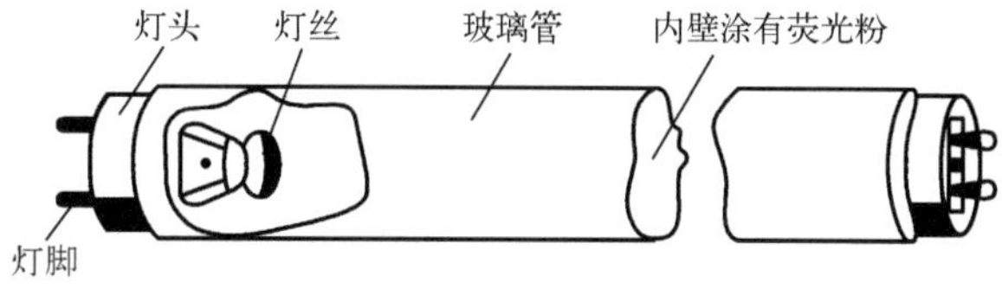

图 3-50 传统荧光灯的内部结构

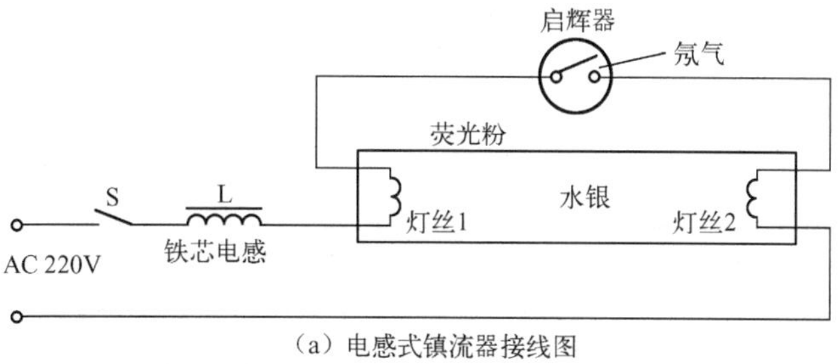

图 3-51 传统荧光灯的内部电路接线图

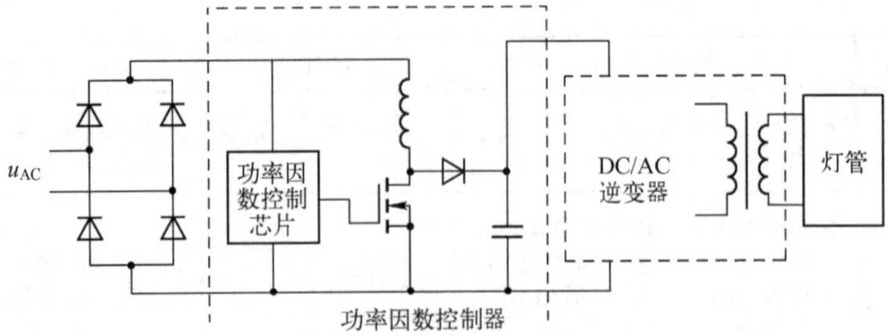

（b）电子式镇流器接线图

图 3-51　传统荧光灯的内部电路接线图（续）

2. LED 日光灯的安装

LED 日光灯的安装示意图如图 3-52 所示。

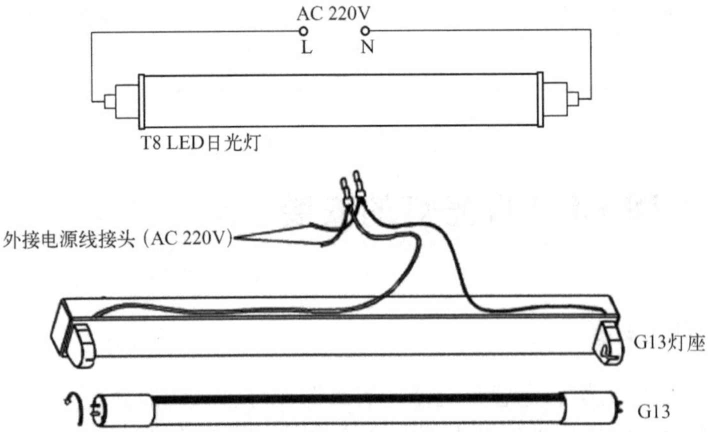

图 3-52　LED 日光灯的安装示意图

3. 传统荧光灯改装 LED 日光灯

电感式镇流器荧光灯改装示意图如图 3-53 所示。取掉启辉器（短接镇流器），直接用 LED T8 日光灯灯管替换传统 T8 荧光灯管，即可正常点亮。

电子式镇流器荧光灯改装示意图如图 3-54 所示。

取掉电子镇流器，或者切断电子镇流器电源，将日光灯灯座两端的出线分别接在市电 220V 电源的零线和火线上，直接安装 LED T8 灯管即可。

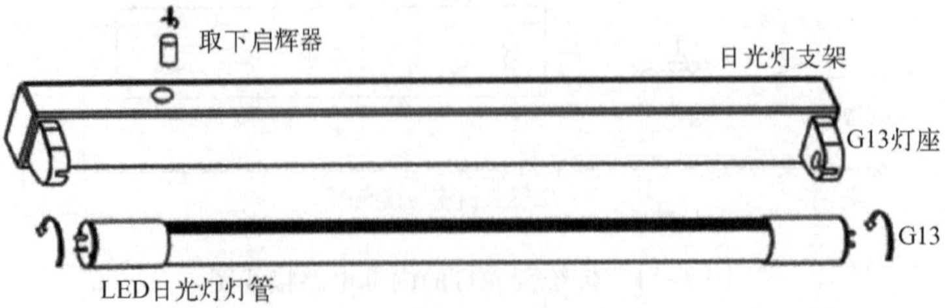

图 3-53　电感式镇流器荧光灯改装示意图

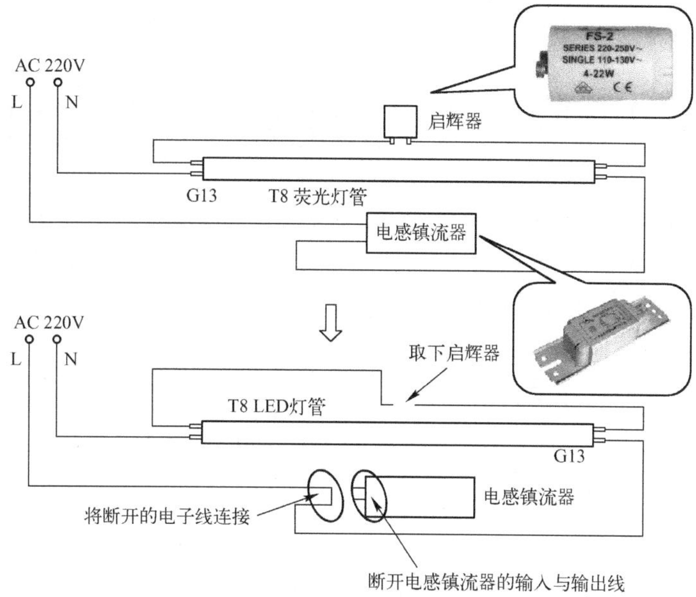

图 3-53　电感式镇流器荧光灯改装示意图（续）

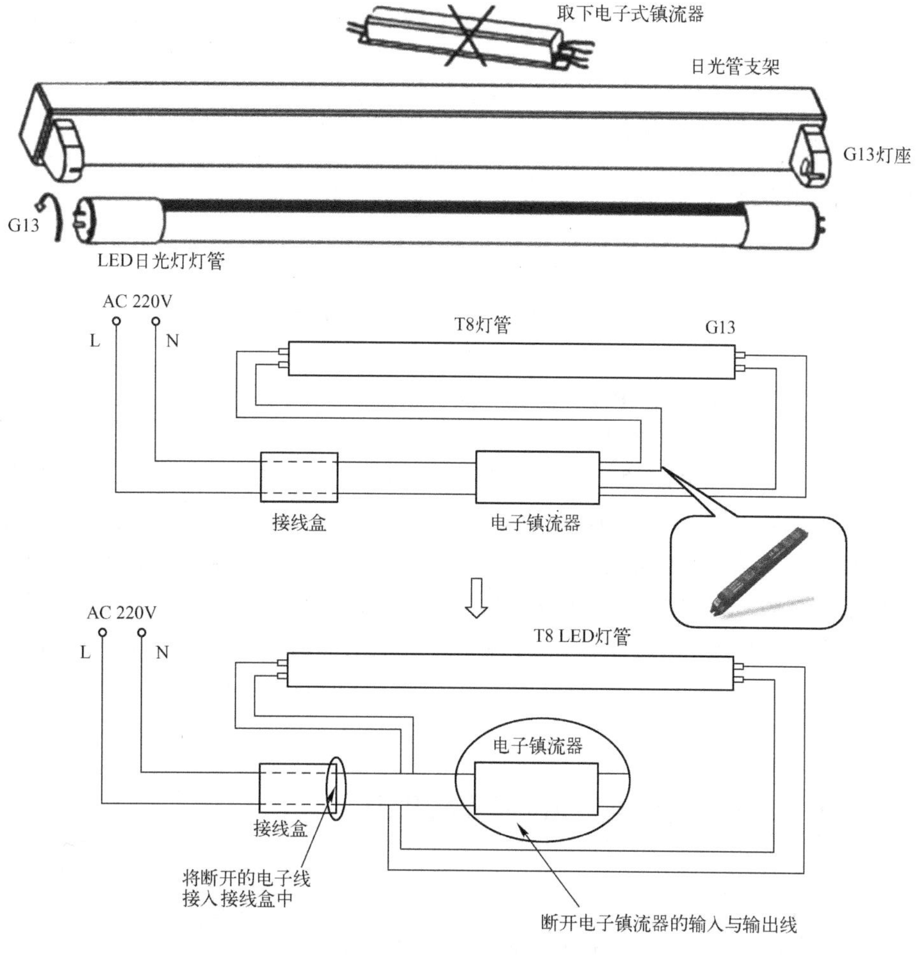

图 3-54　电子式镇流器荧光灯改装示意图

第4章　LED户外照明灯具的设计与组装

在介绍LED户外照明灯具之前，先介绍一下灯具及照明灯具的作用。灯具是指具有透光、分配和改变光源光分布的器具，同时还包括除光源以外所有用于固定和保护光源所需的全部零部件及电源连接所必需的线路附件。照明灯具作用如下：

☺ 固定光源，提供与光源的电气连接，让电流安全地流过光源。

☺ 对光源和光源的控制装置提供机械保护，支撑全部装配件，并与建筑结构件连接起来。

☺ 控制光源发出光线的光分布，实现需要的配光，防止直接眩光。

☺ 保证特殊场所的照明安全，如防爆、防水和防尘等。

☺ 装饰和美化环境的效果。

在介绍LED户外照明灯具之前，先对LED照明产品认证方面的内容进行一些简单介绍。LED照明产品认证分为3种方式，一是从市场准入的角度，有强制性产品认证和自愿性产品认证；二是从检测要求的角度，有安全+EMC认证和节能认证；三是从认证适用地域的角度，有国内认证和国际认证。

> **注意：** 节能认证关注产品的能效指标，但前提是产品须符合安全等基本要求。

LED道路照明产品（LED路灯、隧道灯）的要求为：

☺ 额定电压为AC 220V，频率为50Hz。

☺ 仅用于次干道和支路的道路照明产品。

☺ 只针对4种额定光通量的产品，即3000lm、5400lm、9000lm、14000lm。

☺ 只针对额定相关色温不超过6500K的产品。

☺ 外壳防护等级：IP65或IP66。

☺ 最高额定工作温度 t_a 不低于45℃。

LED灯具产品中驱动电源的检测要求为：LED模块用直流或交流电子控制装置要进行CCC认证，在照明产品检测过程中按照国家标准GB 19510.14—2009《灯的控制装置 第14部分：LED模块用直流或交流电子控制装置的特殊要求》、GB 7000.1—2015《灯具 第1部分：一般要求与试验》、GB 19510.1—2009《灯的控制装置 第1部分：一般要求和安全要求》、GB 17625.1—2012《电磁兼容 限值 谐波电流发射限值（设备每相输入电流≤16A）》、GB 17743—2007《电气照明和类似设备的无线电骚扰特性的限值和测量方法》检测。

4.1　LED隧道灯的基础知识

LED隧道灯主要应用于隧道、车间、大型仓库、场馆、冶金及各类厂区、工程施工等。大功率LED隧道灯照明场所大面积泛光照明，最适用于城市景观、广告牌、建筑物立面作为美化照明。LED隧道灯的外形如图4-1所示。LED隧道灯光源采用科锐、普瑞、欧司朗、日亚等顶级品牌，显色性好，光亮稳定，高流明，色温可定，满足不同环境的照射要求，电源采用明纬电源。

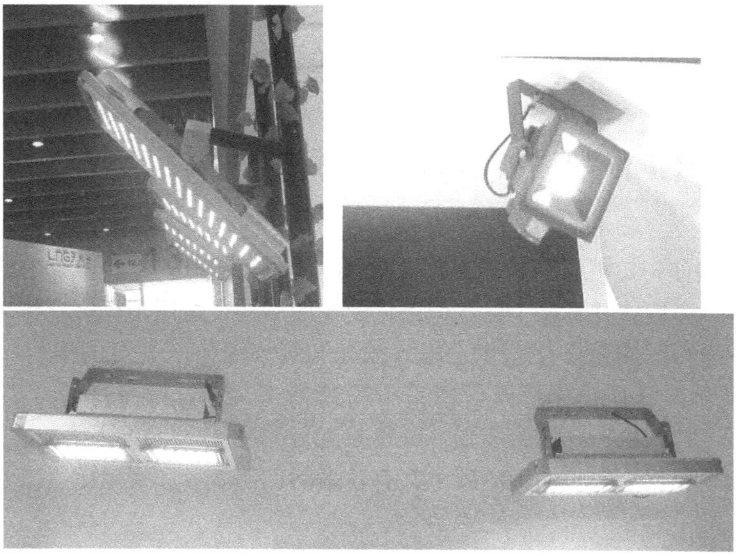

图 4-1 LED 隧道灯的外形

目前常见的配光分布形式有聚光型配光、侧射型配光、朗伯型配光。不同的应用场合适用不同的配光形式，由于隧道照明的特殊性，隧道照明中灯具的排布密度非常高，所以在隧道照明中对灯具的二次配光形式不同于一般的道路照明。在隧道照明中蝙蝠翼型配光、朗伯型配光都可以满足照度均匀度的要求，这主要是由于隧道照明中灯距比较小。一般较常用的面型有球面、椭球面、双曲面、抛物面、自由曲面，其中以自由曲面应用最广泛，适用范围最广。

> **【说明】** 配光是指把光线分配投射到所需要的面积上，并尽可能提高投射到所需要的面积上亮度的均匀性。目前也有模组 LED 隧道灯，采用飞利浦 3030 贴片，配合 3030 防水透镜。

LED 隧道灯可以说是集成了目前各种常规的隧道灯各个优势，是目前隧道照明应用中最理想的光源，其特点主要体现在以下几个方面：

1）高光效 目前量产单芯片 1W 大功率 LED 光效最高可以达到 100lm/W 以上，而且由于是单面出光，LED 隧道灯前景在整个灯具光学系统的设计过程中，可以做到很高的灯具效率。

2）长寿命 LED 在合理的散热设计和电源驱动条件下，可以有长达 5 ～ 7 万小时的寿命，对于 24h 工作的隧道照明，可以大大降低维护费用，并且可以缩短投资回报期。

3）易配光 LED 光源由于发光尺寸很小，单面出光，光线的方向性很强，因而可以很方便地配合透镜或反光杯，来达到较理想的配光，不仅提高整个灯具的利用效率，更可以保证良好的均匀度。

4）灯具设计灵活 LED 隧道灯不仅在功率设计上灵活，采用 1W 左右的 LED 器件，可以根据实际照度要求来改变 LED 光源的数目，达到最佳的节能效果，而且由于尺寸很小，在灯具外形的设计上也非常灵活，既可以做成线性的灯具以达到较好的视觉透导性，也可以设计成矩形的灯具，达到较高照度要求，以适应 LED 隧道灯在隧道入口段、过渡段和出口段的工作。

5）智能调光控制 采用 LED 可以实现灯具的无极调光，可以结合洞口的亮度来动态改变隧道照明的亮度，充分发挥 LED 隧道照明灯具的技术特点，进一步提高 LED 隧道灯具的节能效果，实现智能化的隧道照明。智能 LED 隧道灯可实现计算机调光、温度控制、自动巡检、仰角/水平角度可调等功能。灯具光效 80lm/W，节能率达到 70%。

4.2 LED 投光灯的设计与组装

LED 投光灯是使指定被照面上的照度高于周围环境的灯具，又称聚光灯。通常 LED 投光灯能够瞄准任何方向，并具备不受气候条件影响的结构，适用于厂区、体育馆、码头、广告牌、建筑物、草坪、园艺设计亮化工程等投光和装饰照明所需要的场所。LED 投光灯的外形如图 4-2 所示。LED 投光灯既可以单个安装使用，也可以多灯组合起来集中安装在 20m 以上的杆子上，构成高杆照明装置。LED 投光灯的光从高处投射下来时，环境的空间亮度高，光覆盖面大，给人一种白天的感觉，有较高的照明质量和视觉效果。

图 4-2 LED 投光灯的外形

> **【说明】** LED 投光灯通过内置微芯片的控制，在小型工程应用场合中，可无控制器使用，能实现渐变、跳变、色彩闪烁、随机闪烁、渐变交替等动态效果，也可以通过 DMX 的控制，实现追逐、扫描等效果。

LED 投光灯采用压铸铝合金外壳，坚固耐用，表面氧化处理，采用黑色、白色、银灰色表面喷涂处理，白钢真空镀膜反光杯，精密的光学设计，确保发光均匀一致，高清晰透明钢化玻璃，高亮度大功率 LED 光源，防水防潮处理，适合室外恶劣环境。LED 投光灯采用铝材热结构设计，最大限度增加散热面积。设计时将电源和 LED 的热量及时导出到外壳上，为延长灯具寿命提供了保证。

LED 投光灯均附有刻度板方便调整照射角度，通过内置微芯片的控制，在小型工程应用场合中，可无控制器使用，能实现渐变、跳变、色彩闪烁、随机闪烁、渐变交替等动态效果，也可以通过 DMX 的控制，实现追逐、扫描等效果。

【说明】产品采用标准有 GB 7000.201—2008《灯具 第 2-1 部分：特殊要求 固定式通用灯具》、GB 17625.1—2012《电磁兼容 限值 谐波电流发射限值（设备每相输入电流≤16A）》、GB 17743—2007《电气照明和类似设备的无线电骚扰特性的限值和测量方法》。

1. LED 投光灯的组装

LED 投光灯的组装流程，如表 4-1 所示。

表 4-1　LED 投光灯的组装流程

序号	步骤名称	作业内容	质量要求	注意事项	工具或辅材
1	领料	计划部按照产品 BOM 表开出领料单，交仓库备料，仓库备料后通知生产部领料。生产部核对物料的数量，核对型号规格，进行首件制作	关键元器件和材料必须与设计样品一致	透镜角度要符合要求	
2	焊接灯板	在铝基板上的所有需要焊接 LED 灯其中的一个焊盘上加锡。在灯珠导热焊盘与铝基板的接触处打上适量的导热硅脂，焊接 LED 灯	无漏焊、无错焊，导热硅脂抹匀	焊接好的铝基板分类放置在指定的区域待检测，放在专用的铝基板架上	防静电手环
3	测试灯板	焊接好 LED 灯的铝基板加上工作电压，观测现象，判断是否正常。不正常的进行维修处理		通电之前，要确认电压是否相符，在未知被测电压之前，不得接电测试	
4	固定灯板	固定好灯板			
5	内部组装	灯体装电源或信号，把电源或信号线与驱动连接，再将驱动与灯板连接	焊线要牢固和规范，不可有线头露出焊点外	焊点要求饱满光滑	
6	装透镜	把一体化透镜套在灯珠上		安装要到位	
7	灌封树脂	固定好灯板，做好防止树脂溢出处理，灌一层透明软树脂，再灌一层黑色软树脂，厚度都在 3mm 左右	发光体不能被黑色树脂污染	树脂不能弄脏灯体，树脂比例调配好，搅拌均匀	
8	老化	半成品灯具老化，合格后再组装			
9	涂防水胶	防水胶均匀地涂盖在灯体和玻璃的结合处，玻璃放置在正确位置	防水胶要均匀覆盖、密封，不得有断点	打防水胶处一定要进行清洁处理，把溢出来的胶清理干净	
10	外部组装（端盖）	安装好防水硅胶圈，盖上外盖，拧紧螺栓	拧螺栓时，不能一次性拧紧		
11	清洁	用干布擦拭灯具，使灯具的外表清洁	擦拭时，不能蹭掉防水胶，蘸酒精擦拭管时，布不能接触防水处理部位		

续表

序号	步骤名称	作 业 内 容	质 量 要 求	注 意 事 项	工具或辅材
12	包装	按要求贴上标识	成品放置在指定的区域	在额定电压下应正常启动，无短路、不亮、闪烁、LED 死灯现象	

2. LED 投光灯的特点

☺ 光学配光，无眩光，无光染，方向性强，均匀度高。

☺ 大功率 LED 芯片集成封装或单颗大功率 LED。

☺ 恒压恒流驱动电源，稳定的恒流输出，瞬时启动，功率因数在 0.95 以上，电源效率高，安全可靠。

☺ 灯具外壳具有最佳一体化的散热功能，外观设计大方新颖。

☺ 反光罩表面阳极氧化，与光源紧密贴合“一体”，出光效率高。

☺ 表面采用静电喷塑处理，耐高温，耐气候性好，色彩丰富。

☺ 灯体采用高压压铸铝，结构紧凑，牢固耐腐蚀。

☺ 可靠硅橡胶密封，耐 150℃ 以上高温，不老化，灯体密封性好，防水防尘。

☺ 发光色彩丰富，具有红、绿、蓝、黄、白等多种颜色。

3. LED 投光灯光源介绍

LED 投光灯的光源目前主要有 3 种方式，其一是单颗 LED 光源与防水透镜，并采用灌防水胶的方式。防水透镜的外形如图 4-3 所示。防水透镜采用高精度、非球面光学设计，选用德国原装进口光学级 PMMA 原料，保证足够的注塑成型，降低产品缩水率。发光角度有 5°、8°、10°、15°、25°、30°、38°、45°、60°、80°、90°、120°等。LED 投光灯灌封胶的选用，先考虑灌封胶的稳定性、可靠性，能够在户外各种复杂环境使用，必须经得起高温、低寒、酸碱雨、风雪、阳光暴晒等长期考验，达到良好的耐候性。

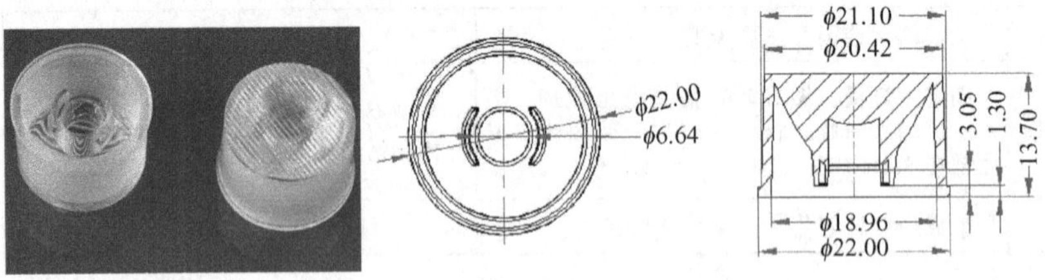

图 4-3 防水透镜的外形

【说明】

☺ 将治具固定在 LED 投光灯灌胶的台面上，然后把 LED 投光灯放在治具里面进行固定。

☺ 设置好胶水的比例，灌胶开始，先测试一下胶水，看是否有质量问题。

☺ 没有质量问题，开始批量灌胶。

其二是集成光源的方式，这是一种常见的方式，在这里不做介绍。

其三是单颗大功率 LED 光源与铝基板或铜基板相结合方式，这种方式主要采用的 LED 灯为科锐公司的 3535 或 2525、3030 及中功率 5730、2835。LED 光源与铝基板结构方式如图 4-4所示。

图 4-4　LED 光源与铝基板结构方式

【说明】导热膏应选择导热系数大于 3.0 以上的（如道康宁、信越），建议使用钢网均匀地刮涂导热膏，导热膏的厚度控制在 0.1mm 左右。

4. LED 投光灯的检测标准

LED 投光灯的检测标准如表 4-2 所示。

表 4-2　LED 投光灯的检测标准

序　号	检测项目	检验内容	标准要求/缺陷描述	检验方法/工具
1	结构确认	订单/BOM 核对	➢ 模组式：电源、LED 灯板、透镜、连接线、透镜防水圈、呼吸器、灯板或透镜固定螺钉等部品规格需一致。 ➢ 集成式：电源、LED 灯板、反光杯或反光罩、光源灯座或固定座、连接线、防水压条、呼吸器、螺钉等部品规格需一致。 ➢ 没有缺少配件（少密胶圈、少打胶、少配件）。 ➢ 螺钉锁不到位，滑牙，漏装螺钉，非不锈钢螺钉 。 ➢ 偏移，缝隙≤1mm。 ➢ 产品表面应无划伤、凹凸不平的现象，灯体内外应无尖角和毛刺。 ➢ 喷涂件表面色泽应均匀一致，涂膜光滑，厚度均匀，无流挂、堆积、露底、皱纹等影响外观的缺陷。 ➢ 涂漆色泽均匀，无气孔、无裂缝、无杂质；涂层必须紧紧地黏附在基础材料上。 ➢ 焊接部位应平整、牢固，无焊穿、虚焊、飞溅等现象	目视
		转动测试	➢ 固定支架螺钉不可松动。 ➢ 订单/技术资料要求可转动的角度不达标	
2	功率	功率测试	➢ 测试功率符合订单及技术要求。 ➢ 按国家标准执行，功率不能超过设计功率的 ±10%	功率测试仪/智能电量测试仪
3	功能测试	点亮测试	➢ DS = 1m 目视 10s 可见色差，暗灯不允许。 ➢ 死灯，死组，灯不亮。 ➢ 低电流测试灯暗或者不良	目视
4	接地电阻	接地电阻测试	➢ 接地电阻应小于 0.5Ω、美规 0.1Ω，或者按国家地区具体安规要求执行	接地电测试仪
6	泄漏电流	泄漏电流测试	➢ 泄漏电流交流应小于 0.5mA，直流应小于 1mA 或者按国家地区具体安规要求执行	泄漏电流测试仪

续表

序 号	检测项目	检验内容	标准要求/缺陷描述	检验方法/工具
7	照度、光效、光通量	照度分布测试	➢ 在暗室中，输入相应额定电压与频率的电源使灯具正常工作，将灯具发出的光投射到距灯具等体平面2.0m的墙上，应能很明显观察到矩形的照度分布。 ➢ 色容差不超过7SDCM。 ➢ 额定相关色温≤3500K，初始光效不低于90lm/W。 ➢ 3500K ＜额定相关色温≤5000K，初始光效不低于95lm/W。 ➢ 5000K ＜额定相关色温≤6500K，初始光效不低于100lm/W	光分布测试仪或照度计
8	气密测试	气密测试架	➢ 取下呼吸器，将气管接入密合，1min后无冒泡现象，OQC确认生产100%检验及记录	
9	淋水测试	淋水测试架	➢ 第一批生产，1个月以上没有生产或者样板抽样1PCS送实验室淋水测试。 ➢ 按国家标准GB 7000.1中9.2节的规定进行。 ➢ 整灯喷淋15min，内腔无漏水痕迹	
10	安规测试	耐压测试、电磁兼容测试	➢ 按国家标准要求相应频率、电压、电流，测试时间测试无击穿现象（1.5kV AC 5mA/60s灯具无击穿报警现象。 ➢ 输入电流谐波应符合GB 17625.1的规定。 ➢ 无线电骚扰特性应符合GB 17743的规定。 ➢ 电磁兼容抗扰度应符合GB/T 18595的规定	耐压测试仪
11	防水防尘等级测试		➢ 防尘和防水试验按GB 7000.1中9.2节的规定进行。 ➢ 防尘和防水等级应至少为IP65	
12	外部接线和内部接线		➢ 采用60N的拉力，进行25次试验。 ➢ 采用0.25N·m的扭矩进行试验，位移≤2mm。 ➢ 不可拆卸的软缆或软线和连接引线，用作灯具与电源连接方法时，其正极应标红色，负极应标黑色。 ➢ 内部接线应适当安置或保护，使之不会受到锐角、铆钉、螺钉及类似部件的损坏。 ➢ 输入线为3×1.0mm^{2}橡胶线，输出线为2×1.0mm^{2}橡胶线	
13	高低温测试		➢ 在（−40～+65℃）±2℃正常供电条件下，让LED投光灯工作30min，不得有暗灯、死灯出现。 ➢ 启动时间≤3s；功能、外观正常，无不符合安规的现象	高低温箱
14	振动测试		➢ 加速度2G，X、Y、Z各震动10min，角度10°，不允许有暗灯、死灯出现，不允许螺钉松脱、掉漆、破裂。 ➢ 按照国家标准GB/T 2423.10规定的方法进行扫频试验	振动测试仪
15	温升测试		➢ 测试LED外壳温度常规58℃以下。 ➢ 铝基电路板温度不得超过65℃	测温仪
16	盐雾测试		➢ 35℃/5%的盐雾放置48h，散热器或固定支架没有明显生锈	盐雾测试机
17	开关次数	寿命测试	➢ 开30s关30s循环10000次，能正常工作	开关寿命机
18	灼热丝测试	灼热测试	➢ 透镜进行650℃的灼热丝试验，火焰移开后样品30s内必须熄灭，薄棉纸不能起火	

续表

序号	检测项目	检验内容	标准要求/缺陷描述	检验方法/工具
19	跌落测试	水泥地面	➢ 水平自由跌落顺序为一点三棱六面共 10 次。 ➢ 重量 10kg 以下跌落高度为 80cm。 ➢ 重量 10～16kg 跌落高度为 70cm。 ➢ 重量 17～26kg 跌落高度为 50cm。 ➢ 重量 27～46kg 跌落高度为 35cm。 ➢ 重量 47～70kg 跌落高度为 25cm。 ➢ 重量 70kg 以上跌落高度为 15cm。 ➢ 跌落完后（保丽龙）外箱无严重破损，产品无变形、碰伤，功能测试正常	电子秤、跌落测试机
20	抽检		➢ 功率、色温、光通量、光效达到设计要求。 ➢ 耐压测试、泄漏测试符合相关国家标准。 ➢ 测试完成后被测 LED 投光灯的各组件应无机械损伤且不得出现任意一颗 LED 异常的情形	泄漏电流测试仪、光分布测试仪或照度计、耐压测试仪
21	包装		➢ 装箱单与实物符合（标识，箱内物品的数量、规格、名称） ➢ 产品合格证（加盖合格 PASS 及日期）。 ➢ 产品说明书（订单要求中性包装的用中性说明书）安装要求、接线要求、字体书写、产品规格正确。 ➢ 产品附件有无（与订单要求核对）。 ➢ 包装要求，材质、层数符合包装图纸。 ➢ 外箱不允许有破损、变形、潮湿。 ➢ 箱体脏污，外观以 1m 可见不合格（NG）。 ➢ 外箱标识清新，书写工整，外箱内容包括但不局限于：规格型号、品名、日期、数量、重量、环保标识、小心轻放、易碎、防水、防压标志。 ➢ 运输包装要求按《产品运输包装操作规范》执行	目视、电子秤、打包机

【说明】 LED 投光灯检测标准有 GB 7000.1《灯具 第 1 部分：一般要求与试验》、GB 7000.7《投光灯具安全要求》、GB/T 7002—2008《投光照明灯具光度测试》。

5. LED 投光灯的安装

1）单色 LED 投光灯安装步骤

（1）在墙体或地面上打孔，装膨胀螺栓，再装 LED 投光灯，用螺丝锁住；投光灯之间的安装距离根据设计的要求而定。

（2）先把供电电缆从旁边的接线盒拉出，套上金属软管后把灯头部分的电缆与供电电缆连接好，再用绝缘防水胶布包好。

2）RGB LED 投光灯安装步骤 RGB LED 投光灯安装示意图如图 4-5 所示。

（1）把灯水平放置在安装的地方，在墙体或地面上打孔，装膨胀螺栓，再装 LED 投光灯，用螺丝锁住。

（2）灯具固定、调试好后，旋动波纹把手，调整到灯具所需要的角度，固定好灯具。

（3）第一个灯上的信号线母头和另一灯上的信号线公头相连，依次类推，把灯具串联起来，最后把第一灯上的信号线公头和控制器上的信号线母头相连，这样信号线接通，可以通过控制器给灯具输入不同的变化信号。

（4）第一个灯上的电源线公头和接线盒上的电源线母头相连；第一个灯上的电源线母头和另一灯上的电源线公头相连，依次类推，把灯具串联起来。

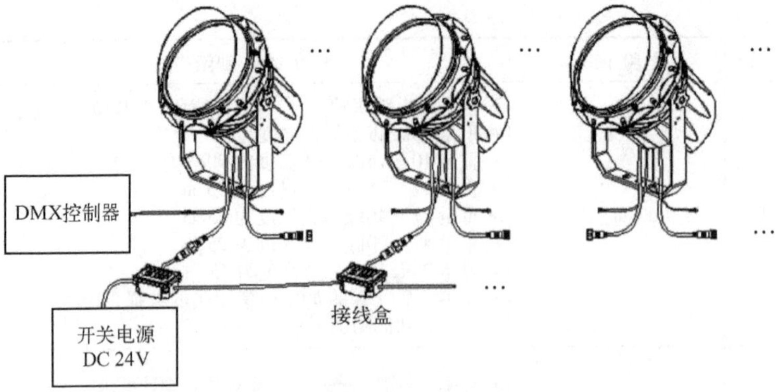

图4-5 RGB LED投光灯安装示意图（DMX控制）

【说明】
☺ 电源线为3芯线：蓝色线为零线N，棕红色线为火线L，黄/黄绿线为地线PE。颜色有暖白光（2700K、3000K）、自然光（4200K）、正白光（5500～6000K）、冷白光（7000～8000K）、红光、绿光、蓝光、黄光、琥珀光。
☺ LED投光灯通过内置渐跳变程序，在没有DMX512信号的时候，运行内置程序，能实现渐变、跳变、色彩闪烁、随机闪烁、渐变交替等动态效果。
☺ 通过外控国际标准DMX512协议控制系统，实现追逐、扫描等效果。

3）LED投光灯安装注意事项

（1）LED投光灯为防水防潮设计，其防护等级可达IP65，能经受由上向下雨淋的考验但不能浸没于水下工作，其防护等级未达水下工作要求。

（2）灯具安装的位置必须有足够大的承受能力，应能承受10倍驱动器重量以上。

（3）灯具工作电源为高压交流电，应远离人群容易触及的地方，并做好灯具接地处理，必须接地线。

（4）由于灯具功率比较大，布电源线时应根据实际功率选择合适的电源线，并分相供电。

【说明】LED投光灯安装智能单灯控制系统后，可以远程对LED投光灯进行调控。遇到LED投光灯损坏等情况，系统还会自动报警。根据天气、时间等因素，通过技术等手段对LED投光灯进行调节，也能确保达到最佳状态。

4.3 LED隧道灯的设计与组装

1. LED隧道灯的设计

LED隧道灯具一般由光源、配光系统、驱动电源、灯具散热外壳及控制系统等组成。根据JTG D70—2004《公路隧道设计规范》、JTG/T D70/2-02—2014《公路隧道通风设计细则》、JTG/T D70/2-01—2014《公路隧道照明设计细则》的要求，二级以上公路隧道长度超过 100m 时，都必须设置照明灯具。

目前 LED 隧道灯具无论是安装规模、照明质量，还是新技术、新工艺的应用，都有了明显的提高，主要体现在以下 6 方面：

1）光源技术日趋成熟　LED 光效及封装技术日趋成熟。LED 光源光效由 80lm/W 上升到 100lm/W 以上。显色指数（CRI）提高到 80 以上，部分产品显色指数达到 90 以上。在 LED 一次光学设计、芯片结构优化、发光面积改善、荧光粉材料等方面有积极的发展。

2）配光系统　配光系统按原理分为折射式光学设计、反射式光学设计两大类，如图 4-6所示。

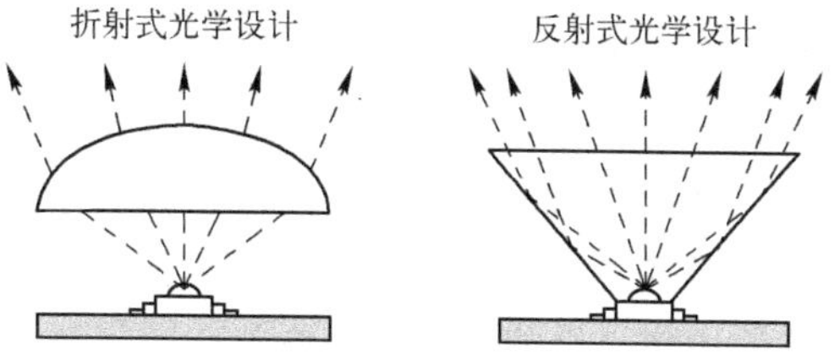

图 4-6　配光系统

折射式光学设计相对 LED 发光面的包络角最大，对光线的控制能力最强，由于两次经过不同介质面均有一部分光被反射或被介质吸收，效率较低。

反射式光学设计对光线的控制能力较低，但约 50% 的光线是直接向路面发射，可全部得到利用。剩下的光线经过反射面反射，其光线也能通过膜层反射率的控制减小吸收损失，效率很高。

3）LED 排列方式　LED 排列方式有多颗大功率阵列式、单颗大功率两种。

多颗大功率阵列式 LED 隧道灯是将数十颗甚至上百颗 LED 芯片集成在很小的空间内。集成后的光源相对较大，不利于配光，无法做到精确的二次配光，难以达到隧道照明理想的光分布。光能利用效率低，光损失大，照度均匀度差。其眩光非常强，容易引起视觉疲劳和视线干扰。目前是将散热器与灯壳进行一体化设计，使 LED 光源与外壳紧密相连，通过独特的散热器与空气对流高效散热，实现芯片热量的快速传递与释放，不仅确保光源能在较低温度下工作，而且最大限度地减少了 LED 光衰减。

多颗大功率平面阵列式一般采用数十颗甚至上百颗 1W 或 3W 大功率 LED 通过阵列排布。由于其单颗功率小而且是均匀分布在灯具发光平面上，热量密度较小，LED 温度低而且均衡，寿命能得到保证。单颗 LED 光源点小，近似于点光源，可以进行二次配光设计，做到非常理想的矩形光斑。光能利用率、均匀度可以做得很好，合理的配光设计，灯具效率达到最高。分立式 LED 灯具主要的散热路径是：管芯→散热垫→印制板敷铜层→散热器→环境空气。

【说明】

（1）每颗 LED 的光分布完全相同，可以根据实际路面的照度要求，简单地改变 LED 的数量。在相同的地面照度情况下，可以将光强分散到整个灯具的发光面上，灯具表面亮度低，眩光很微弱，不会有明显的刺眼感觉。

（2）分立式 LED 隧道灯是以多颗单颗封装 LED 光源通过阵列排列实现大功率要求，其光源较多，结构复杂，容易出现线路故障，再加上单颗 LED 光源一般采用树脂透镜封装成型，树脂材料受时间、温度以及紫外线的影响会黄化老化，引起光衰，影响照明效果。

4）驱动电源性能　电源效率由 80% 提升至 85% 以上（PF > 0.9），电源设计寿命由

20000h 提升到 30000h，优质电源平均故障率由 5% 降低至 1%。

5）外壳设计 LED 隧道灯外壳的主要功能是散热。灯具结构及散热设计决定了 LED 的光效与寿命。当灯具散热不良导致 LED 结温较高时，LED 光效急剧下降，寿命也大幅缩减。目前采用散热鳍片及非均匀散热设计，使 LED 结温温升由 40℃降低到 35℃（灯具在室温 25℃，达到热平衡）。

6）加工组装工艺 LED 隧道灯防护等级普遍达到 IP65 以上，灯具机械部件、线缆连接、表面处理、组装工艺等方面均得到良好的改良。外壳采用压铸件结构，整体性能特别是防水防尘性能明显提升。

LED 隧道灯调光采用电力载波通信，电力载波通信（即 PLC）是电力系统特有的通信方式，是指利用现有电力线，通过载波方式将模拟或数字信号进行高速传输的技术。其最大特点是不需要重新架设网络，只要有电线，就能进行数据传递。单灯控制器可以实现对每一盏灯的控制，目前有电力载波单灯控制器和 ZigBee 单灯控制器。

隧道灯集中监控系统可通过监控管理中心操控检测，利用移动 GPRS 网络或电信 CDMA 网络，实现四遥（遥控、遥测、遥调、遥信）远控功能。隧道灯集中监控系统分为隧道灯监控管理中心、通信网络、监控终端 3 个物理层，对任一单盏灯进行多样式的组合控制，通过开关灯时间的设置，对灯具电参数、灯具状态的检测等，精确控制每一盏灯，准确定位，并结合隧道口的照度检测系统进行调光及灯具的控制。

隧道灯具智能调光系统采用 ZigBee 技术，能够实现单灯控制，内置单灯控制器的照明光源，可以通过服务中心下发的命令，执行相关的命令。同时可以对 LED 隧道灯进行电压、电流、功率因数、亮灯率、能耗等进行检测，上传至服务中心，以实现智能控制与节能。隧道系统根据光照传感器返回的数据，对灯的亮度做出调整，满足照明需求。系统通过不定时上报数据，实现对灯具的巡检，实现智能化管理。

2. LED 隧道灯的组装

LED 隧道灯生产工艺总流程图如图 4-7 所示。

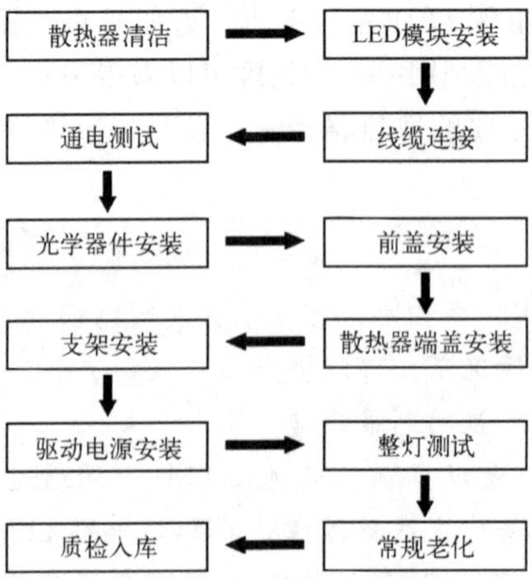

图 4-7 LED 隧道灯生产工艺总流程图

> 【说明】
> ☺ LED 模组是指焊接好 LED 的灯板。
> ☺ LED 隧道灯外壳表面清洁，无破损、裂纹和变形；表面涂层均匀，无刮花、脱落，无明显色差。
> ☺ LED 隧道灯光学器件（玻璃、反射罩、透镜）符合图纸要求，无污渍、灰尘、气泡和手印。
> ☺ LED 隧道灯装配过程中要与总装图相符，无漏装、装错、装反零部件等。

LED 隧道灯生产工序如图 4-8 所示。

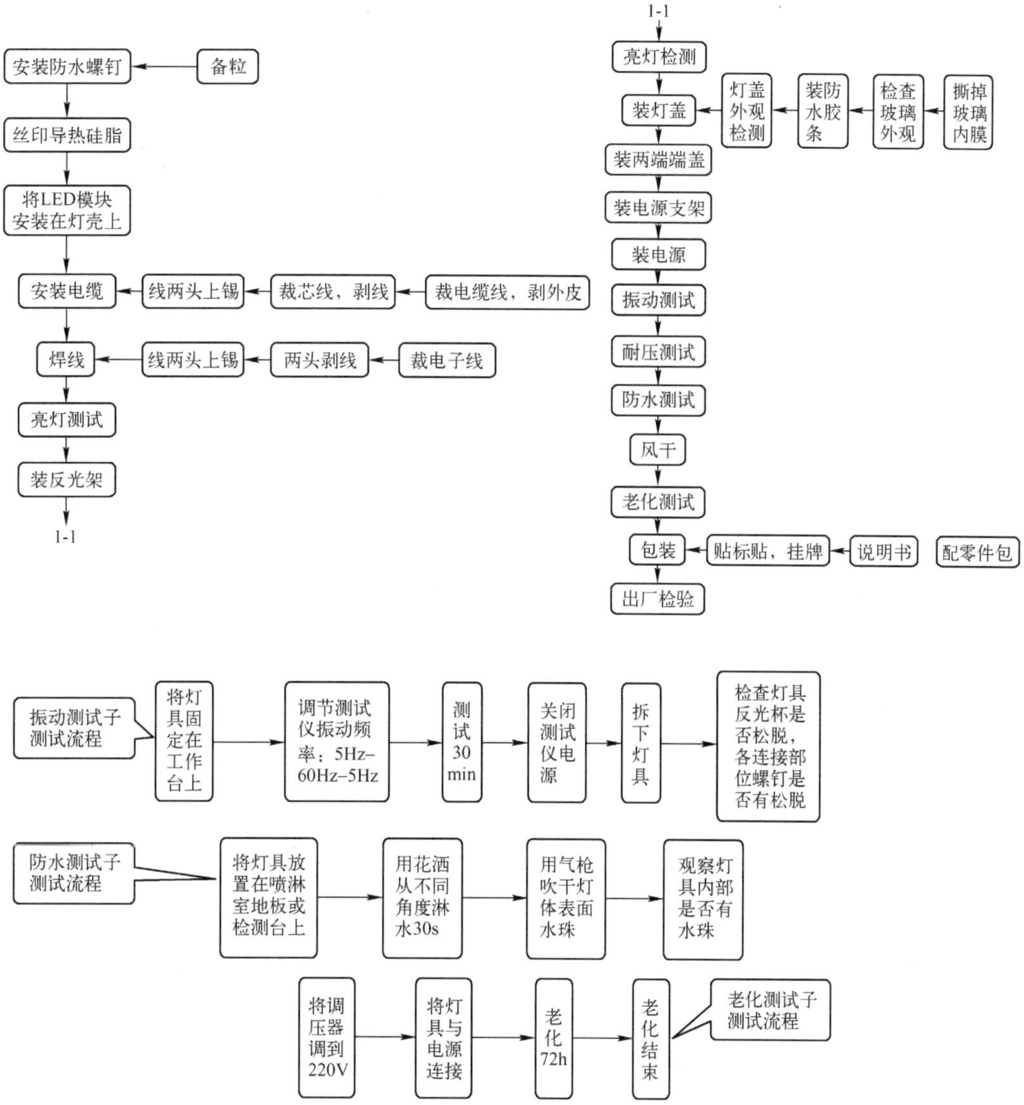

图 4-8 LED 隧道灯生产工序

3. LED 隧道灯的安装

LED 隧道灯有吸顶式、吊杆式、座式、壁挂式等多种安装方式，操作更加简便，适应不同工作现场照明的需要。LED 隧道照明基本情况是长隧道按照双洞单向行驶方式布设灯具，隧道照明分入口段，过渡 1、2、3 段，基本段及出口段；灯具功能分加强灯、全日灯及应急灯 3 种。双侧布灯，灯具安装高度为 5.5m。

LED 隧道灯的驱动电源一般为三线输入，即火线（L 线）、零线（N 线）及地线（GND），电源的供电系统分为单相供电和三相供电两种情况。当采用单相供电时需要三线制，其接线方式如图 4-9 所示。严禁采用单相二线制。

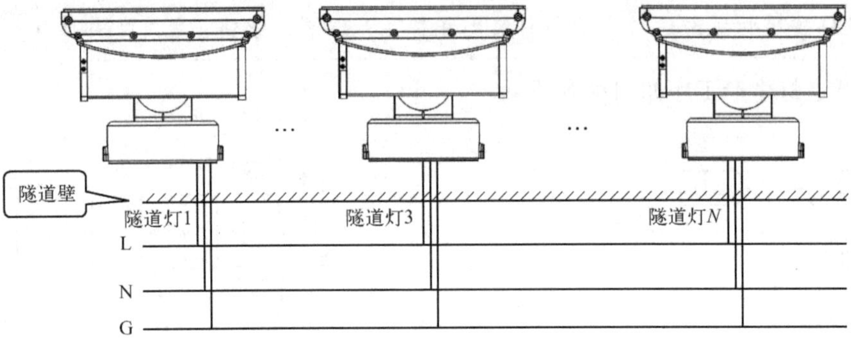

图 4-9　单相供电

当采用三相供电时，要求采用 TN－S 系统，即三相五线制，其接线方式如图 4-10 所示，严禁采用三相四线制。两种供电须保证电源地线回到主供电系统的“线”。一般业界大都采用三相五线制，其接线需特别注意要满足三相负荷平衡。若三相负荷不平衡，在开启或关断瞬间极易在负载的输入端产生较大的浪涌电流，极易烧坏 LED 驱动电源或灯珠。三相不平衡，导致电压过低的相，有可能引起电源某些控制电路进入不了正常的工作状态，影响 LED 节能及光效。

【说明】 LED 隧道灯输入或输出电缆线印有相关认证标志、引用标准、生产厂、型号规格和电参数，且内外绝缘皮的颜色均应符合相关的国家标准。火线为棕色导线，零线为蓝色导线；黄绿色线为接地导线。

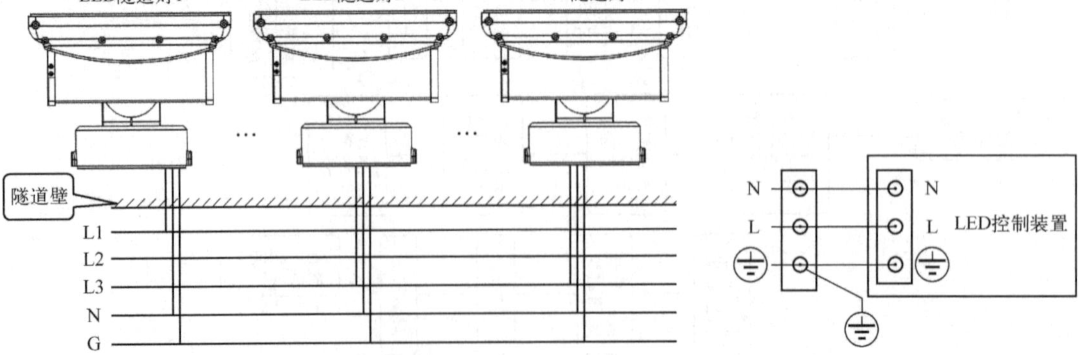

（a）三相五线制　　（b）接地示意图（摘自 GB 7000.1—2015 第 7.2.1 条）

图 4-10　三相五线制及接地示意图

【说明】

☺ Ⅰ类灯具接地时将灯具的接地线与灯具金属外壳连接，然后将控制装置的接地线与灯具的接地线连接。

☺ Ⅰ类灯具配有电源线时，接地芯线是一根黄绿双色线。

LED 隧道灯的安装说明如下：

（1）先松开灯体与底座（支架）的固定螺栓，定位于合适的安装位置。将底座的孔位描画在基座上用冲击钻开 ϕ12mm 孔径，再安装 ϕ10mm 膨胀螺栓将底板（支架）固定。

（2）安装好底座后，将底座套入灯体上把底座（支架）的固定螺栓拧紧。灯具安装好之后，用专用扳手将灯头的调节螺栓松开，将灯具的投射角度调到准确的方位后再将调节螺栓拧紧。

（3）先把供电电缆从旁边的接线盒拉出，套上金属软管后把灯头部分的电缆与供电电缆连接好，再用绝缘防水胶布包好。

LED 隧道灯安装在隧道的平均照度值及均匀度如表 4-3 所示。

表 4-3　LED 隧道灯的平均照度值及均匀度

安装高度	隧道宽度	灯具仰角	布灯方式	安装距离	平均照度	照度均匀度
5m	14 米（四车道）	35°	两侧壁对称	2m	182lx	0.78lx
				3m	121lx	0.78lx
				4m	91lx	0.77lx
				5m	73lx	0.76lx
				6m	61lx	0.74lx
				7m	52lx	0.76lx
				8m	46lx	0.77lx

【说明】高亮区照度≥80lx，过渡区照度≥50lx，低亮区照度≥30lx。

4.4　其他 LED 户外照明灯具的设计与组装

1. LED 洗墙灯的设计与组装

LED 洗墙灯主要用于建筑装饰照明，还可用来勾勒大型建筑的轮廓。LED 洗墙灯的外形大部分为长条形，也称为 LED 线条灯。其技术参数与 LED 投光灯大体相似，目前，LED 洗墙灯利用呼吸器解决灯具内外平衡压差及防水问题。LED 洗墙灯常规功率有 18W、24W、36W、48W 等，工作电压有 AC 220V、AC 110V、DC 24V、DC12V。其外形如图 4-11 所示。LED 洗墙灯的颜色有红、黄、蓝、绿、白、暖白、琥珀、RGB，常用尺寸有 300mm、500mm、600mm、1000mm、1200mm，发光角度有 15°、30°、45°、60°、90°、120°等。LED 洗墙灯采用专用抗老化导热硅胶密封处理，有专业的安装支架，可以随意调节灯具投射角度，并可横向调节，安装方便快捷。内控 LED 洗墙灯无须外接控制器，可以内置多种变化模式；外控 LED 洗墙灯要外接控制器方可实现颜色变化。

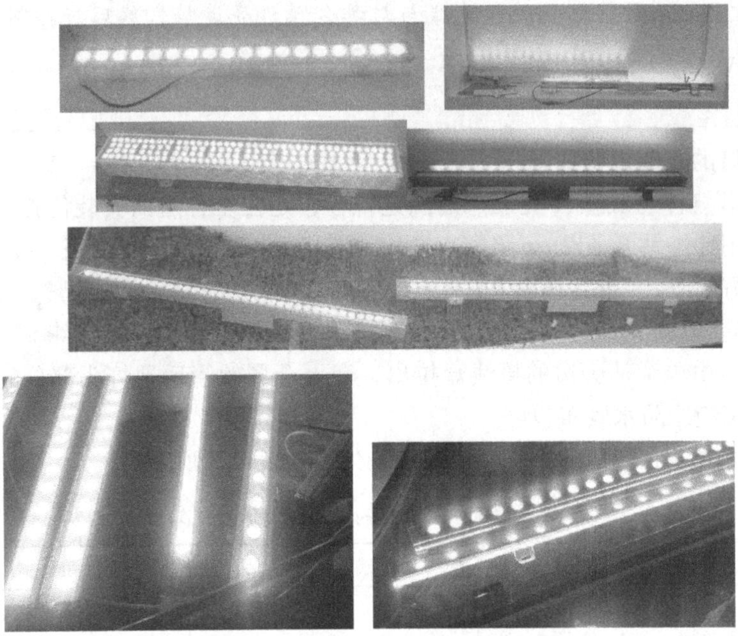

图 4-11　LED 洗墙灯的外形

【说明】

（1）目前，LED 洗墙灯灯体采用铝合金挤压成型、一体化的散热结构设计，比普通结构增加散热面积 80% 以上，设计中增加了气流散热通道，确保了 LED 的光效及使用寿命。外控 LED 洗墙灯系统主要由控制器、同步线缆、洗墙灯、开关电源组成。

（2）DMX512 外控洗墙灯电源工作电压有 AC 85 ～ 265V（AC 220V）、AC 12 ～ 24V、DC 12 ～ 24V 三种，工作方式有串联或并联的方式。串联方式的缺点是如果一个产品坏了，其后面的所有产品都不会工作；其优点是会自动寻地址码。并联方式的缺点是不会自动寻地址码，需要按照编码的顺序来安装；其优点是只会对坏的产品有影响，不会影响同一路的其他产品。不过现在可以通过写码器进行编码。

1）LED 洗墙灯的组装流程　LED 洗墙灯的组装流程如表 4-4 所示。

表 4-4　LED 洗墙灯的组装流程

序　号	工序名称	工具或材料	工艺要求或检测标准	备　注
1	来料测试	灯板、外壳	➢ 目视检查铝基板无变形及 LED 破损、脱帽等不良现象。 ➢ LED 周边以及铝基板面不能有锡珠。 ➢ 灯板发光测试不可有暗灯、死灯、色差等不良现象。 ➢ 检查外壳是否有划伤、磨损、缺损、裂纹、变形等不良现象	作业过程中须轻拿轻放
2	刷导热硅脂	灯板、外壳	➢ 检查灯板上的导热凝浆不可有歪斜、错位、不均匀等不良现象	

续表

序　　号	工序名称	工具或材料	工艺要求或检测标准	备　　注
3	装透镜	灯板、外壳、透镜	➢ 将防水透镜安装在 LED 管上。 ➢ 安装完毕后，在透镜支架底部涂抹一圈 RTV 胶，安装防水透镜时用少许力压一下，使防水透镜与线路板充分接触。 ➢ 透镜有方向区分，不能装反了。 ➢ 安装透镜时应佩戴指套，并注意保护透镜及 LED 管	
4	电源线装电缆固定头	半成品、电缆固定头	➢ 取电缆固定头，将其部件拆开先将底部螺母穿入电源线装于灯体上；再取防水圈套入电源线。 ➢ 取胶瓶于电缆固定头的底部螺母与电源线接触处打一圈硅胶后，将防水圈装入螺母连接头内。 ➢ 取电缆固定头的顶部螺母穿入电源线配合螺母连接头拧入。 ➢ 取开口扳手将电缆固定头拧紧	不可漏打硅胶，电缆固定头一定要拧紧
5	电源线焊接	半成品、电源线	➢ 连线和电源线焊点表面平整光滑。 ➢ 灯板组件不可有锡珠、焊渍、漏焊、假焊、包焊、空焊等不良现象。 ➢ 灯体内公母线长度不能超过 10mm	
6	半成品功能测试		➢ 连接测试电源（直流稳压稳流电源），打开电源开关，输出电压调节合适的电压。 ➢ 插上对插线，将测试连接夹子夹住洗墙灯的电源线；红色夹子为“＋”接棕色，黑色夹子为“－”接蓝色	
7	灌防水胶	半成品、防水胶	➢ 在进行灌胶作业时，拿取或移动产品需轻拿轻放，避免产品受外力损伤。 ➢ 防水胶量根据 LED 洗墙灯长度及相关尺寸来定。 ➢ 保证洗墙灯必须水平放平，才能保持胶体表面水平，灌胶后的透镜高出胶体 7～8mm。 ➢ 将灌好胶的洗墙灯放置在通风无尘的环境 24h 风干	
8	锁灯体压条	半成品、灯体压条、玻璃	➢ 取 2PCS 灯体压条压住钢化玻璃装于灯体上，再取电批将螺钉锁在灯体压条上。 ➢ 将要放置玻璃的洗墙灯两长侧边均匀地打上玻璃胶。 ➢ 玻璃胶均匀涂完后，盖上玻璃，并把玻璃左右轻微挪动，使玻璃跟外壳接触良好	安装玻璃时要防止打破及脏污
9	端盖及装支架	半成品、端盖、支架	➢ 取刀片将超出两端的硅胶条割除，再取加工好的端盖装于灯体的两端。 ➢ 取端盖置于作业台面上，再取端盖硅胶垫装于端盖槽位内。 ➢ 取 4 个圆头十字螺钉分别装入端盖上的螺丝孔内。 ➢ 取硅胶瓶于端盖槽位内的端盖硅胶垫上打上端盖粘接硅胶。 ➢ 最后将灯体两端盖再次组装	

续表

序　号	工序名称	工具或材料	工艺要求或检测标准	备　注
10	电源安装	半成品、电源、支架	➢所有线芯的焊接处都应藏进灯壳的电源放置腔内。 ➢ 取电批将螺钉锁在电源上，将电源锁紧于灯体上	
12	IP 测试	LED 洗墙灯成品	➢ 目视确认浸水槽内有无水泡冒出，如无水泡冒出即可取出灯体置于台面上。 ➢ 泡水时间 30min。 ➢ 取气枪将洗墙灯灯体上的水吹干	
13	成品老化	LED 洗墙灯成品	➢ 检查无死泡、死灯、闪烁、暗灯等现象。 ➢ 打开总电源开关，记录开始老化的时间，老化时间为 48h，注意检查产品有无短路、少色、冒烟、死灯等不良现象	
14	外观检查及清洁	LED 洗墙灯成品	➢ 灯体不可有变形、毛边等不良现象。 ➢ 结构件不可组装不到位、错装、少装。 ➢ 主体件不可有破损、氧化、刮花等不良现象。 ➢ 玻璃不可有组装不到位、破损等不良现象。 ➢ 灯体外观不可有脏污现象。 ➢ 所有外漏胶须清理干净	
15	功能检测	LED 洗墙灯成品、智能电量测试仪、高压测试仪	➢ 功率、PF 值都在规格内。 ➢ 高压须过 1500VAC	
16	包装		➢ 检查是否有漏放配件、包装有无破损等。 ➢ 检查产品摆放、产品规格	

2）LED 洗墙灯的检测标准　LED 洗墙灯的检测标准如表 4-5 所示。

表 4-5　LED 洗墙灯的检测标准

序　号	检测项目	检验内容	标准要求/缺陷描述	检验方法/工具
1	产品外观	整体结构	➢ 无明显的划伤、模印、油污、氧化、灰尘及影响性能外观的披锋、缩水、缺料等。 ➢ 检查透镜本身是否有气泡、异物、刮伤、缩水、夹水纹、污痕。 ➢ 灯珠和透镜无偏移、无破损，灌胶饱满，灯内无引起发光不良的杂质和异物等。 ➢ 灯壳为铝合金，检查时注意灯壳本身是否有污痕、划伤、砸伤、利边锐角、磨损、压花。 ➢ 部件齐全，装配位置正确，符合产品要求。 ➢ 各相关尺寸（长、宽、高）须符合产品图纸要求。 ➢ 导线、导线松紧符合产品要求。 ➢ 产品重量符合设计要求或国家相关标准。 ➢ 灯具的外形尺寸应符合制造商的规定	卡尺、钢尺、计量器、目视
		产品标签	➢ 额定电压、功率、使用环境额定温度、IP 等级、灯具型号、生产厂家等。 ➢ 标记应字迹清晰，标志不应脱落和卷曲。 ➢ 标签上印有清晰的生产日期。 ➢ 标签上没有油渍或任何灰渍	目视
		防护等级	➢ 根据 GB 4208—2008《外壳防护等级（IP 代码）》中的要求检测。 ➢ 驱动无进水，灯无进水。灯能正常点亮且参数在要求范围内。 ➢ 防护等级不低于 IP65	淋水台

续表

序　　号	检测项目	检验内容	标准要求/缺陷描述	检验方法/工具
2	电性能参数	功率	➢ 在规定测试条件下，功率不能超过 ±10%。 ➢ 实际功率因数与标称功率因数之差不应大于 0.05	智能电量测试仪
		光通量	➢ 在规定测试条件下，亮度值超规格 ±5% 不接受。 ➢ 红色波长范围为 615～650nm，绿色波长范围为 500～540nm，蓝色波长范围为 450～480nm	光谱仪、积分球
		光强、光束角	➢ 在规定测试条件下，光强分布曲线、等光强曲线、光强分布数据符合设计要求。 ➢ 窄光束角 LED 洗墙灯，光束角应不大于 30°。 ➢ 中光束角 LED 洗墙灯，光束角应大于 30°小于 90°。 ➢ 宽光束角 LED 洗墙灯，光束角应不大于 90°。 ➢ 光束角不大于 30°的灯的平面内扫描角度间隔不应超过 1°。 ➢ 光束角大于 30°的灯的平面内扫描角度间隔不应超过 3°	分布光度计
		漏电电流	➢ 对地漏电电流应不超过 1mA（交流有效值）	漏电测试仪
		绝缘电阻	➢ 不同极性带电部件、带电部件和表面、带电部件和金属部件之间的最小绝缘电阻均应大于 50MΩ	绝缘测试仪
		抗电强度	➢ 2U + 1000V（交流有效值）的试验电压 1min 不发生绝缘击穿或闪络	耐压测试仪
3	光学参数	照度	➢ 照度分布、等照度曲线符合设计要求	分布光度计
		色温	➢ 在规定测试条件下，色温值不符合规格 ±5% 要求不接受	光谱仪、积分球
		显色指数	➢ 在规定测试条件下，显色指数值不符合规格 ±2Ra 要求不接受	光谱仪、积分球
		发光角度	➢ 发光角度符合设计要求	分布光度计
4	温升		➢ 正常使用时达到热平衡后，表面温度不超过 75℃	
5	电磁兼容		➢ 浪涌冲击按照国家标准 GB 17626.5 测试。 ➢ 电源电流的谐波含量测量按照国家标准 GB 17625.1 测试	
6	可靠性试验	开关电试验	➢ 在灯具正常工作条件下，开 1min 和关 30s 作为一次开关循环，以此连续进行开关试验 500 次	老化房
		振动试验	➢ 将灯具放到振动台振动 30min，检验灯具各零部件有无松动、脱落，灯具是否能正常工作	振动试验
		跌落测试	➢ 产品无击碎、破裂及严重变形，配件无松脱	跌落试验机
		功能检验	➢ 在进行可靠性测试中按灯具使用说明书检验灯具的功能项	

2. LED 埋地灯的设计与组装

LED 埋地灯（又称 LED 地埋灯）寿命长，有多种颜色可供选择；易于控制，可实现红、黄、蓝、绿、白、七彩跳变、渐变功能，具有亮度高、能耗低、光线柔和、无眩光、灯具效率大于 85% 的特点。

LED 埋地灯灯体为压铸或不锈钢等材料，坚固耐用，防渗水，散热性能优良；面盖为 304#精铸不锈钢材料，防腐蚀，抗老化；硅胶密封圈，防水性能优良，耐高温；高强度钢化玻璃，透光度强，光线辐射面宽，承重能力强；所有坚固螺钉均用不锈钢；防护等级达 IP67；可选配塑料预埋件，方便安装及维修。市面上常用的 LED 埋地灯如图 4-12 所示。

图 4-12　市面上常用的 LED 埋地灯

大功率 LED 埋地灯的输入电压为 AC 220V 或 DC 24V、DC 36V，光源可采用标准中功率（SMD 2835、5730、5630）和大功率 1W 光源、COB 光源，广泛用于绿化带、公园、草坪、庭院照明、步行街、停车场、广场夜景照明等。LED 埋地灯的玻璃一定要钢化，去应力，强度上要能承受 2EJ 的冲击力，厚度为 5 ～ 10mm。胶圈的硬度（邵氏硬度）以 35 为宜，胶圈设计成 U 形，可以直接套在玻璃上。防水透镜一定要和钢化玻璃有一定距离，从而影响出光质量。

常用的 LED 埋地灯有 7 种尺寸规格、5 种电压、3 种灯罩可供选择。7 种尺寸规格为 ϕ60 × H80mm、ϕ68 × H80mm、ϕ68 × H87mm、ϕ90 × H102mm、ϕ100 × H102mm、ϕ110 × H102mm 和 ϕ110 × H110mm。5 种电压为 DC 12V、DC 24V/DC 36V、AC 100V、AC 120V 和 AC 240V。3 种灯罩为斜角边缘和玻璃透镜、平角边缘和玻璃透镜、斜角边缘和曲线玻璃透镜。LED 埋地灯外壳选择厚度超过 3mm 的压铸铝外壳，灯壳与 LED 直接或间接接触面积超过 80% 以上。防水透镜周围灌胶（导热灌封硅胶），只要灌胶到防水透镜 1/2 部分就行。LED 埋地灯电源用防水电源，防水等级 IP67 以上。

【说明】 长方形 LED 埋地灯，称为 LED 地砖灯。LED 地砖灯外壳采用不锈钢面板，厚度 1.2 ～ 1.5mm，灯具玻璃采用钢化磨砂玻璃，厚度 10 ～ 15mm，表面做防滑处理，涂防滑层，人行通过更安全。

1）LED 埋地灯的组装流程　LED 埋地灯的组装流程图如图 4-13 所示。

2）LED 埋地灯的安装

（1）安装 LED 埋地灯要与土建工程配合，如挖沟、预埋线管等工作。其施工安装线路按照设计图纸进行。

（2）将电源进出线从预埋线管底部的孔中穿出，再将预埋件放入地面预埋孔内固定，外部夯实或者在周围浇筑混凝土，使其固定。

【说明】 选择尽可能高的预埋件，防止积水足够多时淹到灯体。LED 埋地灯防水等级要达到 IP68。

3）LED 埋地灯灯体安装及电气连接

（1）采用交流电供电的 LED 埋地灯，将交流电源的相线与 LED 埋地灯引出线的红（或

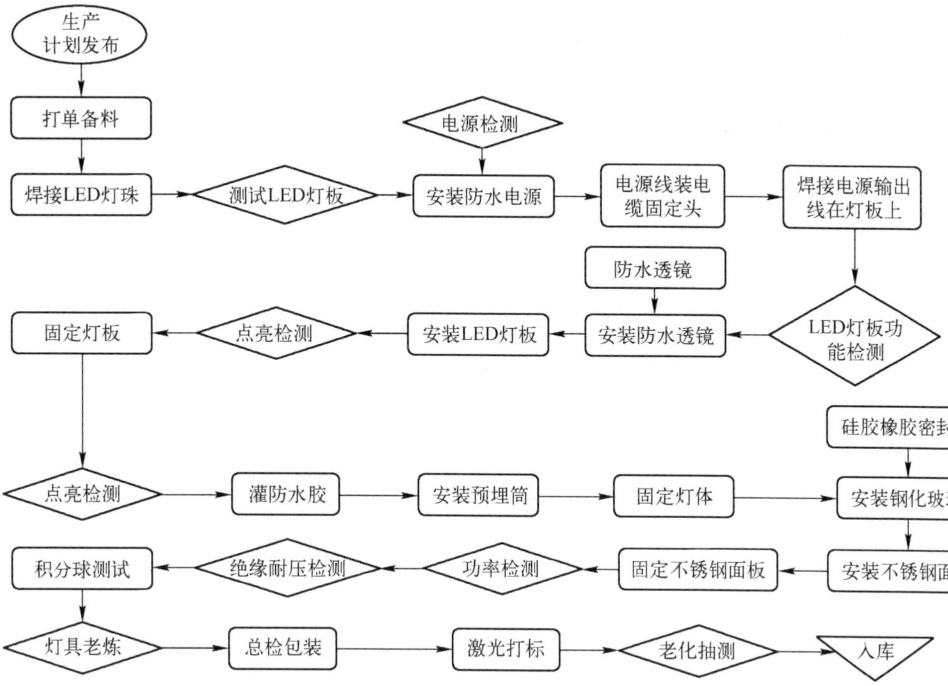

图 4-13　LED 埋地灯的组装流程图

棕）线相连接，零线与 LED 埋地灯引出线的蓝线相连接，将保护地线与 LED 埋地灯的黄、绿线相连接（如果有黄、绿线时）。交流电供电的 LED 埋地灯电路原理如图 4-14（a）所示。

现在市面上的交流供电 LED 埋地灯，是将变压器和 LED 埋地灯驱动板放在灯体内，利用过零检测技术，实现所有 LED 埋地灯驱动板的同步。LED 埋地灯驱动板如图 4-14（b）所示。

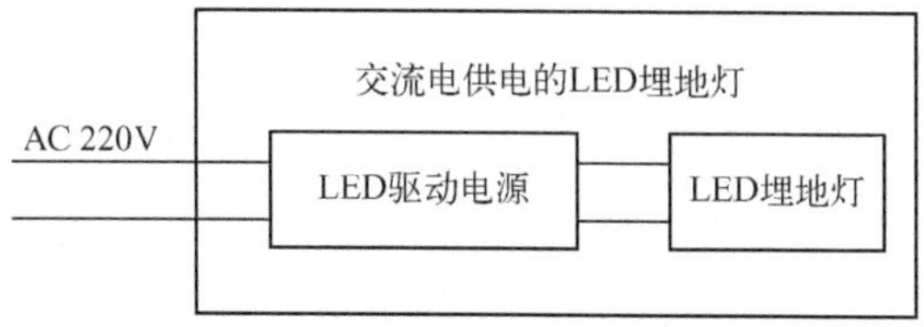

（a）交流电供电的LED埋地灯电路原理

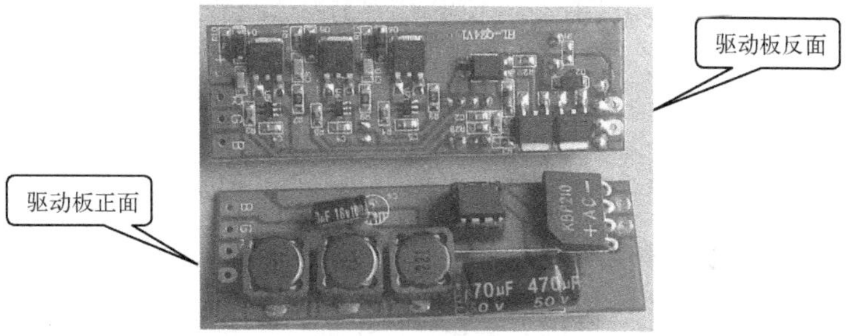

（b）LED埋地灯驱动板

图 4-14　交流电供电的 LED 埋地灯电路原理与驱动板

【说明】过零检测是指当交流系统中，当波形从正半周向负半周转换，经过零位时，系统做出的检测。过零检测都要使用光耦，光耦要求并不高，一般的光耦都可以胜任，如 TLP521、4N25、PC187 等，过零检测的作用可以理解为给主芯片提供一个标准，这个标准的起点是零电压。

（2）采用直流电供电的 LED 埋地灯，将电源的正负极与 LED 埋地灯引出线的正负极连接即可。直流电供电的 LED 埋地灯电路原理及安装示意图如图 4-15 所示。

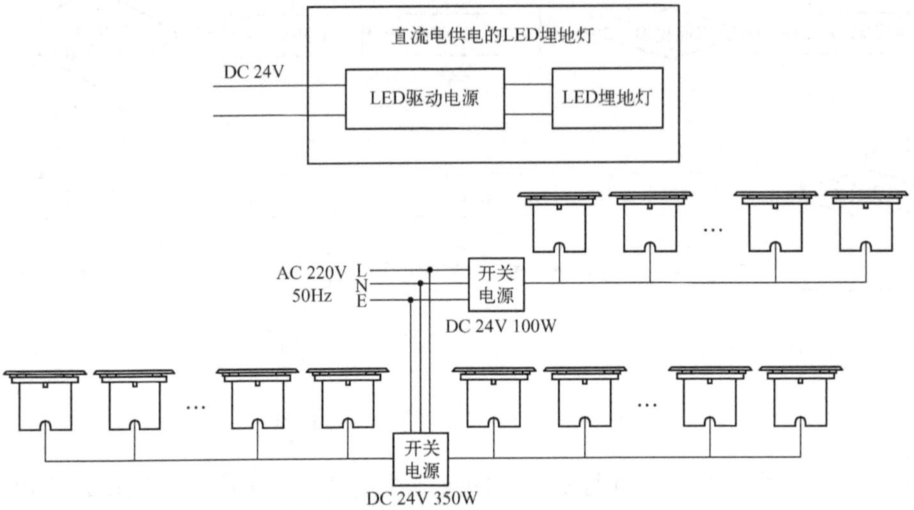

图 4-15　直流电供电的 LED 埋地灯电路原理及安装示意图

（3）在安装 DMX 全彩型 LED 埋地灯时，每隔 60 个灯之后，需要在第 60 个和第 61 个灯之间加接一个功率放大器。

（4）将交流端进出线与 LED 埋地灯引出线相连接，连接牢固后，做好接头处的绝缘、防水处理，采用防水接线盒进行。

（5）连接完毕、检查无误后，将 LED 埋地灯灯体装入筒内用螺钉固定，再依次将密封圈、钢化玻璃和压板装上，用螺钉拧紧。

（6）全部安装完毕后，接通电源，灯具就可以工作。

【说明】

☺ LED 埋地灯的电源线要求采用经 VDE 认证的防水电源线，以保证 LED 埋地灯的使用寿命。

☺ LED 埋地灯安装前，应准备一个 IP67 或 IP68 的接线装置，用于连接外部电源输入线与 LED 埋地灯的电源线。

3. LED 水底灯的设计与组装

LED 水底灯又称 LED 水下灯，因安装在水底下面，需要承受一定的压力，采用优质不锈钢高压挤压成型加精车而成，8 ～ 10mm 钢化玻璃、优质防水接头、硅胶橡胶密封圈、弧形多角度折射强化玻璃，防水、防尘、防漏电、耐腐蚀。采用 PMMA 光学级透镜，可选用 5°～ 120°等角度。LED 水底灯的外形如图 4-16 所示。LED 水底灯配合 DMX512 控制系统能达到多种颜色变化效果。LED 水底灯规格一般为 ϕ80 ～ 160mm，高度为 90 ～ 190mm。LED 水底灯工作电压必须严格控制在人体安全电压以下，如 AC/DC 12V、24V 等。材料一般为不锈钢面板，具有防腐蚀性、抗冲击力强的优点，可长期浸没在水底工作，防护等级高达 IP68；采用低压直流电源供电，安全可靠。

图 4-16　LED 水底灯的外形

【说明】

☺ LED 水底灯功率有 1W、3W、4W、6W、9W、12W、15W、18W、36W 等，颜色有红、绿、蓝、黄、紫、白、暖白光、七彩，也可用渐变（内控或外控）、DMX512 控制，可实现刷墙、流水、追逐、扫描效果。

☺ LED 水底灯采用全不锈钢面板、铝灯体、钢化玻璃不锈钢支架，确保散热好、防水性能高，IP68 防水。

☺ 国标明确规定，对游泳池、喷水池、嬉水池等类似场所的水下照明灯具，应为防触电保护Ⅲ类灯具。其外部和内部线路的工作电压应不超过 24V。

1）LED 水底灯组装流程　LED 水底灯组装流程图如图 4-17 所示。

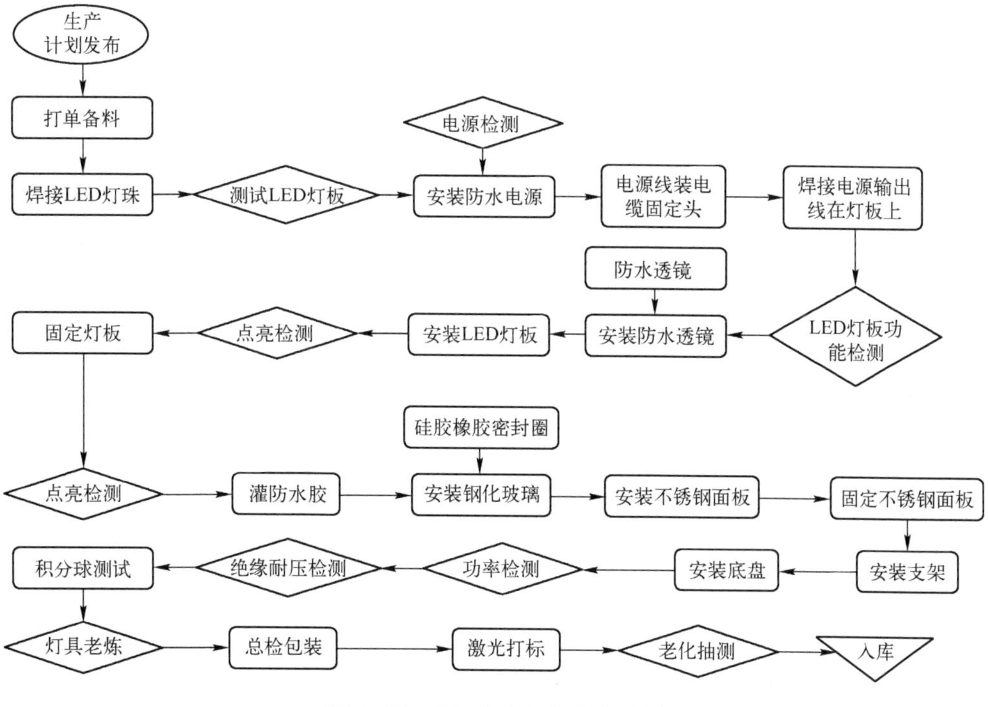

图 4-17　LED 水底灯组装流程图

2）LED 水底灯组装注意事项 LED 水底灯组装注意事项如表 4-6 所示。

表 4-6 LED 水底灯组装注意事项

序号	工序名称	注意事项	备注
1	焊接 LED 灯珠	➢ 焊接之前，要用万用表测试大功率灯珠，分清大功率灯珠正负极。 ➢ 焊接灯珠前，要在铝基板灯珠两引脚焊盘中心处涂导热硅脂。 ➢ 焊接 RGB 灯珠时，要分清 RGB 颜色，红色（R）、绿色（G）、蓝色（B）	
2	剥护套线	➢ 剥护套线时不要伤及导线绝缘层，同时也不伤及导线线芯。 ➢ 导线上锡时不要损伤绝缘层，注意上锡导线长度	剪线长度要控制好，长度合适
3	安装透镜	➢ 在防水透镜底部涂抹一圈 RTV 胶，安装防水透镜时用少许力压一下，使防水透镜与线路板充分接触。 ➢ 安装防水透镜，胶水涂抹均匀，防水透镜要平整	
4	灌胶	➢ 硅胶比例要正确，调配时应注意定量需求。 ➢ 灌硅胶时，注意不允许注入防水透镜里面	

3）LED 水底灯安装注意事项

☺ 根据 LED 水底灯的总功率大小来配置防水变压器，防水变压器功率大小为 LED 水底灯总功率的 120%。

☺ 变压器离水底灯的距离不要超过 20m，如距离过远，可以增加变压器的数量。

☺ 变压器输出端引线与 LED 水底灯连接要使用防水接线盒、密封胶，同时防水变压器安装在电箱中。

第5章 LED景观照明灯具的设计与组装

5.1 LED模组的设计与组装

LED模组实际上是将LED（发光二极管）按一定规则排列在PCB上，然后用环氧树脂胶灌封，进行防水处理的LED产品。由于LED模组产品比较多，应用又广，所以市面上的LED模组在结构及电子方面有很大的差异。最简单的LED模组就是将焊接好LED的线路板和外壳进行组装，从而构成LED模组。复杂一点的LED模组，要对LED模组进行一些简单的控制或者对LED模组进行恒流处理，同时对LED模组进行相关的散热处理，使LED模组寿命加长，发光强度达到最大。LED模组（LED贴片模组）的外形如图5-1所示。

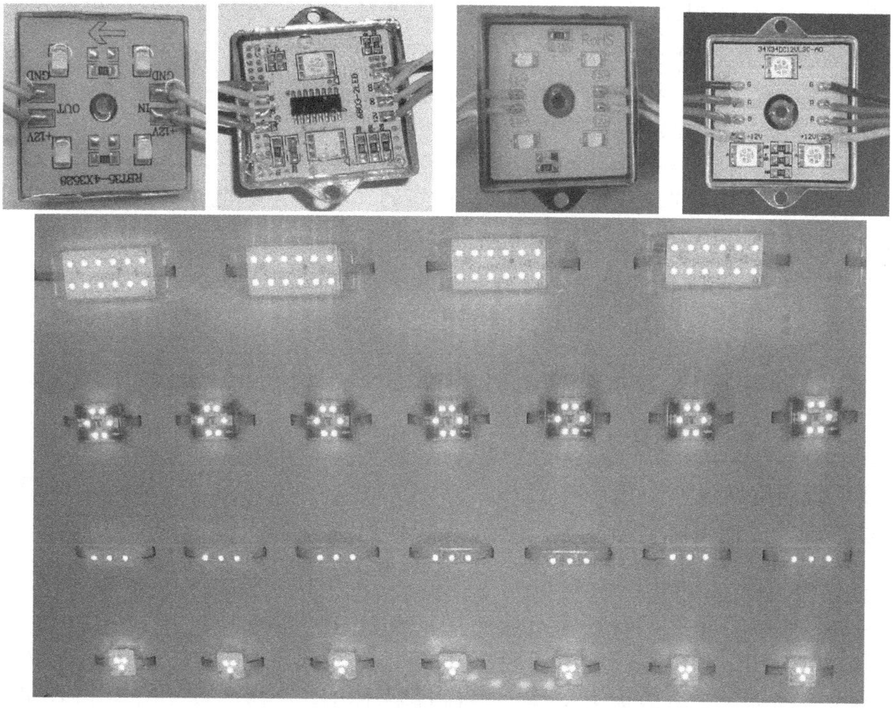

图5-1　LED模组的外形

【说明】 目前LED模组主要以SMD3528、SMD5050、SMD2835、SMD5730封装的LED为主。LED模组用于制作立体发光字、广告灯箱、招牌、标示及装饰，用于展示广告字体灯箱（压克力、吸塑）和标识的夜间效果，也可以作为光源使用。

1. LED 模组的设计

LED 模组分为两种，一种主要以灌封防水，即以环氧树脂胶灌封；另一种以注塑为主，其外形如图 5-2 所示。

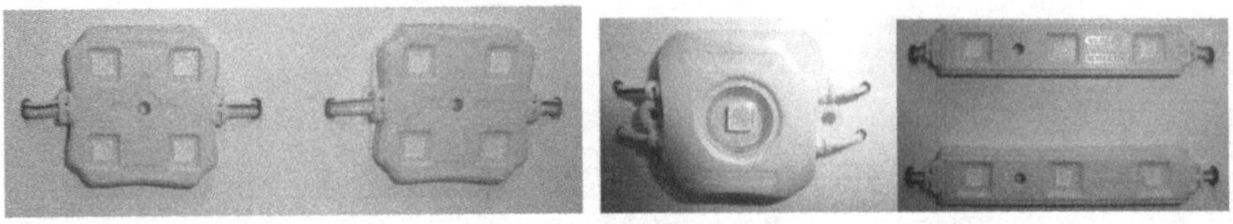

图 5-2　注塑 LED 模组

【说明】注胶是用压力将熔化的高效热熔胶注入模具并快速固化成型的封装工艺，可以达到绝缘、防潮、防水等功效。注塑防水模组采用超高亮 SMD5050 LED 做光源，ABS 注塑低压供电，配有安装固定孔，安装方便。

1）LED 模组的参数

☺ 工作电压：目前市面上的 LED 模组都是低压模组，其工作电压为 DC 12V 或 DC 24V。

【说明】如果要对 LED 模组进行调光控制，一定注意开关电源标称输出电压及控制器标称工作电压是否与 LED 模组的电压一致。一定要用万用表测量开关电源输出电压的电压值是否与 LED 模组的工作电压一样，这样才能安装，并按照施工图纸仔细检查之后，才能通电，防止损坏 LED 模组。

☺ 工作电流：一般情况下是指单个 LED 模组的工作电流，也是设计电流，可以查阅产品规格书，不清楚的话也可以利用万用表进行测量。

☺ 光通量：指单个 LED 模组发光时的发光效率，可以通过积分球进行测量。

☺ 额定功率：指单个 LED 模组工作电压与工作电流之积。

【说明】在实际设计过程中还要根据设计要求，参照 LED 的规格书进行设计，即 LED 模组有一些参数就是单个 LED 的参数。

2）LED 模组电路设计　用 SMD3528 或 SMD2835、SMD5630（5730）封装设计的 LED 模组电路原理图，工作电压为 DC 12V 或 DC 24V，如图 5-3 所示。

【说明】图中限流电阻阻值与功率都是一样的。

限流电阻的作用是控制流过 LED 的电流大小，限流电阻阻值大一点效果较好。但限流电阻的取值也不能太大，取值太大会增大损耗且限流电阻发热严重，因为 LED 模组都是并联使用的。有了限流电阻存在，会使工作电压更加平滑，各并联支路 LED 模组的亮度也会更加均匀。

限流电阻计算公式如下：

$$R = (U - nU_F)/I_F \qquad (7-1)$$

式中，R 为限流电阻的阻值；U 为 LED 模组的工作电压；U_F为单个 LED 的正向压降，也就是 LED 的正向电压；n 为 LED 的数量；I_F为 LED 的正向电流。U_F、I_F这两个参数可以参照

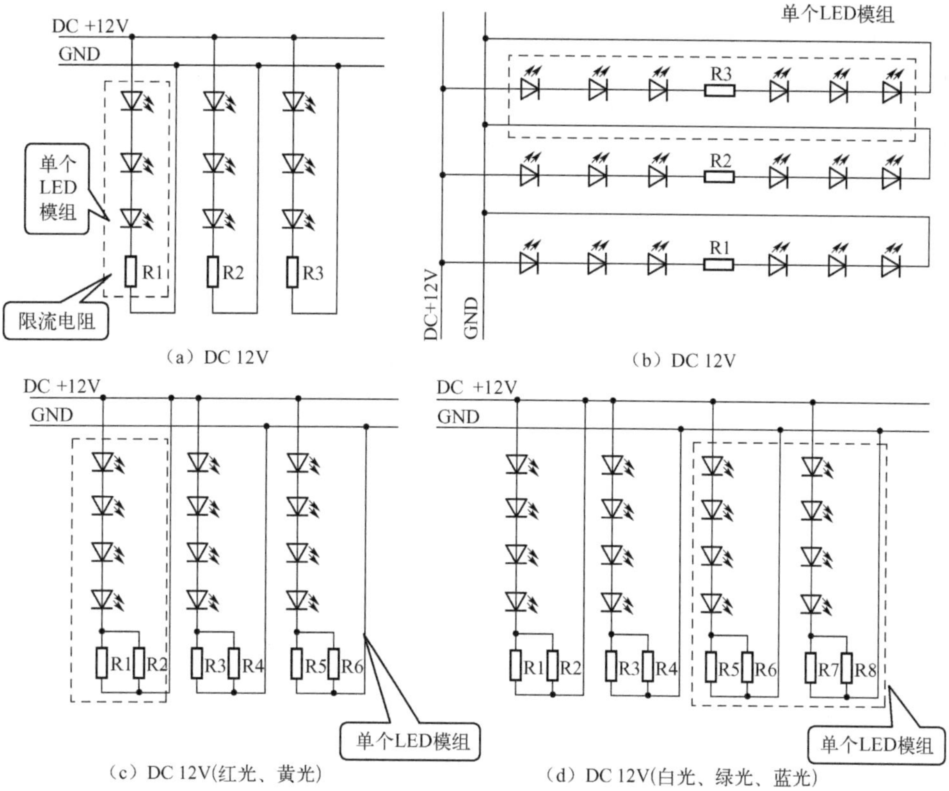

（a）DC 12V　（b）DC 12V　（c）DC 12V(红光、黄光)　（d）DC 12V(白光、绿光、蓝光)

图 5-3　LED 模组电路原理图（1）

LED 的规格书。

【说明】

（1）LED 模组的限流电阻的功率 $P_{阻}$：$P_{阻}=I^2_{LED模组电流}\times R$。在 LED 模组中限流电流的功率要大于计算出的功率，这样可保证 LED 模组安全工作。

（2）LED 模组的功率可以进行估算，估算方式为：$1.1\times(P_{单个LED的功率}\times N_{LED数量})$。

用 5050 封装设计的 LED 模组电路原理图，工作电压为 DC 12V 或 DC 24V，如图 5-4 所示。

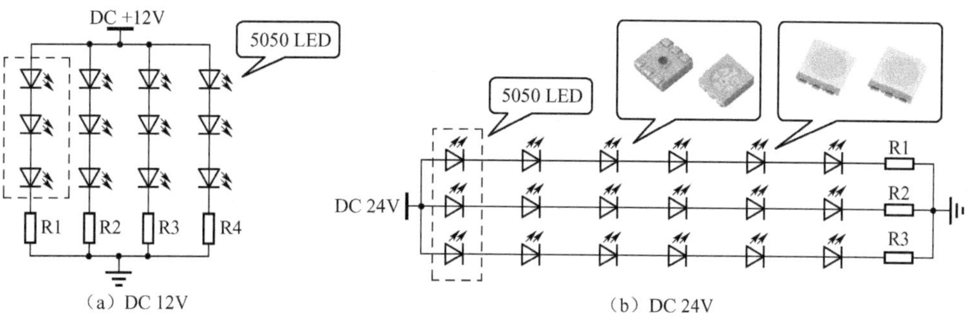

（a）DC 12V　（b）DC 24V

图 5-4　LED 模组电路原理图（2）

【说明】LED模组由两个SMD5050 LED构成，也有由4个SMD5050 LED构成的，工作电压为DC 12V。

3）恒流LED模组电路设计 恒流LED模组采用TM1810作为恒流芯片，TM1810是单通道LED驱动控制专用电路，内部集成有LED高压驱动等电路，有18mA和30mA两种，封装形式采用SOT－23或TO－92。TM1810引脚图如图5-5所示。

恒流LED模组的电路原理图如图5-6（a）所示。

恒流LED模组的电路也可以由三极管与电阻组成，如图5-6（b）所示。

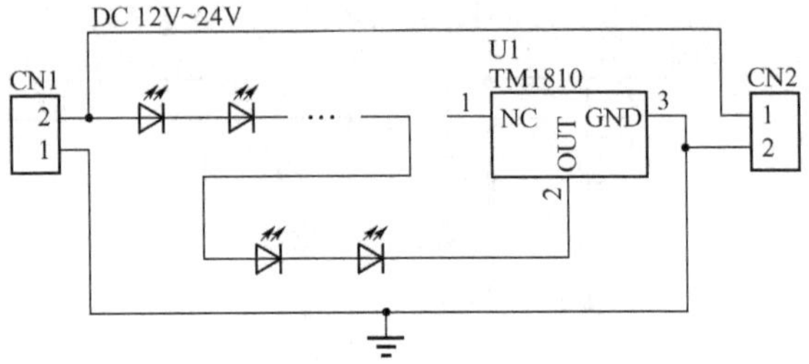

（a）TM1810恒流LED模组

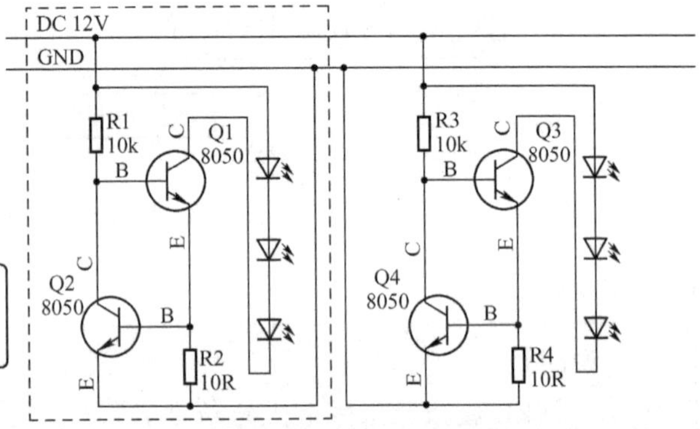

（b）三极管与电阻组成的恒流电路

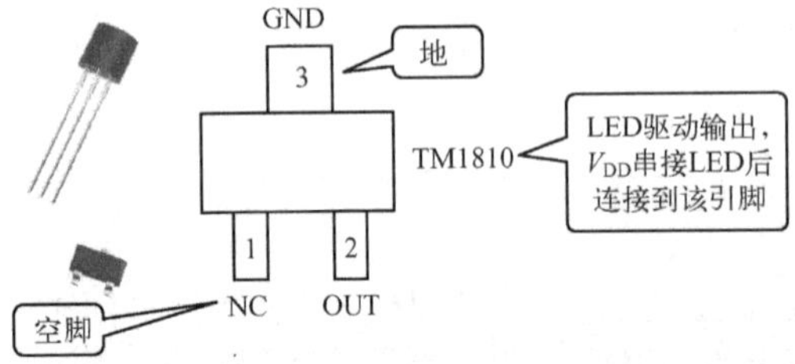

图5-5 TM1810引脚图

图5-6 恒流LED模组的电路原理图

【说明】

（1）TM1810、2版恒流电路为18mA，TM1810、3版恒流电流为30mA。

（2）由于芯片TM1810的OUT引脚上电压大于2.5V后，芯片TM1810完全进入恒流状态，所以在实际应用时，加在芯片TM1810的OUT引脚上的电压应在3V左右。这里所说的电压是指输入工作电压与N个U_F值的差。

（3）在第一次设计时，可以用万用表测量TM1810的OUT引脚与GND的电压，并可测量通过LED的电流是否为芯片设定的电流。

LED模组可以根据恒流特性分恒流、非恒流两种。非恒流采用限流电阻来限流，采用普通开关供电，各个模块电流误差不一样。恒流采用恒流芯片，使各个模块内的LED电流大小基本一致，从而使各个模块发光亮度完全一致。恒流LED模组与非恒流LED模组的区别如表5-1所示。

表 5-1 恒流 LED 模组与非恒流 LED 模组的区别

序 号	名 称	恒流 LED 模组	非恒流 LED 模组
1	电流精度	内置恒流芯片，能够精确控制电流	无恒流，无法精确控制电流
2	电流一致性	内置恒流芯片，可以准确控制电流，使各个模组电流大小达到一致	无恒流，模组与模组间电流误差大小不一样
3	亮度一致性	电流大小决定 LED 亮度，由于模组间的电流大小一致，从而使 LED 模组的发光亮度一致	电流误差大，使得 LED 模组发光不均匀，LED 模组亮度不一样
4	稳定性	恒流电路输出电流，不随供电电源和负载变化，从而使 LED 模组间的电流都一样	电阻限流，电源电压的变化、负载的变化，会对 LED 模组间的电流产生影响
5	光衰	由于 LED 模组中 LED 电流的一致性，因此 LED 模组中 LED 光衰也几乎是一致的	由于 LED 模组中 LED 电流不同，光衰也不一样，亮度出现明显的差异
6	短路	LED 模组中 LED 短路不会对其他 LED 产生影响，不会对电源造成影响，模组电流保持不变	LED 短路会造成 LED 模组中其他 LED 的电流增大，从而使 LED 模组中的 LED 变亮。由于 LED 模组电流增大，会对开关电源产生影响

4）LED 模组的连接 LED 模组是 10 个一组，连接示意图及实物图如图 5-7 所示。以 DC 24V 6 个灯为例。

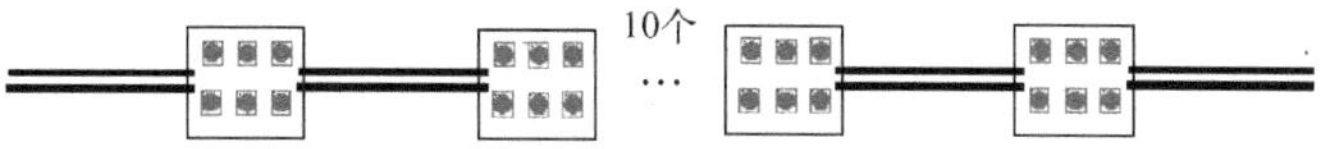

（a）LED模组连接示意图

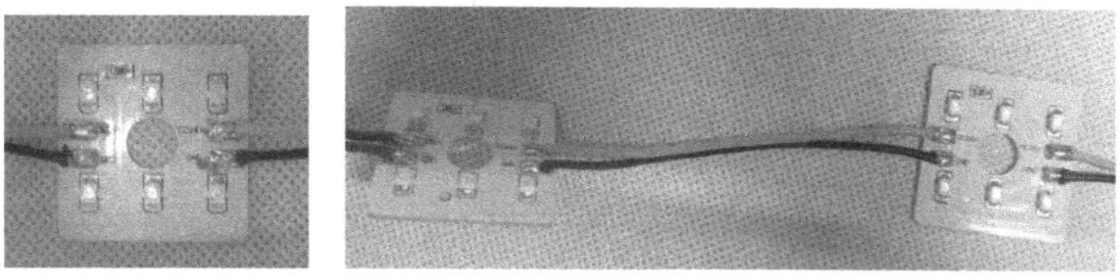

（b）实物图

图 5-7 LED 模组连接示意图及实物图

5）七彩 LED 模组 七彩 LED 模组由红、绿、蓝 3 种颜色组成，由 SMD3528、SMD2835、SMD5730 或 SMD5050 LED 组成，电路分为共阴极与共阳极两种。七彩 LED 模组电路原理图如图 5-8 所示，由 DC 12V 供电。

> **【说明】** SMD5050 相当于 3 个 SMD3528，也就是七彩 LED 模组用 SMD3528 要 9 个，用 SMD5050 只要 3 个。

七彩 LED 模组由红、绿、蓝 3 种颜色的限流电阻组成，读者可以根据式（7-1）计算，在计算过程中，可以参照红、绿、蓝 3 种 LED 在规格书中的工作电流。一般情况下，红、绿的工作电流是相同的，蓝色的工作电流是红、绿色工作电流的 0.6 倍。

6）七彩 LED 模组的连接 七彩 LED 模组是 10 个一组，连接示意图如图 5-9 所示，以 DC 12V 9 个灯为例。

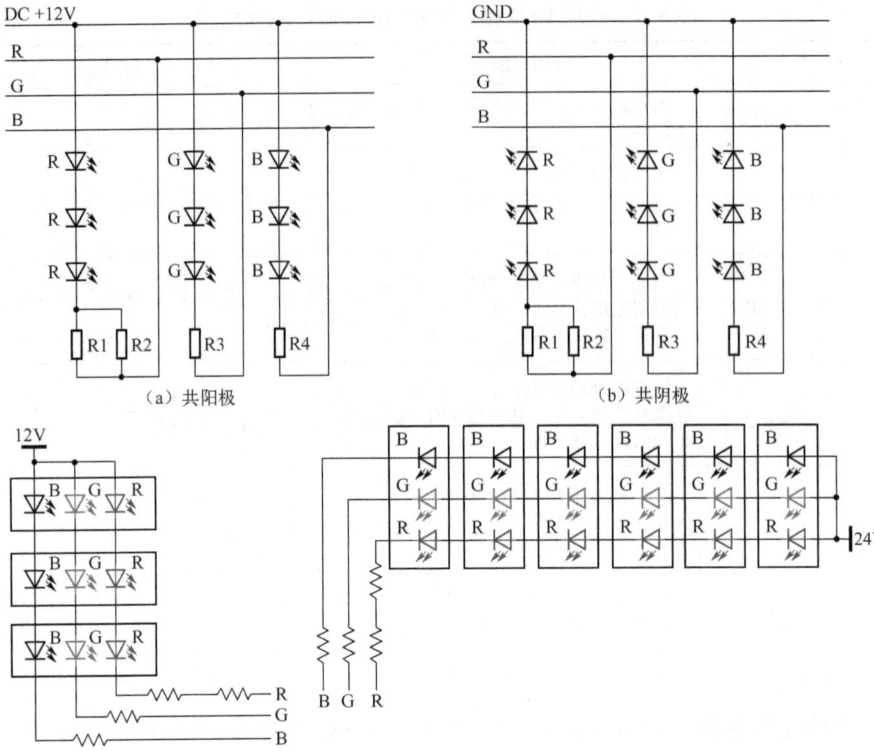

（a）共阳极 （b）共阴极
（c）SMD5050七彩LED模组(DC12/24V)电路原理图

图 5-8 七彩 LED 模组电路原理图

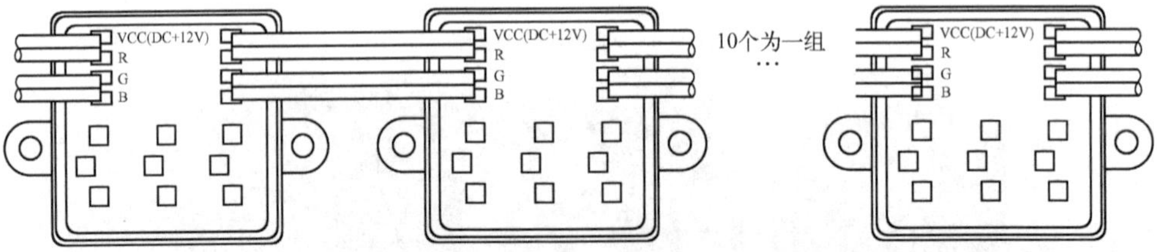

图 5-9 七彩 LED 模组连接示意图

【说明】七彩 LED 模组的引出线对应的颜色分别为：白色（VCC）、红色（R）、绿色（G）、蓝色（B）。

应根据 LED 模组卡槽的大小、外形进行 LED 模组 PCB 的设计。特别是对于可以卡紧 LED 模组 PCB 的 LED 模组卡槽，在设计时一定注意 PCB 的厚度，这样才能卡紧 LED 模组 PCB，方便进行灌封。LED 模组卡槽的外形如图 5-10 所示。

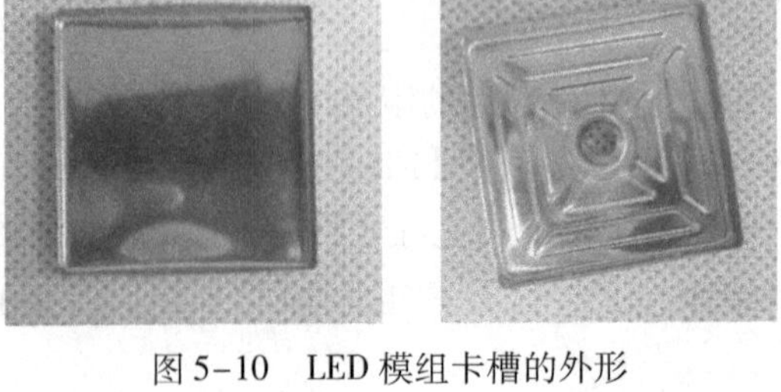

图 5-10 LED 模组卡槽的外形

7）LED 模组的调光　LED 模组的调光主要应用在商场的灯箱或者向下照明灯具内，LED 模组大部分都是恒压的，供电电源一般采用开关电源，功率为 350W 或其他功率，工作电压为 DC 24V。开关电源的外形如图 5-11（a）所示。如不调光，可以直接接通开关电源，直接点亮，LED 模组接线示意图及实物图如图 5-11（b）所示。

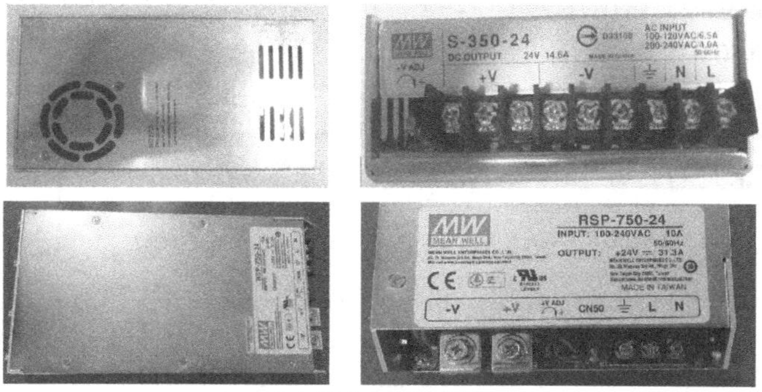

（a）开关电源的外形

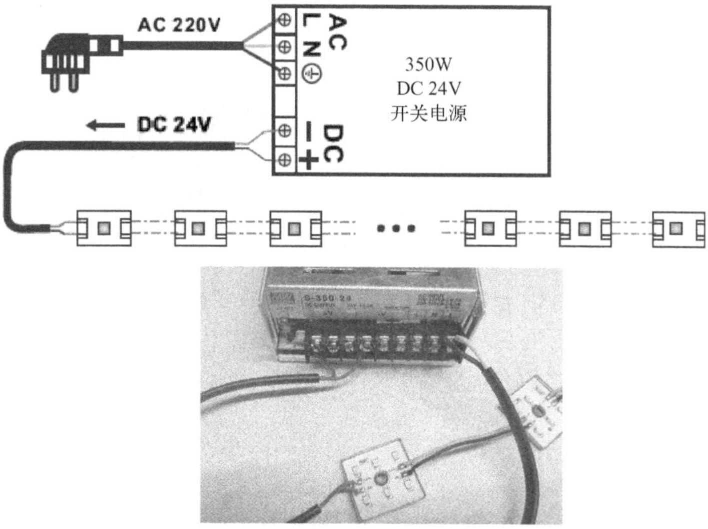

（b）LED模组接线示意图及实物图

图 5-11　开关电源的外形及 LED 模组接线示意图及实物图

LED 模组采用 DC 24V 供电，通常都要将 LED 模组按一定规律、顺序安装在 2mm 厚的铝板上，LED 模组排列示意图如图 5-12 所示。在实际组装过程中要根据具体情况对铝板（2m×1m）进行分割，方便安装。

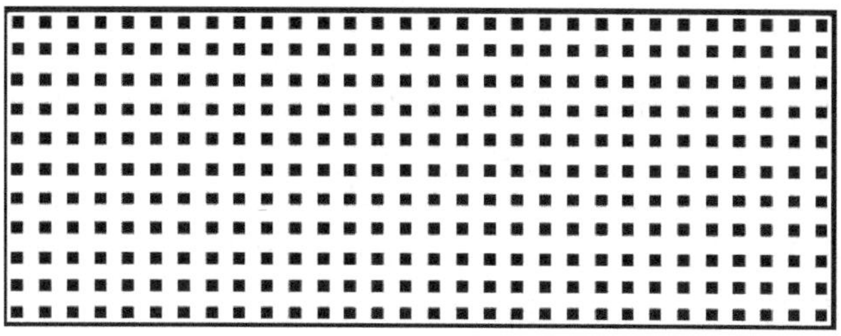

图 5-12　LED 模组排列示意图

【说明】LED模组采用等间距排布，图5-12中的LED模组按中心距8cm×8cm排列。

LED模组进行调光时，必须要有调光器，选用珠海雷特电子科技有限公司生产的恒压调光器（LT－3200－6A）对LED模组进行调光，LT－3200－6A的工作电压范围为DC 12～48V，因LED模组的工作电压为DC 24V，依照LT－3200－6A的规格书，工作电压为DC 24V，输出功率为150W。

【说明】恒压调光器（LT－3200－6A）既可以通过手动旋钮无级调节亮度，也可以用IR无线遥控器来进行远距LED调光。

在对LED模组进行调光时，如LED模组的功率在150W以下，就可以直接用恒压调光器（LT－3200－6A）进行调光。若功率超过150W，可加功率扩展器，在这里选用珠海雷特电子科技有限公司生产的3路恒压功率扩展器（LT－3060－8A）进行扩展（576W DC 24V）。恒压调光器（LT－3200－6A）与3路恒压功率扩展器（LT－3060－8A）的外形如图5-13所示。

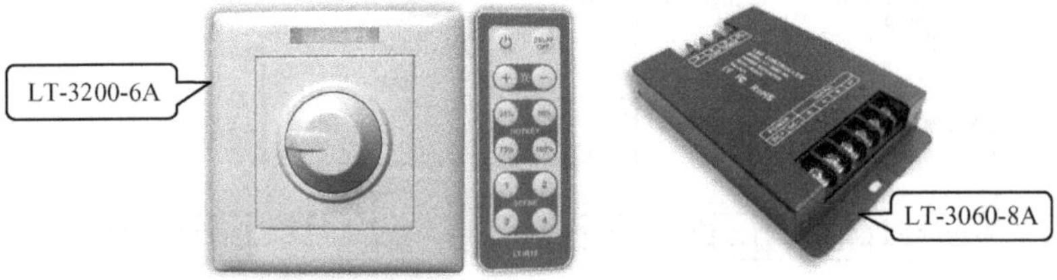

图5-13 恒压调光器与3路恒压功率扩展器的外形

恒压调光器（LT－3200－6A）与3路恒压功率扩展器（LT－3060－8A）的控制LED模组调光连接示意图如图5-14所示。

【说明】

（1）恒压调光器（LT－3200－6A）采用PWM Dimming（脉宽调制）调光方式。脉宽调制调光方式利用简单的数字脉冲，调光器只需提供宽、窄不同的数字脉冲，即可改变输出电流，从而调节白光LED输出的亮度。

（2）PWM调光的优点是输出效率高及应用简单，缺点是容易使驱动电路产生噪声。其原因是白光LED驱动电路都是采用开关电源供电，开关电源开关频率大都在1MHz左右。如果PWM调光时，输出PWM信号的频率刚巧在200Hz～20kHz范围内，则调光系统中电感及输出电容会产生听得见的噪声。

【说明】开关电源的有效功率实际只是电源标称功率的80%，所以用户选择电源功率时要比负荷功率大，最好是实际负载功率的1.2倍。

8）七彩LED模组的控制 七彩LED模组通过RGB控制器，可实现渐变、跳变、色彩闪烁、静态混色等颜色变化。对七彩LED模组进行控制，实现颜色变化，必须要有RGB控制器。这里选用珠海雷特电子科技有限公司生产的RGB整体变色控制器（LT－3600RF）对LED模组进行控制，LT－3600RF的工作电压范围为DC 12～24V，因七彩LED模组的工作

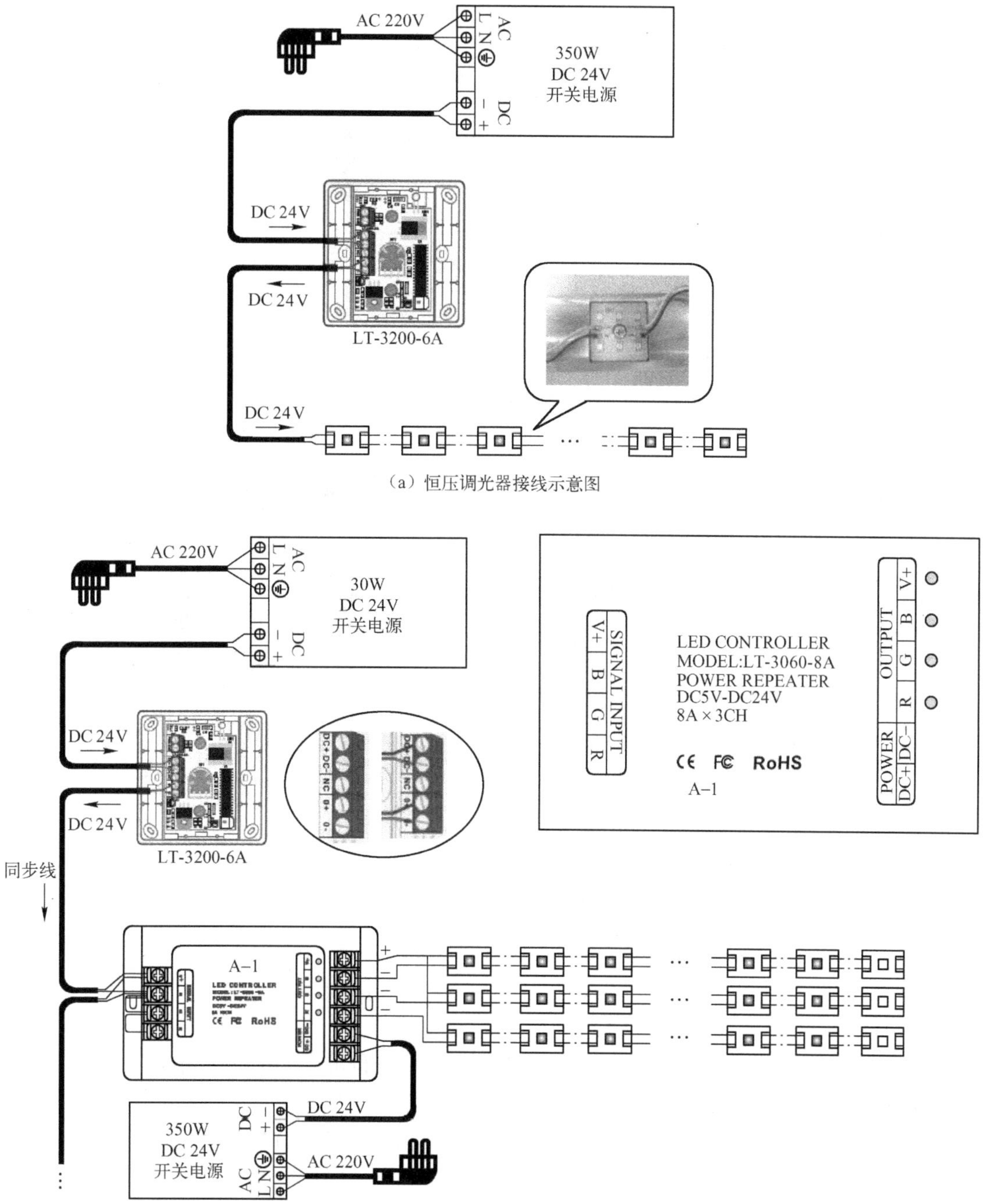

（a）恒压调光器接线示意图

（b）恒压调光器与3路恒压功率扩展器接线示意图

图 5-14　LED 模组调光连接示意图

电压为 DC 12V，依照 LT－3600RF 的规格书，工作电压为 DC 12V，输出功率为 216 W。在实际工作中，都配合 3 路恒压功率扩展器（LT－3060－8A）进行工作。RGB 整体变色控制器（LT－3600RF）的外形及七彩 LED 模组控制示意图如图 5-15 所示。

9）LED 模组的安装　LED 模组的安装步骤如下：

（1）计算 LED 模组数量。在安装之前，根据安装位置的大小，用计算机模拟出 LED 模

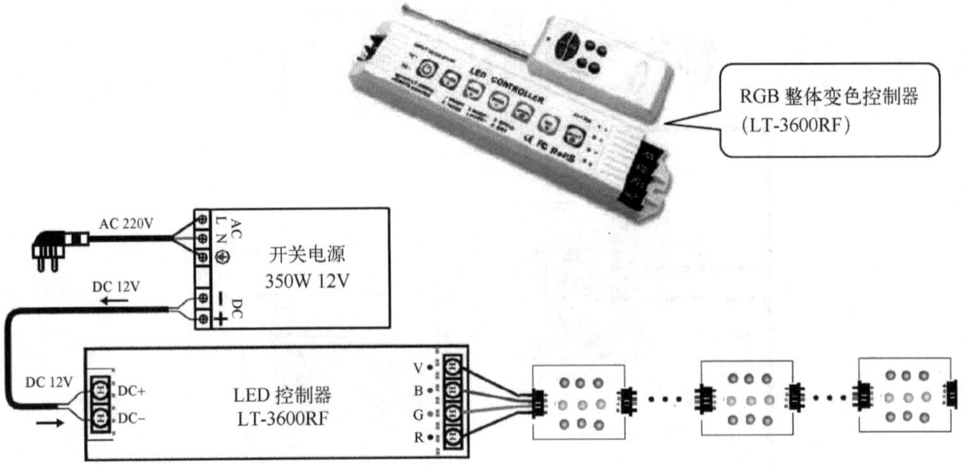

（a）RGB 整体变色控制器（LT-3600RF）接线示意图

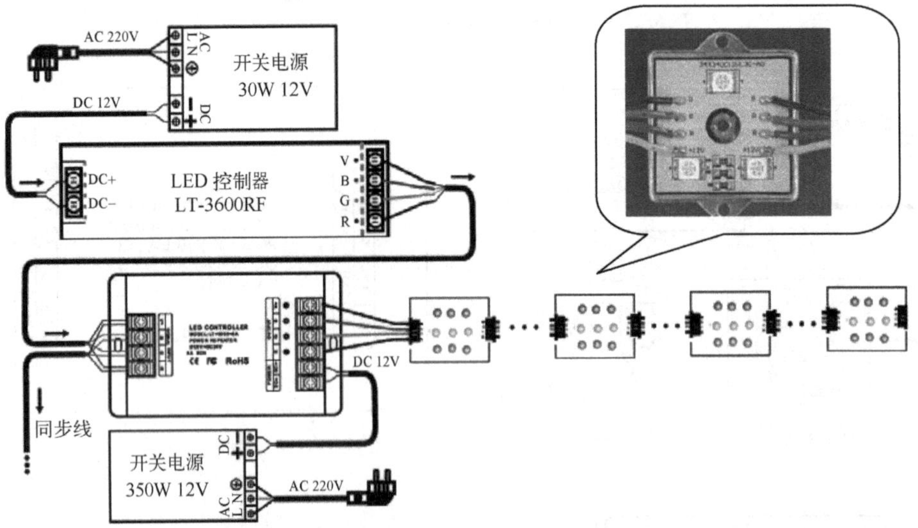

（b）RGB 整体变色控制器（LT-3600RF）与 3 路恒压功率扩展器接线示意图

图 5-15　LT－3600RF 的外形及七彩 LED 模组控制示意图

组的排列分布，初步估算 LED 模组数量。根据以往的经验可知，模组间距在 3 ～ 10cm 之间，发光间距在 5 ～ 15cm 之间。

（2）配置开关电源。根据 LED 模组数量，计算出所有安装 LED 模组的总功率，根据 LED 模组的总功率，计算出电源功率大小，从而配置合适的开关电源。

> **【说明】** 开关电源选配要留有余量，只能按开关电源额定功率的 80% 使用。根据不同使用环境，选配普通开关电源或防水开关电源。

（3）安装 LED 模组。在安装 LED 模组前，要对安装表面进行清洁，确保安装表面干净。在 LED 模组背面贴双面胶进行初步固定。

（4）开关电源、控制器连接。所有模组贴装完毕后，根据安装图纸对 LED 模组进行连接，是直接连通开关电源还是进行控制，要根据设计要求确定。按照安装图纸连通所有连线。采用 0.75mm^2 国标线或美规 18AWG 电子线，接通电源。

【说明】

☺ 开关电源与 LED 模组的距离应在 5m 之内。在实际安装过程中还可以考虑输出电流的大小，选择合适线径的优质铜芯线。在对连接线、电源引线进行连接时，一定在接口处用电工胶布包扎好，防止短路或者接触不良。

☺ 电源线的粗细应根据实际可能出现的最大电流、产品功率，以及结合低压传输线损而定（长度建议不要超过 12m）。

☺ 开关电源端口出线 LED 模组串联组数不要超过 50 组，否则尾端 LED 模组会因为电压衰减造成亮度降低。

（5）测试 LED 模组。通电之后，应检查 LED 模组工作是否正常。如有控制器，要对控制器进行测试，测试其功能是否正常。如有问题要进行相应的更换。

（6）固定模组、连接线、电源线。用玻璃胶固定 LED 模组，并将连接线、电源线一同固定。

10）LED 安装注意事项

（1）根据 LED 模组工作电压，选配相同输出电压的开关电源，在使用过程中做好开关电源防水措施。

（2）LED 模组为低电压产品（DC 12V 或 DC 24V），不能直接通交流 220V 使用。开关电源输出端到 LED 模组的距离越短越好。

（3）LED 模组有正负极之分，安装时注意 LED 模组正负极分别与开关电源正负极相对应。

（4）LED 模组初装时，采用双面胶使 LED 模组卡槽与安装底板粘贴。

（5）LED 模组安装时，使 LED 模组串联组数尽量少些，防止因电压下降影响 LED 模组亮度。

【说明】LED 模组安装时，尽量多并联回路，从而保证电压和电流的分配合理。

（6）不防水 LED 模组安装在室外时，一定要考虑雨水进入问题，要对安装的箱体进行防水处理。

（7）LED 模组至多可串接 20PCS，严禁超数量串接。

（8）安装时可根据安装位置的大小、结合 LED 模组发光的均匀性和亮度等实际情况对 LED 模组的安装间距进行相应的调整。

【说明】LED 模组的安装数量为 50 ～ 100 组/m^2。

（9）排列 LED 模组的时候，一定要注意 LED 模组发光的均匀性及亮度，防止出现光斑的现象。

（10）LED 模组用作发光字时，建议 LED 模组与发光字字体边的距离为 2 ～ 5cm，LED 模组与 LED 模组之间的垂直、水平距离为 2 ～ 6cm。

（11）在 LED 灯箱中使用 LED 模组时，要根据箱体的厚度来排列 LED 模组，这样才能保证 LED 模组发光的均匀性和亮度。

（12）LED 模组安装通电测试正常之后，两边必须打玻璃胶，防止 LED 模组脱落。

（13）LED 模组连接线、电源输出引线必须固定在 LED 模组安装的底板上并打上玻璃胶，防止对 LED 模组产生遮光的现象。

> **【说明】** LED 模组末端不用的连接线，剪断后要用电工胶布包好以防短路，并用玻璃胶固定。

（14）LED 模组在安装和使用过程中要做好防静电措施。

（15）LED 模组不能接触到强酸、强碱等腐蚀性化学物品。

2. LED 模组的组装

LED 模组的组装如表 5-2 所示。

表 5-2 LED 模组的组装

序 号	工序名称	工序操作说明	工序示意图	要求或备注
1	PCBA（焊接 LED 的线路板）	目测焊接 LED 的线路板中，焊接 LED 灯是否空焊、短路、偏移、浮高、极性焊反等，限流电阻是否空焊、偏移、浮高、立碑、无反白等	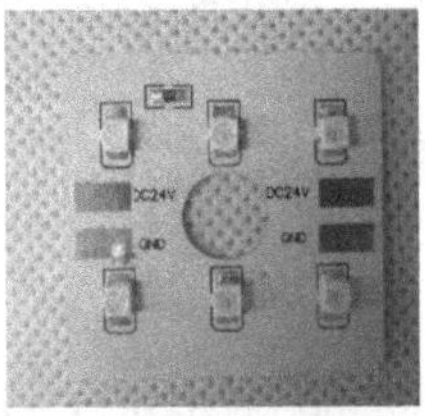	PCB 表面无脏污，焊盘无颗粒锡珠，LED 灯及限流电阻无假焊、虚焊。LED 灯及限流电阻焊点光滑、焊点饱满，没有锡尖、锡包、少锡的现象
2	焊盘上锡	用电烙铁对引线连接位置焊盘进行上锡	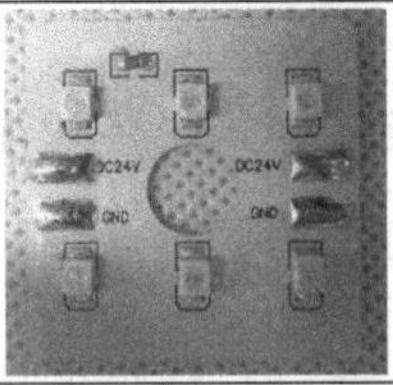	烙铁温度 350°，焊接时间为 3s，佩戴防静电环
3	焊接引线	将 9cm 的 AWG20 电子线用电烙铁焊接到上好锡的引线焊盘上	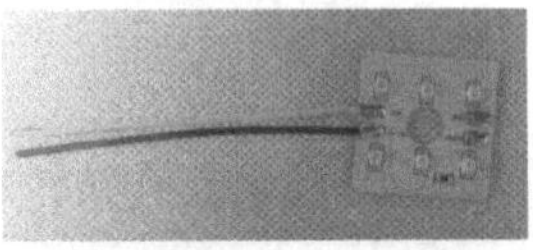	
4	LED 模组的连接	将焊接引线的 LED 模组进行连接，10 个为一组	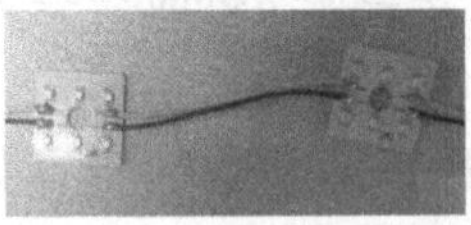	
5	LED 模组输入端引线边接	将护套线 $2\times0.5mm^2$ 焊接到 LED 模组上	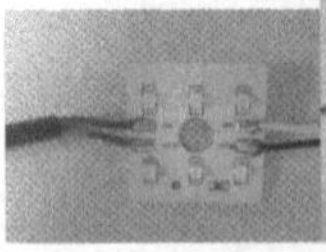 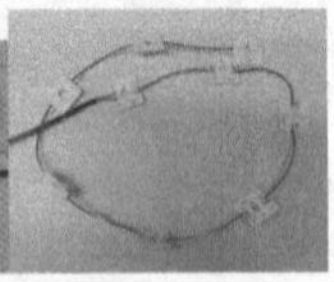	测试 LED 模块工作是否正常
6	装 LED 模组卡槽	将连接好引线的 LED 模组装到 LED 模组卡槽	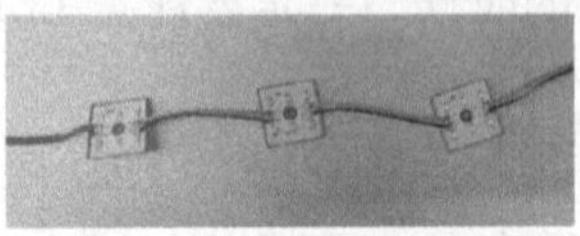	LED 模组 PCB 卡到 LED 模组卡槽内，PCB 不能翘起
7	灌封	用环氧树脂对装 LED 模组卡槽进行灌封	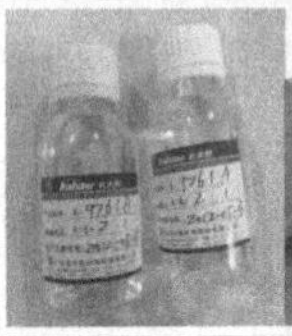 	

5.2　LED 护栏管的设计与组装

LED 护栏管由高亮发光二极管（LED）组成，主要具有城市景观亮化作用。LED 护栏管具有耗电低（低于 10W/m）、热量低、寿命长、耐冲击、可靠性高、节能环保、光色柔和、亮度高等特点。其颜色纯正、色彩丰富，具有超长寿命，平均寿命达 8 ～ 10 万小时。这里所说 LED 护栏管是单色的，常用的颜色有蓝色、黄色等。

LED 护栏管主要由结构部分与电路部分组成。结构部分由 PC 管、铝槽（LED 模组卡槽及铝条）、堵头组成，电路部分由 PCB（电路板）、LED 灯、限流电阻、防水连接线、环氧树脂（AB 胶）、开关电源等组成。

LED 灯珠是护栏管中最重要的器件，LED 灯珠的芯片必须选用正规大厂的产品（如 CREE、OSRAM、LUMILEDS、PHILIPS、日亚、广镓、晶元等公司的芯片）。目前常规小功率产品 LED 灯珠芯片一般选用中国台湾广镓或晶元公司的产品，因为广镓和晶元芯片在光衰和可靠性方面已达到比较好的效果，这样可以从源头控制护栏管的质量。电路板采用全纤维板（FR4），是目前常用的电路板，其特点是电气性能及机械强度最好，适合高频电路，可适度弯曲。外罩的形状一般为 D 形管（如 D50），其材质选用抗紫外线（UV）、耐寒热极限老化、阻燃、高强度进口全新 PC 塑料（如 GE、拜尔等），LED 护栏管外罩是通过计算机控制挤出拉管而成的。

【说明】 护栏管有 D 型管和 O 型管之分。D 型的有 D30、D50、D80、D100，O 型的有 ϕ50、ϕ80、ϕ100，单位是 mm。

1. LED 护栏管的设计

LED 护栏管又叫轮廓灯，结合建筑物的外观及结构特征，实现现代化建筑理念与尖端科技的和谐统一，突现建筑物本身的现代和抽象的个性。这里所说的 LED 护栏管是指单色的、常亮的，常用的颜色有单白、单蓝、单黄，也有少量其他颜色的，如单红、单绿。

目前 LED 护栏管的供电方式主要有两种，一种是直流供电，一种是交流供电。直流供电方案在前面已经简述，其方案是将 LED 模组灌胶，之后将 LED 模组用螺钉安装在大小合适的铝条上，最后将安装 LED 模组的铝条插入 PC 管，引出供电输入线，并对 PC 管两端进行固定。LED 模组安装示意图如图 5-16 所示。LED 护栏管的外形如图 5-17 所示。

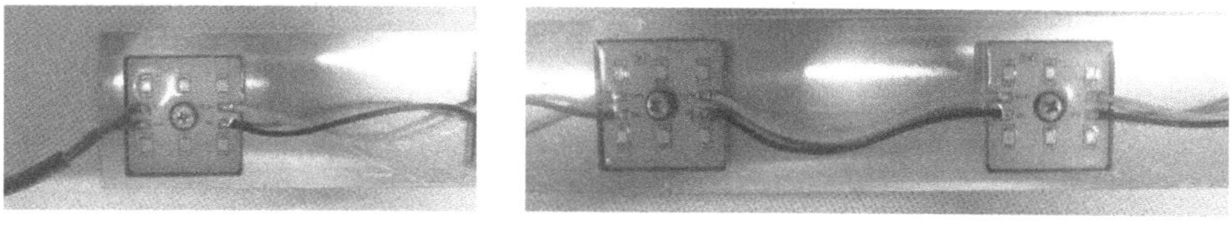

图 5-16　LED 模组安装示意图

直流供电的护栏管，工作电压为 DC 24V 或 DC 12V。其电路原理图如图 5-18 所示。护栏管接线示意图如图 5-19 所示。

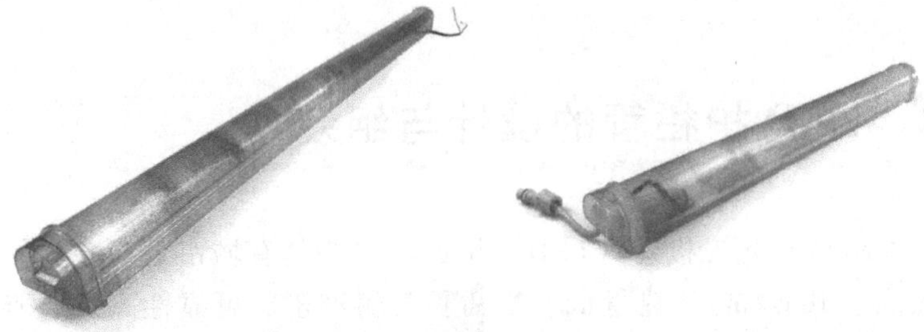

图 5-17　LED 护栏管的外形

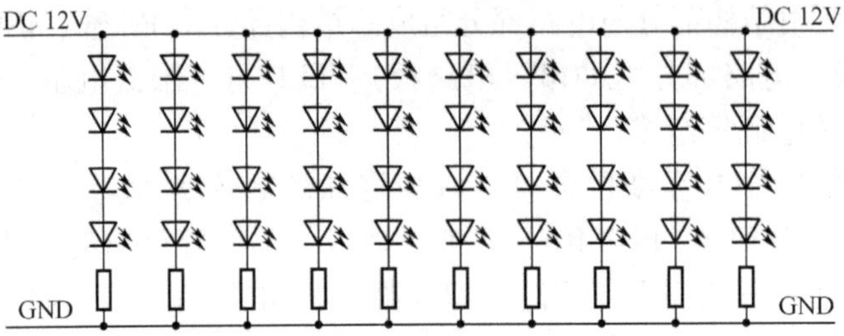

（a）DC 12V供电的护栏管电路原理图（红光）

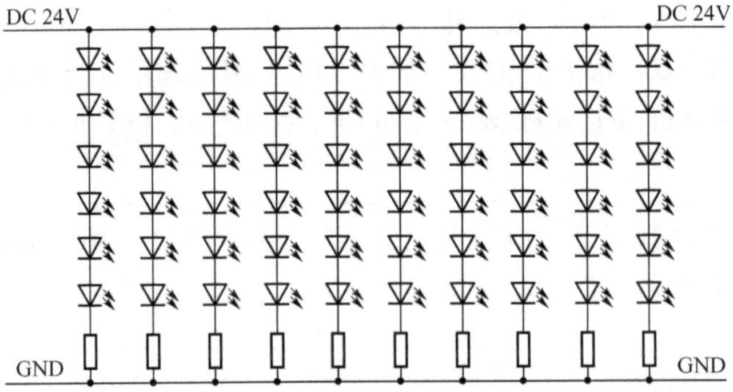

（b）DC 12V供电的护栏管电路原理图

图 5-18　电路原理图

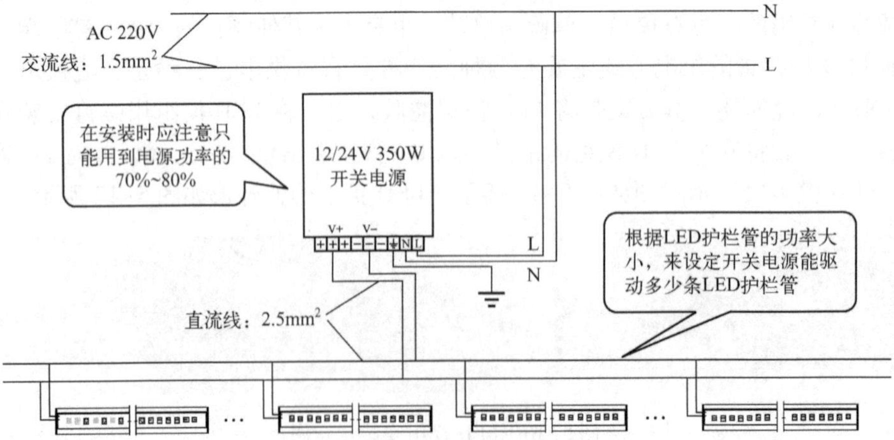

图 5-19　护栏管接线示意图

交流供电的护栏管有两种方案。一种采用热敏电阻，另一种采用恒流二极管，下面就对这两个方案进行介绍。热敏电阻的参数如表 5-3 所示。

表 5-3　热敏电阻的参数

序　号	MDZ 型号	恒流电流值	25℃阻值	单 元 电 路	单元工作电压	备　　注
1	5A20	20mA	150Ω	12 组，共 60 个	$3V + V_F \times 5$	LED 的 I_F 为 20 mA
2	5A30	30mA	100Ω			LED 的 I_F 为 30 mA
3	45A15	15mA	750Ω	1 组，40 ~ 45 个	$11.3V + V_F \times 45$	LED 的 I_F 为 15mA
4	45A20	20mA	500Ω		$10V + V_F \times 45$	LED 的 I_F 为 20 mA

220V 交流供电的护栏管的基本电路如图 5-20 所示。

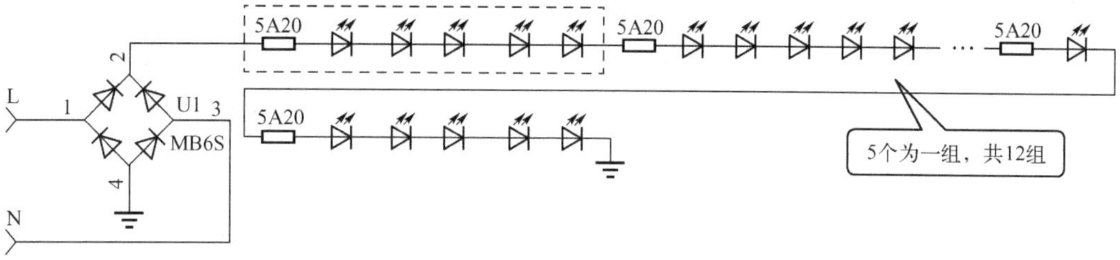

图 5-20　220V 交流供电的护栏管的基本电路

> 【说明】单元工作电压需和电源电压基本相符，根据电源电压，来选择 LED 的 V_F 值或增减 LED 个数 n 来匹配电压。单元工作电压 = 热敏电阻压降 + $V_F \times n$。

2. 工作原理

交流 220V 经过桥堆之后，整流为脉动的直流，其工作电路是由热敏电阻 5A20 和 5 个 LED（20mA）组成的单元电路，共计 12 组。其工作电压 $U = (3V + 3.2V \times 5) \times 12 = 228V$，计算电压 U 大于 220V，可接入 AC 220V 整流后电路，其回路电流在 18 ～ 20mA 之间。因 LED 的电压离散性较大，在 3.0 ～ 3.6V 之间，在设计时应选择同一挡位的 LED，其 V_F 一致性要求较高，如 3.2 ～ 3.4V。

> 【说明】设计时，如果发现测试电路的回路电流大于 20mA，可以增加 LED 的数量，将电流降下来；反之可减少 LED 的数量，将电流升上去。可以将直流电流表串入电路，调节输入电压，测试回路电流的变化。

恒流二极管（CRD）属于两端结型场效应恒流器件。其电路符号和伏安特性曲线如图 5-21 所示。恒流二极管在正向工作时存在一个恒流区，在此区域内 I_F 不随 V_F 而变化；其反向工作特性则与普通二极管的正向特性有相似之处。

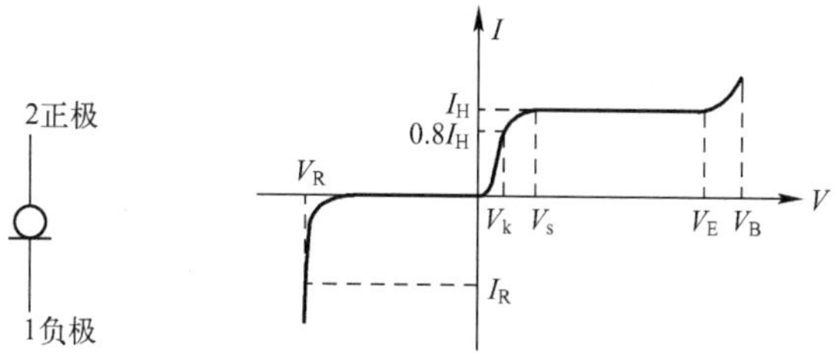

图 5-21　电路符号和伏安特性曲线

恒流二极管在零偏置下的结电容近似为 10pF，进入恒流区后降至 3 ～ 5pF，其频率响应为 0 ～ 500kHz。当工作频率过高时，由于结电容的容抗迅速减小，动态阻抗就降低，导致恒流特性变差。常用的国产恒流二极管有 2DH 系列，它分为 2DH0、2DH00、2DH100、2DH000 四个子系列。

【说明】 恒流二极管要有一定的电压 V_k 才能够进入恒流，低的电源电压是无法工作的。通常这个 V_k 为 5 ～ 10V。恒流二极管的功耗受到限制，不能工作在大电流的场合。

恒流二极管最适合 LED 灯具电路，其电路设计简单，更具成本优势，特别适用于小功率的 LED 照明产品。

对于直接用交流电输入的电路，其电路原理图如图 5-22 所示。实际设计电路如图 5-23 所示。

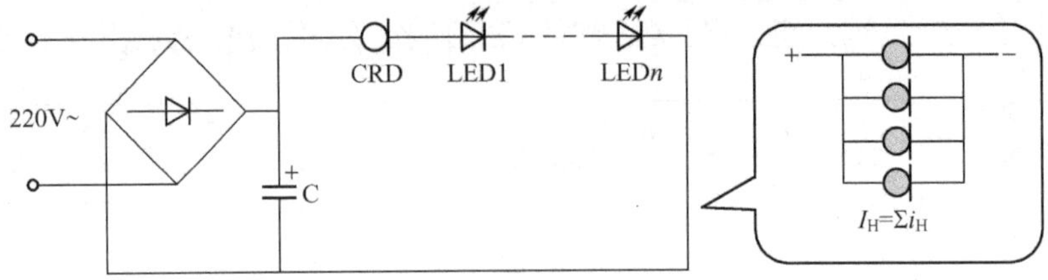

图 5-22 电路原理图

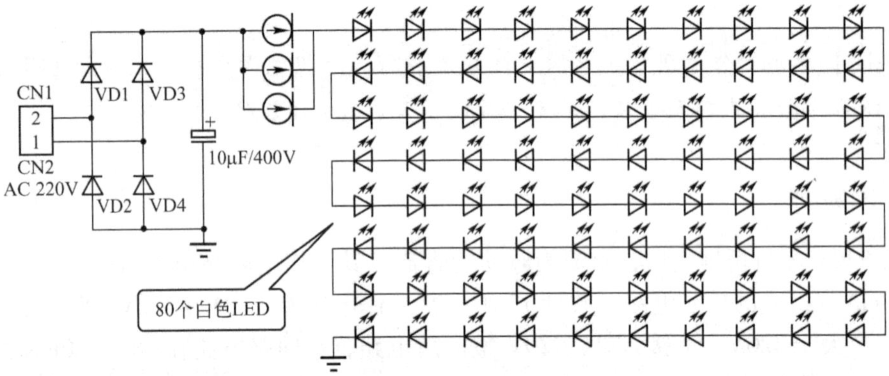

图 5-23 实际设计电路

在实际工作过程中，LED 个数的计算方法如下（假定 AC 电源 220V（198 ～ 242 V），误差为 10%）：

LED 的最少数量 = (242V × 1.414 - CRD 的最高使用电压 U_{max})/V_F(LED)

LED 的最多数量 = (198V × 1.414 - CRD 的最低使用电压 U_k)/V_F(LED)

【说明】 并联使用时，整个电路的恒流起始电压为所用 CRD 中最大的起始电压，且动态电阻相对减小。

电容降压的设计电路如图 5-24 所示。驱动电路中电容降压电路输出电流主要与降压电容容量和输出电压有关，输出电压越高电流越小。为了能够保证降压电容安全可靠地工作，其耐压值应大于 2 倍的市电电压，降压电容宜选用耐压值大于 400V 的 CBB 电容。

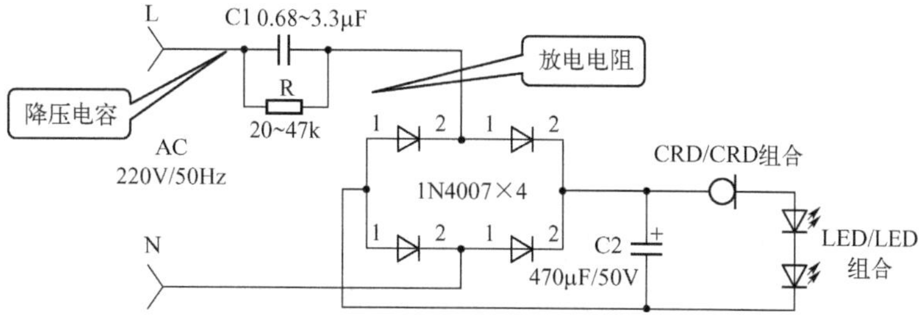

图 5-24　电容降压的设计电路

【说明】降压电容值太大会降低整个驱动电路的安全性与稳定性，建议降压电容最大数值不能超过 3.3μF。降压电容的取值范围为 0.68 ～ 3.3μF，耐压值为 400V 以上，两端并联放电电阻的取值范围为 22 ～ 47kΩ，其功率为 0.5W，输出电流为 70 ～ 200mA。

5.3　LED 点光源的设计与组装

LED 点光源是一种新型的装饰灯，通过控制器可以对点光源进行点对点控制，实现不同的效果。LED 点光源的底座一般为铝材料或塑料，外罩为 PC。LED 点光源有内控和外控两种，工作电压有 DC 12V、DC 24V、AC 220V 等。常用的 LED 点光源专用芯片有 LPD6803、TM1803、TM1804、TM1903、D705、UCS1903/1903B、UCS2903、UCS2904B、UCS8903、UCS8904、WS2801、WS2803 等。LED 点光源采用高亮度 LED，具有低功率、超长寿命等特点，广泛应用于建筑物轮廓、游乐园、广告牌、街道、舞台等场所的装饰。

深圳明微电子 DMX512 驱动芯片 DMX512AP - N、深圳天微电子 DMX512 驱动芯片 TM512AL、苏州联芯科微电子 DMX512 驱动芯片 UCS512 系列、台湾明阳半导体（MY - Semi）的 DMX512 可用于 LED 点光源。LED 点光源的外形及 DMX512 简介如图 5-25 所示。

【说明】

☺ LED 点光源二次封装是将一次封装 LED 与其他电子器件在电子线路焊接后，将驱动电路或控制电路封装在聚合物封装体，达到防水及保护作用。

☺ DMX512 协议芯片有 DMX512AP - N、DMX512AP - NB、UCS512、MY7221、WS2821、SM512 - 12 等驱动芯片。

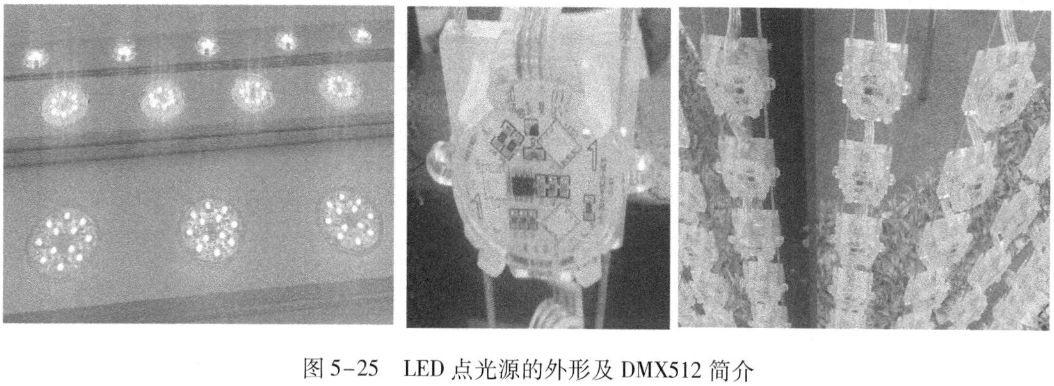

图 5-25　LED 点光源的外形及 DMX512 简介

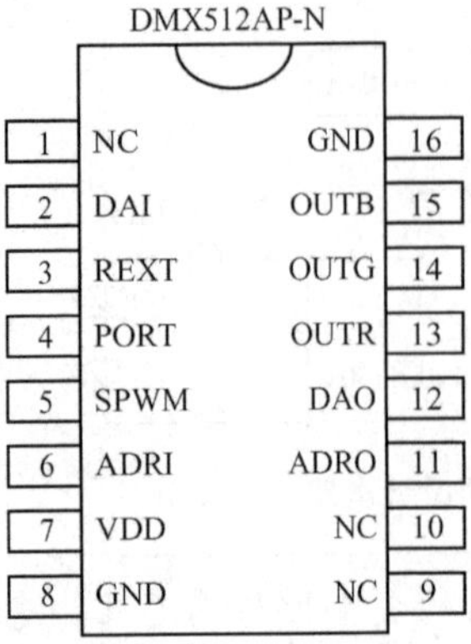

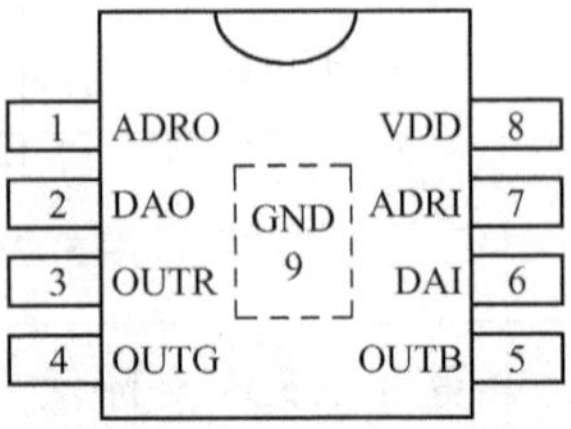

引脚编号 SOP16封装	引脚名称	功能描述
1、9、10	NC	悬空脚，用户不可接地或者电源
2	DAI	DMX512（1990）信号数据输入
3	REXT	外挂电阻，连接于REXT与GND之间，用于调节OUTR/G/B输出电流，悬空默认输出19mA输出电流 I_{out}(mA)=19+36/R_{EXT}(Ω)×1000
4	PORT	单通道/三通道模式选择：高电平时OUTR/G/B各占一通道；低电平时OUTR/G/B占用同一通道；芯片默认上拉
5	SPWM	输出电流极性选择：高电平时正向极性；低电平时负向极性；芯片默认上拉
6	ADRI	地址写码输入
7	VDD	电源输入端，可通过串接限流电阻输入电压范围5~24V
8、16	GND	接地端
11	ADRO	地址写码输出，接下一级的地址ADRI输入
12	DAO	数据输出端
13	OUTR	红光PFM控制信号输出
14	OUTG	绿光PFM控制信号输出
15	OUTB	蓝光PFM控制信号输出

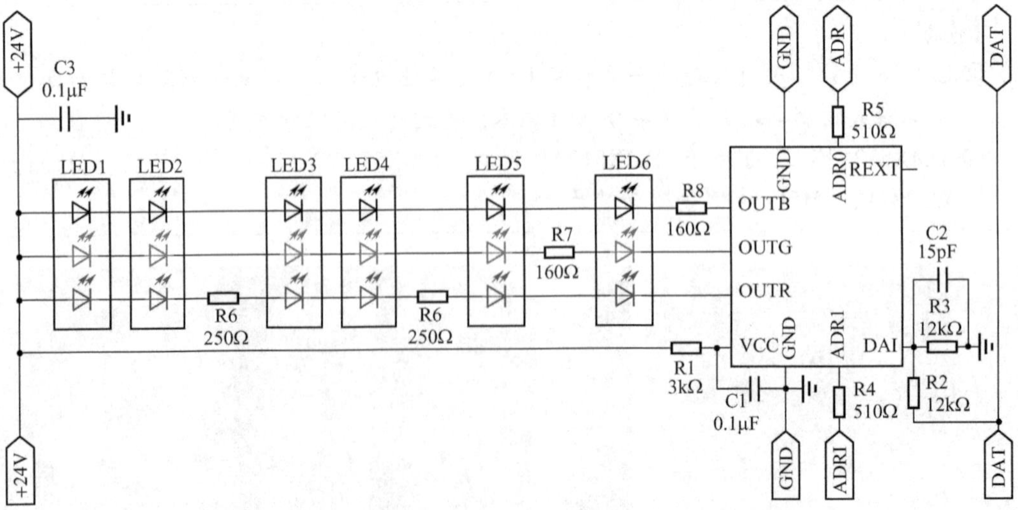

图 5-25　LED 点光源的外形及 DMX512 简介（续）

引脚序号	引脚名称	I/O	功能描述
16	VDD	—	电源正极
1	GND	—	电源负极
2~5	OUTR/OUTG/OUTB/OUTW	O	PWM输出端口
6	REXT	I	恒流反馈端，对地接电阻调整输出电流大小
7	ADRO	O	地址写码线输出
8	DO	O	解码转发通道，可控制公司18系列和19系列IC
9	TST	I	测试脚，内置下拉
10	ADRI	I	地址写码线输入，内置上拉
11	AI	I	差分信号，正
12	BI	I	差分信号，负
13	PWM	I	输出极性选择，一般悬空，接VDD后输出极性相反，同时端口刷新频率降为500Hz
14	PORT1	I	字段选择，内置下拉
15	PORT0	I	字段选择，内置下拉

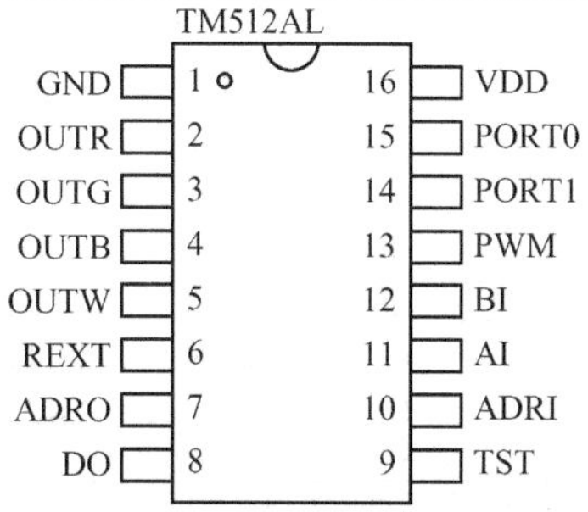

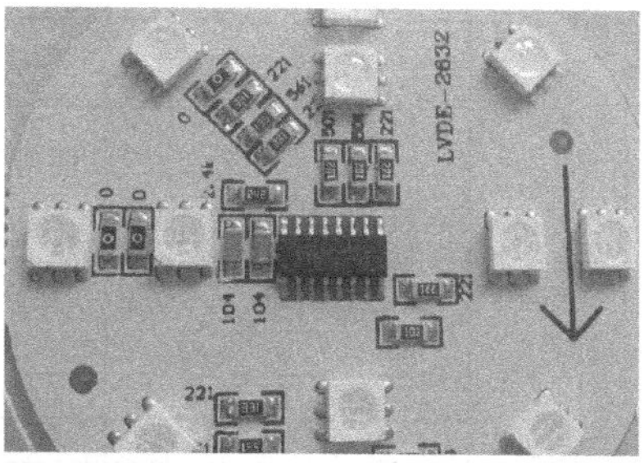

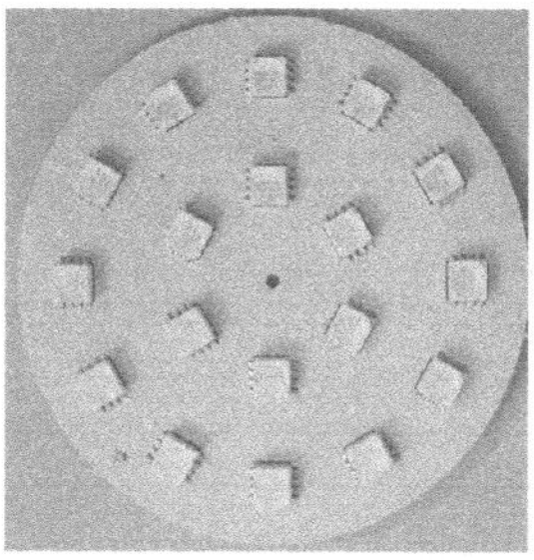

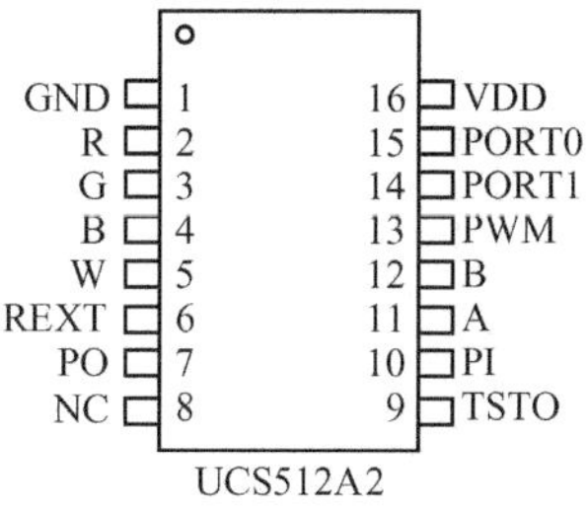

引脚序号	引脚名称	功　能
1	GND	地
2~5	R/G/B/W	PWM输出端口
6	REXT	恒流反馈端，对地接电阻调整输出电流大小
7	PO	地址写码线输出
8	NC	空脚
9	TSTO	测试脚
10	PI	地址写码线输入，内置上拉
11	A	差分信号，正
12	B	差分信号，负
13	PWM	输出极性选择，一般悬空，接VDD后输出极性相反，同时端口刷新频率降为800Hz
14	PORT1	字段选择，内置下拉
15	PORT0	字段选择，内置下拉
16	VDD	电源端，内置5V稳压管

图 5-25　LED 点光源的外形及 DMX512 简介（续）

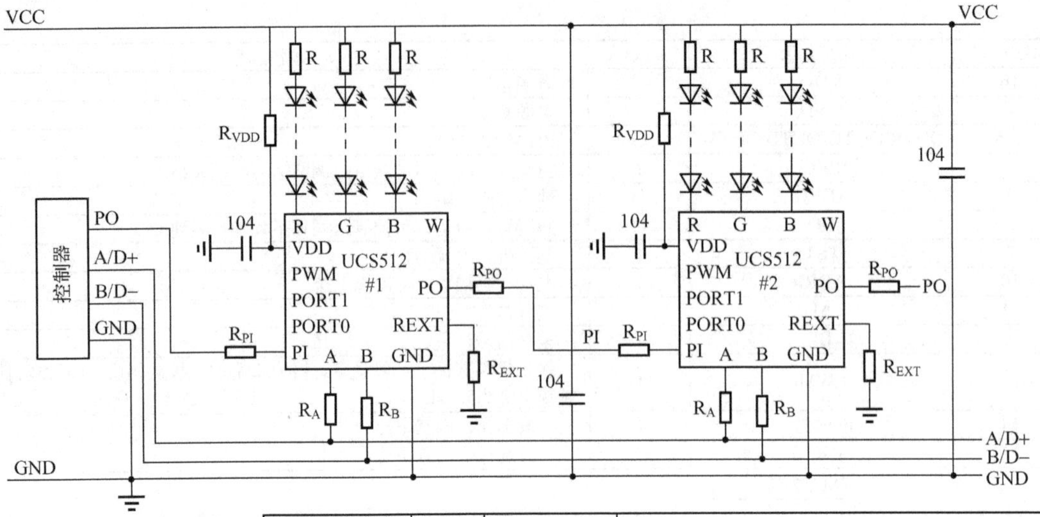

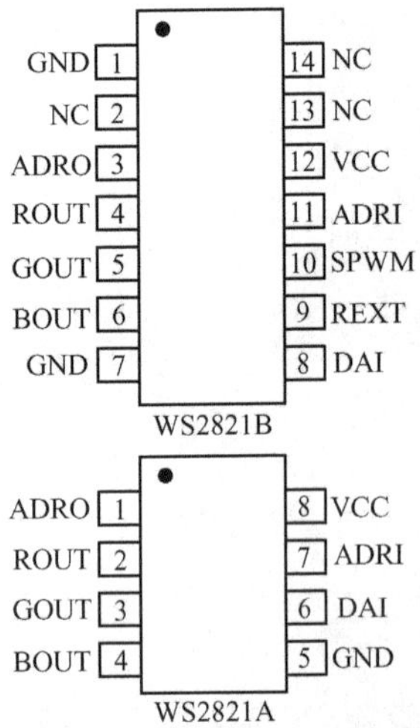

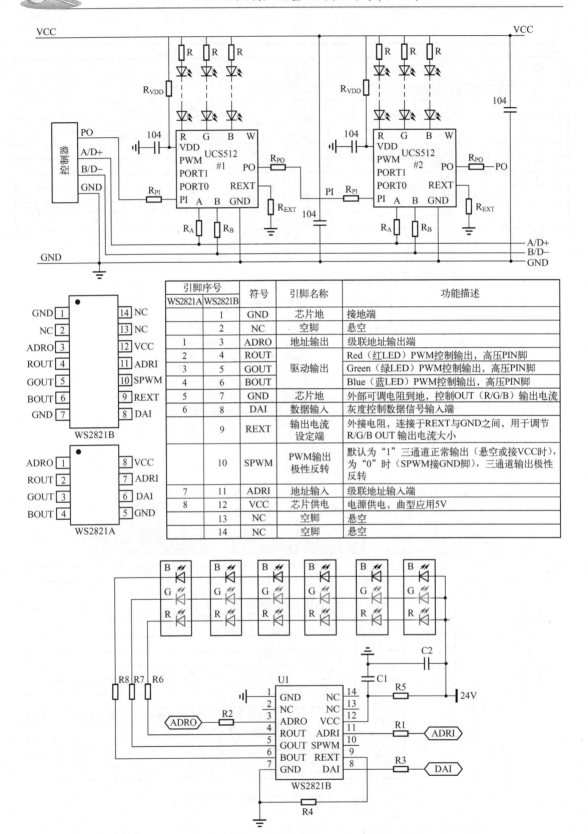

引脚序号		符号	引脚名称	功能描述
WS2821A	WS2821B			
	1	GND	芯片地	接地端
	2	NC	空脚	悬空
1	3	ADRO	地址输出	级联地址输出端
2	4	ROUT	驱动输出	Red（红LED）PWM控制输出，高压PIN脚
3	5	GOUT		Green（绿LED）PWM控制输出，高压PIN脚
4	6	BOUT		Blue（蓝LED）PWM控制输出，高压PIN脚
5	7	GND	芯片地	外部可调电阻到地，控制OUT（R/G/B）输出电流
6	8	DAI	数据输入	灰度控制数据信号输入端
	9	REXT	输出电流设定端	外接电阻，连接于REXT与GND之间，用于调节R/G/B OUT 输出电流大小
	10	SPWM	PWM输出极性反转	默认为“1”三通道正常输出（悬空或接VCC时），为“0”时（SPWM接GND脚），三通道输出极性反转
7	11	ADRI	地址输入	级联地址输入端
8	12	VCC	芯片供电	电源供电，曲型应用5V
	13	NC	空脚	悬空
	14	NC	空脚	悬空

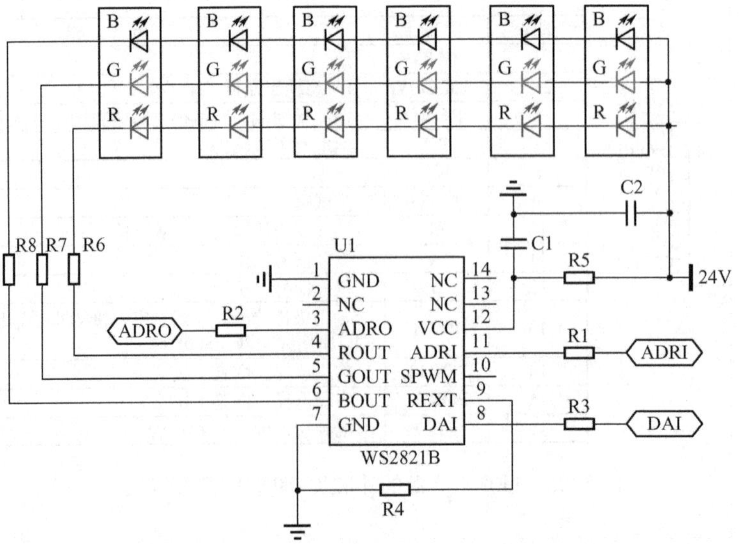

图 5-25 LED 点光源的外形及 DMX512 简介（续）

【说明】

☺ LED 点光源配合控制器可以实现七彩渐变、跳变、流水、追逐、扫描等效果。根据不同的安装方式，可组成变化颜色的字符、图案等各种动态效果。使用 DC 24V 供电，安全可靠。

☺ DMX512 LED 点光源采用国际标准并联 A、B 线传输三通道 LED 驱动输出控制专用芯片，兼容扩展 DMX512（1990）信号协议，可以接 DMX512/1990 协议的控制器（或控制台）。

☺ DMX512 的 LED 点光源要进行写码操作，单独的写码信号线可以一次性串联写码。

☺ DMX512 全彩 LED 点光源信号传输采用并行方案，当其中一个 LED 点光源信号出现故障时，不影响其他 LED 点光源正常工作和控制，减少维修次数。标准 DMX512 控制，能实现 1670 万种色彩变化。

1. LED 点光源的设计

本节以 UCS2903 为例，设计 LED 点光源。

UCS2903 是三通道 LED 驱动控制专用电路，内部集成有 MCU 数字接口、数据锁存器、LED 高压驱动等电路。通过外围 MCU 控制实现该芯片的单独辉度、级联控制，实现户外大屏的彩色点阵发光控制。主要应用于点光源、护栏管、软灯条、户内外大屏等领域。UCS2903 采用恒流方式，可以在电压不断下降的同时达到亮度及色温保持不变的理想效果。UCS2903 具有以下特点：

☺ 单线数据传输，可无限级联。

☺ 在接收完本单元的数据后能自动将后续数据进行整形转发。

☺ 任意两点传输距离超过 10m 而无须加任何电路。

☺ 数据传输速率为 800Kbps，可实现画面刷新速率 30 帧/s 时，级联灯的点数不少于 1024 点。

☺ PWM 控制端能够实现 256 级调节，扫描频率 1.5MHz/s。

☺ 芯片 VDD 内置 5V 稳压管，输出端口耐压大于 24V。

☺ 采用预置 17mA/通道恒流模式。恒流精度高，片内误差≤3%，片间误差≤6%。

☺ 可通过外接电阻改变恒流值大小。

☺ 在上电后没有信号输入的情况下，亮蓝灯。

UCS2903 采用 DIP8、SOP8 两种封装形式，如图 5-26 所示。其引脚功能如表 5-4 所示。

表 5-4　引脚功能

引脚号	符号	功能说明	备注
1	OUTR	Red PWM 输出端	红光
2	OUTG	Green PWM 输出端	绿光
3	OUTB	Blue PWM 输出端	蓝光
4	GND	接地	电源地、信号地
5	DOUT	显示数据级联输出	800Kbps
6	DIN	显示数据输入	800Kbps
7	SET	外接电阻不同改变恒流输出值	悬空为 17mA
8	VDD	电源	

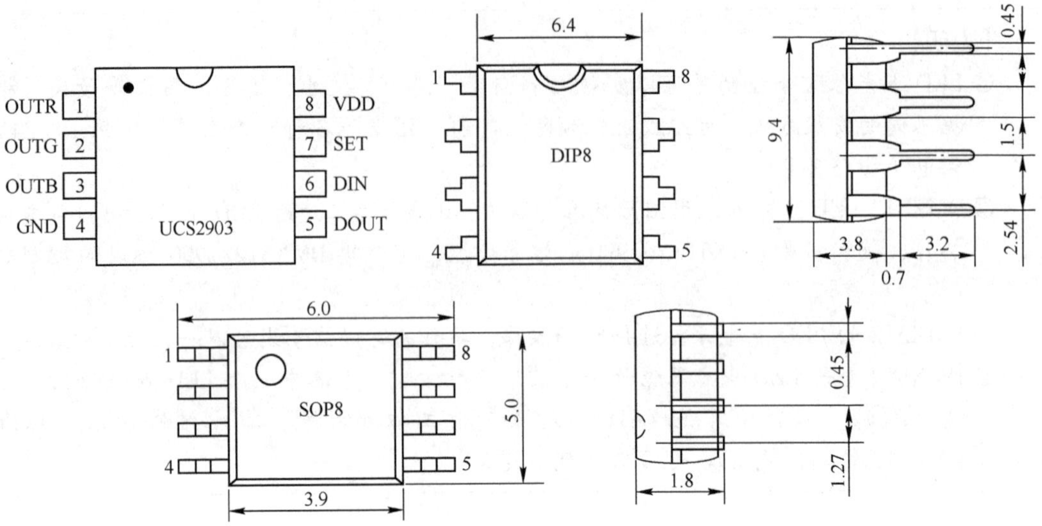

图5-26 UCS2903封装形式

芯片UCS2903采用单线通信方式，采用归零码的方式发送信号。芯片UCS2903在上电复位以后，接收DIN端发来的数据，接收够24b后，DO端口开始转发数据，为下一个芯片提供输入数据。在转发之前，DO口一直拉低。此时芯片UCS2903将不接收新的数据，芯片UCS2903的3个PWM输出口OUTR、OUTG、OUTB根据接收到的24b数据，发出相应的不同占空比的信号，该信号周期在0.6ms左右。如果DIN端输入信号为RESET信号，芯片UCS2903将接收到的数据送显示，芯片UCS2903将在该信号结束后重新接收新的数据，在接收完开始的24b数据后，通过DO口转发数据，芯片UCS2903在没有接收到RESET码前，OUTR、OUTG、OUTB引脚原输出保持不变，当接收到24μs以上低电平RESET码后，芯片UCS2903将刚才接收到的24b PWM数据脉宽输出到OUTR、OUTG、OUTB引脚上。芯片UCS2903级联图如图5-27所示。

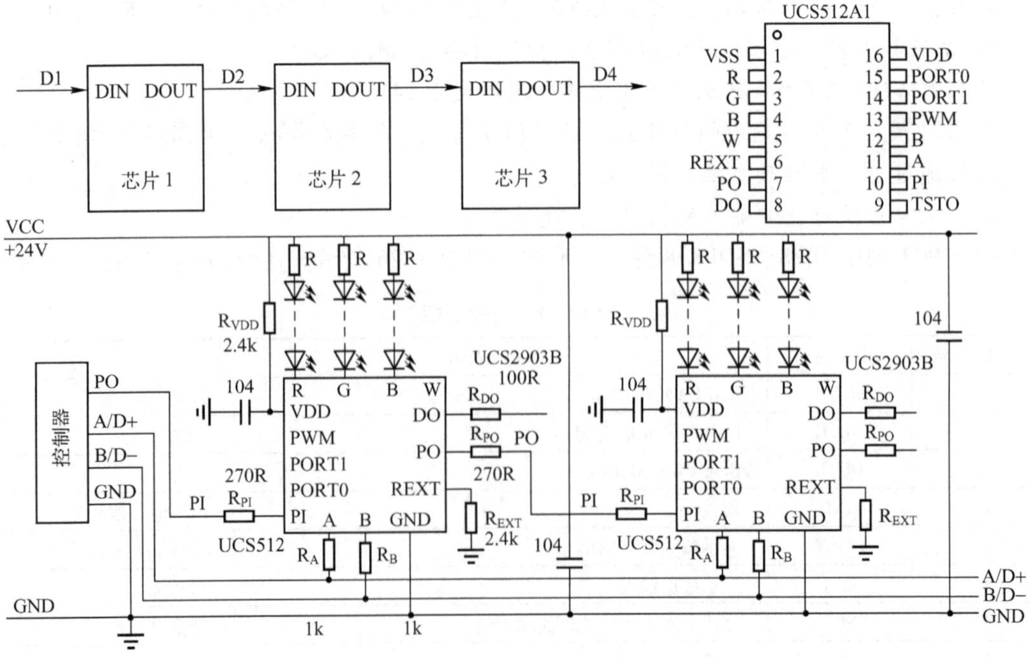

图5-27 芯片UCS2903级联图

【说明】UCS512A1 是 512 差分并联协议 LED 驱动芯片，可选择 1/2/3/4 通道高精度恒流输出，并带解码转发功能，可通过 DO 口转换成单线归零码信号，直接控制 UCS19 及 UCS29 系列 IC，如 UCS1903、UCS2903、UCS1909、UCS1912、UCS2909、UCS2912 等。

芯片 UCS2903 输出电流可通过 SET 端接电阻到地来调整。SET 端调节输出电流对应的电阻值，如表 5-5 所示。

表 5-5　输出电流对应的电阻值

电流调节	参考电阻值	电流调节	参考电阻值
17mA	悬空	25mA	10kΩ
20mA	45kΩ	30mA	6.8kΩ
22mA	24kΩ	35mA	4kΩ

UCS2903 可以配置成 DC 6 ～ 24V 电压供电，电源与地之间的电容 104 尽量靠近芯片 UCS2903 且要求回路最近。根据输入电压的不同，应配置不同的电源电阻阻值，如表 5-6 所示。

图 5-6　不同的电源电阻阻值

电源电压	建议电源接口与 VDD 间连接电阻
5V	100Ω
12V	1.2～1.5kΩ
24V	3.8～4.2kΩ

UCS2903 应用电路如图 5-28 所示。

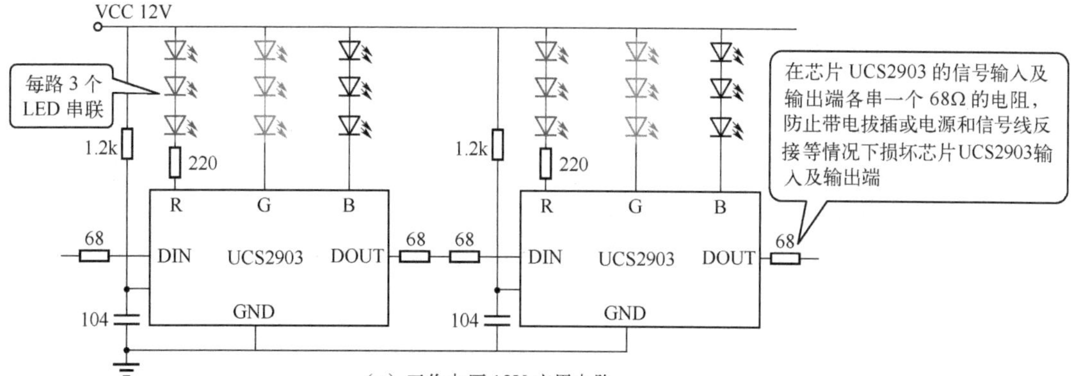

（a）工作电压 12V 应用电路

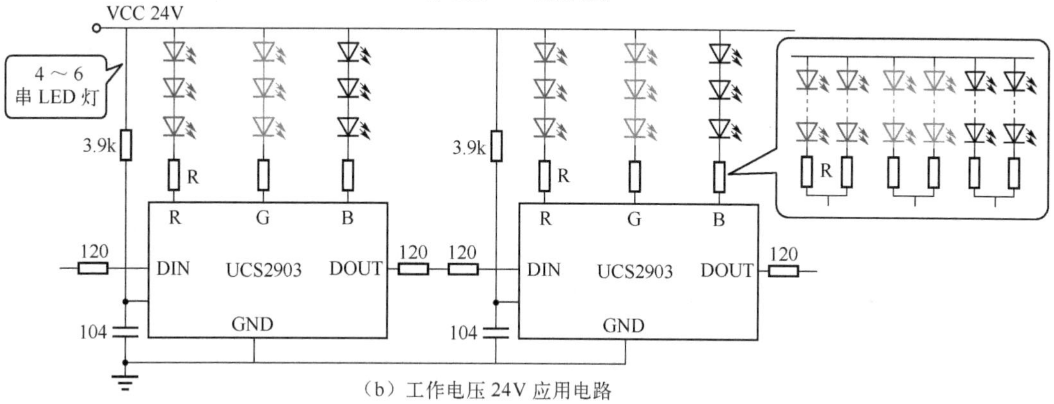

（b）工作电压 24V 应用电路

图 5-28　UCS2903 应用电路

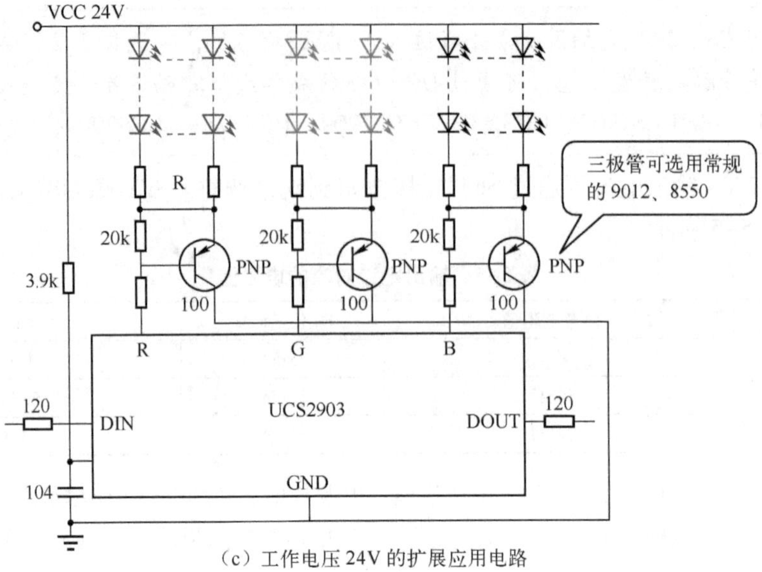

（c）工作电压24V的扩展应用电路

图5-28　UCS2903应用电路（续）

【说明】 在芯片UCS2903的信号输入及输出端各串一个120Ω的电阻，防止带电拔插或电源和信号线错接等情况下损坏芯片UCS2903输入及输出端。

UCS2903芯片OUT输出端口上的电阻可以根据其串接的LED数来自行调节，经电阻和LED灯串接降压后，OUT端口处的电压应不超过4V，这样能降低芯片的功耗，减少发热量。UCS2903输出端能保持恒流是依靠芯片UCS2903输出端（OUTR、OUTG、OUTB）电压能随电源电压变化或负载变化进行自动调节，以保持输出电流不变。UCS2903输出端电压的自动调节是有一定范围的，最低可到0.6V/17mA、1.5V/35mA，最高调节上限没有多大限制，但会受芯片UCS2903最大功耗P_D的限制。UCS2903的P_D为400mW，长时间较大功耗工作时不要超过250mW，否则可能导致芯片UCS2903损坏。芯片UCS2903分压电阻选值表如表5-7所示。

表5-7　芯片UCS2903分压电阻选值表

电源电压（工作电压）	灯珠数量（串并数）	分压电阻的阻值			电阻封装	备　注
		红光LED	绿光LED	蓝光LED		
12V	1串	360Ω	300Ω		红光、绿光、蓝光：0805	17mA
	2串	240Ω	110Ω			
	3串	220Ω	0Ω			
	1串2并	450Ω	375Ω		红光：1206 绿光、蓝光：0805	34mA
	2串2并	330Ω	190Ω		红光、绿光、蓝光：0805	
	3串2并	220Ω	10Ω		红光、绿光、蓝光：0805	

续表

电源电压（工作电压）	灯珠数量（串并数）	分压电阻的阻值			电阻封装	备注
		红光 LED	绿光 LED	蓝光 LED		
24V	4 串	750Ω	470Ω		红光、绿光、蓝光：1206	
	5 串	620Ω	270Ω		红光：1206 绿光、蓝光：0805	
	6 串	510Ω	82Ω		红光：1206 绿光、蓝光：0805	
	4 串 2 并	820Ω	535Ω		红光、绿光、蓝光：1206	34mA
	5 串 2 并	705Ω	350Ω		红光：1206 绿光、蓝光：0805	
	6 串 2 并	590Ω	170Ω		红光：1206 绿光、蓝光：0805	

注：表中并联情况下分压电阻取值是以每组 LED 各串一个分压电阻为主。

芯片 UCS2903 应用注意事项如下：

（1）芯片 UCS2903 在级联应用时，芯片与芯片之间有效共地才能保证信号正常传输。

（2）芯片 UCS2903 应用在点光源时，最好采用 2 芯（电源正、电源负）+2 芯（数据信号 DATA、GND）的连接方式。

【说明】若采用单 4 芯头连接，则 4 芯头中电源正和数据线信号 D 都在一个接头里，要避免防水头密封不良漏水（或安装时未插紧）或防水头非对位强行接插，否则可能会烧毁芯片 UCS2903。

（3）工作电压为 24V 供电时，每个芯片 UCS2903 的 DIN 输入及 DOUT 输出都务必串接 120Ω 以上的保护电阻，并且电阻位置应最靠近芯片 UCS2903 输入、输出端。工作电压为 12V 供电时，信号输入、输出端务必各串接 51Ω 以上电阻。

（4）芯片 UCS2903 VDD 端内置稳压管，在 24V 供电时与 VDD 端之间务必要串接一个电阻，取值范围在 3.8 ～ 4.2kΩ 之间，电阻功率选 1/4W 即可。12V 供电时电阻取值范围为 1.2 ～ 1.5kΩ。

（5）UCS2903 应用时，在绘制 PCB 时要注意信号地（GND）线，地线应尽量画粗，过细的地线可能会引起信号传输不稳定，出现抖动等非正常现象。

（6）在 PCB 上布线时，24V 电源线、LED 之间的连线等应远离信号线（DIN、DOUT）及 5V 线，以免因制板工艺问题造成暗连线时烧毁芯片 UCS2903。

（7）为减少高频干扰，每个芯片 UCS2903 的电源与地之间都要并联一个电容 104，电容 104 应该最靠近芯片 UCS2903 的电源和地，且要求电源线应该先经过电容 104 再到芯片 UCS2903。

（8）芯片 UCS2903 是恒流输出，务必注意 RGB 输出端上串联的分压电阻的选用。恒流芯片选用分压电阻和恒压输出芯片选用限流电阻的方式取值完全不同。选值不当可能损坏芯片。

点光源的电路可以根据 UCS2903 应用电路来进行设计，设计时可以结合表 5-7 所示的芯片 UCS2903 分压电阻选值表。

2. LED 点光源的安装

LED 点光源的安装示意图如图 5-29 所示。

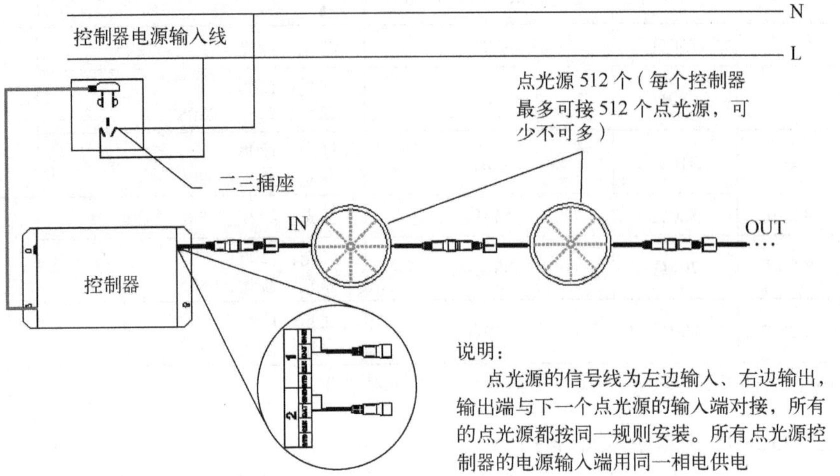

（a）串行控制器安装示意图

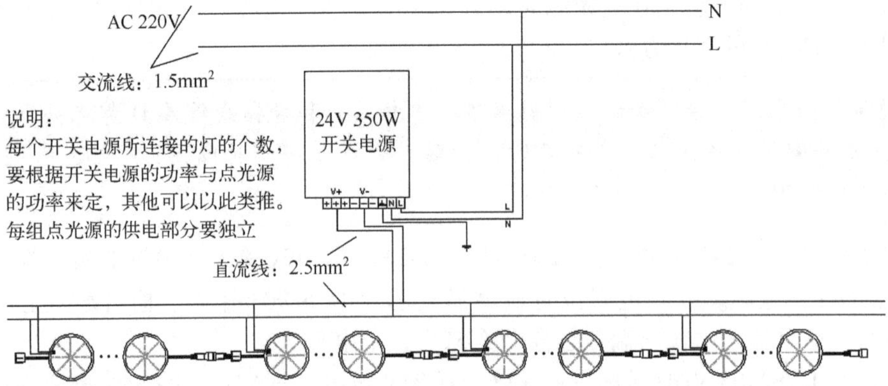

（b）点光源的供电示意图

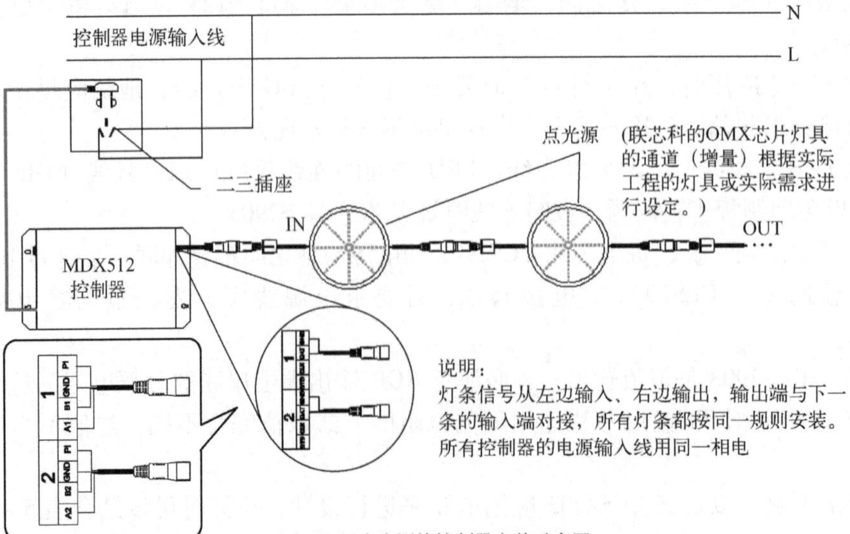

（c）DMX点光源的控制器安装示意图

图 5-29　LED 点光源的安装示意图

【说明】

☺ 目前 LED 点光源供电电压为 DC 12V 或 DC 24V。

☺ LED 点光源的光源为单色 SMD3528 或 SMD5050。

☺ 控制器有 RJ485 接口、标准 DMX512 协议。

☺ 目前 LED 点光源的灯罩主要采用德国拜尔的 PC 材料，灯体用压铸铝，材质为 AL6063，表面进行喷塑处理。

☺ LED 点光源有单色的，颜色有红、绿、蓝、白等。单色 LED 点光源的安装示意图如图 5-30 所示。

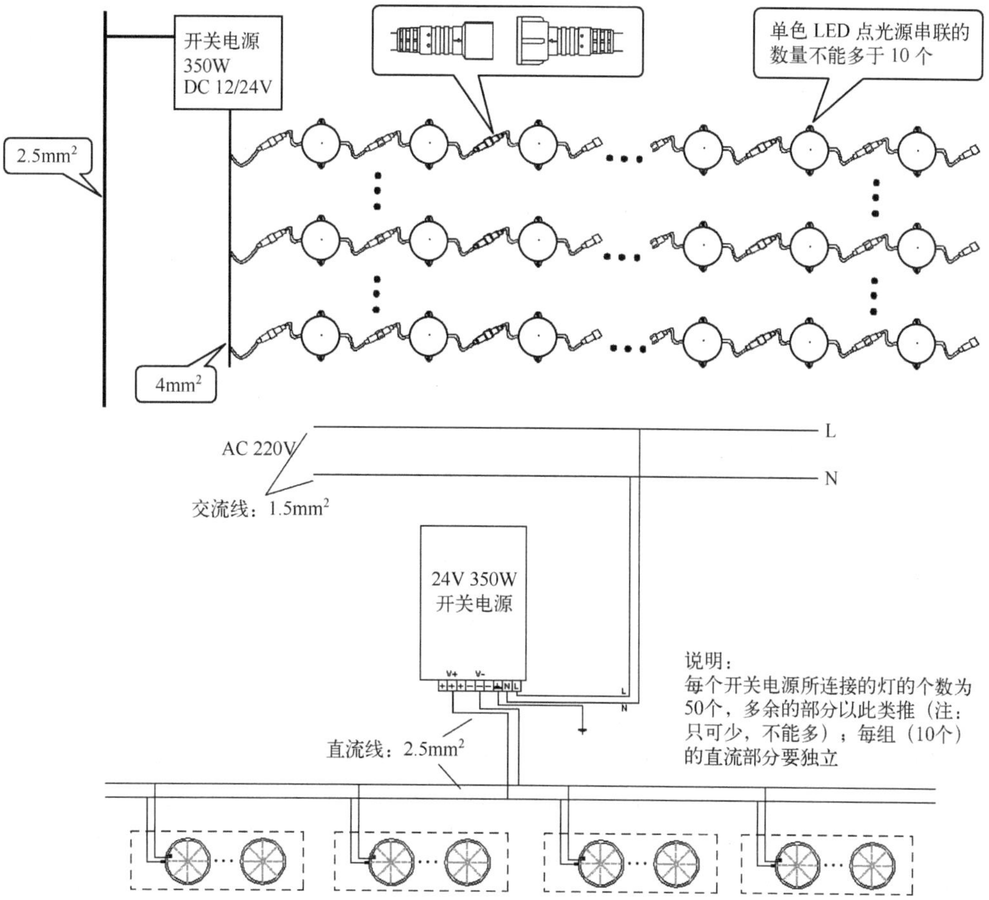

图 5-30　单色 LED 点光源的安装示意图

3. LED 点光源的安装说明

☺ 先将点光源固定牢固，在安装的位置进行定位，之后用冲击钻在安装位置钻孔，装上胶粒，用自攻螺钉固定。

☺ 将连接线可靠连接，如单端出线，只要将点光源与开关电源输出线相互连接即可。两头出线公母连接时，点光源之间公母接头分别与开关电源或点光源控制器公母接头对接即可。

☺ 确认安装、连接无误，没有电气短路。将不用的连接头用防水胶带包好。然后将连接线或公母接头接入相应的开关电源或点光源控制器。
☺ 安装点光源数量较多时，一定要进行分支供电。分支供电一定要综合考虑每个分支电线或电缆线的电流负载和电源压降，才能选用合适的横截面积及长度的电线或电缆线。

4. LED点光源安装注意事项

☺ 供电开关电源电压与LED点光源的工作电源相符合。
☺ LED点光源与控制器之间的信号线正常连接。控制器的电源线连接到提供正常工作电源处，连接电源线和信号线时要做好防水处理。
☺ LED点光源跟LED点光源直接接线距离不超过3m，第一个LED点光源与控制器的距离不超过30m。

5.4 LED数码管的设计与组装

LED数码管又叫LED护栏管。它集先进的微电脑控制技术、三基色显示技术及PC外壳于一体，辅以PCB电路板及相关电子元器件混合有序设计，以其丰富色彩、节能环保、轻便安全、易于安装的特点，深受广大消费者的青睐。LED数码管的外形如图5-31所示。

图5-31 LED数码管的外形

LED数码管常用来做楼体轮廓、KTV门头或广告招牌以及公路和桥梁护栏亮化，可以做到七彩、跳变、渐变、追逐、流水、灰度、同步扫描、跑马、堆积、拖尾、拉带、闭幕、全彩飘逸、文字图案和新奇美丽的全彩变化等效果。若做成LED数码管屏，则可以显示出各种绚丽的动画和花形，还可以播放视频、文字及图案。

LED数码管按控制方法分为内控和外控，内控LED数码管是将所需的程序直接写入LED护栏管的工作IC芯片内，接通电源后能直接跑出所设置的模式或花样。

【说明】
☺ 内部LED数码管由板载单片机控制，每根LED数码管都是独立的，跟其他LED数码管无关联，其控制信号都是自发自收，在使用过程中即使任何一根或几根损坏，均不会影响整体效果。
☺ 内控型LED数码管内置微电脑处理器，内置降压、恒流和恒压电源。有单段RGB七彩、假3段、假6段、真6段、真8段、真12段等效果可供选择。

外控 LED 数码管是指需要外置控制器，外置控制器又分为脱机系统和联机系统。联机系统是指依附于电脑而工作的控制系统，根据 PC 的指令工作。脱机系统是直接控制，接电后就能输入控制信号驱动 LED 数码管。常用的 LED 数码管专用芯片有 TM1809、TM1812、UCS1909B、UCS2909B、UCS1912B、UCS2912B、UCS9812 等。

【说明】外控 LED 数码管是将控制器外置，存在着信号的传输问题，要求信号在 LED 数码管上要级联，也就是信号要从上一根传到下一根，一根根地往下传。只要一根 LED 数码管有问题，就会影响整体效果。

LED 数码管有单色、七彩等颜色，通过微电脑或电路控制，可以采用自动运行模式，选择指定的花样。同时控制几十、几百条甚至数千条的 LED 数码管的亮灭。一般 LED 数码管一根内的 LED 个数是：96 个、108 个、120 个、144 个。外形有 D 形管、圆形管、欧姆（Ω）管及其他异形管，标准长度为 1m。电压有 DC 12/24V、AC 220V。LED 数码管分为 6 段、8 段、12 段、16 段、32 段。LED 数码管主要由结构部分与电路部分组成。结构部分由 PC 管、堵头、卡扣组成，电路部分由 PCB（电路板）、电子元器件、防水线头组成。外罩有无纹全透明、带纹（粗纹/细纹）透明、半透明、奶白、彩色管等。

【说明】
☺ 单色系列数码管可以发出完美的红色、黄色、蓝色、绿色、白色、暖白色或琥珀色的单色光。
☺ 全彩系列数码管除了具有单色及七彩数码管的特性外，多条管组合可实现全彩变色（LED 显示屏），连接系统可显示图像、文字，播放各种影片。
☺ 每段相当于一个像素点，如 6 段 108 珠，每个像素就是 108/6 = 18 粒灯珠。1m 16 段护栏管，就是 1m 的护栏管有 16 个像素点。单色管不需要控制器，没有变换效果，接通电源就一直发光，有红、绿、蓝、白、黄、紫等。单色管进行变化，也就是需要控制器时，可以将 LED 数码管中的 RGB 都换成同一种颜色的 LED 灯。

1. 外控 LED 数码管的设计

1）芯片 UCS1912B 简介 本节以 UCS1912B 作为 LED 数码管的驱动芯片，来设计 LED 数码管，下面先介绍一下 UCS1912B 芯片的功能与特点。UCS1912B 是 12 通道 LED 驱动控制专用电路，内部集成有 MCU 数字接口、数据锁存器、LED 高压驱动等电路。通过外围 MCU 控制实现该芯片的单独辉度、级联控制，实现户外大屏的彩色点阵发光控制。产品性能优良，质量可靠。UCS1912B 具有以下特点：

☺ 单线数据传输，可无限级联。
☺ 在接收完本单元的数据后能自动将后续数据进行整形转发。
☺ 任意两点传输距离超过 10m 而无须增加任何电路。
☺ 数据传输速率可达 800Kbps，可实现画面刷新速率 30 帧/s 时，级联灯的点数不少于 1024 点。
☺ PWM 控制端能够实现 256 级调节，扫描频率为 1.6kHz/s。
☺ 芯片 VDD 内置 5V 稳压管。
☺ 输出端口耐压大于 24V。

☺ 在上电没有信号输入的情况下，亮蓝灯。

UCS1912B 的引脚图及与 DMX512 结合示意图如图 5-32 所示。其引脚功能如表 5-8 所示。

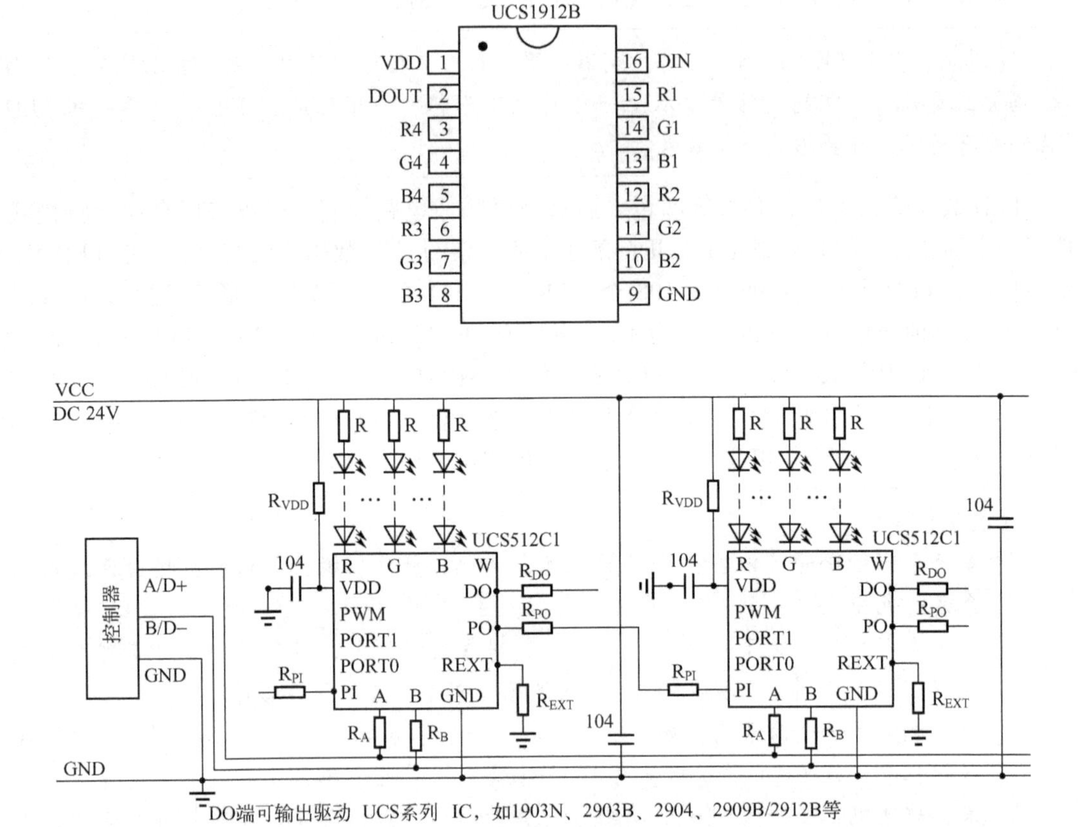

注：控制器与IC之间以及IC与IC之间须共地，以防止过高的共模电压击穿IC，可用屏蔽层做共地线可靠连接多个IC节点，可在一点可靠接大地，不能双端或多端接大地。板上A线和B线至IC间串接的保护电阻须一致，并且板上AB线从焊盘至IC的走线方式须尽量一致。

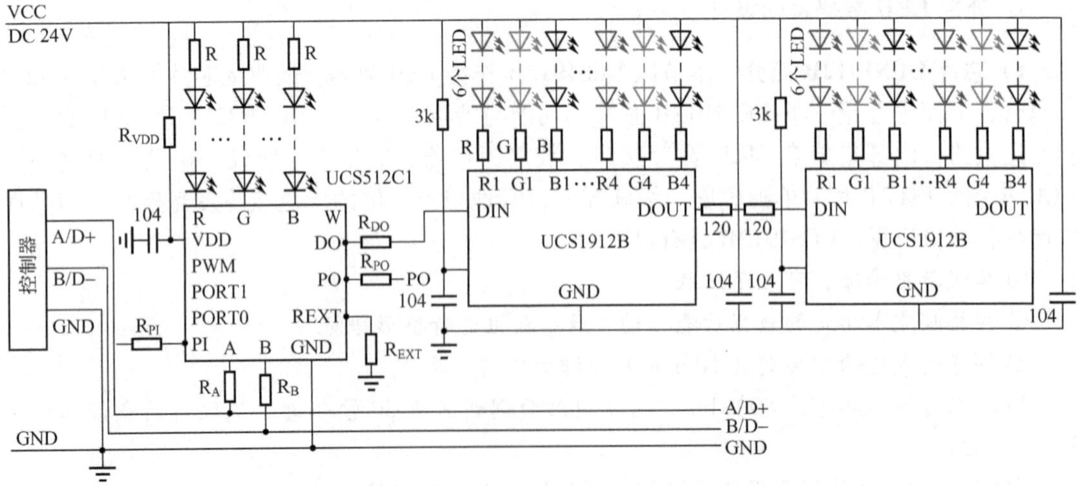

图 5-32　UCS1912B 的引脚图及与 DMX512 结合示意图

【说明】

☺ UCS1912B可以结合DMX512中UCS512C系列，可以形成DMX控制的数码管。

☺ 写码前应将写码器上的A（D+）、B（D-）、PO、GND 4个口用铜线牢固连接到灯具上并仔细检查。

☺ 写码时AB线也须接在写码器AB接线端上，写码器的AB接线端在写码时保持A高B低的电平，IC须在A高B低的状态下方能正常写码。此为IC防误码专用功能之一。

☺ 写码前先进行R、G、B、全亮的整体同步跳变程序测试，以确认AB线是否存在问题，若此程序不正常，不要进行写码操作，先排查此问题后再写码。

☺ 写码完成后，收到新地址码的IC驱动蓝灯常亮，此时新地址码已生效。

☺ 写码完成后应用写码器自带的专用测试程序（一般为逐点跑或刷色）进行测试，以确认写码是否完全正确。

表5-8 UCS1912B的引脚功能

引脚号	符号	引脚名称	说明
16	DIN	数据输入	显示数据输入
2	DOUT	数据输出	显示数据级联输出
15	R1	Red（红）PWM控制输出	第1路
14	G1	Green（绿）PWM控制输出	第1路
13	B1	Blue（蓝）PWM控制输出	第1路
12	R2	Red（红）PWM控制输出	第2路
11	G2	Green（绿）PWM控制输出	第2路
10	B2	Blue（蓝）PWM控制输出	第2路
6	R3	Red（红）PWM控制输出	第3路
7	G3	Green（绿）PWM控制输出	第3路
8	B3	Blue（蓝）PWM控制输出	第3路
3	R4	Red（红）PWM控制输出	第4路
4	G4	Green（绿）PWM控制输出	第4路
5	B4	Blue（蓝）PWM控制输出	第4路
1	VDD	逻辑电源	电源正极
9	GND	逻辑地	接系统地或电源负极

芯片UCS1912B采用单线通信方式，采用归零码的方式发送信号。芯片在上电复位以后，接收DIN端发来的数据，接收够96b后，DO端口开始转发数据，为下一个芯片提供输入数据。在转发之前，DO口一直拉低。此时芯片UCS1912B将不接收新的数据，芯片UCS1912B的OUTR、OUTG、OUTB三个PWM输出口根据接收到的96b数据，发出相应的不同占空比的信号，该信号周期为0.6ms左右。如果DIN端输入信号为RESET信号，芯片UCS1912B将接收到的数据送显示，芯片UCS1912B将在该信号结束后重新接收新的数据，在接收完开始的96b数据后，通过DO口转发数据，芯片UCS1912B在没有接收到RESET码

前，OUTR、OUTG、OUTB 引脚原输出保持不变，当接收到 24μs 以上低电平 RESET 码后，芯片 UCS1912B 将刚才接收到的 96b PWM 数据脉宽输出到 OUTR、OUTG、OUTB 引脚上。芯片 UCS1912B 级联示意图如图 5-33 所示。

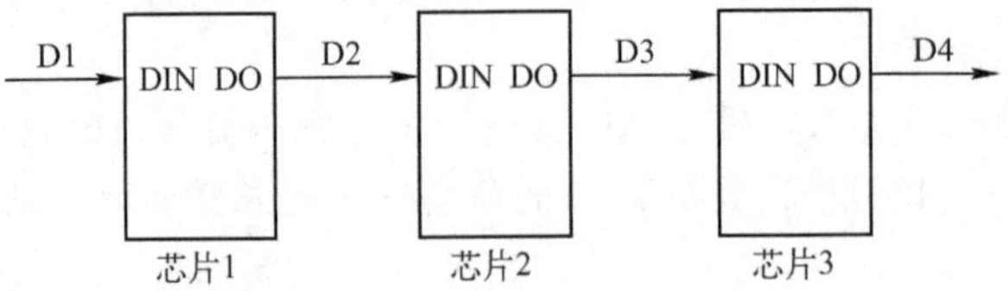

图 5-33　芯片 UCS1912B 级联示意图

LED 数码管电路图（UCS1912B 应用电路）如图 5-34 所示。UCS1912B 可以配置成 DC 6～24V 电压供电，电源与地之间的电容 104 尽量靠近芯片 UCS1912B 引脚，且靠电源或地，根据输入电压不同，VDD 端应配置不同的电源电阻 *R*，如表 5-9 所示。

表 5-9　VDD 端应配置不同的电源电阻

电源电压	电源接口与 VDD 间连接电阻
5V	100Ω
12V	1.2～1.5kΩ
24V	3.8～4.2kΩ

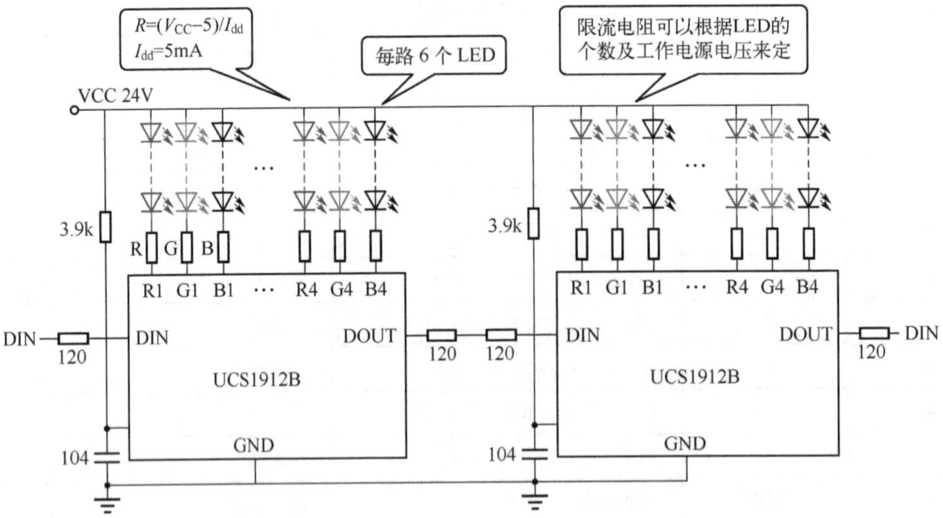

图 5-34　LED 数码管电路图（UCS1912B 应用电路）

【说明】 DC24V 供电时在芯片 UCS1912B 的信号输入及输出端各串一个电阻（阻值为 120Ω），防止带电拔插或电源和信号线错接等情况下损坏芯片 UCS1912B 输入及输出端。12V 供电时在芯片 UCS1912B 的信号输入及输出端各串一个电阻（阻值为 68Ω），防止带电拔插或电源和信号线反接等情况下损坏芯片 UCS1912B 输入及输出端。

2）芯片 UCS1912B 应用注意事项

（1）在级联应用时，芯片 UCS1912B 与芯片 UCS1912B 之间有效共地才能保证信号正常传输。

（2）应用在 LED 数码管时，最好采用 2 芯（电源线）+2 芯（信号线）的连接方式。若采用单 4 芯头连接，则 4 个芯头中电源线和数据线都在一个接头里，要避免防水头密封不良漏水（或安装时未插紧）或防水头非对位强行接插，否则可能会烧毁芯片 UCS1912B。

（3）24V 供电时每个芯片 UCS1912B 的 DIN 输入及 DOUT 输出都必须串接保护电阻，并且电阻位置应最靠近芯片 UCS1912B。

（4）芯片 UCS1912B 的 VDD 端内置稳压管，不用再加三端稳压器 78L05，在 24V 供电时与 VDD 端之间务必要串接一个电阻，功率为 1/4W。

（5）UCS1912B 在画板时要注意信号地线，地线应尽量画粗，过细的地线可能会引起信号传输不稳定，出现抖动等非正常现象。

（6）在 PCB 上布线时，可能产生较高电压的走线应远离信号线及 5V 线，以免因 PCB 制板工艺问题造成暗连线时烧毁芯片 UCS1912B。

（7）为减少高频干扰，每个芯片 UCS1912B 的电源与地之间都要并联一个电容（104），电容（104）应该最靠近 IC 的电源和地，并要求电源线应该先经过电容（104）再到芯片 UCS1912B。

【说明】

☺ LED 数码管主要以串行控制为主，以级联的方式进行控制，每个灯的信号线采用一进一出方案。目前采用 DMX512 方案，使并联传输可以有效解决串行传输问题，工作时坏一个灯不影响其他灯正常工作。DMX512 协议是国际标准，具有很好的稳定性、可靠性和通用性。

☺ DMX512 协议控制系统等可与计算机联机同步控制，亦可脱机单独控制。光源数量有 36PCS、48PCS、60PCS（SMD5050）等。

2. 内控 LED 数码管的设计

1）芯片 UCS3218 简介　本节以 UCS3218 作为内控 LED 数码管的驱动芯片，来设计内控 LED 数码管，下面先介绍一下芯片 UCS3218 的功能与特点。UCS3218 是六段 LED 驱动控制专用电路，内部集成多种闪光模式，主要用于 LED 护栏灯、LED 灯箱及组合的 LED 系统等，应用简单，产品性能优良，质量可靠。UCS3218 具有以下特点：

☺ 无须外部控制，上电即有多种花样模式循环跑动。

☺ 1/2 扫描控制，单颗芯片即可控制六段 RGB LED。

☺ 输出端口耐压 24V 以上，外围元件少，只需两个做扫描用的三极管。

☺ 交流工频信号同步。

☺ 内置 5V 稳压管。

☺ 内置 LED 电源稳压功能（稳压值可调），可以轻松支持带黑屏的模式。

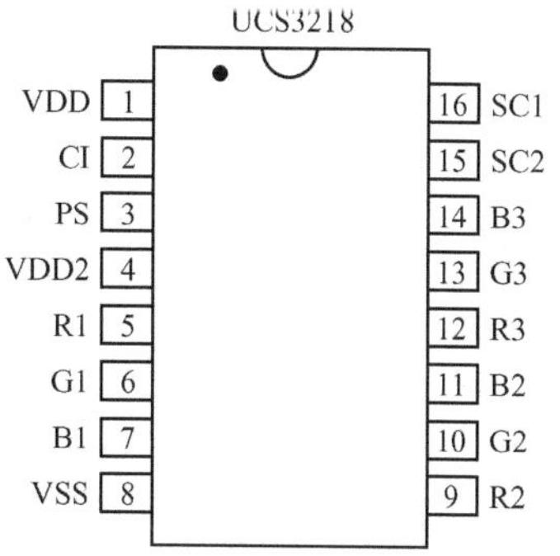

图 5-35　UCS3218 的引脚图（DIP16 或 SOP16）

UCS3218 的引脚图如图 5-35 所示。其引脚功能如表 5-10 所示。

表 5-10　UCS3218 的引脚功能

引 脚 号	符　号	引脚名称	说　明
1	VDD	电源	电源正极
2	CI	同步时钟信号输入	
3	PS	稳压值设置端口	
4	VDD2	串电阻后接电源线，可稳定 PS 端设置的电压值	
5	R1	Red（红）PWM 控制输出	第 1 路
6	G1	Green（绿）PWM 控制输出	第 1 路
7	B1	Blue（蓝）PWM 控制输出	第 1 路
8	VSS	地	电源负极
9	R2	Red（红）PWM 控制输出	第 2 路
10	G2	Green（绿）PWM 控制输出	第 2 路
11	B2	Blue（蓝）PWM 控制输出	第 2 路
12	R3	Red（红）PWM 控制输出	第 3 路
13	G3	Green（绿）PWM 控制输出	第 3 路
14	B3	Blue（蓝）PWM 控制输出	第 3 路
15	SC2	扫描输出 2	
16	SC1	扫描输出 1	

【说明】上电为红、绿、蓝、白 4 色跳变，循环两次。内置有 10 多种基本花样，每种基本花样又包含多种颜色，同时又包含正跑和反跑。多种拖尾模式，有长拖尾、短拖尾、带底色小拖尾、双色拖尾、正反拖尾等。

2）UCS3218 的应用电路　AC 220V 供电数码管电路原理图如图 5-36 所示。

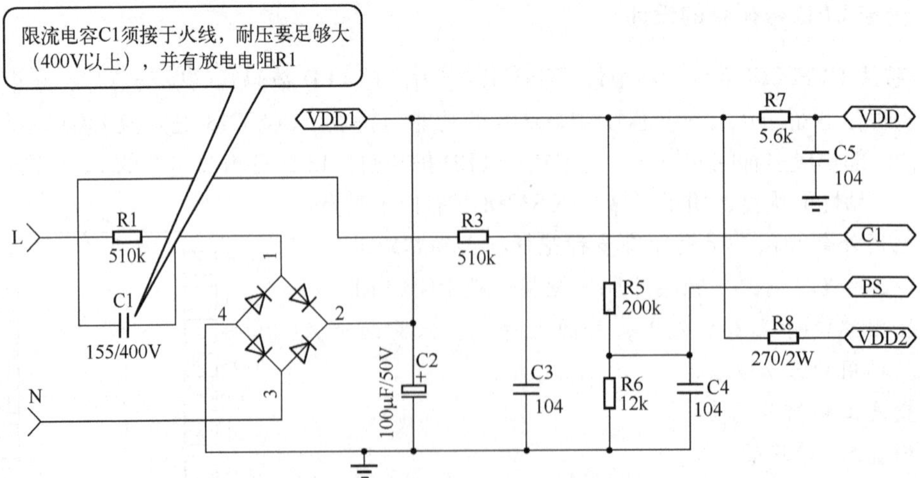

注：R5、R6为稳压值设定电阻，R8为VDD2通道电阻，必须按图可靠连接，否则 VDD2端电压无法稳定，在220V应用的情况下可能损坏UCS3218。

（a）AC 220V供电部分

图 5-36　AC 220V 供电数码管电路原理图

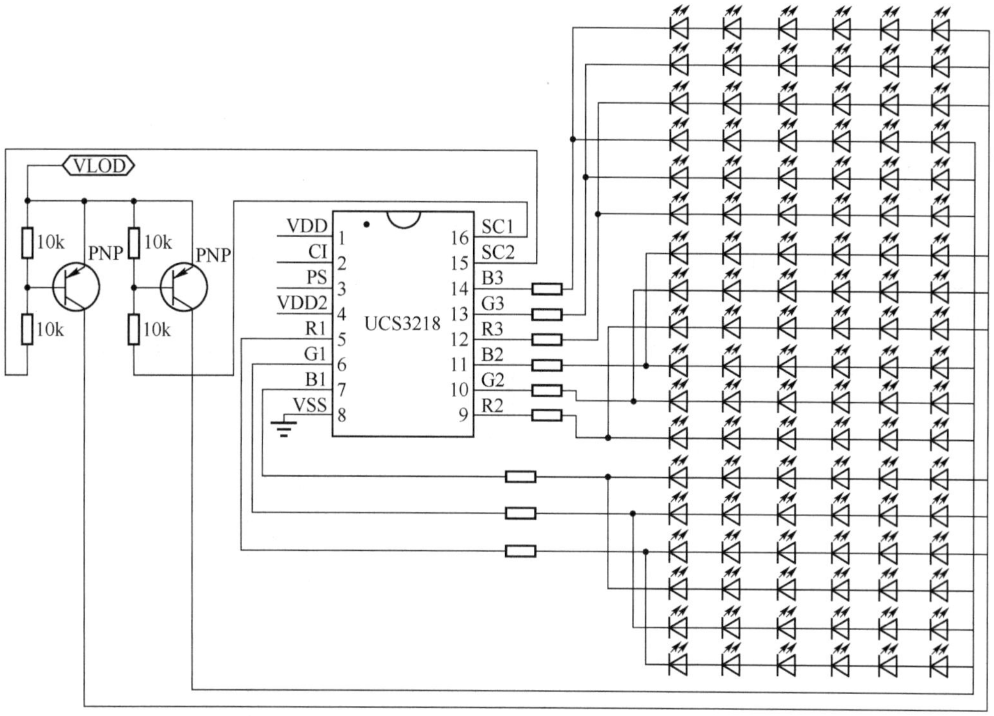

（b）AC 220V供电UCS3218的应用电路

图 5-36　AC 220V 供电数码管电路原理图（续）

AC 24V 供电数码管电路原理图如图 5-37 所示。

【说明】 设计 LED 内控数码管时可以将 AC 220V 或 AC 24V 两个电路设计在一个 PCB。

UCS3218 的应用电路元器件清单如表 5-11 所示。

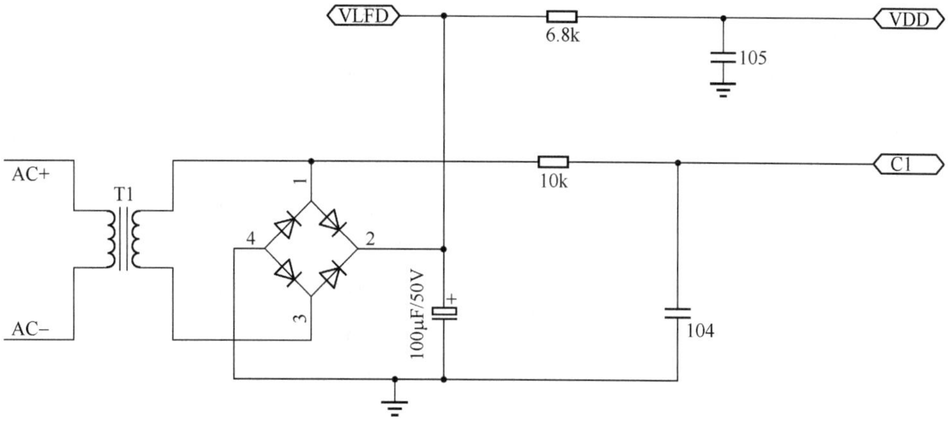

（a）AC 220V供电部分

图 5-37　AC 24V 供电数码管电路原理图

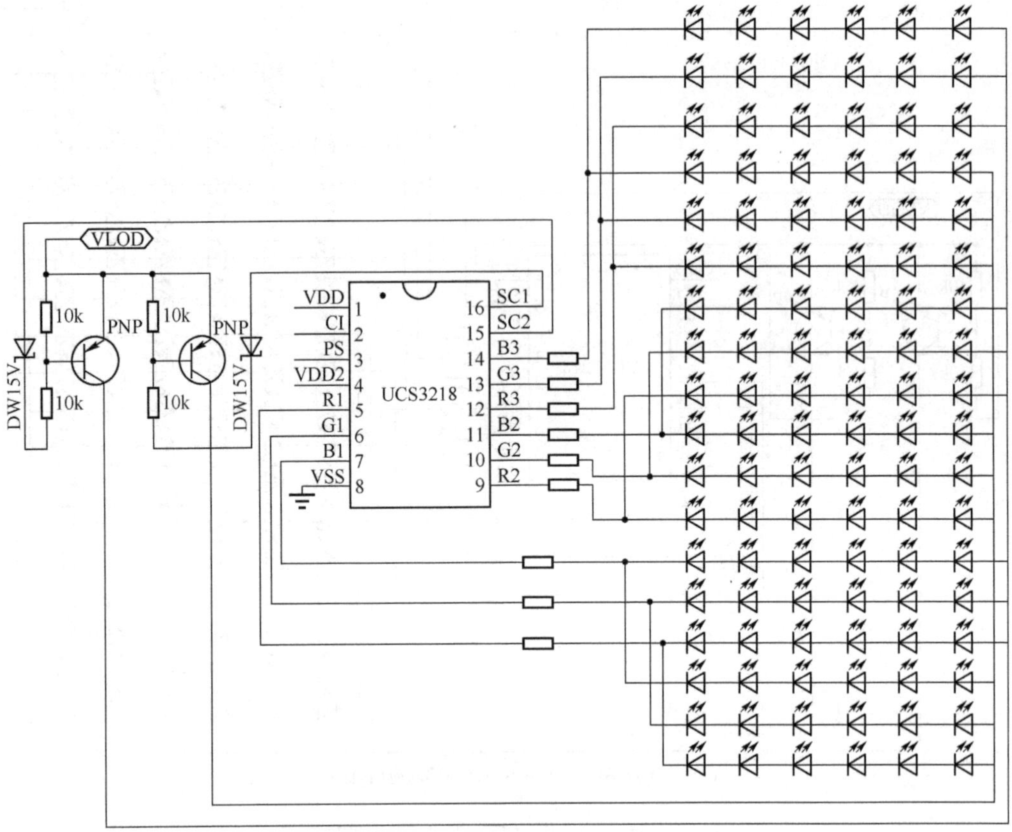

（b）AC 24V供电UCS3218的应用电路

图 5-37　AC 24V 供电数码管电路原理图（续）

表 5-11　UCS3218 的应用电路元器件清单

序　号	名　称	AC 220V			AC 24V		
		型　号	规　　格	数 量	型　　号	规　　格	数 量
1	芯片	UCS3218	SO－16	1	UCS3218	SO－16	1
2	二极管	1N4007	M7	4	1N4007	M7	4
3	三极管	8550	SOT－23	2	A92	SOT－23	2
4	降压电容	155	400V	1	1N4109	15V/1W	2
5	电解电容	100μF	50V	1	100μF	50V	1
6	瓷片电容	104	50V	2	104	50V	2
7	电阻	270Ω	2W	1	10kΩ	1/4W	3
8		510kΩ	1/4W	2	6.8kΩ	1/4W	1
9		200kΩ	1/4W	1	1kΩ	1/4W	2
10		12kΩ	1/4W	1	750Ω	1/2W（R 限流电阻）	3
11		10kΩ	1/4W	4	360Ω	1/4W（G、B 限流电阻）	6
12		5.6kΩ	1/4W	1			
13		510Ω	1/2W（R 限流电阻）	3			
14		160Ω	1/4W（G、B 限流电阻）	6			

3）UCS3218 应用电路注意事项

☺ PCB 布线 VSS 的走线尽量粗而短。

☺ 电源与地之间的电容务必靠近芯片 UCS3218 引脚且连线最短，电容值尽量大。

☺ 芯片 UCS3218 的 CI 端对地电容（104）可以去除同步取样端的干扰，在设计 PCB 时务必要紧靠芯片 UCS3218 的 CI 引脚且连线最短，否则会出现无法同步的现象。

☺ 芯片 UCS3218 的 PS 端的 104 也要尽量靠近芯片 UCS3218 的 PS 引脚。

☺ 同步取样线务必连接在降压电容之前，即在 AC 220V 的进线焊盘上。

3. LED 数码管的安装

1）外控 LED 数码管的安装步骤

（1）在墙体上打孔，装上膨胀螺栓，之后将 LED 数码管用安装码安装到墙体上，用自攻螺钉锁住安装码。LED 数码管的间距根据现场要求而定，一般在 1 ～ 3cm 之间。

（2）将 LED 数码管的信号线、电源线对接起来，信号线一般是两芯的公母插头；电源线是两芯的护套线 $2 \times 0.5mm^2$。

（3）根据开关电源的功率以及 LED 数码管的功率来计算每个开关电源可以带多少条 LED 数码管。若用 350W 的开关电源（防水电箱），则可以带 108 灯 30m 条（108 灯的 LED 数码管是 10W/m）；144 灯的则带 26m（144 灯是 12W/m）。

【说明】

（1）一般只用到 80% ～ 90% 的开关电源功率；如开关电源可以带 *X*m LED 数码管，开关电源则放在第 *X*/2 ～ *X*/2 +1 条中间，两边出线，每边各带 *X*/2 条。

（2）如开关电源的功率大到 700W 以上，每边接的 LED 数码管的数量不能超过 25 m；因为电源输出导线有功率损耗，数量越多越到后面的 LED 数码管的电压越低，亮度也会变化。

（4）LED 数码管的供电电路要另外连接，工作电压为 DC 12V 或 DC 24V，一般接到开关电源引出的主线上（$2 \times 2.5mm^2$）。LED 数码管另外一端两条接线头接到控制器输出的信号线（DATA、GND）上，每个控制器只能带固定数量的 LED 数码管，一般可以带到 128m；做楼体轮廓时，每一个控制器带一路；具体的情况根据 LED 效果图安装。控制器采用同相电供电，才能实现同步。

（5）将开关电源全部接到一条 220V 主电源上，然后采用一个空气开关和时间开关；控制 LED 数码管统一通电；然后将所有控制器上的插头插在 220V 的电源上，但是所有控制器供电都是同一相电。

外控 LED 数码管的安装示意图如图 5-38 所示。

【说明】

☺ 对于标准 DMX512（1990）协议来说，假如控制器的一个分端口接 512 个通道，也就是 170 个像素点。

☺ UCS512A1 要求控制器每个数据包的复位信号码间隔不能小于 4ms，即帧频最高不能高于 250Hz，否则可能无法正常显示画面。

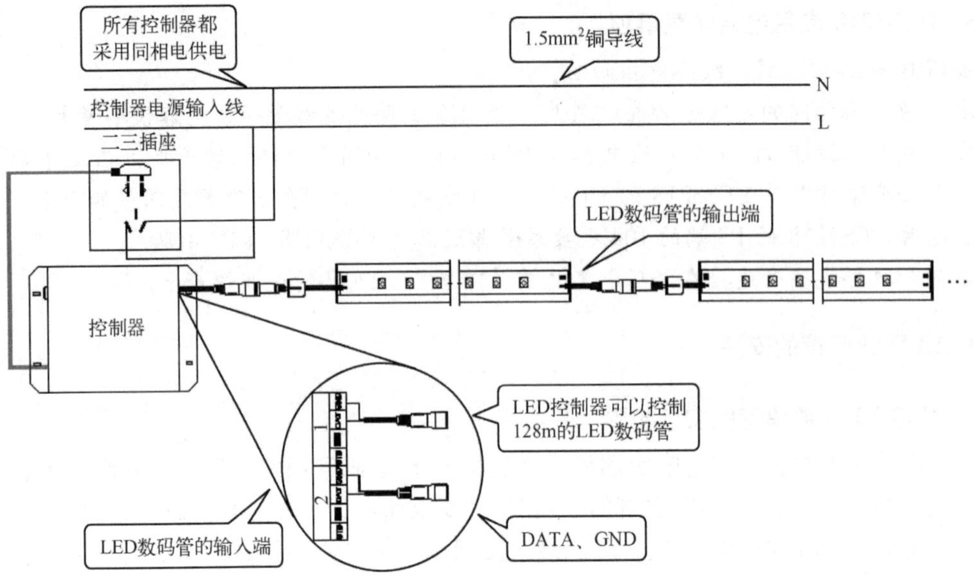

（a）串行外控LED数码管的安装示意图

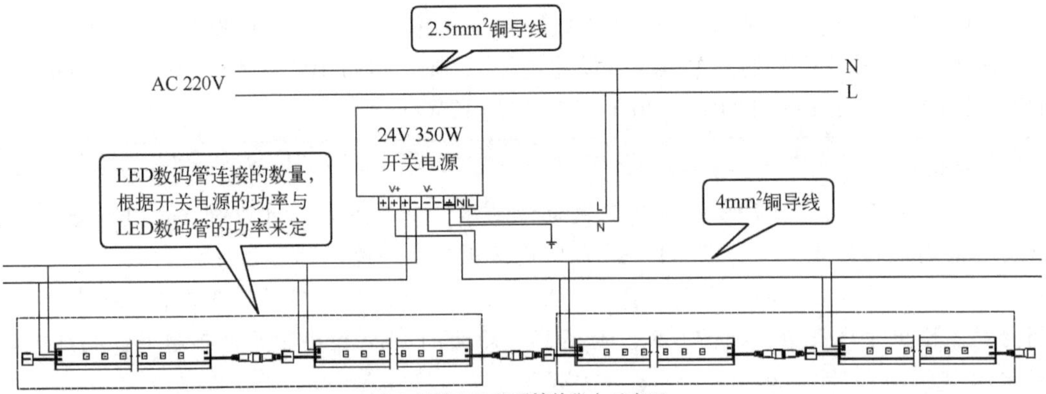

（b）外控LED数码管的供电示意图

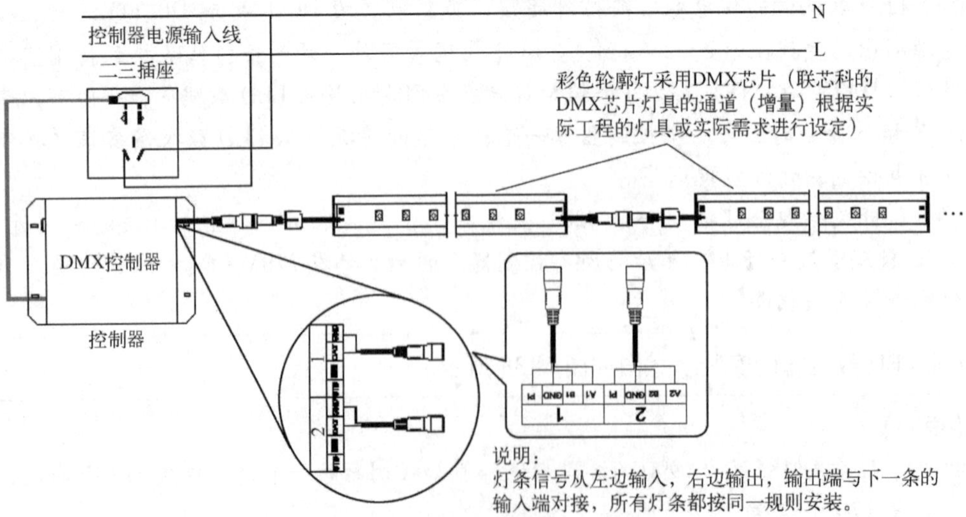

（c）DMX外控LED数码管的安装示意图

图 5-38　外控 LED 数码管的安装示意图

2）内控 LED 数码管的安装步骤　内控 LED 数码管直接按 LED 数码管的电压接电就行了。内控 LED 数码管的安装示意图如图 5-39 所示。

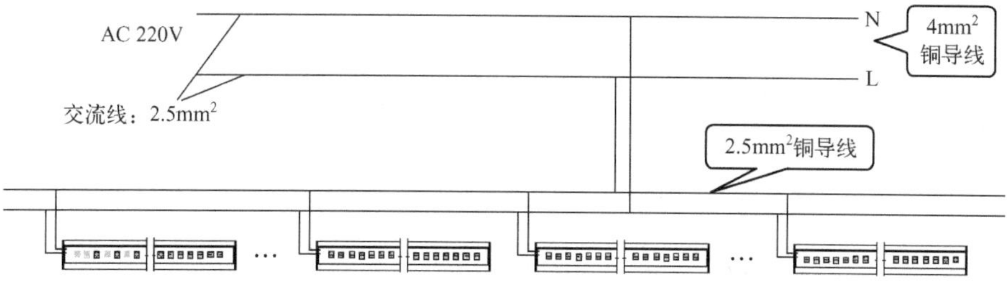

图 5-39　内控 LED 数码管的安装示意图

4. LED 数码管的工艺流程

☺ 零部件组装。根据配送单到材料部领零件组装，把 LED 灯珠、IC、电容、二极管、三极管等组装到 PCB 上。
☺ 测试 LED 灯珠。加电测试 LED 灯珠是否已全亮，如有坏点、暗点须更换。
☺ 套 PC 外管。套外管之前用高压气枪吹干净里面的灰尘。
☺ 焊接线座。PC 外管两头密封座子有电源线。
☺ 测试通电。通电测试，检测上一步的焊接牢固情况。
☺ 内密封。PC 管内边缘涂上一层密封胶水，接上座子。
☺ 老化测试。接上电源信号通电老化 12h，期间用外力敲打 PC 外管，测试抗震。
☺ 外缝密封。座子边缝再涂上一圈密封胶水，防水等级要达到 IP65，自然晾干 2h，用裁纸刀修饰密封胶。
☺ 装箱打包。每箱按规格装好，用打包机打包，贴上规格标签。

5. LED 数码管成品检测标准

LED 数码管成品检测标准如表 5-12 所示。

表 5-12　LED 数码管成品检测标准

序号	检验项目	检验内容	检验要求	检验方法/工具	缺陷等级		
					CR	MA	MI
1	包装	材料规格	➢ 外箱标示内容要与实物相符，说明书、合格证也要与实物相符。 ➢ 外箱规格要与装箱清单相符，重点检查版面上与产品规格相关的信息	目视		√	
		标识	➢ 丝印内容及位置要清晰及正确。 ➢ 勾选须明显清晰，大小不超过字体的大小。 ➢ 贴纸必须贴有平整，不可有翘起、歪斜、起皱等不良。 ➢ 标贴位置须正确（按工程封样），合格证须写上生产日期	目视		√	
		产品及配件	➢ 产品及配件不可漏装、错装	目视		√	

续表

序号	检验项目	检验内容	检验要求	检验方法/工具	缺陷等级		
					CR	MA	MI
2	外观	PC 管	➢ PC 管内须光泽无灰尘。 ➢ 防水胶不能存在有大量气泡（针孔）或断层及缺口等情况。 ➢ 灌好硅胶的电源线须能承受 50N 拉力，不能有松动或脱线的情况。 ➢ 堵头的胶须饱满、结实，不能有少胶、漏胶或溢胶的情况	目视	√		
3	性能	电参数	➢ 光通量、色温、显色指数等测试。 ➢ 测试结果需符合相关技术要求。 ➢ 1.1 倍额定电压通电应无不亮、短路、噪声、频闪、温升过高等不良现象	积分球	√		
4	可靠性测试	高低温测试	➢ 高温试验时间 4h；通常温度为 40℃。 ➢ 低温试验时间 4h；通常温度为 -25℃。 ➢ 将待测品置于温控室内，依规格设定好输入、输出测试条件，然后开机。 ➢ 依规格设定好温控室的温度和湿度，然后启动温控室。 ➢ 定时记录待测品输入功率和输出电压，以及待测品是否有异常。 ➢ 做完测试后回温到室温，再将待测品从温控室中移出，在常温环境下至少恢复 4h，然后确认其外观和电气性能有无异常	高低温交变湿热试验箱、电子负载、交流电源、智能电量测试仪	√		
5	防水测试	试水	➢ 每一批抽 5～10PCS 试水。 ➢ 接受水淋及 50cm 水深的水浸，不能出现进水的情况		√		
6	通电试亮	成品老化	➢ LED 数码管老练 8h，老练之后不能出现死灯、单芯亮或两芯亮等 ➢ LED 数码管不能出现明显色差，亮度不一致、颜色一致。 ➢ LED 数码管老化时须注意其程序变幻的一致性及灯珠渐变的一致性	目视	√		

5.5 LED 控制器简介

LED 控制器（LED Controller）通过 MCU 芯片来控制电路中的各个 LED 灯通断。根据 LED 控制器预先设定好的程序，控制电路中驱动电路或芯片，驱动 LED 灯有规律地发光而形成阵列，从而显示出 LED 控制器预先设定好的文字、图形及动画。

随着亮化工程增加，控制效果也要求越来越复杂。对于 LED 控制系统，这里主要介绍网络控制系统与总线控制系统。

1. 网络控制系统

由于网络技术的普及和成熟，LED 装饰照明控制系统中应用 TCP/IP 网络技术已成为一种明显的趋势。TCP/IP 协议（Transfer Controln Protocol/Internet Protocol）叫作传输控制/网际协议，又叫网络通信协议，是国际互联网络的基础。用 TCP/IP 协议可实现整个系统的宽带、距离、可靠性和双向等功能，这意味着在一个网络里可同时连接的设备更多，且连接的距离更长。传输控制协议使 LED 装饰照明系统的控制质量和可靠性更高，双向通信使设备的远程监测和控制更有效，因而构筑大规模可靠的 LED 装饰照明系统的网络成本更低，这是以现代计算机网络技术为支持的必然结果。

2. 总线控制系统

1）DMX512 控制系统　目前 DMX512 也是应用最广泛的 LED 控制系统，实际上是 LED 市场单独的标准。由于 DMX512 也要设定地址，而 DMX512 最多只能控制 512 个通道，也就是 170 个全彩 LED 灯具，所以它只能应用在小规模 LED 控制系统中。

DMX512 是传统的舞台灯光控制协议，是由美国剧场技术协会（United State Institute for Theatre Technology，Inc）于 1986 年 8 月提出的一个能在一对线上传送 512 路可控硅调光亮度信息的标准。DMX512 通信方式采用了异步通信格式，每个调光点由 11 位组成，包括一个起始位、8 位调光数据和两个停止位。每一次能传输 512 个调光点。

DMX512 控制线采用 5 针 XLR（有时候是 3 针）连接设备；母接口适用于发送器，而公接口适用于接收器。规范中建议用一条两对导线（4 个连接口）来实现屏蔽，虽然只是需要其中一对。第二对导线用于未指定的可选场合中。必须注意的是，一些调光器使用这些线来指示故障和状态信息。如果调光器用第二个信道，则需要专门配置的分路器和中继器。但是在建筑光亮工程中，直流的线路衰弱大，要求在 50m 左右安装一个中继器，控制总线为并行方式。

DMX512 协议要对每个接收设备设定地址，通常是每个接收设备有一个二进制或十进制拨码开关设定地址，而在 LED 灯光控制应用中有些灯具对防水有较高的要求，如水下灯、埋地灯等是无法通过拨码开关设定地址的，这样就加大了工程安装和维护过程中的难度。但是随着技术的发展，现在也出现了自己写地址的控制系统，只是多加了两根地址线。多个控制器互连来控制复杂的照明方案，软件比较复杂。所以 DMX512 比较适合灯具集中在一起的场合，如舞台灯光。

2）串行 SPI 控制系统　以级联的方式进行控制。由于其芯片是专为 LED 显示屏设计的，而为显示屏设计的 LED 驱动芯片是多路的，如 8 路、16 路，所以这种控制方式应用较多的是在 LED 轮廓灯上。有一个 LED 驱动芯片出现故障，就将导致整条总线通信中断。出线过多，所以不适合在 LED 点光源上应用。

> **【说明】** SPI（Serial Peripheral Interface，串行外设接口）总线系统是一种同步串行外设接口，它可以使 MCU 与各种外围设备以串行方式进行通信以交换信息。

3）RS－485 总线控制系统　以 RS－485 联网控制方式，每个 LED 灯具内置一片单片机进行控制并连接到 RS－485 总线上，通过一台控制器对 RS－485 总线上的每个单片机进行控制。这种控制方式需要对每个灯具设定地址，在工程应用中很不方便。而目前各个控制器厂商虽然都用 RS－485 协议，但应用层标准尚未统一，所以造成各个厂商的产品无法兼容。

> **【说明】** RS－232、RS－422、RS－485 是电气标准，主要区别是逻辑表示方法。
> （1）RS－232 使用电压 12V（逻辑 1）、电压 0V、电压－12V（逻辑 0）来表示逻辑，

采用全双工工作方式，最少需要 3 条通信线（RX、TX、GND），RS－232 使用绝对电压表示逻辑，由于存在干扰、导线电阻等原因，通信距离短。

（2）RS－422 在 RS－232 后推出，使用 TTL 差动电平表示逻辑（用两根通信线的电压差来表示逻辑），RS－422 定义为全双工的，最少要 4 根通信线（比 RS－232 多一根地线），一个驱动器可以驱动最多 10 个接收器（即接收器为 1/10 单位负载），通信距离与通信速率有关系，一般距离短时采用高速率进行通信，速率低时可以较远距离通信，一般可达数百至上千米。

（3）RS－485 在 RS－422 后推出，绝大部分继承了 RS－422，两者之间的差别是 RS－485 是半双工的，至少可以驱动 32 个接收器（即接收器为 1/32 单位负载），采用高阻抗的接收器时可以驱动更多的接收器。RS－422 可以全双工工作，收发互不影响，而 RS－485 只能半双工工作，收发不能同时进行。RS－422 需要两对双绞线，但 RS－485 只需要一对双绞线。

4）DALI 总线控制系统 DALI 最早问世于 20 世纪 90 年代中期，商业化的应用开始于 1998 年。目前在欧洲 DALI 作为一个标准已经被镇流器大厂商所采用。灯光控制总线封闭协议有 Clipsal Bus 和 Dynet，开放协议有 DALI、DMX512、X—10 和 HBS。由于协议的开放性，DALI 和 DMX512 在中国被广泛使用。在 DALI 系统中，每个灯具有一个地址，并有一组控制命令。可寻址范围是 144 个灯，并能实现群控的能力。每个 LED 灯具中使用一个单片机完成 DALI 数据的接收和 DALI 命令的控制。

【说明】DALI 技术的最大特点是单个灯具具有独立地址，通过 DALI 系统软件可对单灯或任意的灯组进行精确的调光及开关控制，不论这些灯具在强电上是同一个回路还是不同回路。即照明控制上与强电回路无关，DALI 系统软件可对同一强电回路或不同回路上的单个或多个灯具进行独立寻址，从而实现单独控制和任意分组。用户可根据需要随心所欲地设计满足其需求的照明方案，甚至在安装结束后的运行过程中仍可任意修改控制要求，而无须对线路做任何改动。DALI 技术的应用可实现简化安装程序，降低布线成本，缩短调试时间，实现许多基于回路控制的智能照明控制系统无法实现的功能。

5）Z－Wave Z－Wave 是由丹麦公司 Zensys 所一手主导的无线组网规格，Z－Wave 联盟的成员均是已经在智能家居领域有现行产品的厂商，该联盟已经具有 160 多家国际知名公司，范围基本覆盖全球各个国家和地区。Z－Wave 技术设计用于住宅、照明商业控制以及状态读取应用，如抄表、照明及家电控制、HVAC、接入控制、防盗及火灾检测等。

6）ZigBee ZigBee（紫蜂协议）是基于 IEEE802. 15. 4 标准的低功耗局域网协议。根据国际标准规定，ZigBee 技术是一种短距离、低功耗的无线通信技术。ZigBee 技术能融入各类电子产品，应用范围横跨全球民用、商用、公用及工业用等市场。

7）Wi－Fi Wi－Fi 是一种允许电子设备连接到一个无线局域网（WLAN）的技术，通常使用 2. 4GHz UHF 或 5GHz SHF ISM 射频频段。所有智能手机、平板电脑和笔记本电脑都支持无线保真上网，是当今使用最广的一种无线网络传输技术。

第 6 章　LED 灯带、灯串的设计与安装

6.1　LED 灯带的设计

LED 灯条（LED Strip）因形状就像一根带子，再加上主要元件是 LED，所以又称为 LED 灯带。LED 灯条与 LED 灯杯一样，都是节能、环保的 LED 产品，因 LED 灯条更注重装饰性，受到许多广告商与照明设计师的喜爱。LED 灯条又分 LED 柔性灯条与 LED 硬灯条。

1. LED 柔性灯条

LED 柔性灯条又称为 LED 软灯条，其结构主要由 SMD LED 灯珠、FPC（柔性 PCB）、电阻组成。市面上 LED 软灯条主要用的灯珠为 SMD3528（3.5mm × 2.8mm）、SMD 5050（5.0mm × 5.0mm）。LED 软灯条灯珠为 SMD3528，规格有 30 灯/m、60 灯/m、120 灯/m，其尺寸大小为 2mm × 8mm × 5000mm。LED 软灯条灯珠为 SMD5050，规格有 30 灯/m、60 灯/m、120 灯/m，其尺寸大小为 2mm × 10mm × 5000mm。柔性 LED 灯条的外形如图 6-1 所示。

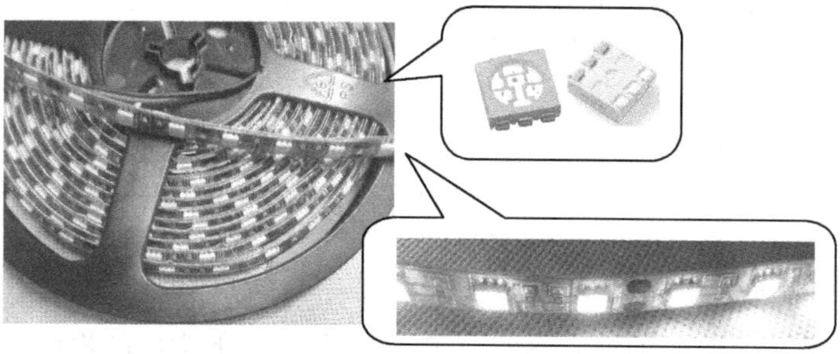

（a）SMD5050柔性LED灯条

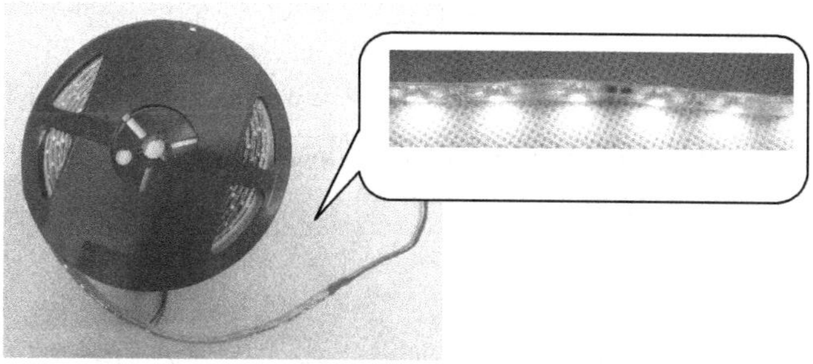

（b）SMD3528柔性LED灯条

图 6-1　柔性 LED 灯条的外形

> **【说明】**
> ☺ FPC 简称“软板”，又称“柔性线路板”，具有配线密度高、重量轻、厚度薄的特点。

☺ SMD5050 软灯带焊接在 FPC 上，灯珠数量有 30 灯/m，60 灯/m、120 灯/m 三种规格，以适用不同亮度的地方。目前以 60 灯/m 的居多，其他灯数的需要定做。

2. LED 柔性灯条的主要参数与特点

1）色温 是指白光 LED，一般来说，色温不作为考核 LED 灯带的指标，只因使用环境不同，采购商会对白光 LED 有一个特别的要求。光源色温不同，光色也不同。

【说明】

（1）暖色温，色温在 3300K 以下，光色偏红给人以温暖的感觉；有稳重的气氛、温暖的感觉。

（2）“中性”色温，色温在 3000 ～ 6000K，人在此色调下无特别明显的视觉心理效果，有爽快的感觉。

（3）冷色温，色温超过 6000K，光色偏蓝，给人以清冷的感觉。

2）亮度 一般 LED 灯带因颜色的不同其发光强度也不同，发光强度的单位是毫坎德拉（mcd）。其数值越高，说明发光强度越大，也就是越亮。它是评定 LED 灯带亮度的重要指标，亮度要求越高的 LED 灯带价格越贵，因高亮度的 LED 芯片价格偏贵，且亮度越高，封装难度越大。

3）发光角度 是指 LED 灯带上 LED 元件的发光角度，一般通用的贴片 LED，其发光角度都是 120°。发光角度越大，散光效果越好，其结果也是相对的，发光角度越大，其发光的亮度就要相应减小了。发光角度小，光的强度是增大了，但照射的范围又会缩小。所以发光角度是评定 LED 灯带的重要指标之一。

4）光通量 每颗 SMD3528 灯珠能够达到 4 ～ 6lm，现在高亮灯珠能够达到 7 ～ 12lm，每颗 SMD5050 灯珠能够达到 10 ～ 12lm，目前一般都用 16 ～ 18lm 的。

【说明】 亮度用光通量定义，其单位为流明（lm），流明值越高表示亮度越高。

5）电压 是指 LED 灯带的输入电压（工作电压），一般常用的规格是直流 12V，也有的是 24V。

LED 软灯条的特点如下：

（1）节能。SMD3528 的 LED 软灯条功率为 4.8W/m，SMD5050 的 LED 软灯条功率为 7.2W/m，相对于传统照明及装饰灯具而言，功率低而效果好。

（2）安装方便。LED 软灯条安装方便，可安装在多种支承面上。由于 LED 软灯条轻、薄，也可以采用双面胶实现固定的功能。无须专业人员即可安装，可以 DIY。

（3）应用范围广。LED 软灯条具有柔软、轻薄、色彩纯正等特点，广泛应用于楼体轮廓、台阶、展台、桥梁、酒店、KTV 装饰照明，以及广告招牌的制作，各种大型动画、字画的广告设计等场所。

（4）发热量小。LED 软灯条的单颗 LED 的功率很低，一般为 0.04 ～ 0.08W，发热量不高。

（5）寿命长。LED 软灯条的正常使用寿命是 8 ～ 10 万小时，每天工作 24h，其寿命都差不多也是 10 年，是传统灯具的好几倍。

（6）安全。供电电压是低压直流 12V，使用非常安全，不会引起安全隐患。

（7）环保。无论是 LED 还是 FPC，其材质都是环保材质，属于可回收利用型，不会因为大量使用而造成对环境的污染和破坏。

（8）柔软性。采用非常柔软的 FPC 为基板，可以任意弯折而不会折断，易于成型，适合各种广告造型。

3. LED 柔性灯条的设计

LED 柔性灯条采用 FPC 做组装线路板，用贴片 LED 进行组装，其产品的厚度仅为一枚硬币的厚度，不占空间。规格比较多，且可以任意弯曲、折叠、卷绕，可在三维空间随意移动及伸缩而不会折断。适合在不规则的地方和空间狭小的地方使用，也因其可以任意弯曲和卷绕，适合于在广告装饰中任意组合各种图案。SMD3528、SMD5050 软灯条常用规格如表 6-1 所示。

表 6-1 SMD3528、SMD5050 软灯条常用规格

型号	规格	电压/电流	功率	颜色	防水类别
贴片 3528	30 灯/m	DC 12V/0.2A	2.4W/m	红/黄	不防水 滴胶防水 套管防水 灌胶防水
	60 灯/m	DC 12V/0.4A	4.8W/m	黄/蓝	
	120 灯/m	DC 12V/0.8A	9.6W/m	绿/白	
	240 灯/m	DC 12V/1.6A	19.2W/m	暖白	
贴片 5050	30 灯/m	DC 12V/0.6A	7.2W/m	红/黄/蓝	
	48 灯/m	DC 12V/0.8A	9.6W/m	绿/白	
	60 灯/m	DC 12V/1.2A	14.4W/m	白	
	60 灯/m	DC 12V/1.2A	14.4W/m	七彩（RGB）	
贴片 3528	30 灯/m	DC 24V/0.1A	2.4W/m	红/黄	
	60 灯/m	DC 24V/0.2A	4.8W/m	黄/蓝	
	120 灯/m	DC 24V/0.4A	9.6W/m	绿/白	
	240 灯/m	DC 24V/0.8A	19.2W/m	暖白	
贴片 5050	30 灯/m	DC 24V/0.3A	7.2W/m	红/黄/蓝	
	48 灯/m	DC 24V/0.4A	9.6W/m	绿/白	
	60 灯/m	DC 24V/0.6A	14.4W/m	白	
	60 灯/m	DC 24V/0.6A	14.4W/m	七彩（RGB）	

柔性 LED 灯条在灌胶/滴胶时容易发生色漂的问题，一般来说都是高于原 LED 灯珠色温，这一点读者一定要注意。或者说当 LED 灯上面灌胶之后，其色温已发生变化。方法一是将 LED 色温适当降低，选择色容差好的 LED 灯，当灌胶之后，色温可以达到设计的要求。其二是选择好的胶水。透明硅胶灌胶高度刚好超过灯珠表面。

柔性 LED 灯条在灌胶之后，色温会比原灯珠的色温高，原来的色温越高，灌胶之后相差的色温越大，都在 200 ～ 600K 之间。不同灌胶工艺会产生不同的色温偏差，请设计者根据实际情况而定。设计时 LED 灯珠要选用国际标准色温 3 个主 BIN 灯珠，同批次订单同 BIN 号。

对于可以调光的柔性 LED 灯条在设计时要注意 LED 芯片的大小、生产商，最好选择国外芯片封装的 LED 灯珠。采用高亮进口原装 LED 灯珠生产制作，亮度高，发热量少，免维护，安装方便，可随安装环境变化调整发光角度。

> **【说明】**
>
> （1）柔性电路板（简称软板或 FPC）是以聚酰亚胺或聚酯薄膜为基材制成的一种具有高度可靠性、绝佳的可挠性印制电路板。
>
> （2）柔性 LED 软灯条（SMD 贴片）防水处理分为表面滴胶、套管防水、实心防水（U 形槽 + 树脂）、灌胶防水（套管 + 树脂）。

SMD3528、SMD5050 软灯条的电路原理图如图 6-2 所示。

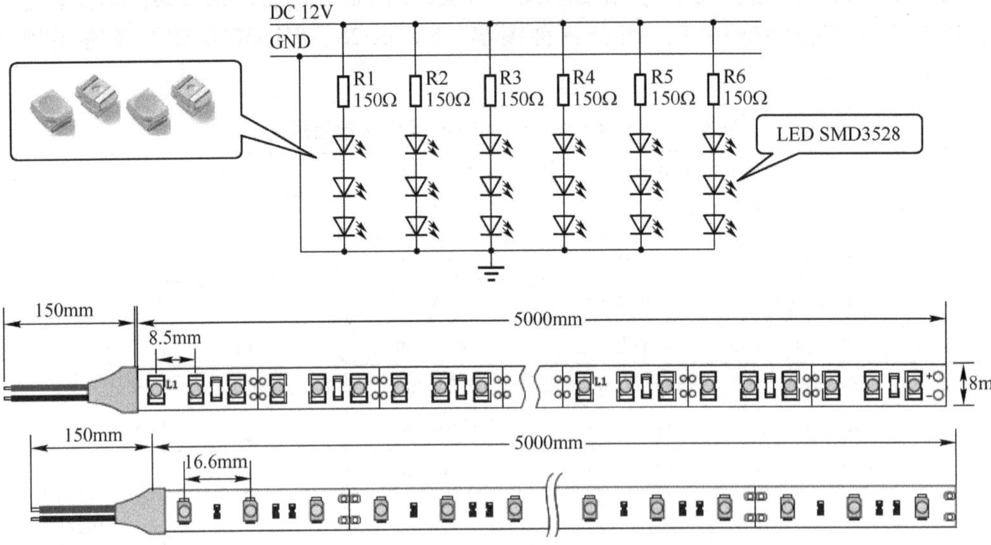

（a）SMD3528电路原理图

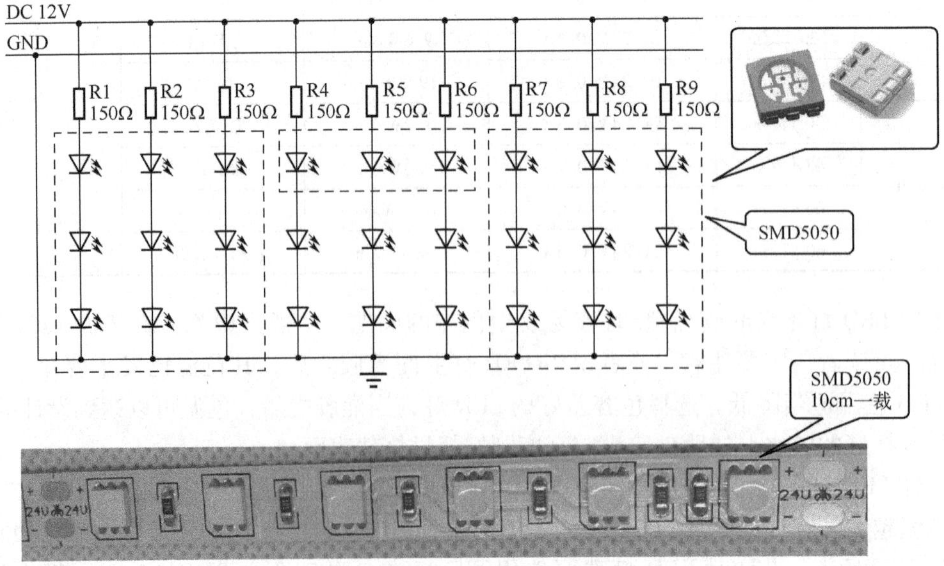

图 6-2　LED3528、5050 软灯条的电路原理图

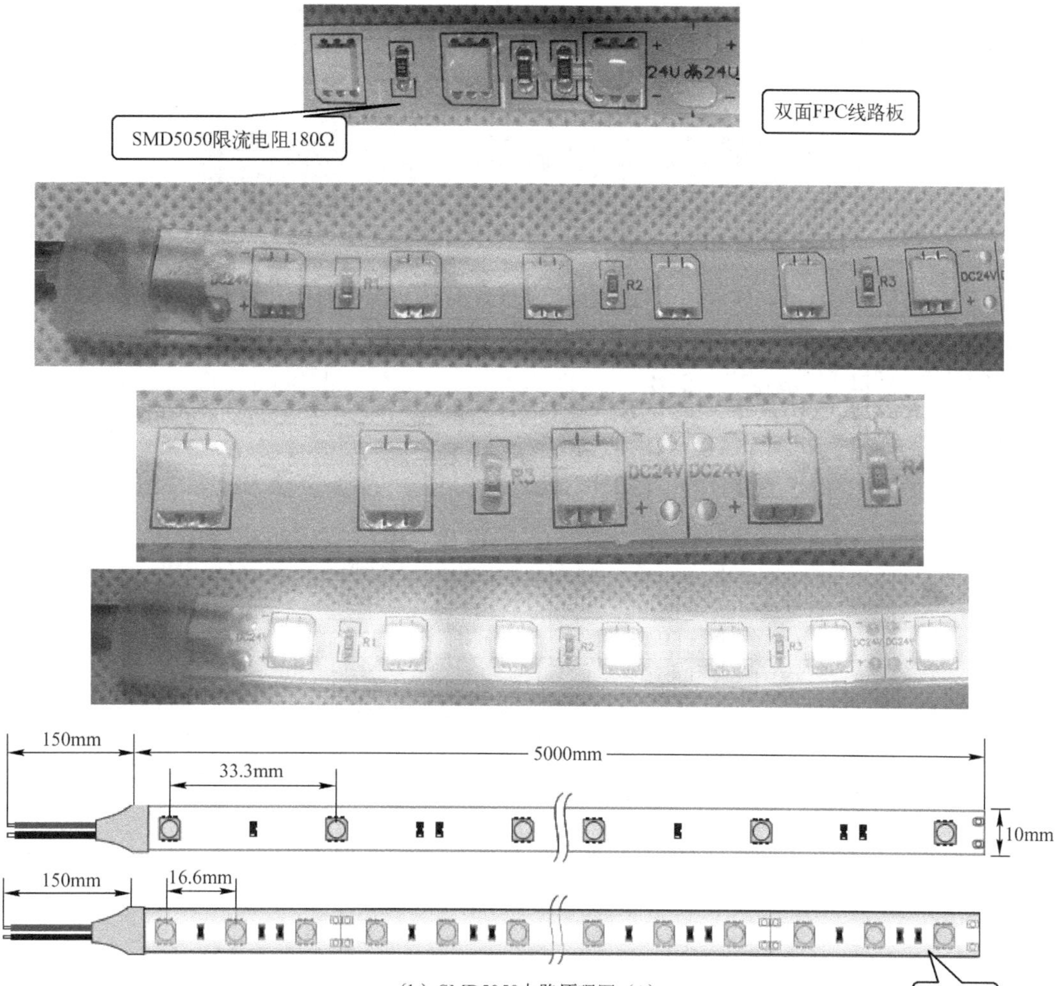

（b）SMD5050电路原理图（1）

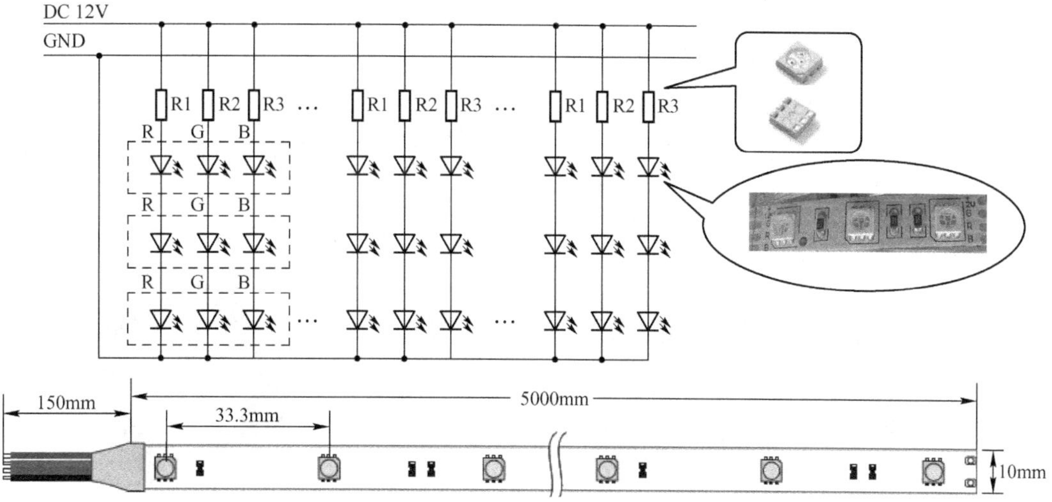

图 6-2　LED3528、5050 软灯条的电路原理图（续）

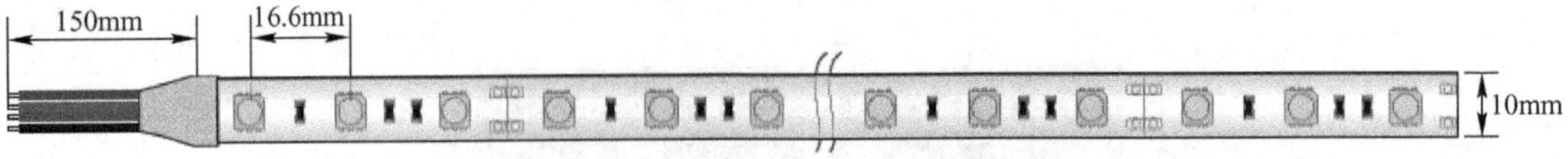

（c）SMD5050电路原理图（2）

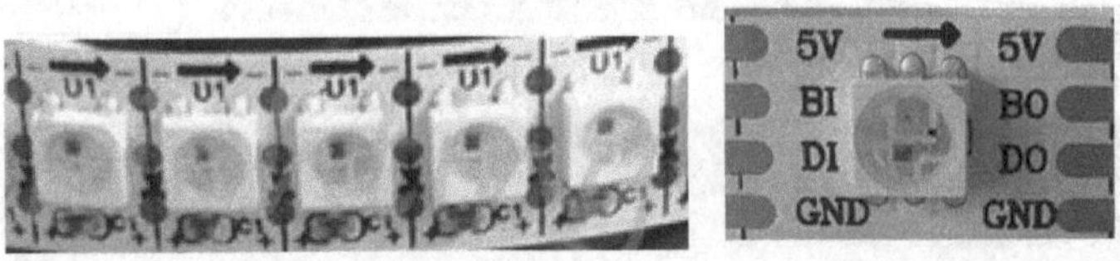

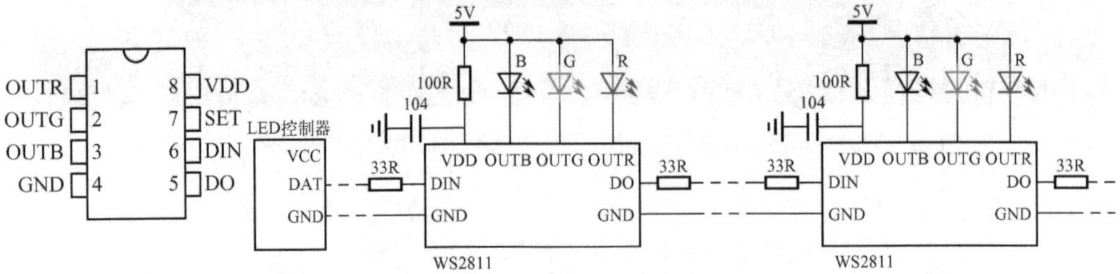

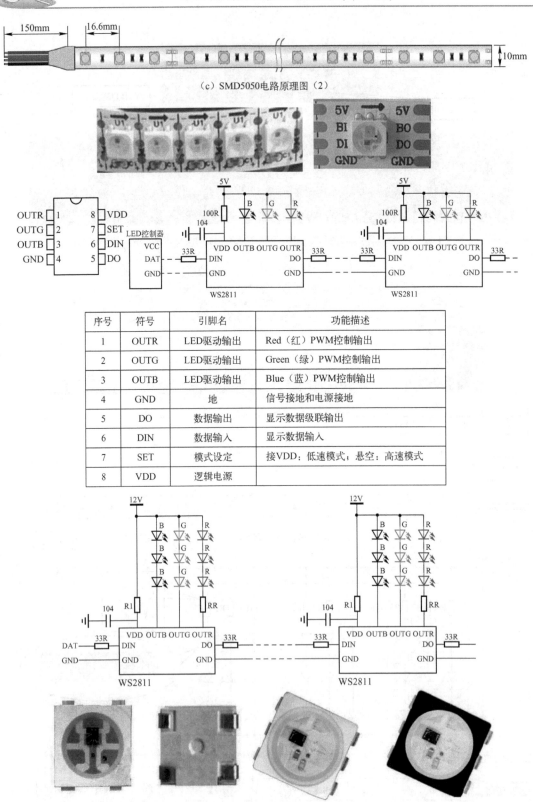

序号	符号	引脚名	功能描述
1	OUTR	LED驱动输出	Red（红）PWM控制输出
2	OUTG	LED驱动输出	Green（绿）PWM控制输出
3	OUTB	LED驱动输出	Blue（蓝）PWM控制输出
4	GND	地	信号接地和电源接地
5	DO	数据输出	显示数据级联输出
6	DIN	数据输入	显示数据输入
7	SET	模式设定	接VDD：低速模式；悬空：高速模式
8	VDD	逻辑电源	

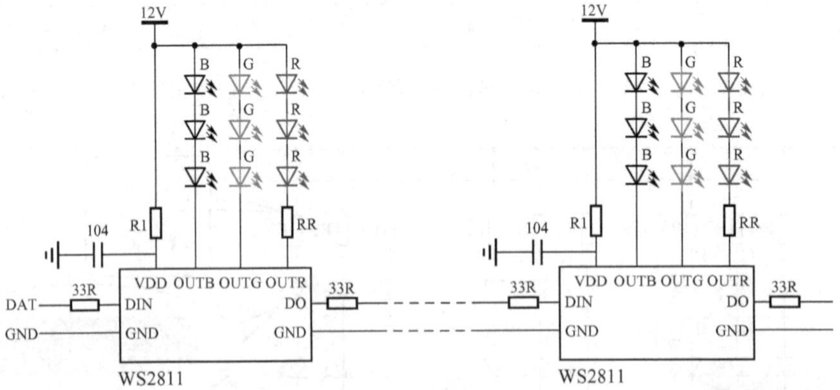

图 6-2 LED3528、5050 软灯条的电路原理图（续）

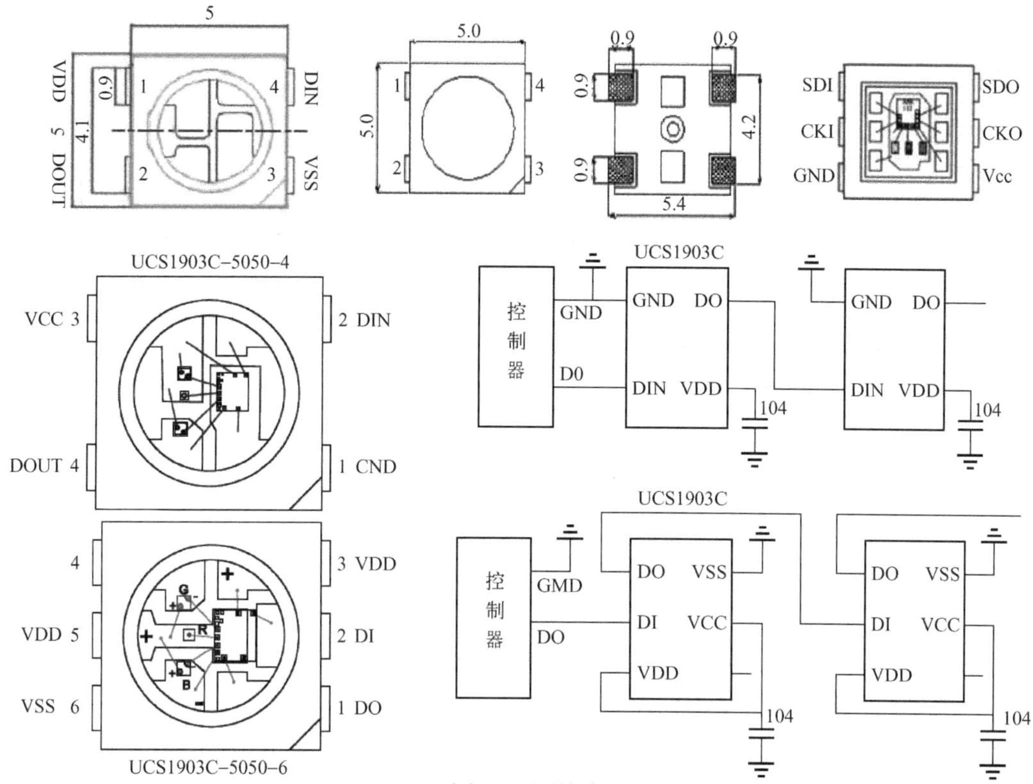

（d）RGB幻彩灯条

图 6-2　LED3528、5050 软灯条的电路原理图（续）

【说明】

（1）FPC 按照板材的宽度常见的有 8mm、10mm 和 12mm 三种。一般而言，SMD3528 灯带用的是 8mm 宽的 FPC 板材，而 SMD5050 灯带用的是 10mm 宽的 FPC 板材。FPC 板材的颜色有普通黄色板、白色板和黑色板。

（2）柔性 LED 灯带生产辅料有锡膏，设备有锡膏搅拌机、锡膏印刷机、SMT 贴片机、回流焊机、灌胶机。

（3）RGBW 四色合一灯带，1 个 IC 控制 3 颗 LED 灯，通过控制器调为不同颜色、不同效果等。每一组 LED 即可组成一个回路，可以沿着上面切线任意截断和焊接，达到客户要求的各种灯条长度的需求。

（4）裸板 LED 灯带不防水；滴胶 LED 灯带防潮、防水滴，但不可浸于水中；套管、灌胶、注胶 LED 灯带有防水功能，可浸于水中。

（5）WS2812B 幻彩灯条是将光源及 IC 封装高亮 SMD5050 LED，控制器通过控制 IC 对 FPCB 里面的电路进行控制，从而控制 LED 幻彩灯条变化，达到不同的效果。每一个 LED 即可组成一个回路，可以沿着上面切线任意截断和焊接达到客户要求的长度。

（6）幻彩灯条灯珠数量有 30 灯/m、60 灯/m、144 灯/m，段数也是一样，FRC 板宽为 10mm。

(7) 幻彩灯条采用内置IC系列驱动发光于一体的WS2812为主，外加一个103电容组成。

4. 柔性LED灯带（FPC灯带）的生产流程

(1) 印刷锡膏。先把锡膏回温之后进行搅拌，然后放少量在印刷机钢网上，用量以刮刀前进的时候锡膏到刮刀的3/2处为佳。

【说明】 第一次试印刷后要注意观察FPC上LED焊盘位置的锡膏是否饱满，有没有少锡或多锡，还要注意有没有短路的情况。这一关非常关键，把关不严就会造成后面的品质不良。

(2) 贴片。把印刷好的FPC放在治具上，自动送板到贴片位置。贴片机的程序是事先编制好的，只要第一片板贴装没有问题，后面就会很稳定地生产下去。

【说明】 LED的极性、贴片电阻的阻值不要搞混就好了，贴装的位置不要偏移。

(3) 中间检查环节。需要注意检查LED灯带上LED的极性（有无反向），贴装有没有偏移，有无短路，电阻阻值是否正确等。

(4) 回流焊接。控制好回流的温度，太低了锡膏熔化不了，会出现冷焊；太高了FPC容易起泡。预热的温度也要适当，太低助焊剂挥发不完全，回流后有残留，影响外观；太高会造成助焊剂过早挥发掉，造成回流时虚焊现象，同时有可能会产生锡珠。

(5) 成品检查。检查产品的外观，看有无焊接不良、锡珠、短路等。然后进行电气检查，测试产品的电气性能是否完好，参数是否正确。

(6) 包装。LED灯带的包装一般是5m/卷，采用防静电、防潮包装袋进行包装。包装时有附件的还要注意把附件包装进去，以免到客户处因缺少附件而不能使用。

【说明】

(1) LED软灯条生产时胶水出现气泡的主要原因有胶水的操作时间过长、配胶量过大、搅拌方法不正确、没有抽真空脱泡或脱泡时间过短。

(2) LED软灯条生产时胶水出现表面不干，主要的原因有胶水配比不准确或搅拌不够均匀。

(3) 胶水在灯条贴片灯部位出现开裂现象，主要原因有配胶不准确或搅拌不均匀导致胶水固化不完全、灯条表面披覆不够厚。

(4) 柔性LED灯带防水等级有IP30（裸板不防水）、IP65（滴胶防水）、IP67（套管防水）、IP68（灌胶防水）。

(5) 常规SMD3528芯片LED电流用14mA，每颗LED光通量为3.58lm。

5. LED灯带（灯条）成品检测标准

LED灯带（灯条）成品检测标准如表6-2所示。

表 6-2　LED 灯带（灯条）成品检测标准

序号	检验项目	检验内容	检 验 要 求	检验方法/工具	缺陷等级		
					CR	MA	MI
1	包装	材料规格	➢ 外箱标示内容要与实物相符，说明书、合格证也要与实物相符。 ➢ 外箱规格要与装箱清单相符，重点检查版面上与产品规格相关的信息	目视		√	
		标识	➢ 丝印内容及位置要清晰及正确。 ➢ 勾选须明显清晰，大小不超过字体的大小。 ➢ 贴纸必须贴平整，不可有翘起、歪斜、起皱等不良。 ➢ 静电袋有丝印的一面贴上产品标签及 LED 颜色标签	目视		√	
		产品及配件	➢ 产品及配件不可漏装、错装。 ➢ 双面胶贴平整、均匀，且不可超出板边粘在 PCB 背面及有打皱、断裂等情况。 ➢ 检查防静电袋是否有破损、印字模糊等不良。 ➢ 防静电袋袋内放 1PCS 干燥剂。 ➢ 线序不可焊反或是错误，黑色线焊负极点，红色线焊正极点	目视		√	
2	外观	灌（封）胶	➢ 灌（封）胶灯带表面要滴胶均匀，无胶液溢出、无残缺。 ➢ 滴胶表面光泽度好、透明度好，表面无明显的多余的模痕。 ➢ 胶表面无脏污、气泡；里面无杂质、异物等。 ➢ 无起泡、拱起、开裂；厚度要均匀	目视	√		
		硅胶套管	➢ 硅胶套管灯条表面无脏污、划伤、破损、开口。 ➢ 管内 LED FPC 板摆放整齐、顺畅，无打结、拱曲的情况	目视	√		
3	性能	光电参数	➢ 光通量、色温、显色指数等测试。 ➢ 测试结果要符合相关技术要求	积分球	√		
4	通电试亮	成品老化	➢ 灯带要老练 4h，老练之后 LED 灯带不能出现明显的色差、亮度不一致、死灯或出现单芯亮、两芯亮等。 ➢ LED 灯带全亮且亮度、颜色必须要与样品相符合，不能出现明显色差，亮度不一致、颜色一致	目视	√		

【说明】 防水 LED 柔性灯带在断电状态下，用带喷嘴的软管从各方向喷水 15min，样品与喷嘴距离 3m，出水速率为 100L/min ±5%（$100kN/m^2$），防水测试通过。

6. LED 硬灯条

LED 硬灯条是用 PCB 硬板做组装线路板，用贴片 LED 进行组装的，可以根据需要的亮度而采用不同数量的灯珠或不同类型 LED 进行设计。其优点是比较容易固定，加工和安装都比较方便；缺点是不能随意弯曲，不适合不规则的地方。有 18 颗 LED、24 颗 LED、30 颗 LED、36 颗 LED、40 颗 LED 等多种规格。LED 硬灯条的外形如图 6-3 所示。LED 硬灯条同样也存在色漂的问题，这一点读者一定要注意。

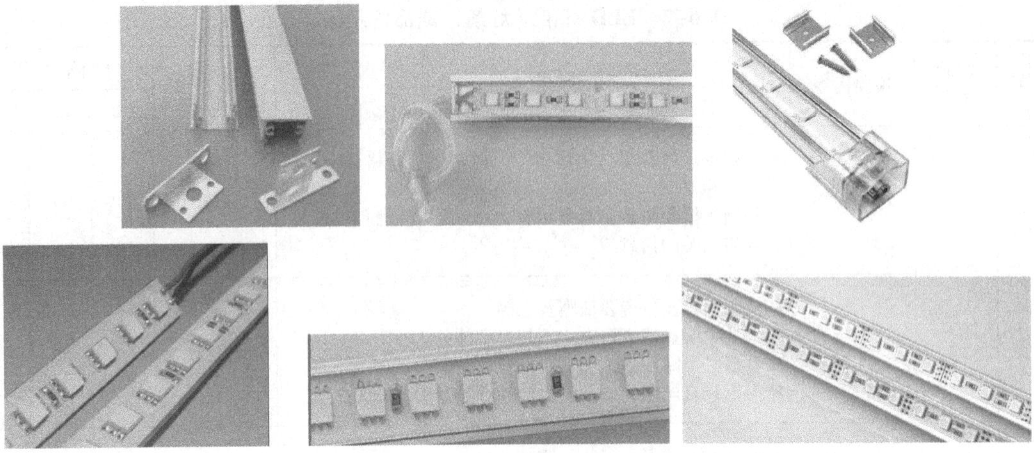

图6-3　LED硬灯条的外形

【说明】LED硬灯条主要应用于家居装饰、KTV装饰、柜台及珠宝柜装饰。工作电压有DC 12V、24V，灯珠有SMD5730、SMD5050、SMD2835，常见尺寸有60灯/m、72灯/m、90灯/m、120灯/m、140灯/m。可以配套超薄灯箱专用内置电源，应用于超薄灯箱、大型灯箱、水晶灯箱、LED点菜牌、建筑装饰、室内外装修等。

7. 点对点的LED软灯条

点对点的LED软灯条通过控制器，可实现渐变、跳变、色彩闪烁、静态混色等颜色变化。点对点的LED软灯条的外形如图6-4所示。

图6-4　点对点的LED软灯条的外形

点对点的LED软灯条的驱动芯片较多，本节主要以UCS2909为例。UCS2909是9通道LED驱动控制专用电路，内部集成有MCU数字接口、数据锁存器、LED高压驱动等电路。通过外围MCU控制实现该芯片的单独辉度、级联控制，实现户外大屏的彩色点阵发光控制。产品性能优良，质量可靠。

1）UCS2909 的特点

☺ 单线数据传输，可无限级联。

☺ 在接收完本单元的数据后能自动将后续数据进行整形转发。

☺ 任意两点传输距离超过 10m 而无须增加任何电路。

☺ 数据传输速率 800Kbps，可实现画面刷新速率 30 帧/s 时，级联灯的点数不少于 1024 点。

☺ PWM 控制端能够实现 256 级调节，扫描频率 为 1.5MHz/s。

☺ 芯片 VDD 内置 5V 稳压管，输出端口耐压大于 24V。

☺ 采用预置 17mA/通道恒流模式。恒流精度高，片内误差≤1.5%，片间误差≤3%。

☺ 6 通道/9 通道可选。

☺ 在上电后没有信号输入的情况下，亮蓝灯。

2）UCS2909 的引脚图及引脚功能介绍 UCS2909 的引脚图如图 6-5 所示。UCS2909 的引脚功能介绍如表 6-3 所示。

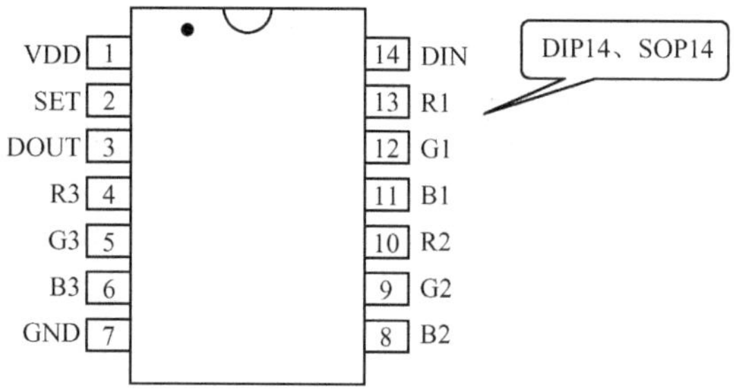

图 6-5 UCS2909 的引脚图

表 6-3 UCS2909 的引脚功能介绍

引脚号	符 号	引 脚 名 称	说 明
14	DIN	数据输入	显示数据输入（800Kbps）
3	DOUT	数据输出	显示数据级联输出（800Kbps）
13	R1	Red（红）PWM 控制输出	第 1 路
12	G1	Green（绿）PWM 控制输出	第 1 路
11	B1	Blue（蓝）PWM 控制输出	第 1 路
10	R2	Red（红）PWM 控制输出	第 2 路
9	G2	Green（绿）PWM 控制输出	第 2 路
8	B2	Blue（蓝）PWM 控制输出	第 2 路
4	R3	Red（红）PWM 控制输出	第 3 路
5	G3	Green（绿）PWM 控制输出	第 3 路
6	B3	Blue（蓝）PWM 控制输出	第 3 路
1	VDD	逻辑电源	电源的正极
7	GND	逻辑地	接系统地或电源的负极
2	SET	悬空为 3 点输出，接 VDD 为 2 点输出	2 点输出时，仅 R1/G1/B1、R2/G2/B2 有效

3）UCS2909 的应用电路　UCS2909 的应用电路如图 6-6 所示。

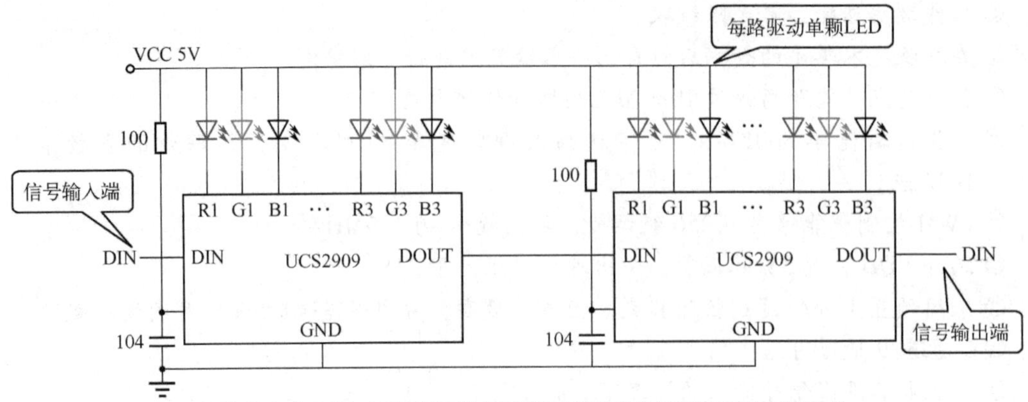

注：UCS2909采用恒流方式可以在电压不断下降的同时达到亮度及色温保持不变的理想效果。

（a）电源电压为5V

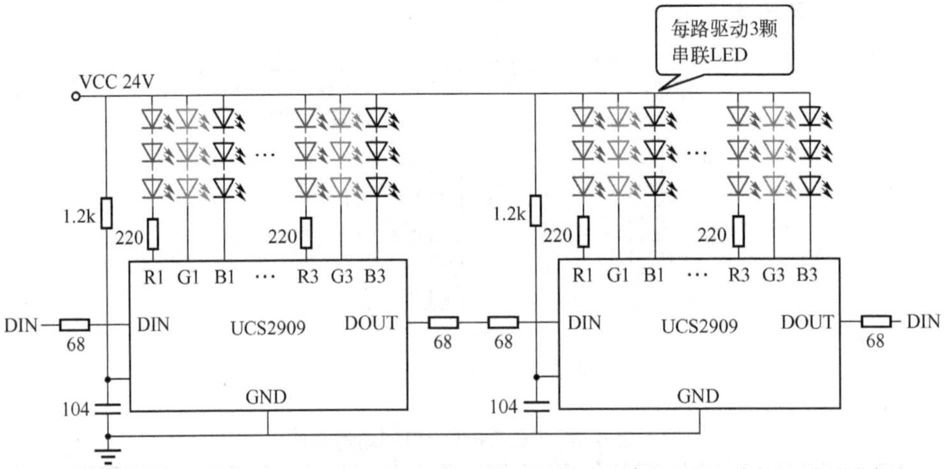

注：电源电压供电为DC 12V时，必须在UCS2909的信号输入及输出端各串联一个68?的电阻，防止带电拔插或电源和信号线反接等情况下损坏UCS2909输入及输出端。

（b）电源电压为12V

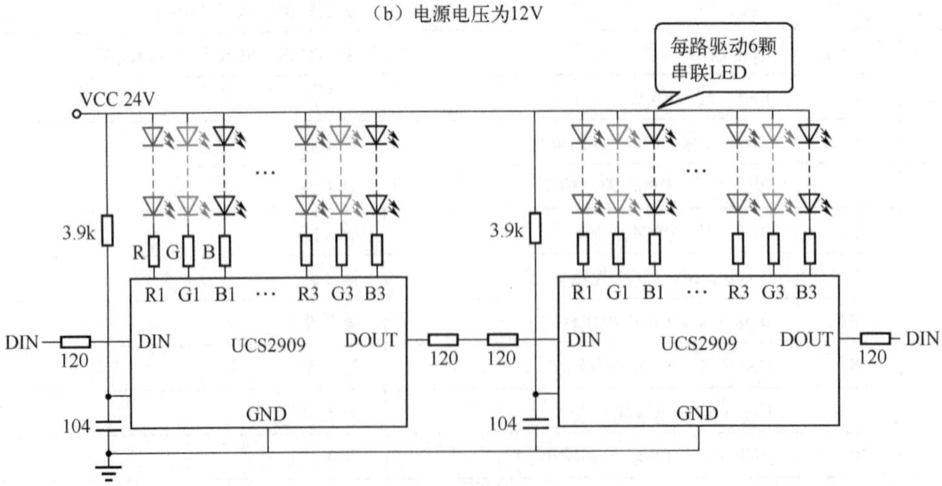

注：电源电压供电为DC 24V时，必须在UCS2909的信号输入及输出端各串联一个120Ω的电阻，防止带电拔插或电源和信号线反接等情况下损坏UCS2909输入及输出端。

（c）电源电压为24V

图 6-6　UCS2909 的应用电路

4）供电电压的配置　UCS2909 可以配置成 6 ～ 24V 电压供电，电源与地之间的电容为 104。电容 104 尽量靠近 UCS2909，且回路离芯片 UCS2909 最近。根据输入电压不同，应配置不同的电源电阻 R，其阻值的大小如表 6-4 所示。

表 6-4　不同的电源电压配置电阻阻值

电源电压	电源接口与 VDD 间连接电阻
5V	100Ω
12V	1. 2～1. 5kΩ
24V	3. 8～4. 2kΩ

5）分压电阻的选择　UCS2909 芯片 OUT 输出端口上的电阻可以根据其串接的 LED 数来自行调节，经电阻和 LED 灯串接降压后，端口处的电压应不超过 3V，这样能降低芯片的功耗，减少发热量。UCS2909 输出端能保持恒流是依靠芯片 UCS2909 输出端（OUTRGB）电压能随电源电压变化或负载变化进行自动调节，以保持输出电流不变。UCS2909 输出端电压的自动调节是有一定范围的，最低可到 0. 6V，最高调节上限没有多大限制，但会受 IC 最大功耗 P_D 的限制。UCS2909 极限 P_D 为 600mW，长时间较大功耗工作时不要超过 450mW，否则可能导致芯片 UCS2909 损坏。UCS2909 分压电阻选值表如表 6-5 所示。

表 6-5　UCS2909 分压电阻选值表

序　号	工作电压	灯珠数目（串联的个数）	分压电阻的阻值	电 阻 封 装	备　　注
1	12V	1 串（17mA）	R 分压阻值为 410Ω	0805	
		1 串（17mA）	B 分压阻值为 0Ω	0805	直接连接
		1 串（17mA）	G 分压阻值为 340Ω	0805	
2	12V	2 串（17mA）	R 分压阻值为 300Ω	0805	
		2 串（17mA）	B 分压阻值为 0Ω	0805	直接连接
		2 串（17mA）	G 分压阻值为 160Ω	0805	
3	12V	3 串（17mA）	R 阻值为 220Ω	0805	
		3 串（17mA）	B 分压阻值为 0Ω	0805	直接连接
		3 串（17mA）	G 分压阻值为 0Ω	0805	直接连接
4	24V	4 串	R 分压阻值为 780Ω	1206	
		4 串	B 分压阻值为 0Ω	1206	直接连接
		4 串	G 分压阻值为 505Ω	1206	
5	24V	5 串	R 分压阻值为 670Ω	1206	
		5 串	B 分压阻值为 0Ω	0805	直接连接
		5 串	G 分压阻值为 320Ω	0805	
6	24V	6 串	R 分压阻值为 560Ω	1206	
		6 串	B 分压阻值为 0Ω	0805	直接连接
		6 串	G 分压阻值为 140Ω	0805	

6）UCS2909R 应用注意事项　UCS2909 能正常和稳定地工作与正确地应用芯片相关，良好的外围元件和产品的正确设计是 UCS2909 稳定工作的基础。基于以上内容，在设计、

生产过程中严格按照以下建议进行，以保证产品的稳定可靠。

（1）在对UCS2909级联应用时，UCS2909与UCS2909之间有效共地才能保证信号正常传输。

（2）当UCS2909应用在点光源时，最好采用2芯（24V正、24V负）+2芯（D、GND）的连接方式。若采用单4芯头连接时，因4芯头中电源线（24V正、24V负）和数据线（D、GND）都在一个接头里，要避免防水头密封不良漏水（或安装时未插紧）或防水头非对位强行接插，否则可能会烧毁UCS2909。

（3）电源电压为24V供电时，每个UCS2909的DIN输入及DOUT输出都务必串接120Ω以上的保护电阻，并且电阻位置应最靠近UCS2909输入及输出端。电源电压为12V供电时，信号输入、输出端务必各串接一个51Ω以上电阻。

（4）芯片UCS2909的VDD端内置稳压管，不用再加三端稳压器78L05，但要注意的是，在24V（12V供电时）及VDD端之间务必要串接一个电阻，此电阻取值范围参照表6-4，其功率大小为1/4W（1206）。

（5）在绘制PCB时要注意芯片UCS2909的信号地（GND）线，地线应尽量画粗，过细的地线可能会引起信号传输不稳定，出现抖动等非正常现象。

（6）在绘制PCB时，可能产生较高电压的走线（如24V电源线、LED之间的连线等）应远离信号线（DIN、DOUT）及5V线，以免因制板工艺问题造成暗连线时烧毁UCS2909。

（7）为减少高频干扰，每个UCS2909的电源与地之间都要并联一个电容（104），电容（104）应该最靠近UCS2909的电源和地，并且要求电源线应该先经过电容（104）再到芯片UCS2909。

（8）UCS2909是恒流输出，要注意RGB输出端上串联的分压电阻的选用。恒流芯片选用分压电阻和恒压输出芯片选用限流电阻的方式取值完全不同。选值不当可能损坏芯片。芯片UCS2909上RGB输出端上串联的分压电阻选择可以参照表6-5。

6.2 LED灯串的设计

LED灯串采用LED作为发光组件，通过防水处理，有效降低安装成本，大大提升品质，减少不良损耗。LED灯串是取代传统夜景照明和装饰的换代产品，主要用于立体字内的发光、各种标识、景观设计装饰、楼宇亮化光源。LED灯串的外形如图6-7所示。

LED灯串分为防水与不防水两种，不防水的LED灯串主要应用于室内，在这里主要介绍防水的LED灯串。

1. 防水LED灯串的特点

- ☺ LED防水灯串化繁为简、任意组合，充分发挥防水LED灯串点光源优势，让LED外露发光字、大型户外LED广告招牌制作简单。
- ☺ LED防水灯串采用特殊卡口设计，打孔后可以直接安装，安装时间短，避免LED受到潜伏性损伤，有效降低安装维护成本，减少不良损耗。
- ☺ LED防水灯串可以安装在各种板材上（电路板、铝塑板、铁板、不锈钢板），前提是打孔大小要合适。

图 6-7　LED 灯串的外形

☺ LED 防水灯串采用台湾 LED 芯片，具有光色一致性好、色彩饱和度好、寿命长、抗震好、光衰低等特点。

☺ 采用全封胶，防水等级 IP68，具有抗压性能，产品可以在户外使用。

☺ 采用并联连接方式。

☺ 省电。

☺ 安全电压工作，让用户在安全的环境下使用。

☺ 智能化控制系统，可产生渐变、跳变、追逐等效果，并可实现异步和同步控制。

2. 防水 LED 灯串的分类

防水 LED 灯串分为单色（单颗）与单颗全彩两种。

单色（单颗）防水 LED 灯串适用于高层建筑的广告牌、外露发光字喷绘、吸塑字、各种照明设施内外发光源。根据楼层高低、字的大小、字体的不同及客户要求，来选择灯的间距，一般情况下防水 LED 灯串中灯与灯的中心距为 3 ～ 6cm，间距越小灯数量越多，间距大相对比例的灯数量就少。

【说明】 单色（单颗）防水 LED 灯串一般为每 50 个灯接一个回路。安装前将所有灯先串后并连接 5V 电源。要注意所有的灯到电源的线不能太长，其所有的连接线径也不能太小，最好是 $2.5mm^2$。所接电源上面的总灯数量的总功率只能用到开关电源总功率的 80%。

单颗全彩 LED 灯串就可以达到七彩渐变、跳变、流水、追逐、扫描等效果。根据不同的安装方式，可组成不同颜色的字符、图案等动态效果，适用于外露数码七彩发光喷吸塑各种照明设施的内外发光源、异形显示屏，可代替霓虹灯广告招牌。

全彩 LED 灯串采用三线制串联连接方式，通过控制器可实现全彩渐变、跳变、流水、追逐、扫描等效果。根据不同的安装方式，可组成全彩变化的字案和动画，广泛应用于城市景观、建筑轮廓、广告、室内装饰等亮化工程。全彩 LED 灯串采用恒流 IC 驱动，色彩效果更加丰富。采用恒流驱动的好处是线路上的压降，对全彩 LED 灯串的亮度没有影响，且使全彩 LED 灯串的亮度更均匀，不会出现亮暗不均的现象。其结构采用全密封防水结构，确保工作的稳定性。具有使用寿命长、不易损坏、装饰效果好的特点。外壳的密封胶采用抗紫外线、抗老化的 PVC 胶。

3. 用 LED 灯串制作 LED 发光字

制作 LED 发光字的步骤如下：

☺ 制作工具：剪线钳、剥线钳、电工胶布、螺丝刀、玻璃胶等。

☺ 制作材料：成型烤漆铁皮字、电线、开关电源（350W、DC 5V）。

☺ 钻孔：将外购的钻好孔（孔径为 8mm）的铁皮字固定到合适的位置，其孔位是车床冲出来的，间距可以根据户外招牌安装的高度或客户要求而定，一般 LED 中心间距为 20 ～ 30mm。

☺ 插灯：把钻好孔的毛刺清理干净，然后逐一放灯。

☺ 连线：将制作好并联的防水 LED 灯串，每串预留一个线头，一般为一串 15 个。

☺ 在开关电源正、负极引出两条 2.5mm^2 主电线，一般红色的线头接到开关电源引出的正极的主电线上，黑色的线头接到开关电源引出的负极的主电线上。开关电源要放置到防水电箱中。

☺ 测试：将所有的防水 LED 灯串连好之后，通电检查，处理不亮的，然后测试 2h。

☺ 固定：将所有的防水 LED 灯串用玻璃胶固定好。

☺ 安装：将 LED 发光字运输到现场，搭脚手架现场安装。

4. LED 灯串使用注意事项

☺ 户外防水 LED 灯串工作电压为 DC 5V，其中每串电流约为 260mA，功率为 1.3W。

☺ 请使用输出电压为 DC 5V 的开关电源，其功率可以根据实际情况而定。

☺ 防水 LED 灯串开关电源功率的计算，如 DC 5V 100W 的开关电源，LED 灯串功率为 1.3W。$100 \div 1.3 \approx 77$ 串，建议实际线截面面积大于 2mm^2，一般为 2.5mm^2 或 4 mm^2。

☺ 将每串灯的红色电子线接到电源的正极，每串灯的黑色电子线接到电源的负极，开关 电源尽量要靠近外 LED 灯串。

☺ 防水 LED 灯串不允许剪断，否则会影响一串中其他的 LED 灯珠的工作。

5. LED 彩虹管（高压灯带）

LED 彩虹管是采用高亮度 LED 制造的可塑性线形装饰灯饰，具有低功耗、高效能、寿命长、易安装、维修率低、不易碎、亮度高、冷光源、可长时间点亮、易弯曲、耐高温、防水性好、绿色环保、颜色丰富、发光效果好等特点，可用于建筑物、大厦轮廓，也可用于室内外装饰。LED 彩虹管（高压灯带）的外形如图 6-8 所示。

LED 高压灯带按灯带内部排线分为圆二线、扁三线、扁四线、扁五线 4 种。LED 高压灯带结构示意图如图 6-9 所示。

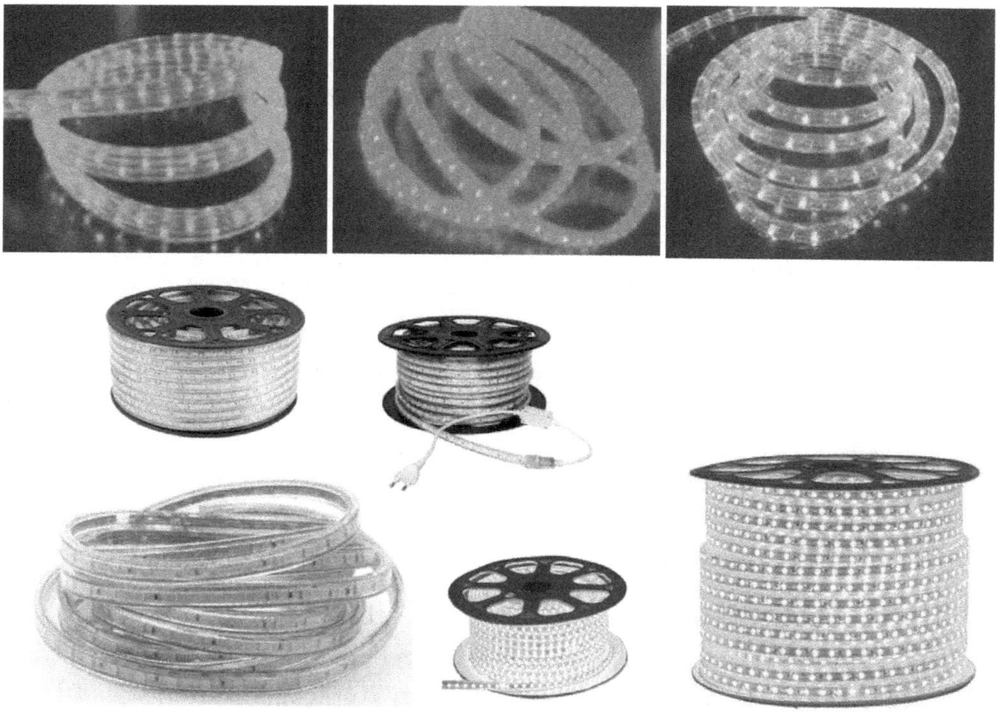

图 6-8　LED 彩虹管（高压灯带）的外形

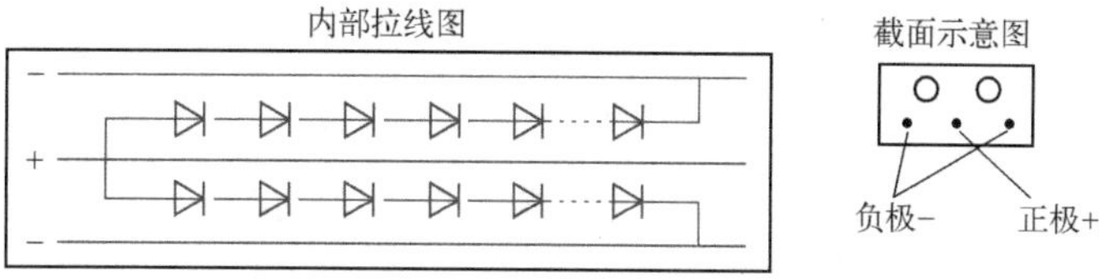

（a）LED扁三线结构示意图

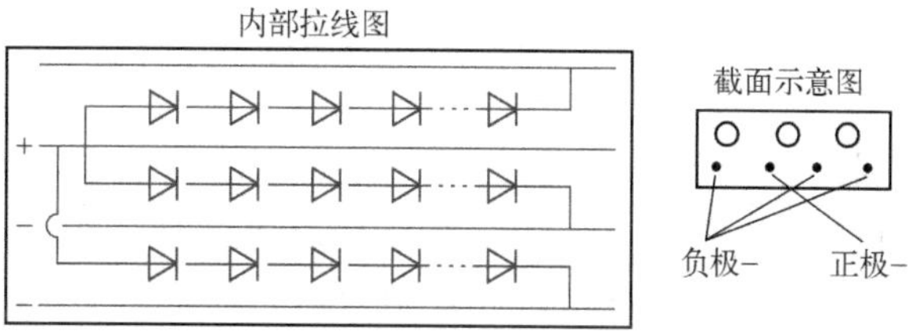

（b）LED扁四线结构示意图

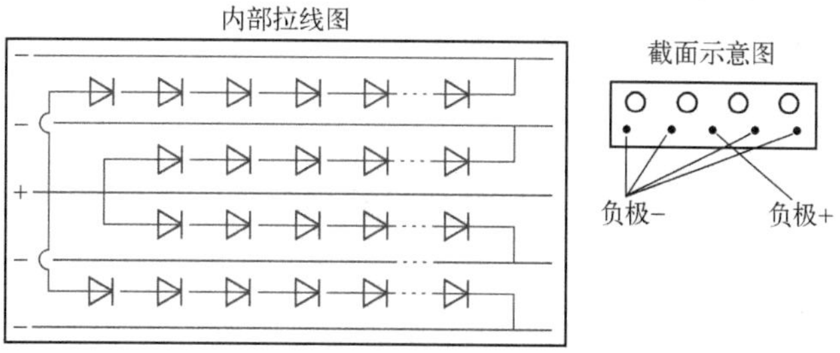

（c）LED扁五线结构示意图

图 6-9　LED 高压灯带结构示意图

LED高压灯带使用注意事项如下：

☺ LED高压灯带只能与带转换器（整流桥）的电源线配套使用。

☺ LED高压灯带中的LED贴片灯珠有正负极，安装时要注意灯体极性的区分，若电线上的极性与灯体上的极性不对应，则灯体不能点亮，请换个方向重新连接。

☺ LED高压灯带如需剪断，请按灯带每米的间隔中间剪（一般有剪刀标志位置剪断）。

☺ LED高压灯带安装于室外时，前面接头、中间接头和尾塞要同时涂上防水胶，以免下大雨时造成短路。

【说明】

高压灯带（贴片）采用纯铜导线、耐高温PLCC外壳、进口硅胶、中国台湾LED芯片。长度最长为100m，每一米单位可裁剪，可以代替。防水类型可满足室内、室外装饰照明需要。操作简单，可根据使用要求按单元剪断。

6. LED柔性霓虹管

LED柔性灯带又称柔性霓虹管，可以随意弯曲，可任意固定在凹凸不平的地方。每3个灯就可以组成一组回路，低电流、低功耗、节能美观，广泛应用于LED装饰灯、汽车装饰、照明指示标识、广告招牌、精品装饰等领域。LED柔性霓虹管如图6-10所示。柔性霓虹管的工作电压为DC 12/24V、AC 110/220V。

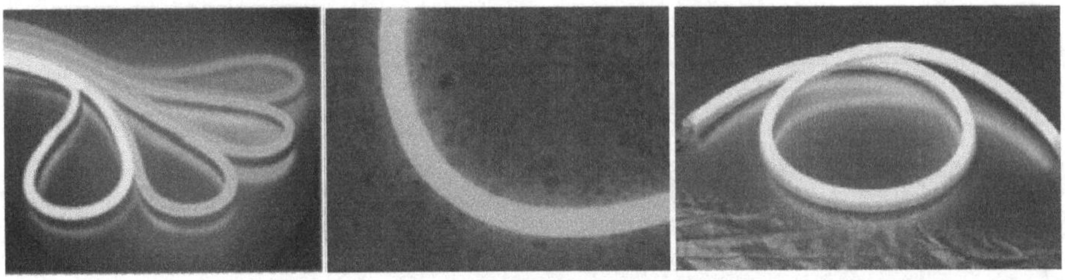

图6-10 LED柔性霓虹管

柔性LED霓虹灯带可以达到360°弯曲，柔韧性非常好，防护等级达IP65，能适应室内外各种湿度环境，颜色有红、黄、蓝、绿、白、RGB等。DC 24V柔性LED霓虹灯带超过5m要进行两端供电。最小弯曲到直径为8cm，在24V的情况下可以进行调光等功能。配合控制器灯光实现快慢、渐亮渐暗、常亮等效果。RGB LED柔性霓虹灯带可实现渐变颜色、颜色切换、跑马、流水、渐亮渐暗、常亮等效果。

6.3 LED灯带、灯串的安装

1. LED灯带的安装

LED灯带安装示意图如图6-11所示。

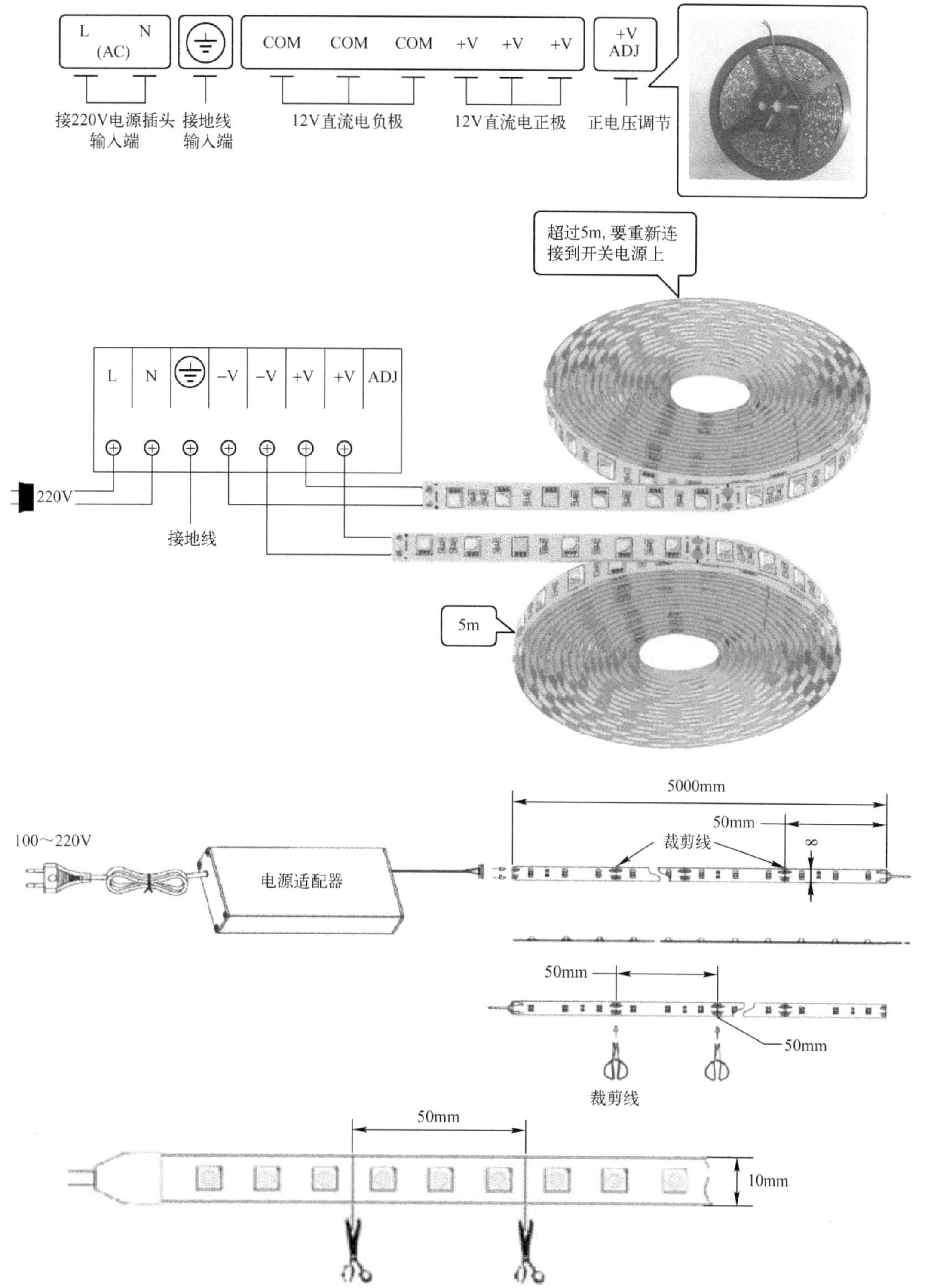

注：LED软灯带的输入电压一般为DC 12V、24V。LED柔性灯带可以在任一剪刀口剪切。常规使用时，建议并联；当串联使用时，连接长度请勿超过5m，以免电压不足导致亮度不够。

图 6-11 LED 灯带接线或安装示意图

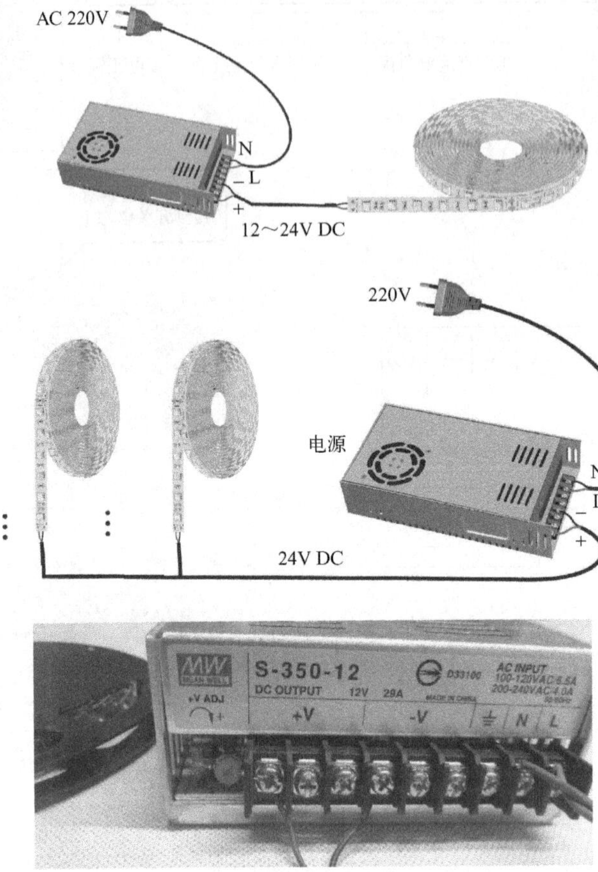

（a）开关电源供电LED灯带安装示意图

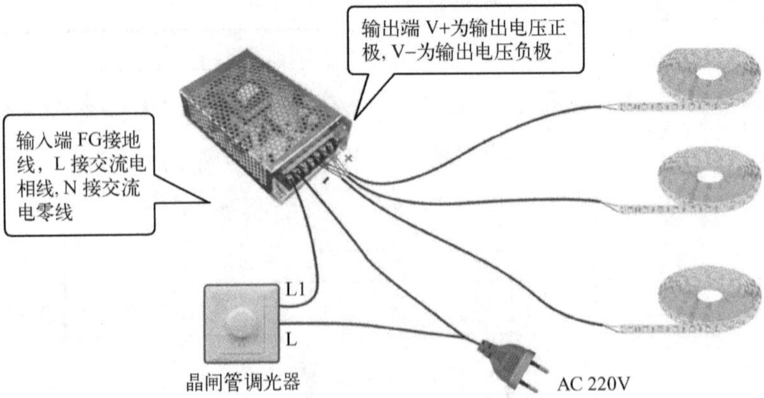

（b）晶闸管调光开关电源接线示意图

图 6–11　LED 灯带接线或安装示意图（续）

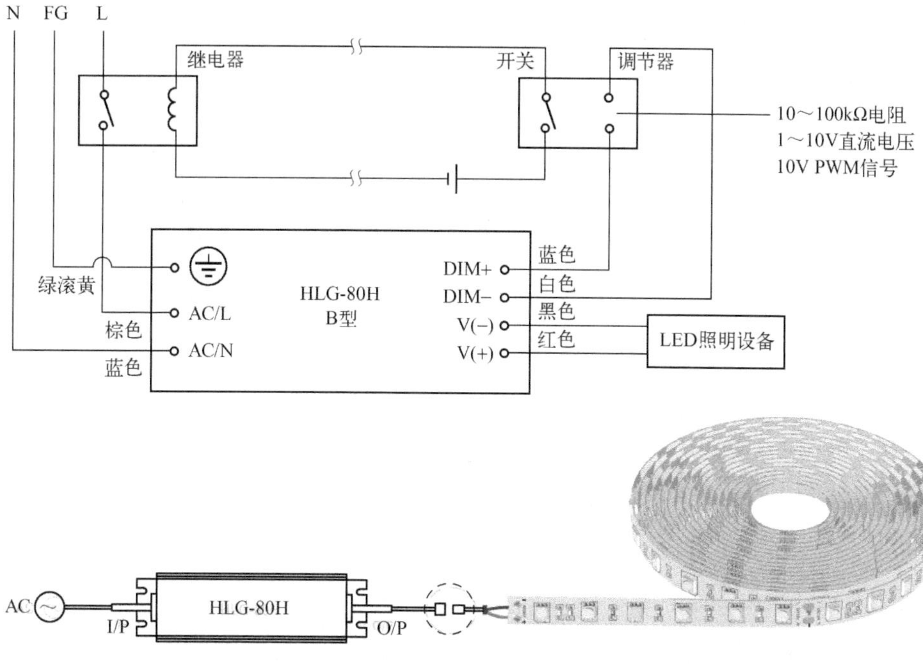

（c）HLG-80H-24B接线示意图

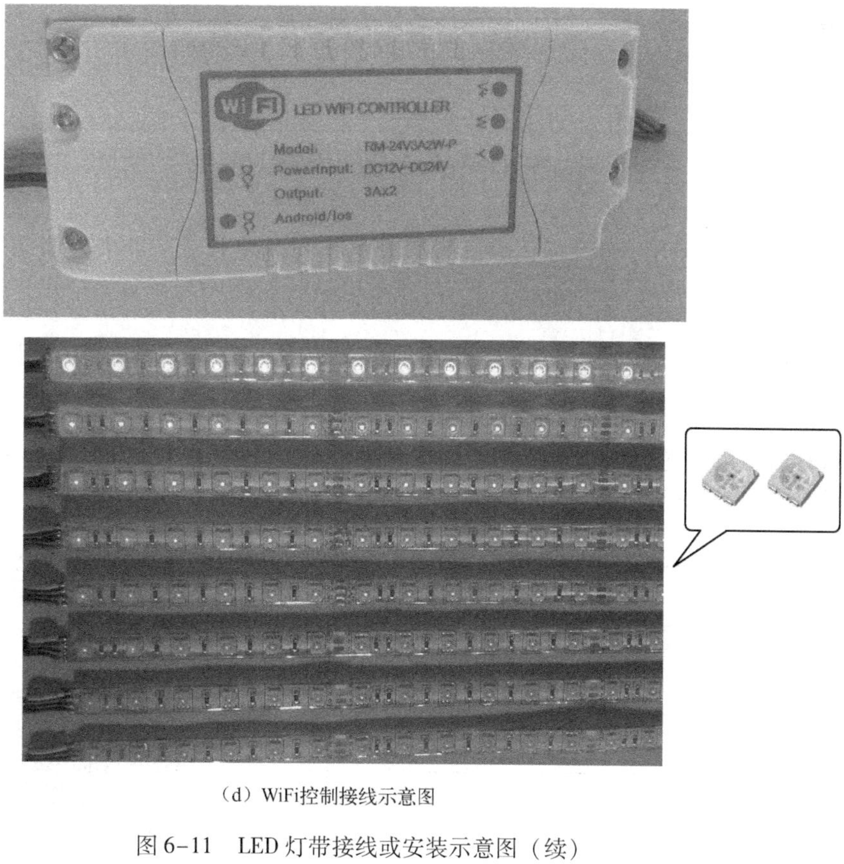

（d）WiFi控制接线示意图

图 6-11　LED 灯带接线或安装示意图（续）

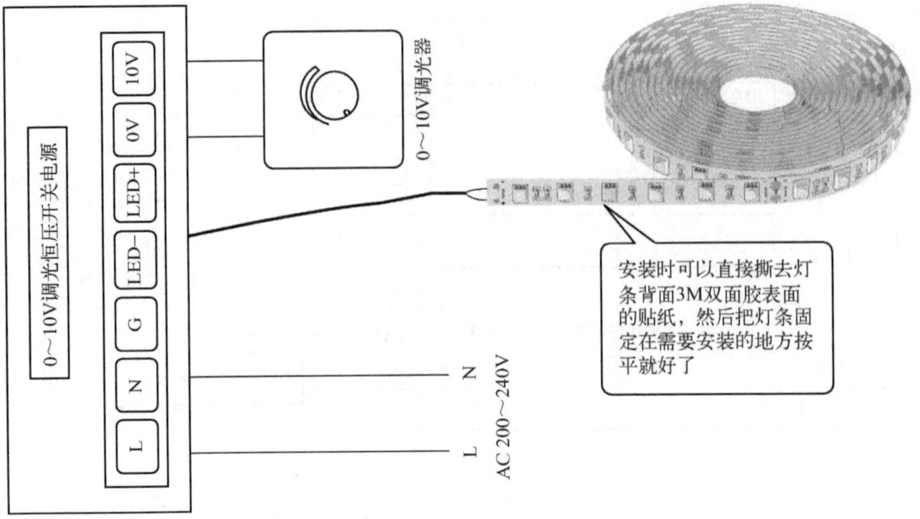

（e）0～10V&1～10V LEI 灯带调光

图 6-11　LED 灯带接线或安装示意图（续）

【说明】

☺ 可控硅调光开关电源由珠海市圣昌电子有限公司生产。其接线示意图如图 6-11（b）所示。功率有 60W、100W、150W、200W，输出电压有 12V、24V、36V、48V。

☺ 在输入端交流相线（L）前串接可控硅调光器，即可调节电源输出恒电流数值。

☺ 请尽量使用功率小一些的调光器，以获得更宽的调光范围，大功率调光器很难实现输出电流调到零。

中国台湾明纬生产开关电源可以实现三合一调光（0－10、PWM、电阻），HLG－80H－24B 接线示意图如图 6-11（c）所示。

恒压 0 ～ 10V&1 ～ 10V 调光开关电源可以对 LED 灯带进行调光，调光曲线平滑。恒压 0 ～ 10V 调光器主要应用于恒压灯带、灯条、LED 模组的明暗调节，适用于 LED 各种模块。

【说明】 LED 灯带固定方式有 3M 胶固定、硅胶卡座（卡座螺丝）、固定槽固定、背面直接玻璃胶固定。

LED 灯带的调光以珠海雷特电子科技有限公司生产的 D61 旋钮调光面板与 LT－3070－8A 恒压功率扩展器为例。LED 灯带的调光如图 6-12 所示。

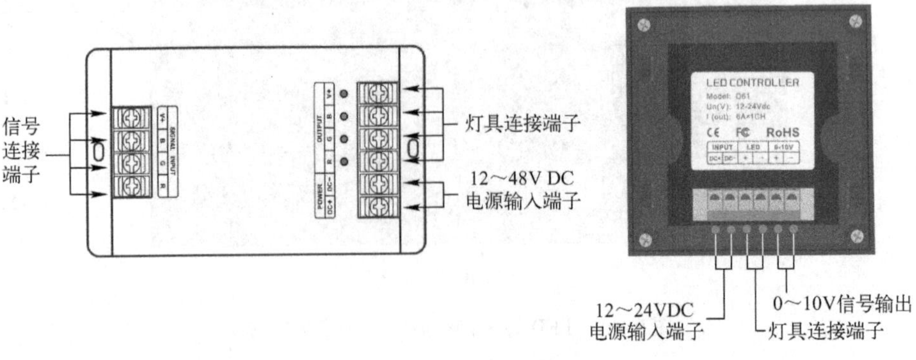

图 6-12　LED 灯带的调光

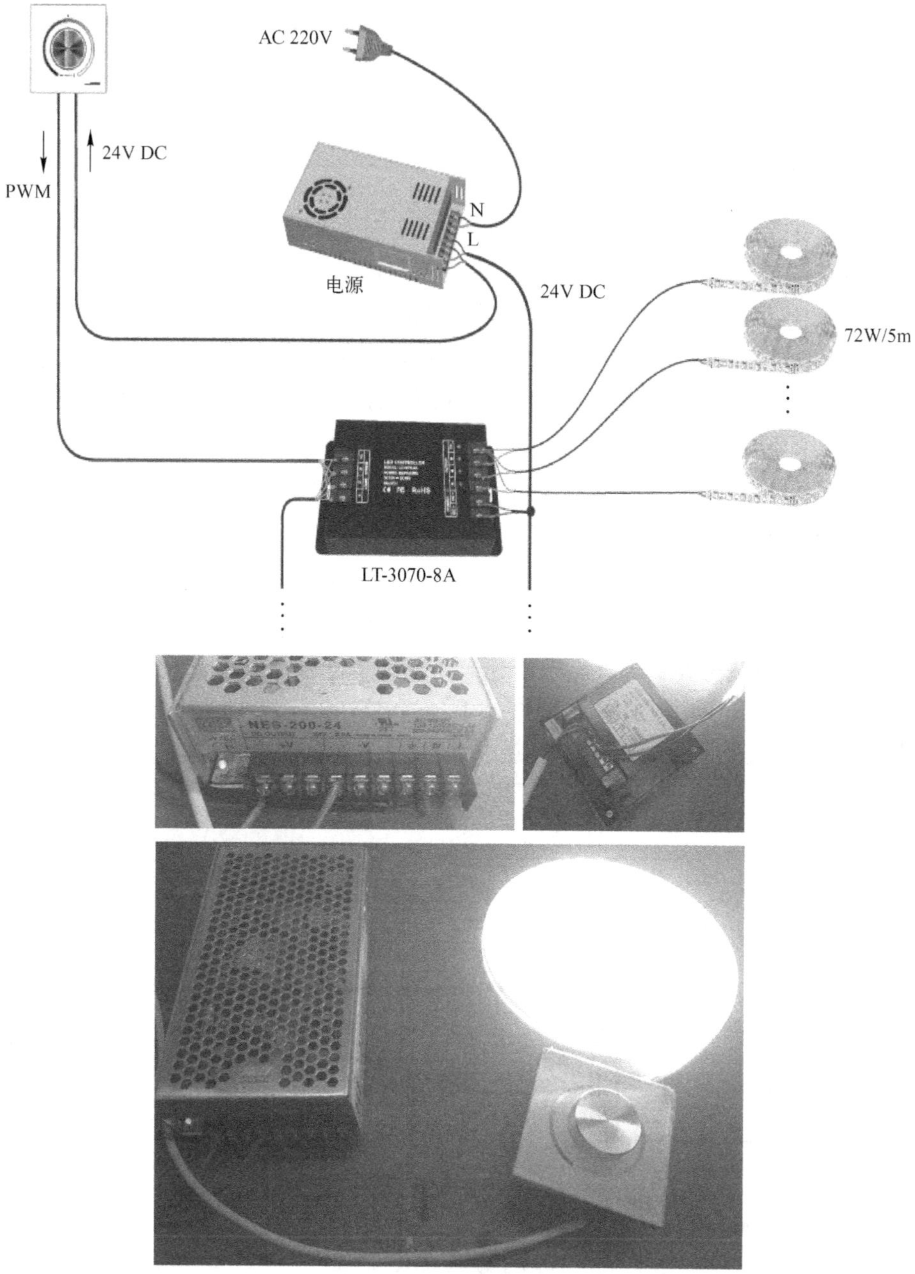

图 6-12　LED 灯带的调光（续）

LED 灯带安装、使用注意事项如下：

☺ 每一次只能连接一条 5m 长的 LED 软灯带，如有其他 LED 软灯带，其电源输入连接线应接到开关电源的输出主线上，以免因 LED 灯带电压差，影响亮度造成色差。

☺ 根据实际的连接 LED 软灯带数量来选择开关电源功率的大小，并预留 20% 的余量，这样才能避免损坏开关电源。

☺ LED 软灯带不能被压置，装置连接不能破坏电路板（FPC）上的连接线。

☺ 避免将 LED 软灯带放在地面上拖拉，以免划伤或破坏 LED 软灯带保护层。

☺ 在对 LED 软灯带进行通电时，要注意 LED 软灯带供电电压，在正确的供电电压的情况下进行通电。要严格按照正负极性来连接 LED 软灯带，以免对 LED 灯造成损坏。

☺ 在 LED 软灯带数量较大时，请保证 LED 软灯带与开关电源的并联，如果 LED 软灯带串联过长，将会因压降差导致不平衡，使单条 LED 软灯带前后端亮度不一致。

2. RGB LED 灯带的安装

LED 跑马灯带和 RGB 全彩灯带使用控制器来实现效果变化，而控制器的控制距离不一样。简易控制器的控制距离为 10 ～ 15m，遥控控制器的控制距离为 15 ～ 20m，最长 30m。如果 LED 灯带的连接距离较长，需要使用功率放大器来进行分接。RGB LED 灯带的安装如图 6–13 所示。珠海雷特电子科技有限公司 RGB 扩展器有 LT – 3060（LED 恒压功率扩展器）、LT – 3070 – 8A（恒压功率扩展器），RGB 控制器有 LT – 3600。

【说明】

☺ 简易控制器的控制距离为 10 ～ 15m，遥控控制器的控制距离为 15 ～ 20m，最长可以控制到 30 米。LED 灯带的连接距离较长，就需要使用功率放大器来进行分接。

☺ RGB LED 全触摸分组遥控控制器可控制所有四线三回路（共阳极）LED 全彩灯饰产品，可以调节七彩颜色变化模式、亮度、速度，具有丰富的调光、调彩色功能，拥有 64 万种颜色和 9 种自动演示模式的选择，也可以调白光。

☺ 手机智能蓝牙 RGB LED 控制器通过手机遥控，实现开关功能，改变亮度，改变色温。也可以控制恒压灯条或其他恒压产品。

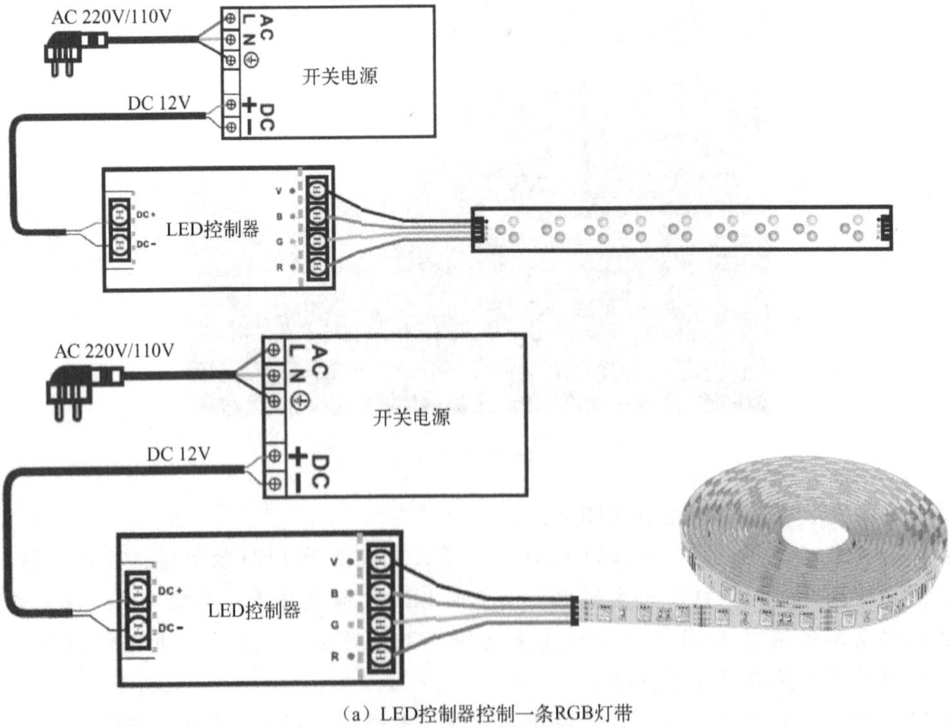

（a）LED控制器控制一条RGB灯带

图 6–13　RGB LED 灯带的安装

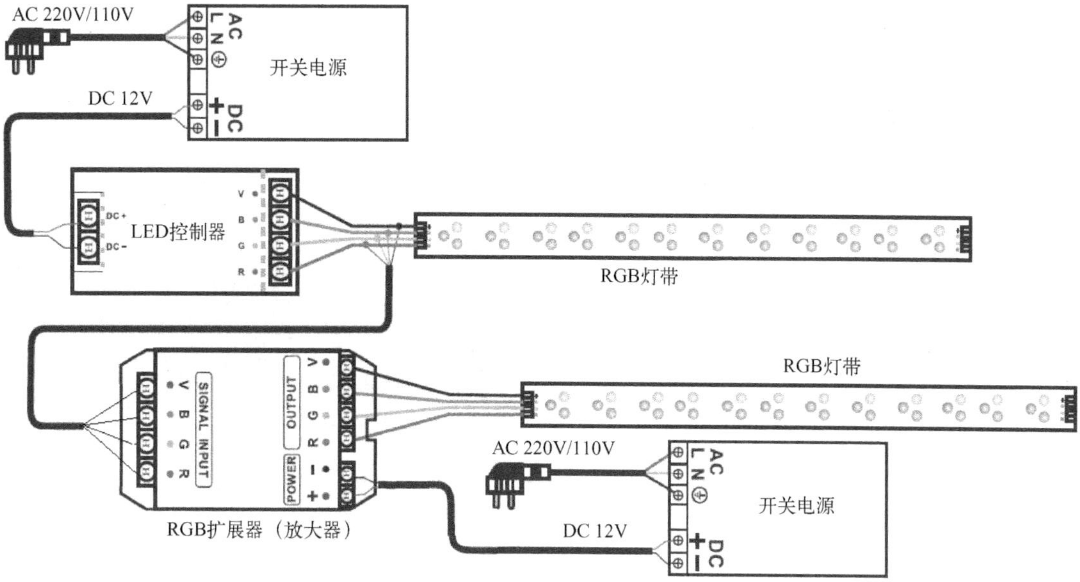

（b）LED控制器控制多条RGB灯带（1）

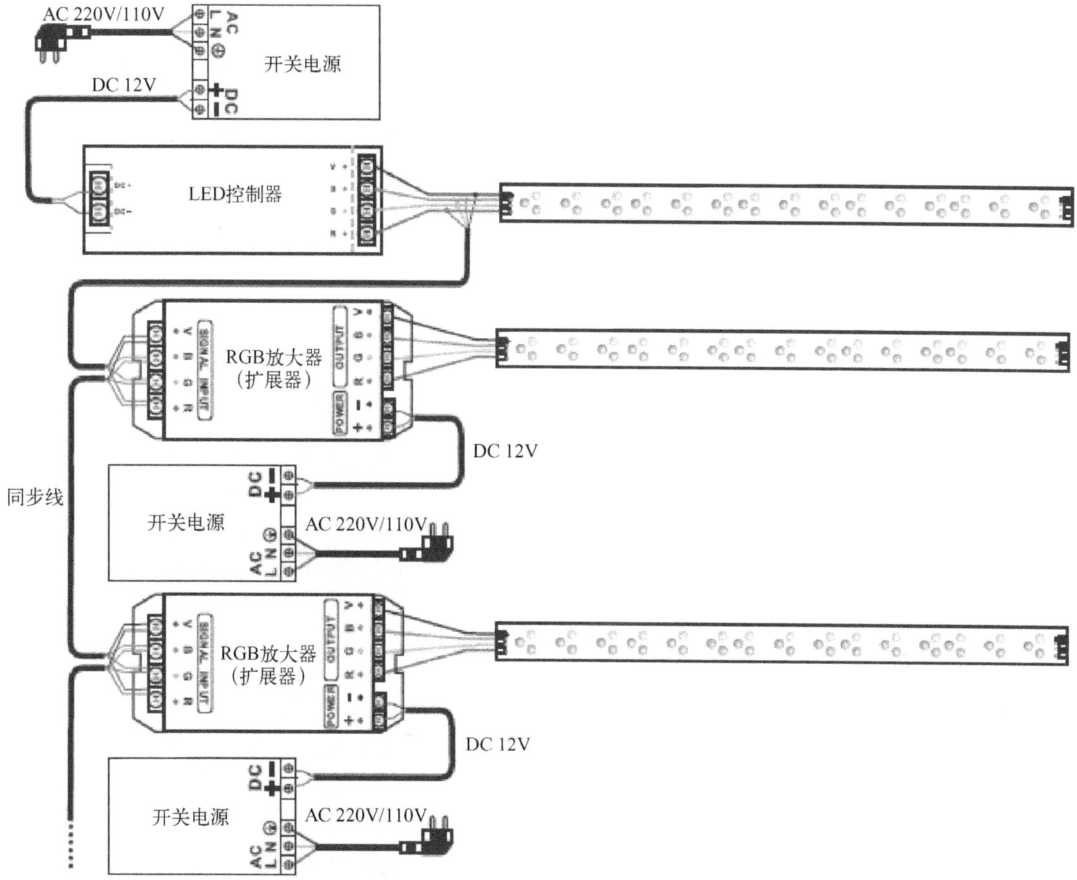

（c）LED控制器控制多条RGB灯带（2）

图6-13　RGB LED灯带的安装（续）

3. LED 彩虹管的安装

LED 彩虹管的安装方法如表 6-6 所示。

表 6-6　LED 彩虹管的安装方法

步　骤	说　明	示 意 图
1	拧开 LED 专用插头透明塑料外壳	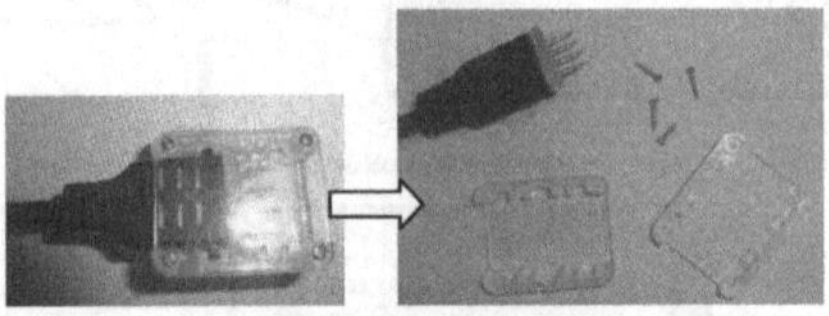
2	找到对应 LED 灯带的电线	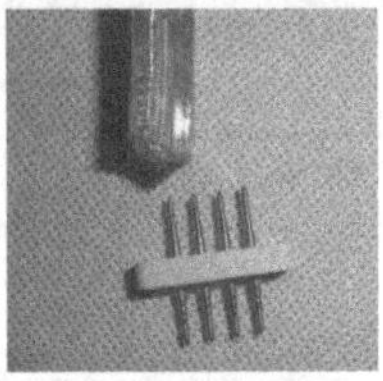
3	插针与 LED 灯带的连接	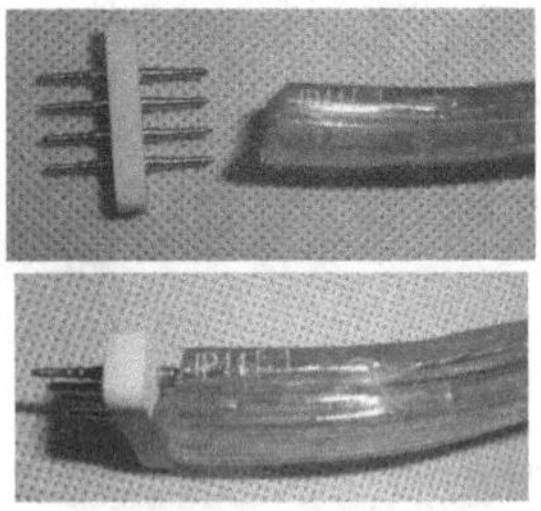
4	将插针放回 LED 专用插头透明塑料外壳，并拧紧	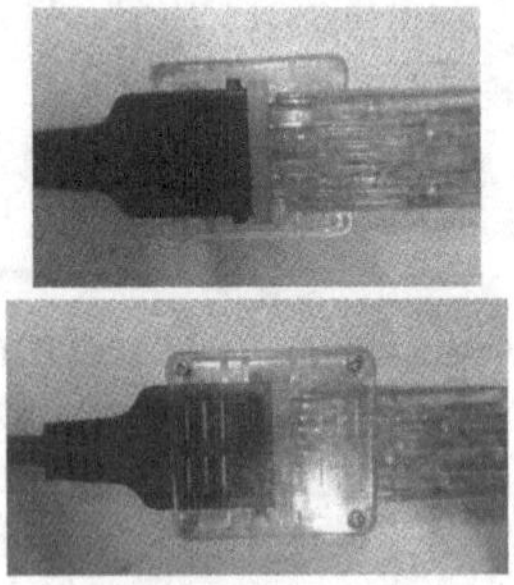
5	安装好尾塞	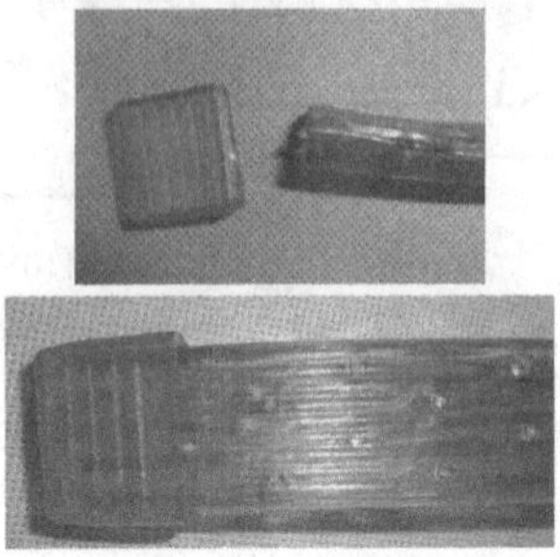
6	通电测试	

LED 彩虹管安装注意事项如下：

☺ LED 彩虹管防水性比较好，主要因其外包一层 PVC 塑料，对内部发光元件起到很好的保护作用。

☺ 灯带尾端必须用尾塞套住并用玻璃胶粘住或用胶布扎牢，室外使用必须保证不进水。

☺ 严禁带电作业，输入端最高施加电压不能超过 AC 270V。

☺ LED 彩虹管是软性的，而 LED 的灯脚比较硬，因此在安装过程中切勿用力过度，折弯的角度要适中，以免对焊点造成损害，长时间亮灯后，引起焊点脱落导致 LED 灯不亮。

☺ 规格、电源电压相同的两款灯带才能相互对接，接起的总长不可超过最大许可使用长度（50m）。

☺ 要进行裁剪时，在灯带灯体上印有标记处剪断灯带，否则将引起一个单元不亮（一个单元为 1m 或 2m）。

☺ 安装时，请将 LED 彩虹管向一侧弯曲，露出 2 ～ 3mm 铜线，并用剪钳剪干净，不得留有毛刺，避免短路。

☺ 在安装或装配 LED 彩虹管过程中通电源，只有接驳，在安装好且正确的情况下才能接通电源。

☺ 请勿使用铁丝灯金属材料扎灯带，以免铁丝陷入灯带内，造成漏电、短路烧毁灯带。

☺ 电源应该与灯带所标注电压一致，并安装在适当保险位置。

4. LED 硬灯条的安装

LED 硬灯条连接方法如图 6-14 所示。

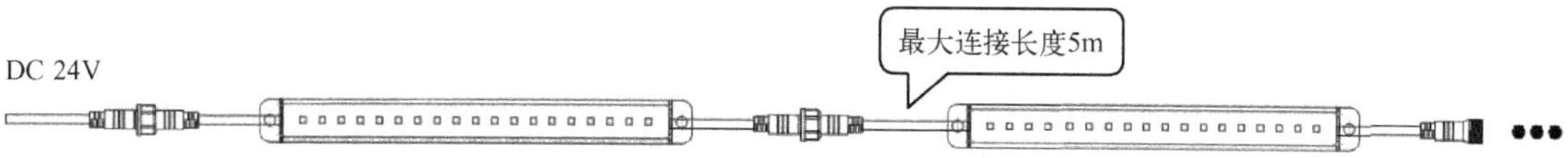

图 6-14　LED 硬灯条连接方法

LED 硬灯条安装方法，如图 6-15 所示。

【说明】

（1）LED 硬灯条不亮，要检查电路是否连通，接触是否不良，LED 硬灯条正负极是否接反。如果发现 LED 硬灯条亮度明显偏低，检查开关电源额定功率是否小于 LED 硬灯条串或并联的总功率，也可能是连接铜导线线径太小，导致导线线耗过大。如果发现 LED 硬灯条前后亮度明显不一致，检查 LED 硬灯条串联长度是否超过 3m 以上。

（2）有 U 形和 V 形可供选择，铝槽外可安装透明罩或乳白罩。

LED 硬灯条安装注意事项如下：

☺ 安装材料为直流电源、铜导线、玻璃胶。

☺ 开关电源接线，L、N 端接交流电，+V 为正极，-V（COM）为负极，开关电源直流端的正负极不能接反。

☺ 实际安装过程中也考虑到导线的线耗，建议 LED 硬灯条的功率不超过开关电源额定功率的 80%。

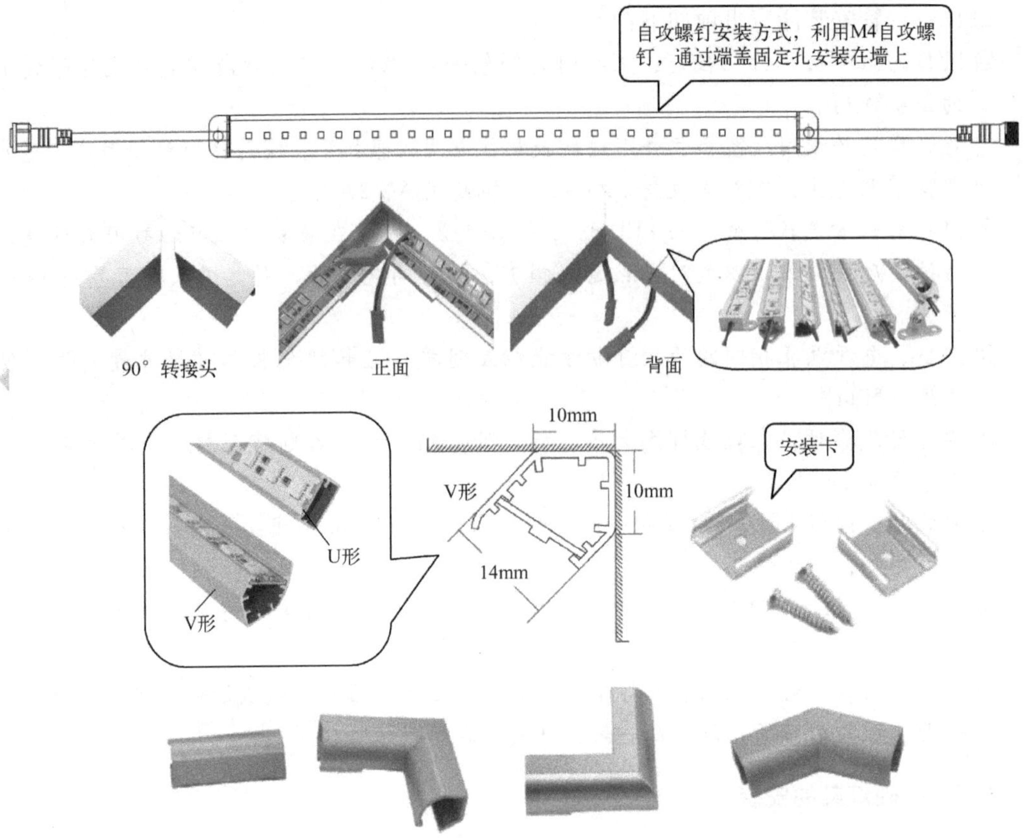

图6-15　LED硬灯条安装方法

【说明】开关电源的接线方法主要有串联、并联两种。串联工作时的LED硬灯条长度不超过3m，如果LED硬灯条超过3m，要从开关电源输出端接线柱重新接线，防止出现前面亮度不一致的情况。

☺ 安装前要测试开关电源与LED硬灯条，确定没有损坏。

☺ 根据电源功率计算能驱动多少米LED硬灯条，其方法是：（LED硬灯条的功率/m×长度）÷0.8。计算方法适用于串并联。

☺ 确定走线方案，确保连接导线最短，接线方法最简单。安装过程中要避免因用力过大将LED硬灯条输出、输入端的导线拉断。

【说明】

（1）如果不好安装，也可以用无影胶粘接、紫外光固化或玻璃胶粘接。

（2）可调光类（调色温、七彩、调亮度）控制器必须相对应正确，不能错放和漏放，对应的接收器（IR/IF）正确，控制器无破损、脏污、划伤等不良，电池无漏放，电池上绝缘胶片无漏放和掉落。

（3）接线端子接FPC处必须为张开状态，不能为闭合状态，接线端不能破损，内部铜片不能氧化发黑。

第7章　太阳能及风光互补LED路灯的设计与安装

7.1　太阳能LED路灯的设计与安装

随着全球能源的日益紧张，太阳能光伏照明产业得到了迅速发展。太阳能LED路灯的设计中涉及多个环节，其中任何一个环节出现问题都会造成产品缺陷。太阳能LED路灯系统由太阳能电池组件部分（支架）、LED灯头、控制器、蓄电池（锂电池）和灯杆几部分构成。太阳能LED路灯系统如图7-1所示。

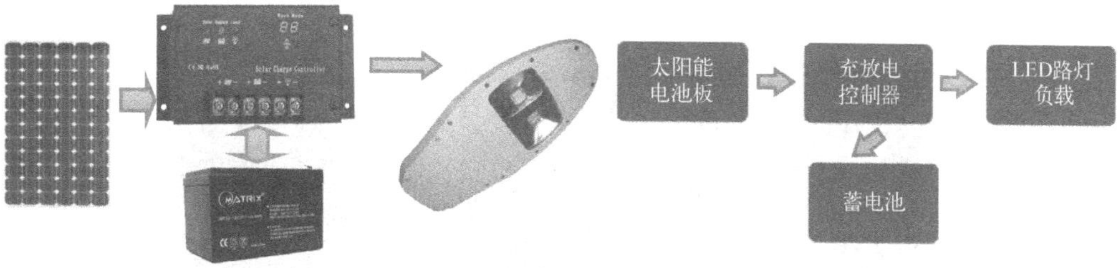

图7-1　太阳能LED路灯系统

> **【说明】**
> ☺ 在城市道路和高速公路上大多数都采用8～10m的灯杆，在城市辅路及乡村道路上大多数采用6m以下的灯杆。
> ☺ 传统的市电道路照明供电系统建设包括：勘查设计、电网接入，高压电缆铺设、箱式变压器，电缆管网，电缆、检查井、土建施工、路灯灯杆、光源、控制柜等。

在太阳能LED路灯中，通常采用铅蓄电池作为储能器件，工作电压为DC 12V或24V。输出电压是由LED的连接方式决定的。为了使得所有LED的正向电流一致，通常采用各个LED串联的方式，所要求的输出电压就是所有串联的LED正向电压的总和。目前太阳能LED路灯中的电源是集成电源，采用一个恒流源供电，总电流在各串中是根据它们的伏安特性来分配的。因为输出电压是一样的，每串中的每一个LED的电流是相同的。采用大电流的恒流源供电，也不能保证每个LED里的电流一样，并联的LED数量不能过多。

> **【说明】** LED太阳能路灯是集成光源，就是用N颗LED管芯封装在一个单位里。其排列组合是串并联，它们是N个串联，再N个并联，最后由两点连接电源。

目前恒流源有3种，分为升压型恒流源、降压型恒流源、带PWM调光的恒流源。读者可以根据设计要求来选择合适的恒流源。太阳能LED路灯中所采用的蓄电池是DC 12V或24V，采用升压型恒流源。

太阳能是各种可再生能源中最重要的基本能源，通过转换装置把太阳辐射能转换成电能。利用的是太阳能光发电技术，光电转换装置通常是利用半导体器件的光伏效应原理进行光电转换的，因此又称为太阳能光伏技术。

1. 太阳能 LED 路灯系统介绍

1）太阳能电池板 太阳能电池板主要材料是“硅”，“硅”是地球上储藏最丰量的材料之一。太阳电池的发电原理是利用光入射半导体时所引起的光电效应，即太阳光照在半导体 P-N 结上，形成新的空穴-电子对，在 P-N 结电场的作用下，空穴由 N 区流向 P 区，电子由 P 区流向 N 区，接通电路后就形成电流。硅太阳能电池按制造工艺的不同，主要分为单晶硅和非晶硅太阳能电池。太阳能电池板由电池片、组件边框、钢化玻璃、封装材料及接线盒等组成，太阳能电池板的示意图及太阳能电池板如图 7-2 所示。

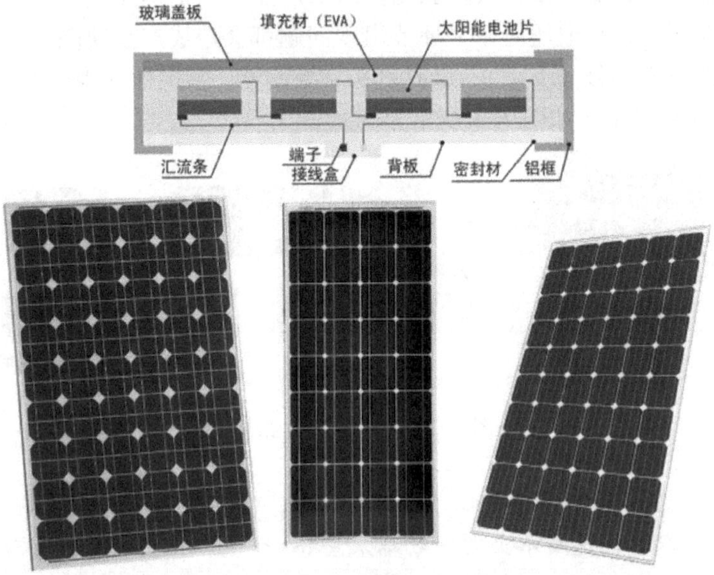

图 7-2 太阳能电池板的示意图及太阳能电池板

【说明】太阳能电池封装边框是指光伏太阳能电池板组件用铝合金型材固定框架。

单件太阳能电池片输出功率较小，难以满足常规需求，需要将它们串联或并联后封装再组装成太阳能板接入太阳能发电系统进行供电。太阳能电池板分类比较如表 7-1 所示。

表 7-1 太阳能电池板分类比较

种 类	单晶硅太阳能电池	多晶硅太阳能电池	非晶硅太阳能电池
光电转换效率	15% 左右，最高的达到 24%	12% 左右	偏低，10% 左右
成本	成本很高	总的生产成本较低	成本相对最低
发展	还不能被广泛和普遍地使用	大量发展	优点是在弱光条件也能发电
寿命	一般可达 15 年，最高可达 25 年	寿命也要比单晶硅太阳能电池短	不够稳定，随着时间的延长，其转换效率衰减

【说明】光电转换效率是指入射到光电组件表面的能量与其输出能量之比。单晶硅太阳能板的光电转换效率为 15% 左右，最高达到 24%。使用寿命一般可达 15 年，最高可达 25 年。

单晶硅和多晶硅主要区别如下：

（1）电池片形状不同。多晶硅是 156 × 156 的正方形片子，单晶硅一般是 125 × 125 的“类八边形”。

（2）转换效率不同。多晶硅平均在 16% ～ 17%，单晶硅平均在 18% 左右。生产过程大致可分为提纯过程→拉棒过程→切片过程→制电池过程→封装过程 5 个步骤。

2）控制器　控制器专为太阳能直流供电系统、太阳能直流路灯系统设计，并使用了专用计算机芯片的智能化控制器。具有短路、过载、独特的防反接保护，充满、过放自动关断、恢复等全功能保护措施，详细的充电指示、蓄电池状态、负载及各种故障指示。控制器通过计算机芯片对蓄电池的端电压、放电电流、环境温度等涉及蓄电池容量的参数进行采样，通过专用控制模型计算，实现符合蓄电池特性的放电率、温度补偿修正的高效、高准确率控制，并采用了高效 PWM 蓄电池的充电模式，保证蓄电池工作在最佳的状态，大大延长蓄电池的使用寿命。

【说明】

（1）太阳能充放电控制器的主要作用是保护蓄电池。必须具备过充保护、过放保护、光控、时控、防反接、充电涓流保护、欠压保护、防水保护等基本功能。

（2）目前也有太阳能 LED 照明恒流控制一体机，是集太阳能充电控制器和 LED 光源恒流控制器于一体的新型控制器，可以通过对控制器设置（数码管显示），达到调光（全功率、半功率等）、控制开关灯的效果，目前也可通过红外通信方式修改负载控制方式以及负载的开关状态。

（3）太阳能市电互补控制器是集市电、太阳能和 LED 光源恒流控制器于一体的新型 LED 路灯防水控制器，采用太阳能和市电双路互补为蓄电池充电，且太阳能充电优先，最大化地利用清洁能源；具有高供电保障率、高可靠性。

（4）锂电池的太阳能路灯要采用锂电池（磷酸铁锂电池）太阳能控制器，其系统集太阳能充放电控制器和 LED 恒流、太阳能板、LED 路灯于一体，采用串联型脉宽调制（PWM）充电技术和全数字技术自动控制充电和放电过程，延长锂电池寿命，提高系统性能。

（5）磷酸铁锂电池是指用磷酸铁锂作为正极材料的锂离子电池。

3）蓄电池　太阳能电池电源系统的储能装置主要是蓄电池，与太阳能电池方阵配套的蓄电池通常工作在浮充状态下，其电压随方阵发电量和负载用电量的变化而变化。它的容量比负载所需的电量大得多，蓄电池提供的能量还受环境温度的影响。蓄电池的种类一般有铅酸蓄电池、Ni－Cd 蓄电池、Ni－H 蓄电池等。在太阳能 LED 路灯中常用的免维护铅酸蓄电池，由于自身结构上的优势，电解液消耗量非常小，在使用寿命内不需补充蒸馏水，还具有耐震、耐高温、体积小、自放电小的特点。铅酸蓄电池分为普通铅酸蓄电池与胶体铅酸蓄电池两种。普通铅酸蓄电池和胶体铅酸蓄电池的区别如表 7-2 所示。

表 7-2　普通铅酸蓄电池和胶体铅酸蓄电池的区别

比较项目	普通铅酸蓄电池	胶体铅酸蓄电池
电解质	硫酸溶液（液态）	固体添加剂和特殊成分硫酸溶液，胶体和液体两种状态结合协同作用
电解液固定方式	电解液吸附在多孔的玻璃隔板内，而且必须呈不饱和状态	电解液由多种添加剂以固体形式固定，可充满电池内所有空间，特殊成分硫酸溶液吸附在多孔的隔板内

续表

比较项目	普通铅酸蓄电池	胶体铅酸蓄电池
浮充性能	浮充电压相对较高，浮充电流大，快速的氧再化合反应产生大量的热量，玻璃纤维隔板的热消散能力差，热失控故障时有发生	由于电解液比重低，浮充电压相对也较低，浮充寿命长
循环性能	由于玻璃纤维隔板微孔径较大，深放电时电解液比重降低，硫酸铅溶解度增大，沉积在微孔中的活物质会形成枝晶短路，进而导致电池寿命的终止	不会形成枝晶短路，电池寿命长。电池在使用寿命中容量恒定，在最初几年容量有所上升
氧再化合效率	由于隔板的不饱和空隙提供了大量的氧扩散通道，再化合效率较高，但其浮充电流和产生的热量也较高，因而易导致热失控故障	使用初期再化合效率较低，但运行几周后，再化合效率可达 99% 以上
电解液的层化	玻璃纤维的毛细性能无法完全克服电解液的层化问题，电池的高度受限制，因而大容量、高尺寸极板电池只能水平放置	硫酸固体均匀地分布，绝无浓度层化问题，电池可竖直或水平任意放置
内阻	小	是胶体电池内阻的二分之一
一致性	优良	优良
保护功能	保护正负极板功能比较差	优良的保护正负极板功能
恢复容量能力	较差	很强
低温性能	差，小于 0℃时能力剧降	好，在 -40℃时仍可使用
循环充电电压	14.6V	14.1V
浮充充电电压	13.6V	13.6V

蓄电池容量的选择原则如下：

☺ 在能满足夜晚照明的前提下，把白天太阳能组件产生的能量存储起来，同时还要存储满足连续阴雨天夜晚照明需要的电能。

☺ 蓄电池容量过小不能满足夜晚照明的需要，蓄电池容量过大，一方面使蓄电池始终处在亏电状态，影响蓄电池的使用寿命，另外也造成了浪费。

☺ 蓄电池应与太阳能光伏板、负载功率相匹配。

> **【说明】**
>
> （1）目前广泛采用的有铅酸免维护蓄电池、普通铅酸蓄电池和碱性镍镉蓄电池 3 种，国内目前主要使用铅酸免维护蓄电池。
>
> （2）目前在应用的一体化太阳能路灯，是将集成光源、高容量锂电池、太阳能电池组（太阳能板）及太阳能 LED 照明恒流控制一体机一体化，直接安装就可以使用。

2. 太阳能 LED 路灯系统的配置

1）太阳能路灯照明配置计算方法 合适的配置不仅能够让太阳能 LED 路灯系统工作更加稳定，而且能够降低更多成本。太阳能 LED 路灯照明系统配置的计算方法与下列因素有关：

☺ 太阳能 LED 路灯的功率。

☺ 太阳能 LED 路灯照明系统每天工作的时间。

☺ 当地平均峰值日照时间。

☺ 连续阴雨天数。

经验算法如下：

☺ 太阳能电池组件功率 = LED 灯具总功率 × 用电时间 × 损耗系数（1.6 ～ 2.0）/当地峰值日照时间数。

☺ 蓄电池容量 = LED 灯具总功率 × 用电时间 × 阴雨天数 × 系统安全系数（1.4 ～ 1.8）/系统电压。

理论算法如下：

☺ 蓄电池容量 = 总电流 × 持续时间/余量系数（0.7）。

☺ 太阳能板功率 = 耗电总量/系统利用系数（0.6）/有效日照时间。

以 12V 的 60W 路灯为例，按每天使用小时数为 10h、连续阴雨天 4 天要求，在实际应用时，要结合当地的光照。

（1）计算出电流 I。

$$I = 60\text{W} \div 12\text{V} = 5\text{A}$$

（2）计算出蓄电池容量 C。需要满足连续阴雨天的照明需求（4 天另加阴雨天前一夜的照明，计 5 天）。

蓄电池容量 $C = 5\text{A} \times 10\text{h} \times (4+1)$天 $= 5\text{A} \times 50\text{h} = 250\text{A} \cdot \text{h}$

为了防止蓄电池过充和过放，蓄电池一般充电到 90% 左右；放电余留 5% ～ 20%。所以 250A · h 也只是应用中真正标准的 70% ～ 85%。另外，还要根据负载的不同，测出实际的损耗，实际的工作电流受恒流源、线损等影响，可能会在 5A 的基础上增加 15% ～ 25%。

（3）计算出电池板的需求峰值 W_P。路灯每夜照明时间需要 10h，最少放宽对电池板需求 20% 的预留额。电池板平均每天接受有效光照时间为 4.4h。

$$W_P \div 17.4\text{V}（太阳能板输出电压）= (5\text{A} \times 10\text{h} \times 120\%) \div 4.4\text{h}$$

$$W_P \div 17.4\text{V} = 13.64$$

$$W_P = 240\text{W}$$

另外，在太阳能路灯组件中，线损、控制器的损耗及恒流源的功耗各有不同，实际应用中可能在 15% ～ 25%。所以 240W 也只是理论值，根据实际情况需要有所增加。所以选取两块峰值功率为 120 ～ 125W 的太阳能电池组件为佳。至于具体的电池板和蓄电池的配置数量，是与持续工作的时间直接相关的，同时，还跟电池板和蓄电池的功率、电压是相关的。不同的参数给出的配置不一样。

【说明】 在太阳能路灯系统中，结构上一个需要非常重视的问题就是抗风设计。抗风设计主要分为两大块，一为电池组件支架的抗风设计，二为灯杆的抗风设计。

2）蓄电池和太阳能电池板设计的校核　对太阳能电池板和蓄电池的设计计算完成后，应该进行校核，以进一步了解系统运行中可能出现的情况，保证电池板的设计和蓄电池的设计可以协调工作。

（1）蓄电池平均每天的放电深度。校核蓄电池平均每天的放电深度，保证蓄电池不会过放电，如果设计的蓄电池自给天数很大，那么实际的每天蓄电池放电深度可能相当小，无须校核。校核公式如下：

$$蓄电池日放电深度 = \frac{日放电量}{设计蓄电池容量}$$

所求的蓄电池日放电深度与蓄电池厂商提供的放电深度相比较，前者小于后者，则蓄电池可以安全工作，否则，应该重新对蓄电池进行设计。

（2）太阳能电池板对蓄电池的最大充电效率。在太阳辐射处于峰值时，电池板对蓄电池的充电率不能太大，否则会损坏蓄电池。最大充电率的校核公式如下：

$$最大充电率=\frac{设计蓄电池容量}{设计电池板的峰值电流}$$

蓄电池厂商将提供蓄电池的最大充电率，计算值如果小于该最大充电率，则设计安全，电池板对蓄电池的充电不会损坏蓄电池，否则要重新设计电池板功率。

3）太阳能电池板安装倾角计算 一般情况下，方阵朝向正南时，太阳电池发电量是最大的。但是，在晴朗的夏天，太阳辐射能量的最大时刻是在中午稍后，因此方阵的方位稍微向西偏一些时，在午后时刻可获得最大发电功率。在不同的季节，太阳电池方阵的方位稍微向东或向西一些都有获得发电量最大的时候。方阵设置场所受到许多条件的制约。太阳能电池组件朝向正南方向。

【说明】

（1）太阳能电池板安装在北半球时，尽可能使太阳能板朝向南方，以获取最大的光照能量；如果是在南半球，安装时太阳板朝向北方。同时需要避开房屋、树木等障碍物的阴影。

（2）太阳能板表面的清洁程度也会影响太阳能板的发电效率，所以其表面（如灰尘、树叶、油污等）是需要被清洁的，建议定期清洁刷洗即可。

倾斜角是太阳电池方阵平面与水平地面的夹角，并希望此夹角是方阵一年中发电量为最大时的最佳倾斜角度。一年中的最佳倾斜角与当地的地理纬度有关，由于地球的自转轴和公转轨道不是垂直的，在我们看来，不同季节，太阳的角度是不同的，有±23.4°的变化。我国主要30个城市平均日照及最佳安装倾角如表7-3所示。

表7-3 我国主要30个城市平均日照及最佳安装倾角

序号	城市	纬度	最佳倾角	平均日照小时	序号	城市	纬度	最佳倾角	平均日照小时
1	北京	39.8	纬度+4	5	16	杭州	30.23	纬度+3	3.43
2	天津	39.10	纬度+5	4.65	17	南昌	28.67	纬度+2	3.80
3	哈尔滨	45.68	纬度+3	4.39	18	福州	26.08	纬度+4	3.45
4	沈阳	41.77	纬度+1	4.60	19	济南	36.68	纬度+6	4.44
5	长春	43.90	纬度+14	4.75	20	郑州	34.72	纬度+7	4.04
6	呼和浩特	40.78	纬度+3	5.57	21	武汉	30.63	纬度+7	3.80
7	太原	37.78	纬度+5	4.83	22	广州	23.13	纬度-7	3.52
8	乌鲁木齐	43.78	纬度+12	4.60	23	长沙	28.20	纬度+6	3.21
9	西宁	36.75	纬度+1	5.45	24	香港	22.00	纬度-7	5.32
10	兰州	36.05	纬度+8	4.40	25	海口	20.03	纬度+12	3.84
11	西安	34.30	纬度+14	3.59	26	南宁	22.82	纬度+5	3.53
12	上海	31.17	纬度+3	3.80	27	成都	30.67	纬度+2	2.88
13	南京	32.00	纬度+5	3.94	28	贵阳	26.58	纬度+8	2.86
14	合肥	31.85	纬度+9	3.69	29	昆明	25.02	纬度-8	4.25
15	拉萨	29.70	纬度-8	6.70	30	银川	38.48	纬度+2	5.45

【说明】方位角是指太阳电池方阵的方位角，是方阵的垂直面与正南方向的夹角（向东偏设定为负角度，向西偏设定为正角度）。

3. 太阳能 LED 路灯系统的安装工具

太阳能 LED 路灯系统的安装工具如表 7-4 所示。

表 7-4　太阳能 LED 路灯系统的安装工具

序号	名　称	图　示	作　用	备　注
1	一字螺丝刀	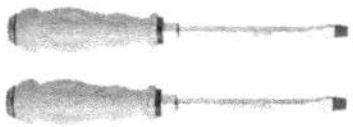	用来拧转螺钉以迫使其就位的工具	
2	十字螺丝刀	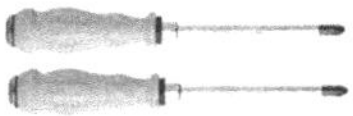		
3	剥线钳		剥除电线头部的表面绝缘层	内线电工
4	活动扳手		开口宽度可在一定范围内调节，是用来紧固和起松不同规格的螺母和螺栓的一种工具	
5	万用表		电力电子等部门不可缺少的测量仪表，一般以测量电压、电流和电阻为主要目的	
6	钳流表		用于测量正在运行的电气线路的电流大小的仪表，可在不断电的情况下测量电流	
7	偏口钳		主要用于剪切导线、元器件多余的引线	斜口钳
8	热风枪		利用发热电阻丝的枪芯吹出的热风来对元件进行焊接与摘取元件或收缩热缩管的工具	
9	力矩扳手		既可初紧又可终紧，它的使用是先调节扭矩，再紧固螺栓	
10	指南针		磁针在天然地磁场的作用下可以自由转动并保持在磁子午线的切线方向上，磁针的北极指向地理的北极，利用这一性能可以辨别方向	

续表

序号	名　称	图　示	作　用	备　注
11	热缩套管		电线、电缆和电线端子提供绝缘保护	
12	羊角锤	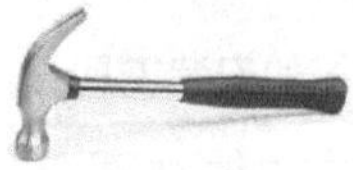	一般羊角锤的一头是圆的，一头扁平向下弯曲并且开 V 口，目的是为了起钉子	
13	压线钳		用来压制水晶头的一种工具	电话线接头和网线接头都是用压线钳压制而成的
14	成套内六角扳手		通过扭矩施加对螺丝的作用力，大大降低了使用者的用力强度，是工业制造业中不可或缺的得力工具	
15	卷尺		常用的工量具。钢卷尺在建筑和装修中常用，也是家庭必备工具之一	
16	成套套筒扳手		利用杠杆原理拧转螺栓、螺钉、螺母和其他螺纹紧持螺栓或螺母的开口或套孔固件的手工工具	

【说明】在日照不足或连续阴雨天过长的地区，太阳能 LED 路灯的工作时间会缩短或 LED 路灯不亮，此情况下笔者建议选择市电补偿太阳能 LED 路灯。即选择太阳能市电互补控制器，它是集市电、太阳能和 LED 光源恒流控制器于一体的防水控制器。

4. 太阳能 LED 路灯的安装

1）太阳能 LED 路灯的安装流程

（1）灯杆选址要求。

☺ 根据路向和灯具光源位置，选择灯具光源朝向，满足路面最大照射面积。

☺ 太阳能路灯必须安装在光照充足、无遮挡的地方。太阳能电池组件朝向正南，保证电池组件迎光面上全天没有任何遮挡物阴影。

☺ 当无法满足全天无遮挡时，要保证 9:30 ～ 15:30 间无遮挡。

☺ 太阳能灯具要尽量避免靠近热源，以防影响灯具使用寿命。

☺ 环境使用温度：－20 ～ 60℃。在比较寒冷的环境下，应适当加大蓄电池容量。

☺ 太阳能电池板上方不应有直射光源，以免使灯具控制系统误识别导致误操作。

（2）地基。

☺ 地基坑开挖。勘测地质情况，如果土质为坚硬土，在安装路灯的位置开挖长 800mm × 宽 800mm × 深 1200mm 的地坑；如为松软土质或有特殊要求，开挖的长、宽、深另定。

电池箱埋地位置紧邻基础左或右侧，尽量保持所有灯杆基础和电池箱的方向一致。

☺ 基础预埋件。基础预埋件的制作一定要规整，严格按照图纸要求加工制作；保证螺栓的间距误差在 ±2mm 之内，确保螺母能够顺畅旋进、旋出；螺杆的水平高度误差控制在 ±3mm 之内。

☺ 地基浇筑。将电池箱放入电池箱坑内，基础预埋件放在地基浇筑坑正中，然后将 PVC 管的一端放置在电池箱内，另一端从地基浇筑坑中基础件固定板正中穿出，最后以 C20 混凝土浇筑密实、牢固。地基基础如图 7-3 所示。

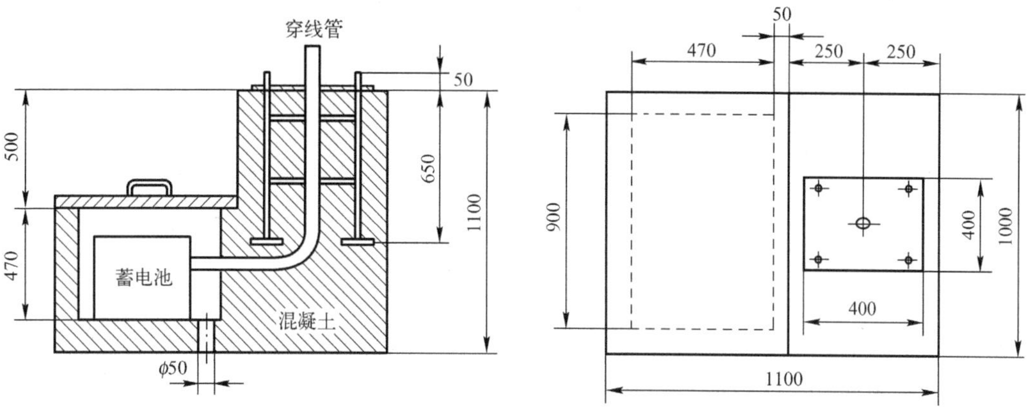

图 7-3　地基基础

(3) 电气安装步骤。

☺ 根据接线图进行电池板串并联接线，确保正负极连接正确，检验电源线上电压输出是否正常，如不正常则检查接线是否有误。

☺ 光源灯头、灯罩组装、穿线、接线，确保正负极连接正确。

☺ 验证光源和其线路是否有问题，有问题的话查出原因及时解决。

☺ 蓄电池安装，连线做好端子，穿线，串并联接线，确保正负极连接正确。

☺ 控制器接线，先接蓄电池后接电池板再接负载，确保正负极连接正确。

☺ 系统调试，时控时间按设计时间调整。

(4) 电池板接线。

☺ 检查电池组件背后铭牌，核对规格、型号、数量。

☺ 检查电池组件表面是否有破损、划伤。

☺ 接线前要详细检查正负极标识，确保正负极连接正确，建议再用万用表验证一下，以防标识错误等现象。

☺ 按接线图进行串并联接线，不能私自改动连接方式，电线一般采用双芯护套铜软线，一般为红、黑两种颜色，红色作为正极，黑色作为负极。线芯为其他两种颜色，深色的作为负极，另一个作为正极。

☺ 接线后，将电池板朝向太阳，用万用表检测电源线输出端正负极是否正确，开路电压是否在合理范围内。系统电压为 12V 的，开路电压值应在 18 ～ 23V 范围内；系统电压为 24V 的，开路电压值应在 35 ～ 45V 范围内。

☺ 开路电压在合理范围内的进行下一步操作，不是则检测每一块电池组件输出是否正常，线路连接是否正确，直到正确为止。

【说明】 电池组件在安装过程中要轻拿轻放，避免工具等器具对其造成损坏。不要同时触摸太阳电池组件和蓄电池的“+”、“-”极，以防触电危险。注意正负极，严禁接反，接线端子压接牢固，无松动，严禁使电池组件短路。

（5）光源接线。

☺ 核对光源规格、型号、数量是否符合设计要求。

☺ 按接线图进行接线，不能私自改动连接方式，电线一般采用双芯护套铜软线，一般为红、黑两种颜色，红色作为正极，黑色作为负极。线芯为其他两种颜色，深色的作为负极，另一个作为正极。

☺ 接线后，检测光源是否完好，线路是否有问题。将光源引出线与蓄电池两端电极相接，点亮则代表线路正常，不亮则回路中有故障。

☺ 灯具安装好吊装以前，要用蓄电池再进行一次测试，看灯具是否能够点亮。

（6）蓄电池接线。

☺ 检查蓄电池标识，核对规格、型号、数量是否符号设计要求。

☺ 检查蓄电池表面是否有破损、划伤、漏液等情况。

☺ 接线前认准正负极标识，标有红色的为正，标有黑色的为负，确保正负极连接正确。

☺ 按接线图进行串并联接线，不能私自改动连接方式，电线一般采用双芯护套铜软线，一般为红、黑两种颜色，红色作为正极，黑色作为负极。线芯为其他两种颜色，深色的作为负极，另一个作为正极。

☺ 接线后，电源线输出端要用绝缘胶布缠好。

（7）吊装。

☺ 灯杆起吊之前，先检查各部位紧固件是否牢固，灯头安装是否端正，太阳能板朝向是否正确。

☺ 用软质吊带选择合适的吊点位置，并系好解索绳，待吊装完成后解脱吊带。

☺ 起吊安装后，锁紧法兰部位的螺杆螺丝。打开灯杆上的电气控制箱门，将控制器悬挂在灯杆内壁上。

（8）控制器接线。

☺ 检查控制器标识，核对规格、型号、数量是否符合设计要求。

☺ 检查控制器表面是否有破损、划伤。

☺ 接线前要认准控制器上的太阳电池组件、蓄电池、负载三者的标识符号、接线位置和正负极符号。

☺ 灯杆吊装完成后进行控制器的接线，接线顺序为：蓄电池—太阳能电池组件—光源。

☺ 按接线图进行串并联接线，不能私自改动连接方式。电线一般采用双芯护套铜软线，一般为红、黑两种颜色，红色作为正极，黑色作为负极。线芯为其他两种颜色，深色的作为负极，另一个作为正极。

☺ 线通电后，按控制器说明书中指示，看控制器上显示（LED或LCD）是否正常，如有故障信息，按说明书提示排除故障。

2）太阳能LED路灯安装注意事项 灯杆安装为光源安装及组件安装。

（1）组件安装要求。

☺ 组件方位正南方向，偏差不得超过10°。

☺ 组件安装时螺杆必须拧紧，组件铝材内部必须垫有平垫。

（2）光源安装要求。

☺ 在打开光源外壳时，首先观察光源内恒流源的接线情况，看是否在出厂时有线路脱落情况。

☺ 接线安装时，线路要固定在光源内部，保证灯杆下部观察孔内的线缆不至于受到外力而使线缆脱落。

（3）蓄电池安装要求。

☺ 蓄电池坑必须要用沙子、石子垫底，填平后铺砖，然后摆放蓄电池。

☺ 蓄电池摆放到位后，按照系统要求接蓄电池电路，要求线缆必须带有线鼻，线鼻连接处必须要套有热缩管，避免铜线裸露处因进水或玻璃胶的酸性腐蚀而使线缆氧化断裂。

☺ 蓄电池电极柱上连接线鼻子时必须用螺钉紧固，然后涂密封胶防水。防止密封胶凝固后紧缩，导致接线柱外漏。

☺ 蓄电池箱倒扣时，注意将电缆放置到蓄电池箱留有的线槽内，防止蓄电池一旦下沉，蓄电池箱的边缘可能会将电缆切断，从而导致整个路灯供电系统瘫痪。

蓄电池坑分为直接土埋和砖砌电池坑两种，土埋蓄电池坑是蓄电池安装完毕后，直接用黄土或细沙土进行填埋，注意初步填埋土质不要含有石子或石头等杂物，保证一段时间后土质下沉不会将线缆压坏。

砖砌电池坑为大小适用的砖砌坑，上面由水泥盖板覆盖，使蓄电池在一个良好的环境内存放。规格要求如下：

☺ 大小能安装足够的蓄电池及电池箱，高度要求与蓄电池箱顶部平齐，防止蓄电池坑因进水而使蓄电池箱根据水位上浮，使蓄电池长期泡在积水中。如果蓄电池坑高度过高，应用砖或其他坚硬物平压在蓄电池箱上部，使蓄电池箱与盖板顶实，以至于电池箱不会因为水位上升而上浮，这样蓄电池内的气压会使蓄电池箱内部水位保持在一定高度后不再上升。

☺ 盖板要求内有一定钢筋，能够承受住大量的黄土覆盖，要有把手以便日后维修蓄电池。

安装好的太阳能 LED 路灯如图 7–4 所示。

图 7–4　安装好的太阳能 LED 路灯

3）太阳能 LED 路灯常见故障处理 太阳能 LED 路灯常见故障处理如表 7-5 所示。

表 7-5 太阳能 LED 路灯常见故障处理

故障现象	可能原因	排除方法
光源不亮	环境光线较强	光线低于一定的照度时，光源会自动启动
	光源损坏	更换同型号的新光源
	输出开路、短路或接地	检查输出线路连接处是否可靠
	蓄电池开路	检查蓄电池连接是否可靠
	熔丝烧坏	更换同型号的新熔丝
	蓄电池电压低于 12.3V	连续阴雨天超过设计天数造成蓄电池欠压，晴天可自动恢复。 电池板连接开路或短路造成蓄电池欠压。 蓄电池短路或损坏
	控制器损坏	维修或更换同型号新控制器
光源不适当时间亮	太阳能电池有遮挡物	清洁太阳能电池

4）太阳能 LED 路灯方案 在这里以 40W LED 路灯为例。40W LED 路灯的配置方案如表 7-6 所示。LED 灯单路工作，功率为 40W，DC 24V 供电。以当地日均有效光照 4h 计算，每日放电时间 10h（以晚 7 点～晨 5 点为例），满足连续阴雨天 5 天（加阴雨天前一夜的用电，共计 6 天）。在实际工作中可以根据需要来修改太阳能 LED 路灯的放电时间。

表 7-6 40W 太阳能 LED 路灯的配置方案

序号	项目		规格	数量	备注
1	光伏发光系统	太阳能组件	120W/18V	2	
		太阳能控制器	10A/24V	1	
		防水蓄电池	12V/150A·h	2	
2	光源系统	LED 路灯	40W	1 套	集成光源、恒流源
		太阳板与控制器连接电缆	RVV2×2.5	10m	
		蓄电池与控制器连接电缆	RVV2×2.5	2.5m	
		控制器与光源连接电缆	RVV2×1.5	8m	
3	灯杆系统	灯杆	8m	一支	
		灯臂		一支	
		太阳能支架		一套	
4	路灯系统附件	地脚笼		一套	

50W 太阳能 LED 路灯配置方案如下：

☺ LED 路灯功率为 50W，DC 24V 供电系统。

☺ 当地日均有效光照以 4h 计算。

☺ 每日放电时间 10h，通过控制器进行控制。分时段调节 LED 灯的功率大小，降低总功耗，实际按每日放电 7h 计算（晚 7 点～11 点为全功率（100%），11 点～凌晨 5 点为半功率（50%），合计：7h）。

☺ 满足连续阴雨天 5 天（加阴雨天前一夜的用电，共计 6 天）。

蓄电池容量计算如下：

$$电流\ I = 50W \div 24V = 2.08A$$

$$蓄电池容量\ C = 2.08A \times 7h \times (5+1)天 = 2.08A \times 42h = 88A \cdot h$$

【说明】蓄电池充、放电预留 20% 容量；太阳能 LED 路灯的实际电流在 2A 以上（加 20% 损耗，包括恒流源、线损等）。

$$实际蓄电池容量\ C_{实} = 88A \cdot h \div 80\% \times 120\% = 132A \cdot h$$

实际蓄电池为 24V/132A · h，需要两组 12V 蓄电池，共计：264A · h。

太阳能电池板功率计算如下：

☺ LED 路灯功率为 50W，电流为 2.08A。

☺ 每天放电时间为 10h，实行功率调节后，放电时间实际按 7h 计算。

☺ 太阳板预留最少 20%。

☺ 当地有效光照以日均 4h 计算。

$$W_{P} \div 17.4V = (2.08A \times 7h \times 120\%) \div 4h$$

$$W_{P} = 76W$$

【说明】在计算太阳能电池板功率时，还要结合综合损耗（恒流源损耗、线损等损耗）为 20% 左右。

$$太阳能电池板实际需求\ W_{P实} = 76W \times 120\% = 91W$$

实际太阳能电池板需 24V/91W，所以需要两块 12V 太阳能电池板，共计：182W。50W LED 路灯的配置方案如表 7-7 所示。

表 7-7　50W LED 路灯的配置方案

序号	项目		规格	数量	备注
1	光伏发光系统	太阳能组件	100W/18V	2	
		太阳能控制器	10A/24V	1	
		防水蓄电池	12V/150A · h	2	
2	光源系统	LED 路灯	50W	1 套	集成光源、恒流源
		太阳板与控制器连接电缆	RVV2 × 2.5	10m	
		蓄电池与控制器连接电缆	RVV2 × 2.5	2.5m	
		控制器与光源连接电缆	RVV2 × 1.5	8m	
3	灯杆系统	灯杆	8m	一支	
		灯臂		一支	
		太阳能支架		一套	
4	路灯系统附件	地脚笼		一套	

7.2　风光互补 LED 路灯的设计与安装

在 21 世纪，能源问题已经关系到人类的生存和发展。随着石化能源的日益枯竭，由此带来的环境问题日益严重，国家必将大力发展新能源。目前太阳能和风能因其清洁无污染已经得到了快速发展，在全世界得到广泛应用。独立光伏系统和风能系统受到环境、温度、光照、风速等的影响，使得光伏系统和风能系统无法保证稳定的输出。风光互补发电系统将太阳能和风能联合起来，光伏和风能的互补性很强，风光互补发电系统在资源上弥补了风电和光电独立系统在资源上的缺陷，是二者优劣互补进行发电的发电系统。风力发电机（风电）和太阳能发电（光电）系统在我国已经得到广泛应用。

目前，我国城市路网和高速公路发展迅速，常规路灯必须有供电系统，因此大部分远离电源点的乡村道路没有安装 LED 路灯。风光互补 LED 路灯的出现，可以避开传统的供电系统。光伏和风能在时间分布上有很强的互补性，使得风光互补 LED 路灯得到广泛应用，同时它们是取之不尽的再生能源，利用其发电不会产生有害气体，清洁干净，环境效益好。

风光互补 LED 路灯系统原理图如图 7–5 所示。

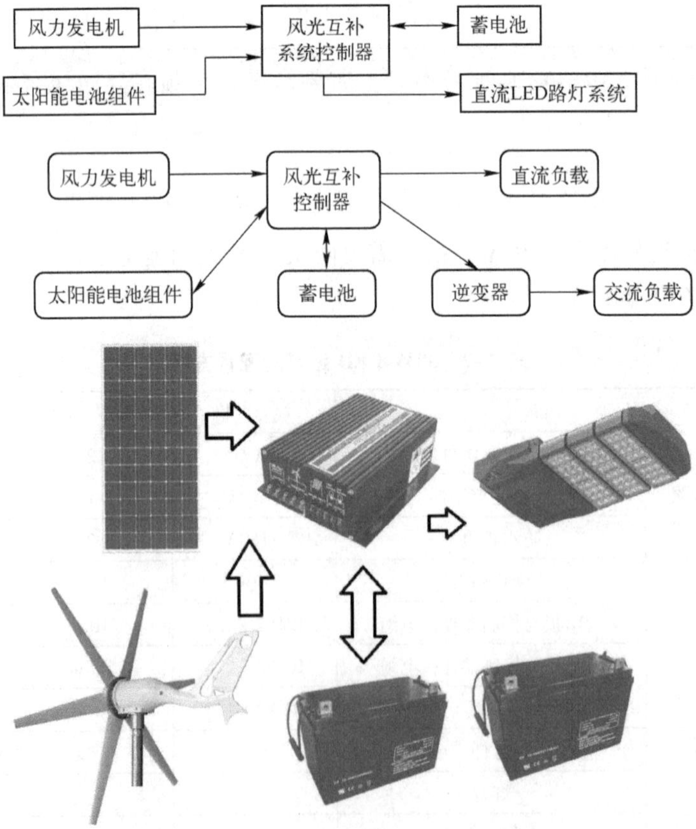

图 7–5　风光互补 LED 路灯系统原理图

风光互补 LED 路灯主要由太阳能电池板、蓄电池、风力发电机、风光互补系统控制器（逆变器）、LED 路灯、地埋箱、灯杆、交流和直流负载等组成，如图 7–6 所示。

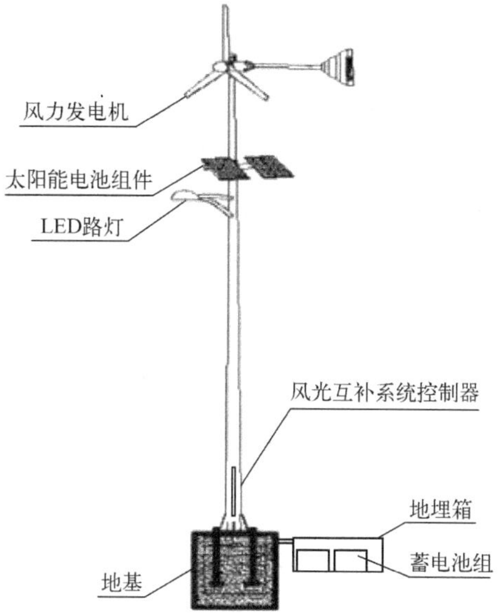

图 7-6　风光互补 LED 路灯

【说明】风光互补 LED 路灯的灯杆应满足 GB/T 9790—1988《金属覆盖及其他有关覆盖层维氏和努氏显微硬度试验》、GB/T 11373—1989《热喷涂金属件表面预处理通则》、QB/T 1551—1992《灯具油漆涂层》、GB/T 700—2006《碳素结构钢》、GB/T 699—2015《优质碳素结构钢》、GB/T 1591—2008《低合金高强度结构钢》等国家标准或行业标准。

1. 风光互补 LED 路灯设计规范

☺ JTG/T D70/2-01—2014《公路隧道照明设计细则》
☺ JTG D70—2004《公路隧道设计规范》
☺ CJJ 89—2012《城市道路照明工程施工及验收规程》
☺ GB 50007—2011《建筑地基基础设计规范》
☺ GB 50009—2012《建筑结构荷载规范》
☺ GB 50010—2010《混凝土结构设计规范》
☺ GB 50057—2010《建筑物防雷设计规范》

2. 风光互补 LED 路灯部件简介

1）风光互补路灯控制器　风光互补路灯控制器采用先进的 MPPT 功率跟踪技术，保证风能和太阳能的最高利用。可进行计算机远程监控、软件升级和参数设置；具有两路负载独立输出功能；智能化软件控制，控制精确。风光互补路灯控制器可以将风力发电机和太阳能电池产生的电能对蓄电池进行充电，供给路灯、监控系统及小型用电设备等使用。适合于风光互补路灯系统，不仅能够高效率地转化风力发电机和太阳能电池所发出的电能，而且还提供了强大的控制功能。可以智能设置开、关灯时间，并且可以根据蓄电池剩余电量自动调整亮灯持续时间。提供了太阳能电池接反、蓄电池过压、蓄电池欠压、风力发电机输入/输出过载、超风速飞车等多种保护。

2）胶体蓄电池 胶体铅酸蓄电池是对液态电解质的普通铅酸蓄电池的改进，用胶体电解液代换了硫电解液，在安全性、蓄电量、放电性能和使用寿命等方面较普通电池有所改善。胶体电池的优点是质量高，循环寿命长。胶体电解质可对极板周围形成固态保护层，保护极板避免因震动或碰撞而产生损坏、破裂，防止极板被腐蚀，同时也减少了蓄电池在大负荷使用时产生极板弯曲和极板间的短路，不至于导致容量下降，具有很好的物理及化学保护作用，是普通铅酸电池寿命的两倍。

3）太阳能电池组件 太阳能电池组件由高效晶体硅太阳能电池片、超白布纹钢化玻璃、EVA、透明 TPT 背板及铝合金边框组成，具有使用寿命长、机械抗压外力强等特点。单晶硅太阳能电池的光电转换效率为 17% 左右，最高达到 24%。在一般正常状态下，系统的太阳电池组件的最小功率应能保证提供出系统日平均最低发电电量，并且是日平均最低耗电量的 1.8 倍以上。

4）风力发电机 风力发电机是将风能转换为机械功的动力机械，又称风车，主要由叶片、发电机、机械部件和电气部件组成。根据旋转轴的不同，风力发电机主要分为水平轴风力发电机和垂直轴风力发电机两类，目前市场上水平轴风力发电机占主流地位。水平轴风力发电机是指旋转轴与叶片垂直，一般与地面平行，旋转轴处于水平的风力发电机。垂直轴风力发电机是指旋转轴与叶片平行，一般与地面垂直，旋转轴处于垂直的风力发电机。

风力发电机由机头、转体、尾翼、叶片组成。叶片用来接受风力并通过机头转为电能；尾翼使叶片始终对着来风的方向从而获得最大的风能；转体能使机头灵活地转动以实现尾翼调整方向的功能；机头的转子是永磁体，定子绕组切割磁力线产生电能。

风力发电机因风量不稳定，故其输出的是 13 ～ 25V 变化的交流电，须经充电器整流，再对蓄电瓶充电，使风力发电机产生的电能变成化学能。风力发电机组采用先进的稀土材料研制，大幅度降低了风力发电机的机械阻力和摩擦阻力，从而使风力发电机的启动风速大幅度降低。风速为 2.5m/s 左右时开始发电，这就使得低风速区的风力资源得到更充分的应用，同时还大幅提高了风能利用率，在相同风速下，与国内外先进水平的同型号风力发电机相比，可增加发电输出功率 20% 左右。

小型风力发电机技术规范与性能参数要求如下：

☺ GB/T 18710—2002《风电场风能资源评估方法》

☺ GB/T 18709—2002《风电场风能资源测量方法》

☺ GB/T 13981—2009《小型风力机设计通用要求》

☺ GB/T 17646—2013《小型风力发电机组 设计要求》

☺ GB/T 19068.1—2003《离网型风力发电机组 第 1 部分：技术条件》

☺ GB/T 19068.2—2003《离网型风力发电机组 第 2 部分：试验方法》

☺ GB/T 19115.1—2003《离网型户用风光互补发电系统 第 1 部分：技术条件》

☺ GB/T 19115.2—2003《离网型户用风光互补发电系统 第 2 部分：试验方法》

☺ GB/T 10760.1—2003《离网型风力发电机组用发电机 第 1 部分：技术条件》

☺ GB/T 10760.2—2003《离网型风力发电机组用发电机 第 2 部分：试验方法》

3. 风光互补 LED 路灯的系统配置

1）太阳能板选型 风光互补 LED 路灯系统（60W）需要提供的电量为

60W×12h÷0.9（控制器效率）÷0.85（电池效率）÷0.90（直流驱动变换器效率）÷（1－0.05）（线损）=1101W·h

1101W·h÷(5.2h×0.6)（安装地区的日平均日照时间）=352.88W，根据经验选用 300W 的太阳能板。

2）蓄电池选型　假设连续 3 天阴雨无风，蓄电池需要提供的电量为

（60W×12h×4）÷0.85（放电效率）÷（1－0.02）（线损）÷0.95（控制器效率）=3639W·h

蓄电池的最低安时数为 3639W·h÷24V=152A·h。

选用两个 12V 120A·h 的蓄电池可满足要求。在连续 3 天阴雨情况下，也能使负载正常运行。

3）风力发电机选型　风力发电机的输出功率与当地的气象条件、安装位置、周边环境关系密切，在风力资源充足、风力强劲或周围环境比较空旷的条件下，则发电机输出功率大，反之则输出功率较小。

根据功率曲线，以 2.8m/s 的年平均风速，则平均每月的发电量为 21.6kW·h，平均每天的供电量在 720W·h。根据经验选择 400W 风力发电机即可满足要求，不足部分由太阳能电池补足。

平均每天风光互补控制能提供 400W×5.2h×0.6+720W·h=1968W·h 的电量。而负载与损耗之和，每天的耗电量在 1468W·h 左右，因此本系统每天能够给负载提供足够的电量，而且能使蓄电池大部分时间内保持在充满或接近充满状态。

60W 风光互补 LED 路灯的系统配置如表 7-8 所示。

表 7-8　60W 风光互补 LED 路灯的系统配置

名　称	型　号	数量	单位	备　注
风力发电机	400W AC 24V	1	台	
太阳能电池板	400W DC 36V	1	块	单晶硅，高转换效率（>17.5%）
风光互补控制器	DC 24V	1	台	智能型电压过低断开保护、输入/输出过欠压保护、输入/输出过流保护、风机失速刹车保护等功能
蓄电池	DC 12V 120A·h	2	只	德国技术 npp，长寿命胶体阀控式
风光互补灯杆	8m，4mm 厚	1	支	带控制柜、光伏电池支架、灯臂，具备抗十六级台风能力
LED 灯头	DC 24V 60W	1	只	
电缆	二芯 $2.5mm^2$ 电缆 9.5m	2	条	接光伏电池板和 LED 灯用
电缆	三芯 $4mm^2$ 电缆 9.5m	1	条	接风力发电机
附件	接线耳、绝缘套等		若干	

4. 风光互补 LED 路灯的安装

风光互补 LED 路灯系统工程示意图如图 7-7 所示。风光互补 LED 路灯系统由太阳能电池板组件、风力发电机、蓄电池、LED 路灯头、控制器（风光互补控制器）、电池地埋箱、灯杆 7 部分组成。

☺ 太阳能板支架及太阳能板安装，将太阳能板支架组装好固定到灯杆相应位置；然后将太阳能板固定到安装支架上。

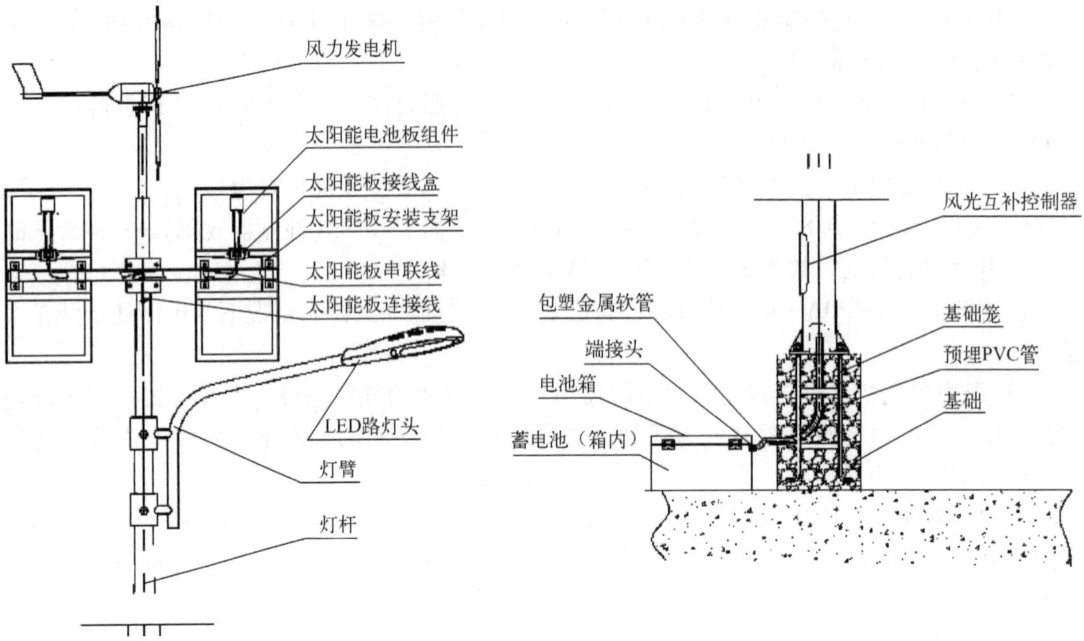

图 7-7 风光互补 LED 路灯系统工程示意图

☺ 用钢丝牵引，将风力发电机、太阳能板、路灯头连接电缆，以及太阳能板串联电线穿好。
☺ 先按风力发电机组装说明将其组成整体；把风力发电机连接电缆与风力发电机连接好（注意正负极性）；将风力发电机固定在灯杆的顶部。
☺ 将两接线盒固定到太阳能板支架上，按接线原理图将太阳能板串联线及输出电缆接好，并盖上接线盒盖。
☺ 将路灯头引入电缆接好，接线注意正负极性；然后将灯头固定到灯臂上，灯臂伸入灯内长度不得低于 105mm，最好是抵到灯内“止位”。
☺ 用吊车将路灯杆竖起来，并与基础对接，调整方位后，用地脚螺栓将灯杆固定，吊装时绳索最好系在灯杆与灯臂连接处，以免损伤太阳能板和风力发电机。
☺ 将风光互补控制器固定到电器门内，并按接线原理图将风光互补控制器、路灯头、太阳能板的连接线接好。
☺ 按当地环境将电池箱固定在离灯杆尽量近的地方，放置水平且最好垫高 50 ~ 100mm；将端接头固定到电池箱上；再将包塑金属软管与端接头相接，金属软管的另一端穿入基础的 PVC 预埋管中，一直伸到灯杆内。

风光互补 LED 路灯安装流程图如图 7-8 所示。

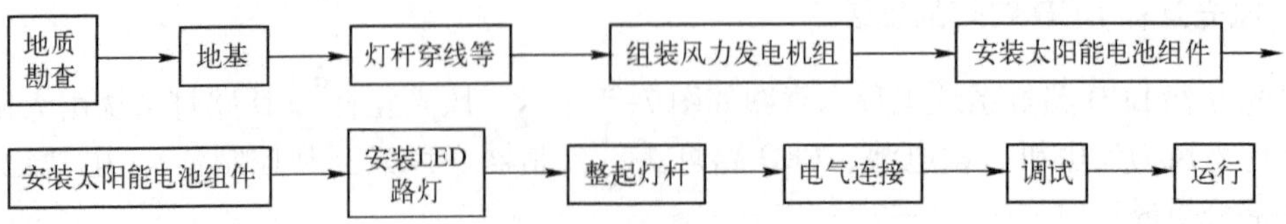

图 7-8 风光互补 LED 路灯安装流程图

风光互补 LED 路灯安装工具及辅助材料如表 7–9 所示。

表 7–9　风光互补 LED 路灯安装工具及辅助材料

名　称	规　格	数量	名　称	规　格	数量
活动扳手	14～20	1 套	吊车		1 台
钢丝	ϕ2mm	20m	人字梯	灯杆高度	1 个
内六角扳手		1 套	手电钻	13mm，4～12mm 钻头	1 把
剪钳		1 把	十字螺丝刀	ϕ5mm	1 把
铁锤	2kg 左右	1 把	十字螺丝刀	ϕ3mm	1 把
万用表		1 个	剥线钳	1 把	
玻璃枪		1 把	玻璃胶		

【说明】

（1）地基基础坑开挖尺寸应符合设计规定，基础混凝土强度等级不应低于 C20，基础内电缆护管从基础中心穿出并应超出基础平面 30 ～ 50mm。浇制钢筋混凝土基础前必须排除坑内积水。按要求预埋 PVC 管，PVC 管高出基础顶面 100mm 以上，另一端从基础侧面穿出，离定位法兰垂直距离约 500mm；待基础固化后，就可以安装路灯了。

（2）安装太阳能电池组件，按设计高度将组件支架固定在灯杆上，注意角度应与设计要求一致。将太阳能电池组件与组件支架固定好，确定无误后，将太阳能电池板遮挡，将组件引线与太阳能电池组件接线盒相连接，注意正负极。

（3）太阳能电池组件的方位角是指组件的垂直面与正南方向的夹角（向东偏设定为负角度，向西偏设定为正角度）。一般情况下，组件朝向正南（即组件垂直面与正南的夹角为 0°）时，组件发电量是最大的。在偏离正南（北半球）30°度时，组件的发电量将减少 10% ～ 15%；在偏离正南（北半球）60°时，组件的发电量将减少 20% ～ 30%。

（4）太阳能电池组件的倾斜角是指组件平面与水平地面的夹角，太阳能电池组件的安装角度应按照全国主要城市的年平均日照时间及最佳安装倾角表安装。

5. 风光互补 LED 路灯安装注意事项

☺ 合理调整太阳能电池板组件安装倾角。

☺ 太阳能电池组件的输出正负极在连接到控制器前须采取措施避免短接，注意正负极不要接反；太阳能电池板组件的输出线应避免裸露导体。

☺ 太阳能电池组件与支架连接时要牢固可靠，各紧固件拧紧。

☺ 蓄电池放入电池箱内时须轻拿轻放，防止砸坏电池箱。

☺ 蓄电池之间的连接线必须连接牢固，并压紧（但拧螺栓时要注意扭力，不要将电池接线柱拧坏），确保端子与接线柱导电良好；所有串、并联导线禁止短接和错接，避免损坏蓄电池。

☺ 控制器连线不允许接错，连接之前请先对照接线图。

☺ 太阳能路灯以太阳辐射为能源，照射在光电池组件上的阳光是否充裕直接影响灯具的照明时间，安装位置应远离高楼，且无树叶等遮挡物。

☺ 穿线时一定要注意不要损坏导线绝缘层，导线的连接牢固，可靠导通。

6. 风光互补LED路灯的设计

☺根据用户负荷状况，选择灯杆、灯源，确定路灯的工作电压、额定功率、工作时数等。

☺路灯是根据道路的具体照明要求来设计的，按道路宽度、周围环境、车辆通过流量等设计灯杆、组件、安装支架、灯挑臂、整体造型，然后确定灯高、照度、灯距，确定灯源、灯罩。

☺确定风力发电机组及太阳能电池组件的总功率。

☺选择风力发电机组及太阳能电池组件的型号，确定及优化系统的结构。

☺确定系统内其他部件（蓄电池、风光互补控制器、风机控制器、控制/逆变器、辅助后备电源等）。

☺确定电控箱尺寸大小及位置。

☺工程整体布局等。

☺确定是否预留市电。

第 8 章　LED 工矿灯的设计与组装

8.1　LED 工矿灯基础知识

1. LED 工矿灯简介

LED 工矿灯采用大功率 LED 作为光源，光线柔和，发光效率高，较传统工矿灯节能效果显著。采用挤压铝散热体，散热效果好，并且表面氧化处理，能保证长期使用不褪色，广泛适用于工厂、车间、仓库、车站、停车场、会议室、图书馆、超级市场、体育馆、会展中心等地方。目前 LED 工矿灯功率有 35W、50W、100W、120W、150W、200W、250W、280W 等，主流的功率有 50W、80W、100W、120W、150W、180W、200W。LED 工矿灯的外形如图 8-1 所示。采用恒压恒流控制，适用电压宽（AC 85 ～265V），克服了因镇流器产生的电网、噪声污染和引起的灯光不稳定，避免了工作中给眼部带来的刺激、疲劳。除了在通常环境中使用的各种照明灯外，LED 工矿灯还可作为防爆灯和防腐蚀灯使用，同时还在一些大型高层建筑物中使用。

图 8-1　LED 工矿灯的外形

目前有一部分 LED 使工矿灯是带铝罩的，而出光又是垂直向下的，容易造成 LED 芯片表面亮度高，使 LED 工矿灯下方与 LED 工矿灯上方的亮暗形成鲜明的对比。这一点在设计

LED 工矿灯时一定要非常注意。

【说明】

☺ LED 工矿灯不含铅、汞等污染元素，是对环境无污染的绿色环保产品。

☺ LED 工矿灯的灯罩能有效控制出光范围，使光圈保持均匀美观。

☺ LED 工矿灯采用恒流恒压控制，适用电压宽，克服了因镇流器产生电网、噪声污染和引起的灯光不稳定，避免了工作中给眼部带来的刺激、疲劳。

☺ 显色性好，对实物颜色的呈现更真切，色温可选，能满足不同环境的需求，提高了人们的工作效率。

2. LED 工矿灯配光曲线图

LED 工矿灯配光曲线图如图 8-2 所示。LED 工矿灯配光曲线一般为对称式的圆形光斑。LED 工矿灯反光杯有多种的配光设计的选择，灯罩角度有 45°、60°、90°、120°。每一种灯罩都由光学设计工程师设计，它使每一颗 LED 发出的光都分别进行控制，满足国家标准中的均匀度、眩光控制等条件，达到设计要求或满足国家标准中的光效要求，达到国家标准规定的照度要求。

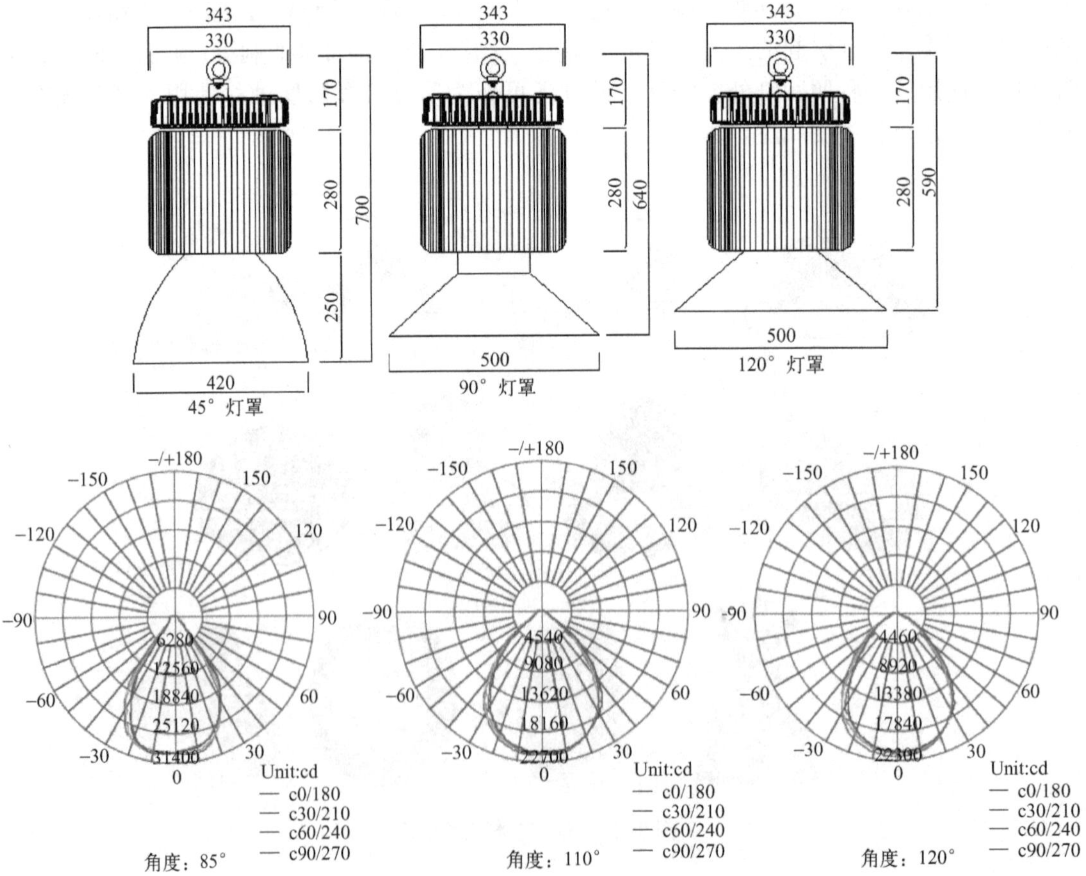

图 8-2　LED 工矿灯配光曲线图

【说明】

☺ LED 工矿灯要根据照度来决定安装高度与间隔，其功率要根据安装高度来进行相应的调整。

☺ 照度可以参照 GB 50034—2013《建筑照明设计标准》中的有关规定。

【说明】反光杯是指用点光源作为光源，需远距离聚光照明的反射器，通常为杯型，俗称反光杯。LED 工矿灯使用的反光杯为金属反光杯。

3. LED 工矿灯配件简介

LED 工矿灯主要由灯罩、散热器、电源盒、透镜组成。LED 光源、LED 电源、散热套件（外壳）3 部分紧密关联，须合理设计，方能达到理想效果。在这里主要介绍 LED 工矿灯的光源。反光罩有 45°、90°、120°可选。

LED 工矿灯的透镜材质为高硼硅光学玻璃，透光率为 92%，出光角度为 120°，圆形光斑，无重影黄斑。与 PMMA、PC 透镜相比，玻璃材质的透镜永不会因 LED 高温而变黄老化。可匹配 30 ～ 120W 的大功率集成 LED 光源。

目前也有 LED 工矿灯装呼吸器的情况。呼吸器是把防水透气膜通过注塑、超声焊接等形式和塑胶、金属、硅胶等其他材料结合，形成可以密闭的安装部件。主要有螺纹式、卡扣式等呼吸器。呼吸器主要性能指标有透气量和防护等级。

LED 工矿灯光源采用独特的多颗芯片集成单模组光源设计，选用进口高亮度芯片，以自封装的大功率 LED 作为光源，其热导率高、光衰小、光色纯，无重影现象。集成单模组光源或其他光源如图 8-3 所示。

LED 工矿灯光源采用 Cree、Bridgelux、Episatr 公司的光源或根据其芯片封装的 LED 光源，LED 具有超高亮度、热导率高、耐热性能最佳、光衰小、光色纯、无重影、品质性能稳定等优点。陶瓷基板（Ceramic）导热系数大于 80W/m · K，价格昂贵、加工性差，无法大面积使用；铝基板（MCPCB）导热系数大于 2.0W/m · K，价格适中、加工性强，技术成熟可批量生产。目前 LED 工矿灯常用的灯珠有 SMD3020、SMD3030、SMD5730、SMD2835、XBD、XPE、3535 等，为了达到相关功率及照度，笔者建议采用 XBD、XPE、3535 作为光源。

【说明】如果采用相同外壳、相同功率、相同数量的 LED 工矿灯，照度要求高时，笔者建议尽量采用 XBD、XPE、3535 作为光源；如果照度要求低或根据客户的要求时（照度小于 200lx），尽量采用 SMD3020、SMD3030、SMD5730、SMD2835 作为光源。

在 LED 工矿灯应用中，通常需要将多个 LED 光源组装在一块电路基板上。电路基板除了扮演承载 LED 模块结构的角色外，另一方面，随着 LED 输出功率越来越高，基板还必须扮演散热的角色，以将 LED 晶体产生的热传送出去，因此在材料选择上必须兼顾结构强度及散热方面的要求。

目前非常流行的 LED 工矿灯酷似飞碟 UFO，称为 UFO LED 工矿灯。鳍片散热主体主要采用 1060 纯铝材冲压加工冷锻压而成，全部采用台湾进口金丰冲压机床加工：精度准确度达到 0.001mm。目前也有专用的 UFO LED 工矿灯电源，可以通过 0 ～ 10V 进行调光。明纬

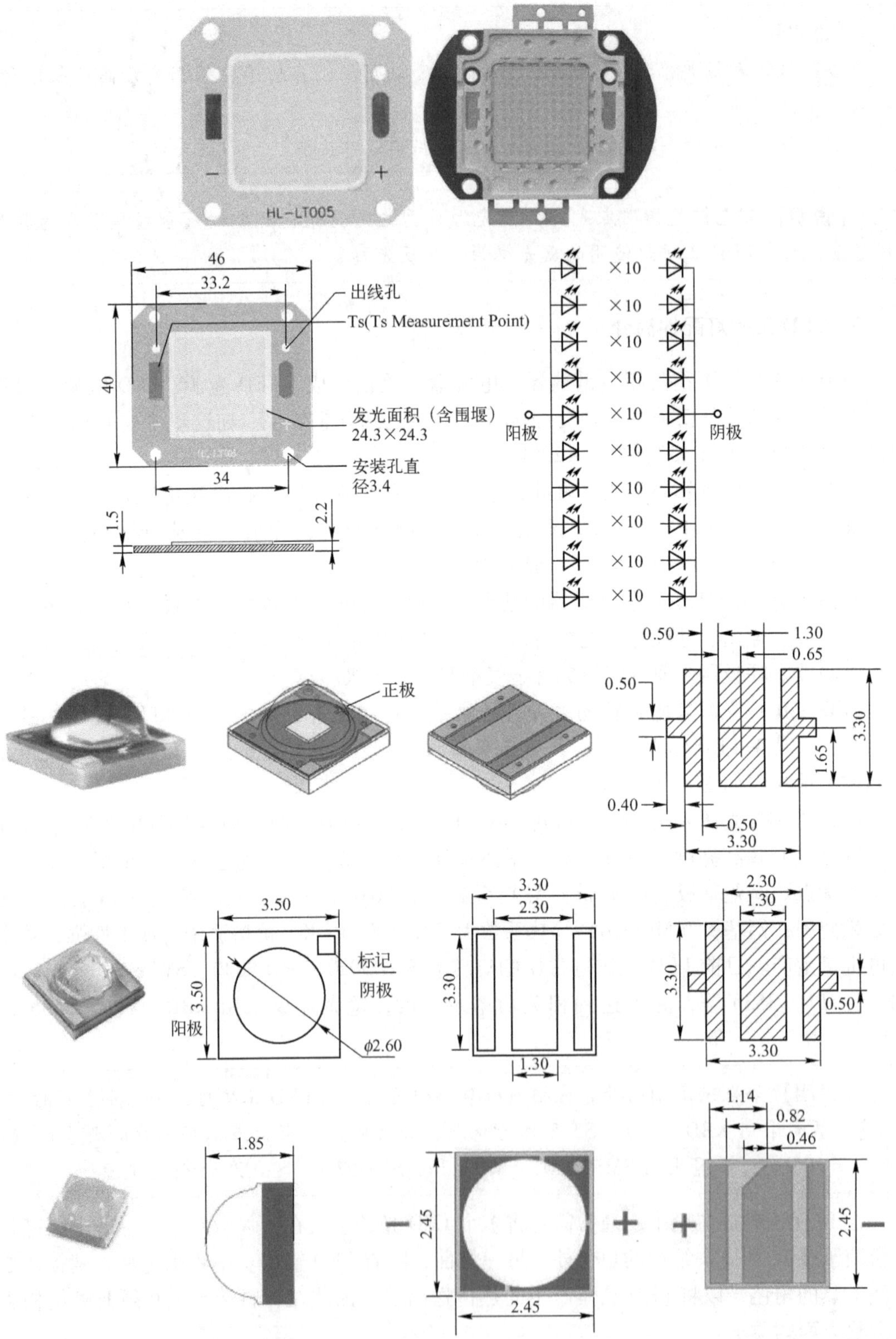

图 8-3　集成单模组光源或其他光源

（台湾）生产的 HBG 系列电源可以适配，内建三合一调光功能（1 ～ 10V DC，PWM 信号或电阻），可以通过 ZigBee 技术进行调光。目前所有 LED 工矿灯电源都可以实现调光，分为无线与手动两种调光方式。

【说明】LED 工矿灯芯片都采用单颗平铺的方式，容易出现光斑，产生比较明显的虚影，其灯罩可以采用亚克力罩或玻璃罩。同时 LED 工矿灯出光通过采用反光杯方式使出光产生漫反射，还会产生向上方的反射光，使工作台面上的反射光更加匀称，且不会产生光斑，可有效缓解人眼的视觉疲劳。

4. LED 工矿灯结构设计

散热器的作用就是吸收基板或芯片传递过来的热量，然后发散到外界环境，保证 LED 芯片的温度正常。绝大多数散热器均经过精心设计，可适用于自然对流和强制对流的情况，即主动式散热器和被动式散热器。

LED 工矿灯中约有 80% 的能量被转化为热能，因而随着 LED 的功率以及集成度的升高，LED 的发热热流密度迅猛增加，其散热问题变得越来越严重。过高的 LED 结温不但使 LED 的寿命急剧衰减，还会对 LED 的峰值波长、光功率、光通量等诸多性能参数造成严重甚至致命的影响。

【说明】目前，大功率 LED 工矿灯散热也有采用微槽群复合相变集成冷却技术的。

鳍片式散热体设计，与电器盒完美结合，有效将热量传导扩散，散热效率高，从而降低灯体内的温度，有效保证了光源和电源的寿命。鳍片式 LED 工矿灯如图 8-4 所示。目前还有一种鳍片式铜或铝管变相导热 LED 工矿灯，其原理如图 8-5 所示。

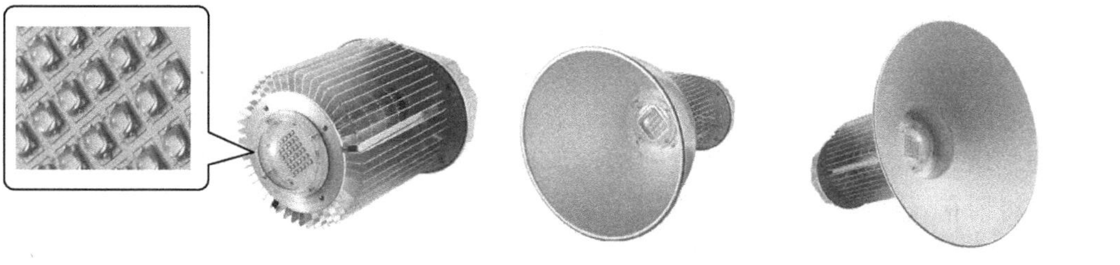

图 8-4　鳍片式 LED 工矿灯

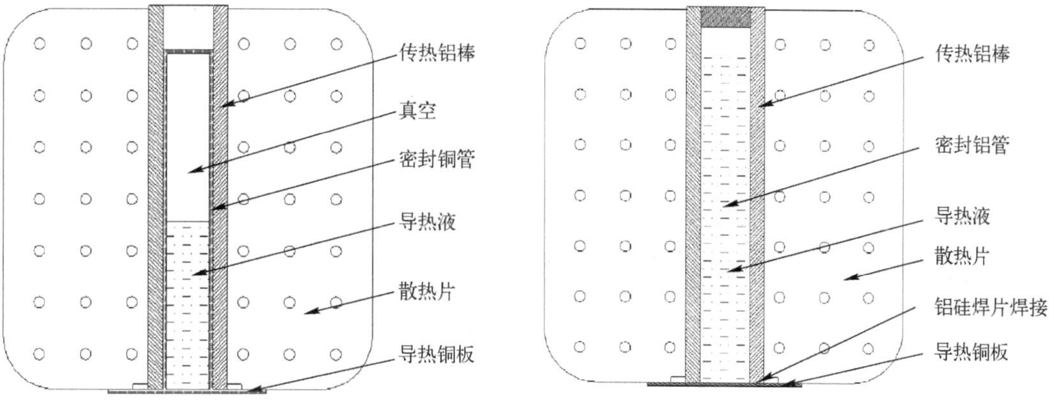

图 8-5　鳍片式铜或铝管变相导热 LED 工矿灯

【说明】热管技术一般采用热管加鳍片的形式。鳍片材质一般是 AA1050（Al，约 200W/m·K）或 c1100（Cu，约 400W/m·K），导热管材质结构复杂，具有几乎完美的热传导率（80000～110000W/m·K）。通过热管导热通风型散热器散热，有效地降低了 LED 芯片工作温度。

采用太阳花铝材间隔换风降温原理，充分把内部热气流及时排出体外，从而降低温度，保障了 LED 光源的散热要求及使用寿命，灯具表面进行阳极氧化防腐处理。采用高纯度铝作为反射器材，照射角度广、照度均匀，无眩光、无频闪。太阳花式 LED 工矿灯如图 8-6 所示。

图 8-6　太阳花式 LED 工矿灯

【说明】散热面积大小与散热成正比，如果要将 LED 工矿灯中 LED 基板温度控制在 65℃以下，其散热面积设计时要求大于 $30mm^2/W$。如果 LED 工矿灯功率在 200W 以上，建议使用铜材或铜导热管技术。

目前 LED 工矿灯也有采用热管（铜管）散热结构的，可以通过铜管加散热器的方式，将光源产生的热量通过高效热管（铜管）传导到散热器上，能迅速降低光源温度，有效地延长光源的使用寿命。其结构由 6063 铝材、热管（铜管）、铝板和电源盒、灯罩等其他部件组成，热管（铜管）与散热片紧密结合，通过热管快速导热把热量传导至散热片上，芯片结温得到有效控制。

模组式 LED 工矿灯以单颗 LED 光源，通过阵列方式实现不同功率。模组式 LED 工矿灯使用的 LED 光源较多，电路设计复杂，容易出现线路故障。采用 PMMA 集成透镜，光源主要采用大功率仿流明光源或者 XPE、XBD、3535 等。模组式 LED 工矿灯及模组爆炸示意图如图 8-7 所示。

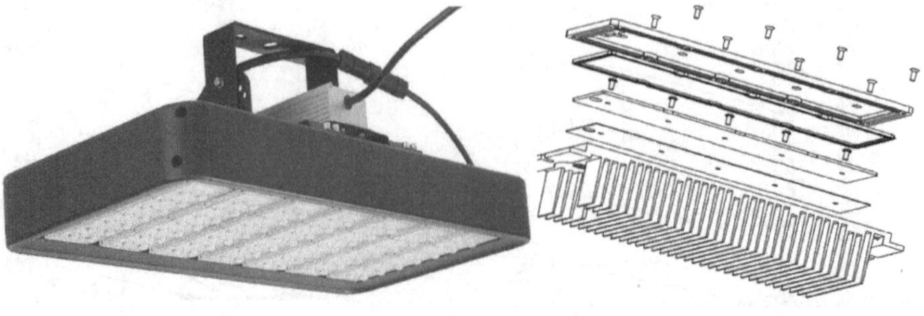

图 8-7　模组式 LED 工矿灯及模组爆炸示意图

【说明】

(1) 集成光源（COB 光源）散热性能测试：

☺ 测试环境温度：25±5℃，湿度 65%。

☺ 测试位置：LED 光源表面的温度、光源与散热器接触面上的温度、散热器表面接近光源的温度、散热器表面远离光源的边缘的温度、散热器鳍片上的温度。

(2) 仿流明与其他形式封装结构的光源散热性能测试：

☺ 测试环境温度：25±5℃，湿度 65%。

☺ 测试位置：LED 光源与铝基板接触面的温度、铝基板表面的温度、铝基板与散热器接触面的温度、散热器鳍片上的温度。

(3) 在使用热电偶测温线进行散热性能测试时，须在热电偶测试端蘸上一些导热硅脂，以确保测量结果的准确性。

(4) 个人建议最好采用红外线热成像仪对 LED 工矿灯进行温度测试。

5. LED 工矿灯驱动电源检测标准

LED 工矿灯驱动电源检测标准如表 8-1 所示。

表 8-1　LED 工矿灯驱动电源检测标准

序号	项目	检 测 标 准	检测方式	备　注
1	标识	➢ 产品型号标签符合国家标准，要求产品标签上应有清晰的产品规格，如输入/输出电压和电流、电源极性标识、功率、相关符号、相关认证等。 ➢ 外壳上印刷字符，经水布和汽油擦 15 次后，内容应清晰且标签不脱落、不卷曲	目视	
2	尺寸规格	➢ LED 工矿灯驱动电源的外形尺寸和安装尺寸应符合图纸/订单要求；与对应的产品试装无不良现象	目视/测量	卡尺
3	参数检测	➢ 输入电压（V）、输入电流（mA）、输入功率（W）、功率因数 PF 的测量。 ➢ 效率的测试与计算。 ➢ 短路闪烁功率的测量。 ➢ 开路损耗的测量	测试	调压器、电量测试仪、万用表、电子负载
4	耐压测试	➢ LED 工矿灯驱动电源测试后应不存在超漏、闪烁、击穿、短路等异常情况。 ➢ 输入对输出：1500V/10mA，60s。 ➢ 输入对外壳：3750V/10mA，60s	测试	耐压测试仪
5	短路保护测试	➢ 当输出端短路异常时，3s 内驱动无输出电压，短路解除时，1s 内恢复正常输出电压及电流	测试	异常电路测试治具
6	过载保护测试	➢ 当带负载超过额定电流 1.3 倍时，3s 内输出电压明显降低至 1V 以下，过载解除时，1s 内恢复正常输出电压及电流	测试	异常电路测试治具
7	输出电压纹波噪声	➢ 输出直流电压中所包括的交流分量峰－峰值。输出电压纹波及噪声峰－峰值（V_o），一级：≤±5%；二级：≤±15%	测试	示波器、10μF 电解电容、0.1μF 瓷片电容、电子负载

续表

序号	项目	检测标准	检测方式	备　注
8	温升	➢ 输入电压为额定输入电压值的 1.1 倍；试验时间：4h；金属外壳温升≤35℃，其他外壳温升 ≤40℃	测试	电子负载、电量测试仪、调压器、红外测温仪

【说明】
☺ LED 工矿灯电源也是要求比较特殊的，在工作时要考虑到浪涌问题，同时也要考虑到电力启动或关断的时候，输入电压的峰值会很高对电源产生的影响。
☺ LED 工矿灯电源建议选择通过 CCC 认证、CB 认证、CE 认证的电源，认证的电源相对来说有技术和质量的保证。
☺ LED 工矿灯工作电压选用 100 ～ 277V 或采用台湾明纬电源（MEANWELL）HLG 系列，通过 1 ～ 10V 调光器进行调光操作。

8.2　几种 LED 工矿灯的设计与组装

1. COB 式 LED 工矿灯的组装流程

COB 式 LED 工矿灯的组装流程图如图 8-8 所示。

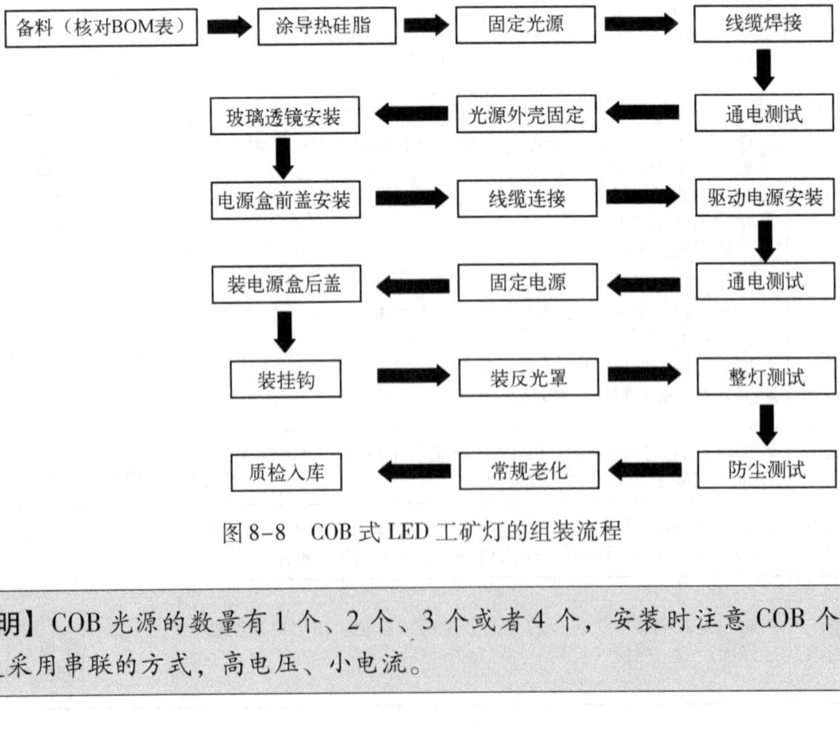

图 8-8　COB 式 LED 工矿灯的组装流程

【说明】COB 光源的数量有 1 个、2 个、3 个或者 4 个，安装时注意 COB 个数，一般来说都是采用串联的方式，高电压、小电流。

2. COB LED 工矿灯的作业流程

COB LED 工矿灯的作业流程如表 8-2 所示。

表 8-2　COB LED 工矿灯的作业流程

序号	步骤名称	安装步骤或检验要求	工　具	注意事项
1	外观检验	➢ 灯体、面盖不能叠放，防止划伤、变形、刮掉漆。 ➢ 检查外观不能有清理不掉的污渍、喷粉不良等异常。 ➢ 检查螺丝孔是否已经攻牙、是否出现生锈现象	目测、卡尺	➢ 目测加工件外观，要求无披锋、碰伤、裂缝、划伤、装配不良、漏配件、喷粉不良、螺丝孔偏位等现象
2	涂导热硅脂（COB 集成光源位置）	➢ 使用风枪将螺丝孔内的铝屑等残留物吹除干净，清理表面，将散热器放置在平台上。 ➢ 检查丝印网板是否正确，网板是否完好、干净。 ➢ 将丝印网板放在散热器上，调好定位，检查网板孔位是否与散热器孔位一致	刮片、丝印网板、手套	➢ 检查导热硅脂是否符设计及 BOM 表清单。 ➢ 注意刮刀力度要均匀，来回刷 2～3 次。 ➢ 丝印导热硅脂厚度 0.2～0.3mm。 ➢ 导热硅脂要涂抹均匀
3	COB 集成光源的安装	➢ 将 COB 光源放置在已印刷好导热硅脂的散热器上，注意方向。 ➢ 将螺钉按孔位顺序锁紧在散热底座上	静电手环、螺丝刀、电批	➢ 调试好电批的力矩。 ➢ 戴静电手环，注意工具不能碰到 COB 光源。 ➢ 检查散热器上安装 LED 集成光源的 4 个螺丝孔的深度、垂直角度，并查看是否有残留的钻孔时产生的材渣
4	焊接电子线	➢ 对进行焊接的电线裸铜部分需预先上锡。 ➢ 确保 COB 光源与线缆焊接牢固、美观，无漏焊、虚焊、脱焊等不良现象。 ➢ 光源输出线从两边孔位穿过去。 ➢ 黄蜡管要位于灯板中心孔的正中。 ➢ 热缩套管要完全套住黄蜡管以外的导线。 ➢ 黄蜡管在固定灯板的一侧要露出 5mm，另外一侧则是 2cm	恒温焊台、防静电手环	➢ 焊接过程中不能用烙铁烫伤 COB 集成光源保护膜，防止把松香、助焊剂沾留在 COB 集成光源的出光面上。 ➢ 焊接时注意烙铁的温度与焊接时间。 ➢ 红色电子线接 COB 光源正极，蓝色电子线接 COB 光源负极，不能焊接反向。 ➢ 螺丝锁付时不可滑丝
5	通电测试	➢ 直流电源电压设定为 35V，电流设定为 50mA	直流电源	➢ 测试或者点亮光源前，必须将保护膜撕掉后方可测试或点亮。 ➢ 目视检查基座无变形及 COB 光源表面破损等不良现象。 ➢ 发光测试不可有暗灯、死灯等不良现象
6	安装挡光板及透镜	➢ 用 M3 螺钉固定挡光板。 ➢ 用 M4 螺钉固定透镜及防水胶条。将防水胶圈扣紧在透镜位置上，注意力度，一定要孔位一一对应。 ➢ 检查透镜外观，保证干净无损。 ➢ 将透镜平整地放在灯壳的相应位置，保证胶圈不变形。 ➢ 检查防水胶圈是否安装好，防止胶圈出现被挤压、移位等情况。 ➢ 要求调整电批扭力，分两次锁紧	螺丝刀、电批	➢ 挡光板不能放歪。 ➢ 透镜不能有一点松动。 ➢ 清理散热器，尤其是 COB 光源附近的清洁。 ➢ 注意方向跟光源一致。 ➢ 不能装反防水胶圈。 ➢ 第一次预锁紧螺丝，第二次锁紧螺丝。锁螺丝的顺序为对角平衡锁定。 ➢ 注意在装配过程中，不允许刮花表面

续表

序号	步骤名称	安装步骤或检验要求	工具	注意事项
7	安装电源盒前盖	➢ 将电源前盖用 M4 螺钉对准散热器孔固定。 ➢ 电源前盖不能松动	螺丝刀、电批	➢ 所有安装件必须牢固
8	LED 驱动电源的安装	➢ 将电源固定在支架的相应位置。 ➢ 将电源盒与灯壳的接头线公母端正确对接好，锁紧螺母	螺丝刀、电批	➢ 通电测试电源是否合格
9	LED 驱动电源与 COB 光源连接	➢ 将电源线和红、蓝导线用压线帽接到一起。 ➢ 压线帽一定要全部塞进中心孔		
10	通电测试	➢ 功率、PF 值都在规格内。 ➢ 测试时检查灯是否有不亮、闪烁、流明度不够、色温不正常等情形	智能电量测试仪	
11	安装电源盒盖	➢ 安装防水接头。 ➢ 锁付内六角螺钉，电源前后盖不能松动。 ➢ 安装吊坠	螺丝刀、电批、扳手	➢ 内六角螺钉一定要锁付到位
12	反光罩的安装	➢ 将反光罩卡在散热器的侧边对应的螺丝孔上	螺丝刀、电批	➢ 注意反光罩表面不要刮花，控制好锁紧螺丝的力度，防止滑牙。 ➢ 反光罩不能有松动现象
13	老化测试	➢ 老化测试时间为 8～12h	老化架	➢ 老化测试无死灯、暗灯现象
14	LED 工矿灯成品	➢ 功率、PF 值都在规格内。 ➢ 高压须过 1500V AC。 ➢ 外观性能符合出货要求，功能性参考《成品检验规范》	智能电量测试仪	➢ 不能出现暗灯、死灯、亮度不均、色差大的现象
15	包装、入库	➢ 灯体不可有变形、毛边等不良。 ➢ 结构件不可出现组装不到位、错装、少装现象。 ➢ 主体件不可有破损、氧化、刮花等不良。 ➢ 灯体外观不可有脏污现象		➢ 检查是否有漏放配件、包装是否破损等

【说明】

☺ 电动螺丝刀的拧力不可调得太大，太大的拧力会将螺丝拧滑牙。

☺ 焊接电源线时，注意正负极不可焊反。

☺ LED 光源表面不要用手触摸。在安装反光片（挡光板）时，光源保护膜不能撕掉。

☺ 装透镜和防水圈时，反光片（挡光板）的角度不能移动，要做到与光源同方向。

3. LED 工矿灯的爆炸图

超频三公司生产的 LED 工矿灯的爆炸图如图 8-9 所示。其组装流程图如图 8-10 所示。

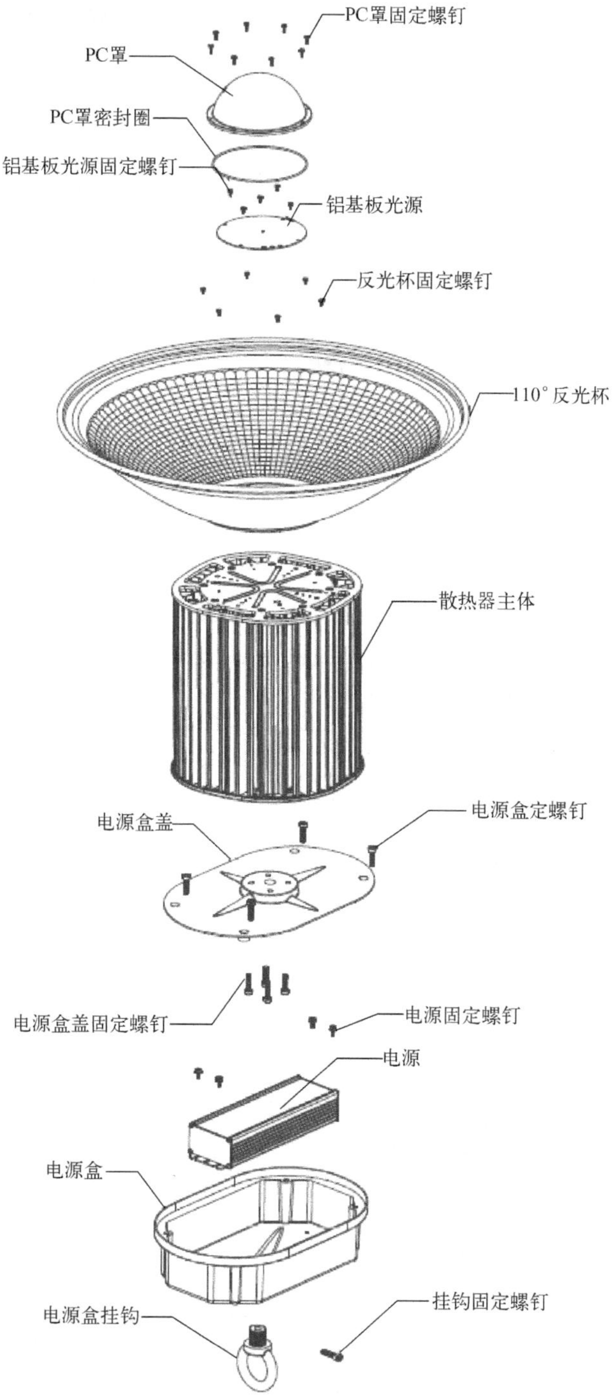

图 8-9　LED 工矿灯的爆炸图

4. SMD 中功率或大功率 LED 工矿灯的作业流程

SMD 中功率或大功率 LED 工矿灯的作业流程如表 8-3 所示。

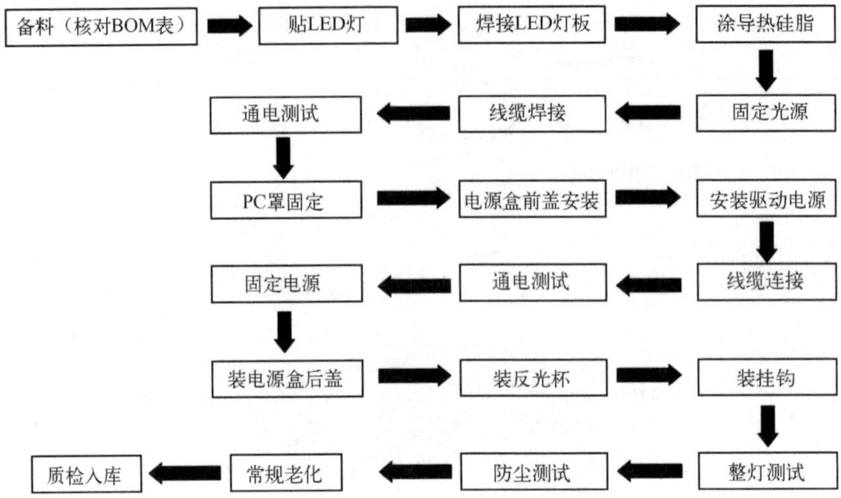

图 8-10　组装流程图

表 8-3　SMD 中功率或大功率 LED 工矿灯的作业流程

序号	步骤名称	安装步骤或检验要求	工　具	注意事项
1	外观检验	➢ 灯体、面盖不能叠放，防止划伤、变形、刮掉漆。 ➢ 检查外观不能有清理不掉的污渍、喷粉不良等异常。 ➢ 检查螺丝孔是否已经攻牙、是否有生锈现象	目测、卡尺	➢ 目测加工件外观，要求无披锋、碰伤、裂缝、划伤、装配不良、漏配件、喷粉不良、螺丝孔偏位等现象
2	贴片	➢ 钢网孔位对好铝基板焊盘刷好锡膏，灯珠色温、Bin 区、型号与铝基板焊盘、钢网匹配。 ➢ 用塑胶镊子将灯珠按正负极贴到位。 ➢ 放在加热台上焊接。 ➢ 目测加工件外观，要求无少锡膏、贴反灯珠、锡球、死灯、PCB 发黄、元器件贴歪、漏贴元器件等现象	加热台、塑胶镊子、静电手环	➢ 外协厂家来料时，要对产品外观、贴片、焊锡状况等进行检测。 ➢ 戴静电手环，注意工具不能碰到 LED 光源。 ➢ 注意控制焊接时间，防止 PCB 发黄、变形、灯珠死灯等问题。 ➢ 防止焊锡后灯珠少锡、虚焊、灯珠发黑、通电不良等
3	点亮测试	➢ 用可调恒流电源点亮前，调试好符合灯板的电压、电流，防止烧坏灯板	可调恒流电源	➢ 测试好的灯板用灯架放置治具隔开，不能叠放，防止划伤、压裂灯珠
4	涂导热硅脂	➢ 使用风枪将螺丝孔内的铝屑等残留物吹除干净，清理表面，将散热器放置在平台上。 ➢ 检查丝印网板是否正确，网板是否完好、干净。 ➢ 将丝印网板放在散热器上，调好定位，检查网板孔位是否与散热器孔位一致	刮片、丝印网板、手套	➢ 核对导热膏的生产日期及导热系数。 ➢ 检查导热硅脂是否符合设计及 BOM 表清单。 ➢ 注意刮刀力度要均匀，来回刷 2～3 次。 ➢ 丝印导热硅脂厚度 0.2～0.3mm。 ➢ 导热硅脂要涂抹均匀
5	灯板的安装	➢ 将灯板放置在已印刷好导热硅脂的散热器上，注意方向。 ➢ 将螺钉按孔位顺序锁紧在散热底座上。 ➢ 检查螺丝是否滑牙、生锈、漏打。 ➢ 检查灯板无变形，锁紧灯板与灯体保持无间隙，接触良好	静电手环、螺丝刀、电批	➢ 调试好电批的力矩。 ➢ 戴静电手环，注意工具不能碰到 LED 光源。 ➢ 导热硅脂不能沾到灯体及铝基板/灯珠表面。 ➢ 检查散热器上螺丝孔的深度、垂直角度，看是否有残留的钻孔时产生的材渣

续表

序号	步骤名称	安装步骤或检验要求	工　具	注意事项
6	焊接 LED 灯板引线	➢ 对进行焊接的电线裸铜部分需预先上锡。 ➢ 确保 LED 灯板与线缆焊接牢固、美观，无漏焊、虚焊、脱焊等不良现象。 ➢ 光源输出线从两边孔位穿过去。 ➢ 黄蜡管要位于灯板中心孔的正中。 ➢ 热缩套管要完全套住黄蜡管以外的导线。 ➢ 黄蜡管在固定灯板的一侧要露出 5mm，另外一侧则是 2cm	恒温焊台、防静电手环	➢ 焊接时注意烙铁的温度与焊接时间。 ➢ 红、黑线分别焊接在灯板“+、-”极上，不能焊接反向，在焊点处适量点上白胶，注意不能沾到灯珠表面或其他地方。 ➢ 螺丝锁付时不可滑丝
7	安装挡光板及透镜或扩散罩	➢ 用 M3 螺钉固定挡光板。 ➢ 用 M4 螺钉固定透镜及防水胶条。将防水胶圈扣紧在透镜位置上，注意力度，一定要孔位一一对应。 ➢ 检查透镜外观，保证干净无损。 ➢ 将透镜平整放在灯壳的相应位置，保证胶圈不变形。 ➢ 检查防水胶圈是否安装好，防止胶圈出现被挤压、移位等情况。 ➢ 要求调整电批扭力，分两次锁紧。 ➢ 撕开扩散罩保护膜，检查是否有划伤、黑点、污渍。 ➢ 放好防水圈、扩散罩，盖上面盖，用电批将灯体与面盖锁紧螺丝	螺丝刀、电批	➢ 挡光板不能放歪。 ➢ 透镜不能有一点松动。 ➢ 注意方向跟光源一致。 ➢ 不能装反防水胶圈。 ➢ 第一次预锁紧螺丝，第二次锁紧螺丝。锁螺丝的顺序是对角平衡锁定。 ➢ 注意在装配过程中，不允许刮花表面
8	LED 驱动电源与 LED 灯板连接	➢ 将电源线和红、蓝导线用压线帽接到一起。 ➢ 压线帽一定要全部塞进中心孔		➢ 装好吊盖的小防水圈
9	安装电源盒前盖或锁吊盖	➢ 将电源前盖用 M4 螺钉对准散热器孔固定。 ➢ 电源前盖不能松动。 ➢ 将吊盖防水圈对好螺丝孔位放好，吊盖对好螺丝孔位装到位，吊盖对好螺丝孔位装到位	螺丝刀、电批	➢ 所有安装件必须牢固。 ➢ 检查防水圈是否安放到位，不能露出胶体，导致漏水。 ➢ 螺丝要锁紧，不能有滑牙、浮高、生锈现象
10	LED 驱动电源的安装	➢ 将电源固定在支架的相应位置，螺丝固定好。 ➢ 将电源盒与灯壳的接头线公母端正确对接好，锁紧螺母。 ➢ 将电源固定在支架上，用电批打紧	螺丝刀、电批	➢ 通电测试电源是否合格。 ➢ 固定螺钉的弹片、垫片、螺钉、螺母均不能有滑牙、生锈、浮高、松动现象
11	点亮调试功率	➢ 接通电源，点灯检查灯珠全亮，无频闪、死灯。 ➢ 拨开电流挡胶塞，用十字螺丝刀调试电流至订单要求的功率		➢ 调好后，装回胶塞。 ➢ 轻轻将旋钮调至接近订单要求的功率范围
12	老化测试	➢ 用推车把产品送到老化室，产品放在老化架上摆好，接上电源夹子。 ➢ 确认接线无误后，接通电源总开关，做好老化记录，定时检查老化温度	老化架、温度测试仪	➢ 点亮老化后要检查产品是否全亮，是否有色差、弱灯、异常气味和异常响声，做好老化记录、测试温度记录。 ➢ 老化时间要求 8～24h 以上
13	通电测试	➢ 功率、PF 值都在规格内。 ➢ 测试时检查灯是否有不亮、闪烁、流明度不够、色温不正常等情形	智能电量测试仪	

续表

序号	步骤名称	安装步骤或检验要求	工具	注意事项
14	安装电源盒盖	➢ 安装防水接头。 ➢ 锁付内六角螺钉，电源前后盖不能松动。 ➢ 安装吊坠	螺丝刀、电批、扳手	➢ 内六角螺钉一定要锁付到位
15	反光罩的安装	➢ 将反光罩卡在散热器的侧边对应的螺丝孔上	螺丝刀、电批	➢ 注意反光罩表面不要刮花，控制好锁紧螺丝的力度，防止滑牙。 ➢ 反光罩不能有松动现象
16	包装	➢ 产品上不能留有指印，扩散罩内不能看到黑点、锡珠等其他杂质。 ➢ 装箱时点好装箱数量，不能少放、多放。 ➢ 检查外箱、内箱是否有破损，封箱严实、无受潮。 ➢ 检查好产品LOGO、标贴、PASS贴		➢ 整灯点亮测试，封好外箱，垫好珍珠棉
17	LED工矿灯成品	➢ 功率、PF值都在规格内。 ➢ 高压须过1500V AC。 ➢ 外观性能符合出货要求，功能性参考《成品检验规范》	智能电量测试仪	➢ 不能出现暗灯、死灯、亮度不均、色差大的现象
18	入库	➢ 核对装箱数量，封好外箱，将包装好的灯具叠放整齐。 ➢ 贴产品标贴、PASS贴		➢ 检查是否漏放配件、包装有无破损等

【说明】 在装配过程中，设计者可以根据不同的LED工矿灯对其作业流程进行相应的增删。

第 9 章　LED 照明驱动电路的设计

9.1　LED 照明驱动电路基础知识及检测方法

1. LED 照明驱动电路基础知识

LED 照明系统在设计时，就必须考虑选用合适的 LED 驱动电源，同时要考虑 LED 的连接方式。目前 LED 的连接方式有串联、并联、混联、交叉阵列。要根据产品的设计实际情况，进行合理的匹配设计（采用合理的方式将 LED 连接在一起），才能保证 LED 正常工作。白光 LED 的正向电压范围一般为 2.8 ～ 4V，工作电流为 350mA。但是 LED 日光灯、筒灯照明灯具是用多个小功率 LED 通过串并联方式组合在一起的，其工作电流为 20 ～ 30mA。通常需要数量较多的 LED 匹配，才能产生均匀的亮度。

【说明】

☺ LED 的排列方式及 LED 光源的规范决定着基本的驱动器要求。LED 驱动器的主要功能就是在一定的工作条件范围下限制流过 LED 的电流，而无论输入及输出电压如何变化。

☺ LED 灯珠的 V_F 值与发光颜色有关，同时与 LED 的工作温度有关，温度不同 LED 的 V_F 值也不同，其环境温度越高，V_F 值越小，V_F 值与环境温度成反比。

☺ LED 灯珠的 V_F 值因生产厂家不同而不同，同一种封装的 LED，不同厂家其 V_F 值也不一样。

要设计 LED 驱动电路，应掌握 LED 工作原理。LED 的亮度主要与 V_F、I_F有关。V_F的微小变化会引起 I_F较大的变化，从而引起亮度的较大变化。要使 LED 保持最佳的亮度状态，需要恒流源来驱动。LED 驱动电路是一种电源转换电路，但输出的是恒定电流而非恒定电压。无论在任何情况下，都要输出恒定而平均的电流，纹波电流要控制在一定的范围内。

选择 LED 驱动电源时，要确定 LED 灯珠工作环境温度状态下的 V_F值，根据 LED 的串并关系来选择输出电压工作范围。其输出电压范围内，用 LED 最大 V_F值 × 串联 LED 数量得出的总电压，其值比电源的输出最高电压小 5V 以上。用 LED 最小 V_F值 × 串联 LED 数量得出的总电压，其值比电源的输出最低电压高 5V 以上。LED 驱动电源总功率为电源功率 90% 左右。

【说明】

（1）V_F是 LED 的正向压降，I_F是正向电流。LED 驱动电源输出最高电压 = 电源功率 ÷ 输出电流，最低输出电压 = 输出最高电压 ×60% 。

（2）LED 灯具整灯光效 = 光源光效 × 透光率 × 热损失 × 驱动电源转换效率。

（3）选择 LED 驱动电源时，要选择效率高的电源，这样的电源发热小，工作寿命长，目前其效率一般在 80% 以上。

白光 LED 要得到良好的应用，且能获得较高的使用效率，就必须采用相适应的 LED 驱动电路来满足 LED 工作要求。LED 驱动电路的要求如下：

☺ LED 驱动电路是为 LED 供电的特种电源，具有电路结构简单、体积小、转换效率高的特点。

☺ LED 驱动电路的输出电参数（即电流、电压）与 LED 的参数相匹配，满足 LED 工作的要求，具有较高的恒流精度控制、合适的限压功能。

【说明】 LED 驱动电路多路输出时，每一路的输出都要能够单独控制。

☺ LED 驱动电路具有线性度较好的调光功能，以满足 LED 不同应用场合调光的要求。

☺ 在 LED 开路、短路、驱动电路故障时，LED 驱动电路能够对其本身、LED、使用者都有相应的保护，不会产生危险。

☺ LED 驱动电路工作时，应满足相关的电磁兼容性要求。

LED 驱动器根据不同的应用要求，可以采用恒定电压（CV）、恒定电流（CC）、恒流恒压（CCCV）3 种电路。LED 照明设计需要考虑的因素如下：

☺ 输出功率：主要涉及 LED 正向电压范围、电流及 LED 排列方式等。

☺ 电源：电源的类型有 AC－DC 电源、DC－DC 电源、AC 电源直接驱动。

☺ 功能要求：调光要求、调光方式、照明控制。

☺ 其他要求：能效、功率因数、尺寸、成本、故障处理、标准及可靠性等。

☺ 其他因素：机械连接、安装、维修/替换、寿命周期、物流等。

【说明】 2015 年 9 月 1 日起，LED 驱动电源正式纳入 3C 强制认证。LED 电源 3C 认证依据的主要标准有 GB 19510. 1—2009《灯的控制装置 第 1 部分：一般要求和安全要求》、GB 19510. 14—2009《灯的控制装置 第 14 部分：LED 模块用直流或交流电子控制装置的特殊要求》、GB 17743—2007《电气照明和类似设备的无线电骚扰特性的限值和测量方法》及 GB 17625. 1—2012《电磁兼容 限值 谐波电流发射限值（设备每相输入电流≤16A）》。

LED 驱动电源是把电源供应转换为特定的电压电流以驱动 LED 发光的电压转换器，而 LED 驱动电源的输出则大多数为可随 LED 正向压降值变化而改变电压的恒定电流源。

对于 AC－DC 电源，其电源转换的构建模块包括二极管、开关（FET）、电感、电容及电阻等分立元件用于执行各自功能，而脉宽调制（PWM）稳压器用于控制电源转换。电路中通常加入了变压器的隔离型 AC－DC 电源转换包含反激、正激及半桥等拓扑结构，如图 9-1 所示。

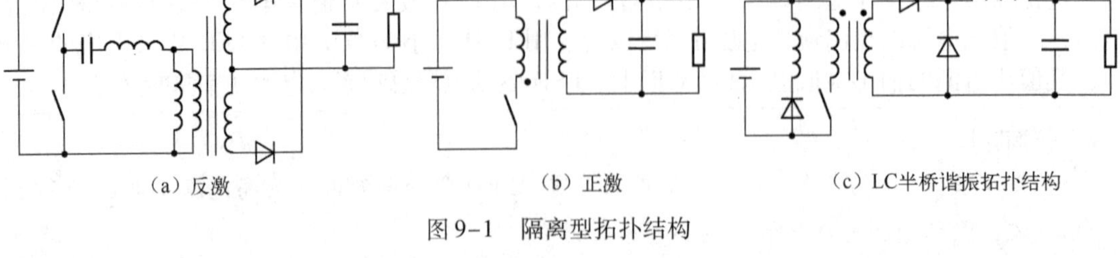

（a）反激　（b）正激　（c）LC半桥谐振拓扑结构

图 9-1　隔离型拓扑结构

DC－DC 电源中，可以采用的 LED 驱动方式有电阻型、线性稳压器及开关稳压器等，应用示意图如图 9-2 所示。工作条件下最低输入电压都大于 LED 串最大电压时采用。LED DC－DC 开关稳压器常见的拓扑结构包括降压（Buck）、升压（Boost）、降压－升压（Buck－

Boost）或单端初级电感转换器（SEPIC）等不同类型。

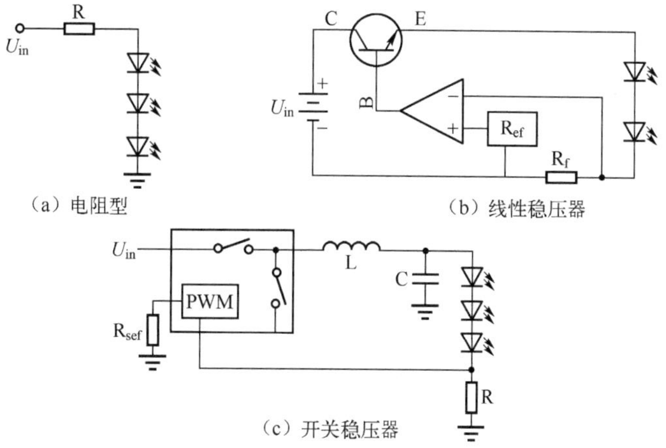

图 9-2　DC - DC LED 驱动方式

【说明】

（1）电阻型驱动方式中，调整与 LED 串联的电流检测电阻即可控制 LED 的正向电流，这种驱动方式易于设计、成本低，且没有电磁兼容（EMC）问题，缺点是依赖于电压，需要筛选（binning）LED，且能效较低。

（2）线性稳压器同样易于设计且没有 EMC 问题，并支持电流稳流及过流保护（fold back），且提供外部电流设定点，缺点是功率耗散问题，以及输入电压要始终高于正向电压，且能效不高。

（3）开关稳压器通过 PWM 控制模块不断控制开关（FET）的开和关，进而控制电流的流动。开关稳压器具有更高的能效，与电压无关，且能控制亮度，不足则是成本相对较高，复杂度也更高，且存在电磁干扰（EMI）问题。

采用交流电源直接驱动 LED 的方式，其应用示意图如图 9-3 所示。LED 以相反方向排列，工作在半周期，且 LED 在线路电压大于正向电压时才导通。其优势是避免 AC - DC 转换所带来的功率损耗等。但在低频开关，会察觉到闪烁现象。同时在设计中还需要加入 LED 保护措施，使其免受线路浪涌或瞬态的影响。

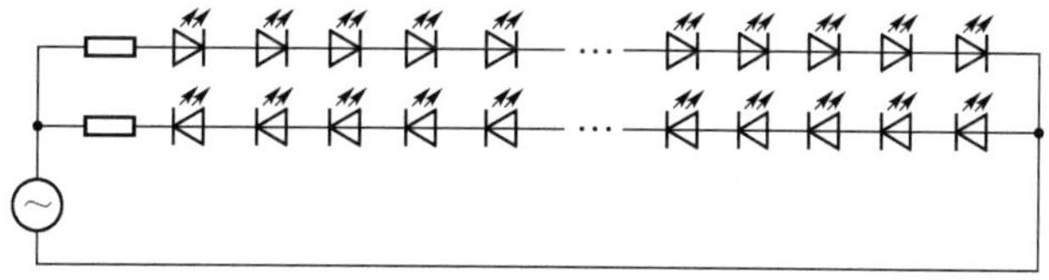

图 9-3　交流驱动 LED

随着 LED 的研究不断进步，交流发光二极管（AC LED）技术应运而生，交流（AC）直接驱动 LED 光源发光，PF 及 EFFI 都可以做得很高，电能的使用效率得到有效提高。目前 AC LED 做得最好的公司是首尔半导体，有 Acrich1 与 Acrich2。

【说明】 AC LED 不用驱动电源，也不用电解电容，理论上灯具的使用寿命可以达到 10 万小时。

2. LED 照明驱动电源检测方法

独立式 LED 模块用电子控制器标识，如图 9-4 所示。

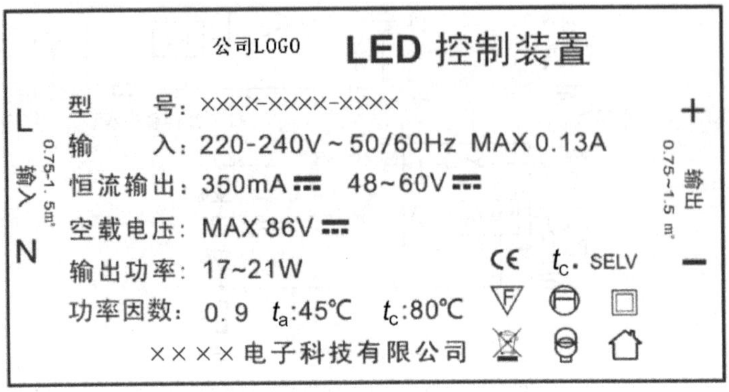

图 9-4 独立式 LED 模块用电子控制器标识

光源、电源、灯具表面常见标识如表 9-1 所示。

表 9-1 光源、电源、灯具表面常见标识

序 号	符 号	说 明	序 号	符 号	说 明
1	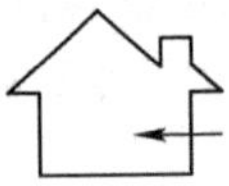	室内使用	6	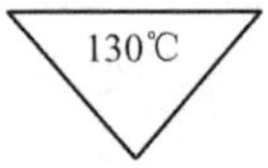	外壳任何部位最高温度不超过 130℃
2		隔热材料覆盖灯具时，不适于安装在普通可燃材料表面上（内）的嵌入安装灯具	7	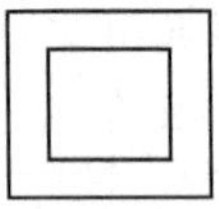	双重绝缘二类触电保护
3		隔热材料覆盖灯具时，不适于安装在普通可燃材料表面上（内）的嵌入安装灯具	8		短路保护
4		不适于安装在普通可燃材料表面上（内）的嵌入安装灯具	9	SELV	安全特低电压标志
5	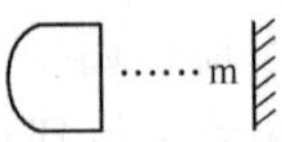	离被照物最小距离	10	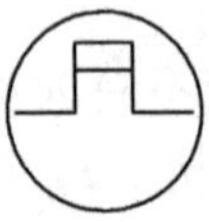	安全隔离标志

LED 照明驱动电源检测方法如表 9-2 所示。

表 9-2　LED 照明驱动电源检测方法

序号	检验项目	检验内容	检验标准要求/缺陷描述	检验方法/工具	缺陷等级		
					致命（CR）	严重（MR）	轻微（MIN）
1	外部外观	外壳及颜色	➢ 外壳表面应清洁，无脏污、灰尘、水渍或液体等。 ➢ 外壳及输入/输出线颜色应统一，无明显色差。 ➢ 各配件无破损、变形、明显刮花等异常。 ➢ 具体外壳形状、颜色、样式及线材参照规格书	目视			√
2	内部外观	内部电路板	➢ 内部电路板元件之间和电路板表面应无明显污渍、流锡、挂锡、粘锡以及金属导体等杂质。 ➢ 焊接面应无明显气孔、尖脚。 ➢ 阻焊层应无明显起皱橘皮现象	目视			√
		内部焊点	➢ 应饱满，有光泽，无假焊、虚焊、漏焊、少锡等异常现象。 ➢ 焊点高度以 1.2mm 为宜	目视		√	
3	安全性能	材质/阻燃性	➢ 各塑料材质必须阻燃。 ➢ 用明火点燃被测物体（如 PCB、外壳），要求物体在离火后 30s 自动熄灭，其燃烧时的跌落物不得点燃下方（200 +5）mm 处铺开的薄纸。 ➢ 各配件（外壳/PVC 线材等）的耐温必须高于 105℃	酒精灯、火机、高温箱	√		
		耐压测试	➢ 不存在超漏、闪络、击穿、短路等异常情况。 ➢ 输入对输出：3000V 10mA，60s（内置）	耐压测试仪	√		
		保护测试	短路保护： ➢ 当输出端短路异常时，3s 内驱动无输出电压。 ➢ 短路解除时，1s 内恢复正常输出电压及电流。 过载保护： ➢ 当带负载超过驱动额定电流 1.3 倍时，3s 内输出电压明显降低至 1V 以下。 ➢ 过载解除时，1s 内恢复正常输出电压及电流	电子负载机	√		
4	电气性能	电参数（输入电压、输入电流、输出电压、输出电流、功率、功率因数、效率）	➢ 给智能电量测试仪接好额定电压，将驱动电源输入端接上电量测试仪输出端，将电子负载接到电源输出端。 ➢ 在电源输出端将台式数字万用表和电子负载串联。 ➢ 接通电源，记录数据	智能电量测试仪、台式数字万用表、直流电子负载	√		
		调压测试	➢ 将驱动电源（带负载）接上调压器，调节旋钮为 100V 和 240V 分别点亮 5min 后关掉 1min，循环 5 次查看是否正常	智能电量测试仪、调压器	√		
		待机功耗	➢ LED 驱动电源空载时的功耗	智能电量测试仪	√		

续表

序号	检验项目	检验内容	检验标准要求/缺陷描述	检验方法/工具	缺陷等级		
					致命（CR）	严重（MR）	轻微（MIN）
5	老化性能	低压测试	➢ 低压 100V/2h，测试过程无频闪、不亮、启动慢、炸板等异常	老化架		√	
		常压测试	➢ 常压 220V/8h，测试过程无频闪、不亮、启动慢、炸板等异常	老化架		√	
		高压测试	➢ 高压 240V/2h，测试过程无频闪、不亮、启动慢、炸板等异常	老化架		√	
6	可靠性测试	高温测试	➢ 高温试验时间 4h；通常温度为 85℃。 ➢ 低温试验时间 4h；通常温度为 −30℃。 ➢ 将待测品置于温控室内，依规格设定好输入、输出测试条件，然后开机。 ➢ 依规格设定好温控室的温度和湿度，然后启动温控室。 ➢ 定时记录待测品输入功率和输出电压，以及待测品是否有异常。 ➢ 做完测试后回温到室温，再将待测品从温控室中移出，在常温环境下至少恢复 4h，然后确认其外观和电气性能有无异常	高低温交变湿热试验箱、电子负载、交流电源、智能电量测试仪		√	
		低温测试				√	
7		雷击浪涌	➢ 在雷击浪涌测试仪上接上驱动电源（带负载）。 ➢ 打开电源，调节电压旋钮使其脉冲电压为 0.5kV 或 1.0kV，调节相位按钮为 0°，调节 ± 极按钮为 +，设置时间为 60s 和冲击次数为 5 次，调节接地按钮为 L、N 都不接地。 ➢ 按下测试按钮进行测试，观察驱动电源是否有异常（有无异味、响声、爆裂声及烟）	雷击浪涌测试仪、电子负载、示波器	√		
8		开、关机测试	➢ 输入电源线处接入电子开关，以开机 30s、关机 30s 为周期。 ➢ 在空载情况下应连续进行 1000 次。 ➢ 在满载情况下应连续进行 8000 次。 ➢ 试验完成后，电源应能在标称工作范围内工作	老化测试架、电源开关测试仪	√		
9	包装标示	产品外壳标示	➢ 产品型号标示符合实际产品。 ➢ 要求产品及包装上应有清晰的产品规格。例如：输入电压、输出电压、电流、功率、功率因数、电源极性等标识。 ➢ 便于区分查验，印刷内容按规格书	目视			√
		标志/标贴耐久性	➢ 外壳上的印刷字符，经水布和汽油各擦 15 次后，内容应清晰，同时标贴不脱落和不卷曲	目视			√

【说明】LED 驱动电源检测项目有标志与标志说明、输出电压、输出电流、LED 驱动电源总功率、LED 驱动电源线路功率因数、输入电压及电流、异常情况下的工作试验、耐久性、能效等级（效率）、高温试验、冷热冲击试验、温度循环试验。

输入电压、输入电流、输出电压、输出电流、输入功率、功率因数、工作效率测试示意图如图 9-5 所示。

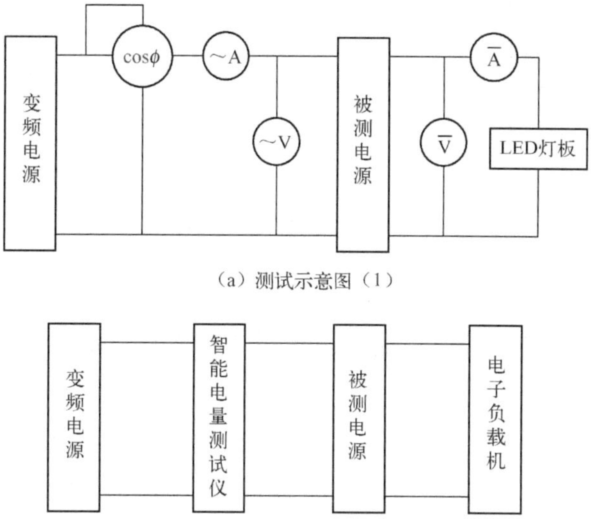

（a）测试示意图（1）

（b）测试示意图（2）

图 9-5　电参数测试示意图

开路测试如图 9-6 所示。

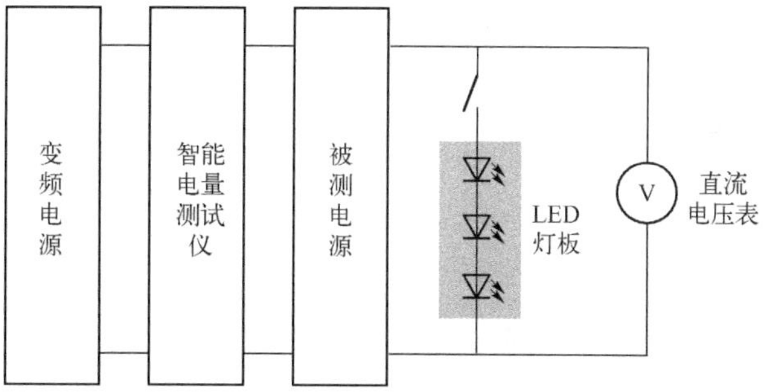

图 9-6　开路测试

短路测试如图 9-7 所示。

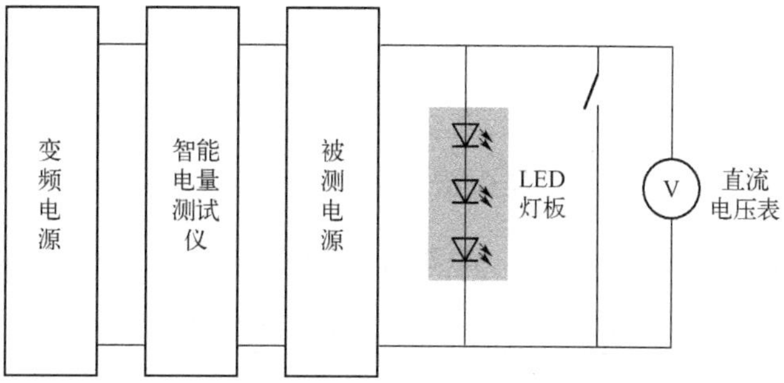

图 9-7　短路测试

输出电压纹波及噪声如图9-8所示。

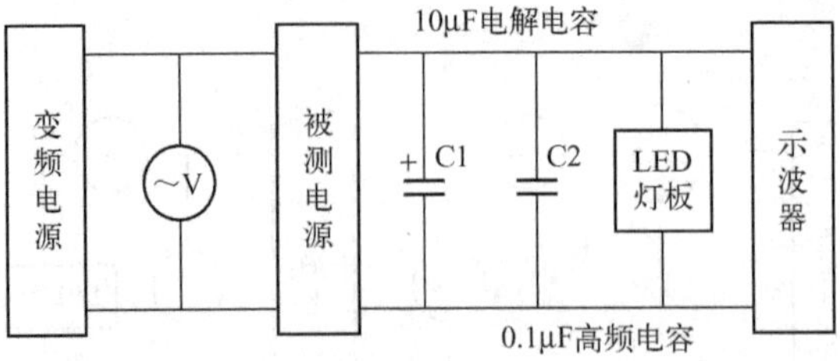

图9-8　输出电压纹波及噪声

9.2　MR16 LED射灯驱动电路的设计

MT7201C是一款连续电流模式的降压恒流驱动芯片。在输入电压高于LED电压时，可以有效地用于驱动一颗或多颗串联LED。MT7201C输入电压范围为6～40V，输出电流可调，最大可达1A。根据不同的输入电压和外部器件，MT7201C可以驱动高达32W的LED。

MT7201C内置功率开关和一个高端电流感应电路，使用外部电阻设置LED平均电流，并通过ADJ引脚接受模拟调光和PWM调光。芯片内含有PWM滤波电路，PWM滤波电路通过控制电流的上升沿从而实现软启动的功能。软启动的时间可以通过在ADJ脚与地之间增加一个外部电容来延长。当ADJ的电压低于0.2V时，功率开关截止，MT7201C进入极低工作电流的待机状态。MT7201C采用SOT89-5封装。

1. MT7201C的特点

☺通过4kV ESD测试。
☺极少的外部元器件。
☺高达1A的恒电流输出。
☺单一引脚实现开/关、模拟调光和PWM调光。
☺内含PWM滤波器。
☺独特的抖频技术减少EMI。
☺效率高达97%。
☺很宽的输入电压范围：6～40V。
☺最大1MHz开关频率。
☺LED开路保护。
☺2%的输出电流精度。

2. MT7201C的引脚图与引脚功能介绍

MT7201C的引脚图如图9-9所示。MT7201C的引脚功能介绍如表9-3所示。

表9-3　MT7201C的引脚功能介绍

引 脚 号	引 脚 名 称	功 能 描 述	备　注
1	LX	内置开关管的漏极	

续表

引脚号	引脚名称	功能描述	备注
2	GND	地	
3	ADJ	开关使能、模拟和 PWM 调光引脚： ➢ 一般工作情况时处于悬空状态（$V_{ADJ}=2.38V$），此时输出电流为 $I_{OUTnom}=0.1/R_S$； ➢ V_{ADJ}小于 0.235V 时，关闭输出电流，芯片进入小电流关闭状态； ➢ V_{ADJ}处于 0.235～1.6V 区间时，对输出电流进行调节，从 20%～100% I_{OUTnom}； ➢ 用 PWM 信号控制输出电流； ➢ 从该脚连接一个电容器到地以增加软启动时间	
4	ISENSE	电流采样端，采样电阻 R_S 接在 ISENSE 和 VIN 端之间来决定输出电流 $I_{OUTnom}=0.1/R_S$	当 ADJ 引脚悬空时，R_S 最小值是 0.1Ω
5	VIN	电源输入端（6～40V），用 4.7μF 或更高容值的 X7R 陶瓷电容接地	去耦电容尽可能靠近芯片

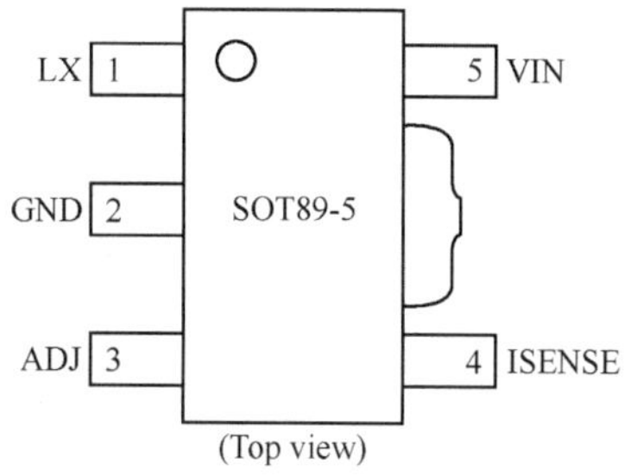

图 9-9　MT7201C 的引脚图

3. MR16 LED 射灯驱动电路原理图

MR16 LED 射灯驱动电路原理图如图 9-10 所示。

4. MR16 LED 射灯驱动电路 BOM 表

MR16 LED 射灯驱动电路 BOM 表如表 9-4 所示。

表 9-4　MR16 LED 射灯驱动电路 BOM 表

(1) 3W MR16 LED 射灯驱动电路 BOM 表					
序号	标号	元器件名称	参数	数量	备注
1	VD1～VD4	肖特基整流桥堆	KMB14F	1	4 个肖特基二极管
2	VD5	肖特基二极管	DFLS240L	1	2A
3	C2	电解电容	220μF/25V	1	输入电容
4	Cin	陶瓷电容	1μF/25V	1	输入电容
5	C1	陶瓷电容	10nF/25V	1	输入滤波电容
6	FB	磁珠	BLM18PG121SN1	1	输入滤波磁珠

续表

（1）3W MR16 LED射灯驱动电路BOM表					
序号	标号	元器件名称	参数	数量	备注
7	L	环路电感	47μH	1	CDRH5D28R/HP
8	Rsns	限流电阻	0.27Ω	1	
9	Cled	陶瓷电容	4.7μF/25V	1	LED滤波电容
10	U1	IC	MT7201C	1	1A LED驱动芯片SOT89－5
（2）3W可调光MR16 LED射灯驱动电路					
序号	标号	元器件名称	参数	数量	备注
1	VD1～VD5	大电流肖特基二极管	DFLS240	5	SS14或KMB14F（低于40V），SS16、SS110或MB6S（高于40V）
2	C_{IN}	输入电容	100μF（AC供电） 4.7μF（DC供电）	1	耐压40V或耐压60V以上
3	C_{ADJ}	调光电容		1	0603
4	R_{ADJ}	调光电阻		1	0603
5	L	环路电感	47μH	1	0603
6	R_{SNS}	限流电阻		1	
7	U1	IC	MT7201C	1	1A LED驱动芯片SOT89－5

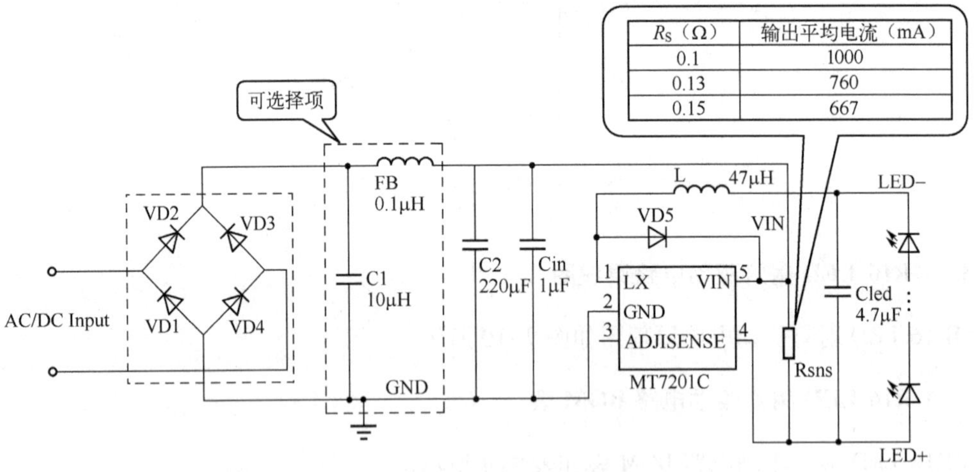

（a）3W MR16LED射灯驱动电路

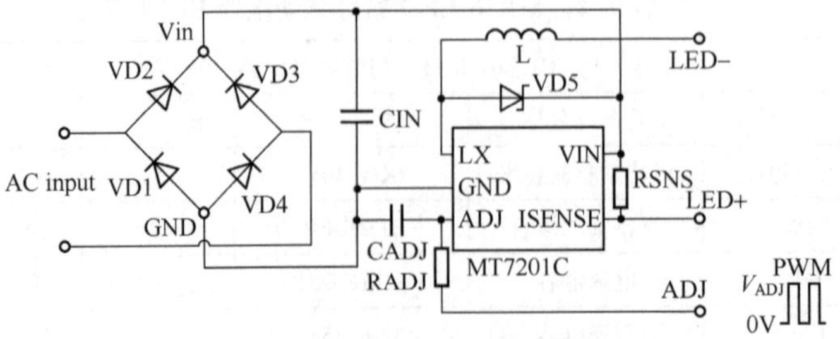

（b）3W可调光MR16LED射灯驱动电路

图9-10 MR16 LED射灯驱动电路原理图

5. 主要元器件选择

1）电容的选择　在电源输入端必须就近接一个低等效串联电阻（ESR）的旁路电容，ESR 越大，效率损失会越大。该旁路电容要能承受较大的峰值电流，并能使电源的输入电流平滑，减小对输入端的冲击。直流输入时，该旁路电容的最小值为 4.7μF。但是在低压输入和输入电源阻抗较大时，容值大的电容会得到更好的效果。该旁路电容应尽可能靠近芯片的输入引脚。

2）电感的选择　MT7201C 推荐使用的电感参数范围为 27 ～ 100μH。输入电压比较高时，推荐使用电感值较大的电感，这样可以降低由于开关延迟所产生的误差。采用的电感值越大，也可以使得 LED 输出电流在比较宽的输入电压范围内变化越小。电感器在布板时请尽量靠近 VIN 和 LX，以避免寄生电阻所造成的效率损失，同时减少辐射干扰。

电感的饱和电流应该高于输出的峰值电流，并且其标称电流值要高于平均输出电流。

3）二极管的选择　选取的二极管的峰值电流要高于电感峰值电流，额定电流要高于负载的最大输出电流。另外，值得注意的一点是应考虑温度高于 85℃时肖特基的反向漏电流。过高的漏电流会导致增加系统的功耗。

6. PCB 布板注意事项

1）LX 脚　LX 脚是一个快速开关的节点，所以 PCB 走线应当尽可能短。另外，为减小地线的“跳动”，芯片的 GND 端应保持尽量良好的接地。

2）电感、去耦电容、电流采样电阻　布板中要注意电感及去耦电容应当距离相应引脚尽可能近一些，否则会影响整个系统的效率。另外一个需要注意的事项是尽量减小 R_S 两端走线引起的寄生电阻，以保证采样电流的准确。最好将 VIN 直接连接到 R_s 一端，ISENSE 直接连接到 R_s 的另一端。值得注意的是，肖特基二极管的阴极电流不要流入 R_s 与 VIN 之间的走线，因为走线电阻会导致测量电流比实际电流高。

3）ADJ 脚　ADJ 脚是高阻抗输入端。所以当它悬空时，通往该脚的 PCB 走线需要尽量缩短以减小噪声。ADJ 脚放置一个 100 nF 的电容接地将会减少高频开关信号的干扰。当外部电路驱动 ADJ 脚时，也可以使用附加 RC 低通滤波器（10kΩ/100μF）。这个低通滤波器可以过滤低频率噪声并且防止高电压的瞬变。

4）高压走线　避免高压走线靠近 ADJ 脚，以减小漏电流的风险。任何的漏电流都会抬高 ADJ 脚的电压从而导致输出电流增大。在这些情况下，可以在 ADJ 脚附近铺地线来降低输出电流的变化。

9.3　LED 射灯驱动电路的设计

SN3918 是一款峰值电流检测降压型 LED 驱动器，工作在恒定关断时间模式。它允许输入电压范围为 DC 6 ～ 450V 或 AC 110/220V，驱动高亮度 LED。

SN3918 带有独特的开关调光功能，芯片自动检测外部开关动作。当开关断开 2s 以内就进行接合，芯片自动改变输出电流大小。因此在不改变原有照明系统的条件下，实现调光功能。

开关调光的模式有两挡式、三挡式，挡数以及每挡电流大小可通过芯片的引脚 DIM1、DIM2 进行设置。

SN3918 还可以通过 PWM 信号调整 LED 亮度，可以接受的占空比为 0%～100%。它还包括一个 0.5～2.5V 线性调光输入，可用于 LED 电流线性调整。

SN3918 采用峰值电流模式控制，该控制器不需要任何环路补偿，便能取得良好的输出电流调节。PWM 调光的反应时间是由电感电流的上升和下降速率决定的，从而有非常短的上升和下降时间。

1. SN3918 的特点

☺ 可用户设置的开关调光功能。
☺ 高达 3% 的输出恒流精度。
☺ 过电流、短路保护和过温保护。
☺ 宽输入电压范围：DC 6～450V 或 AC 110/220V。
☺ 线性和 PWM 调光。
☺ 极少的外围元件。

2. SN3918 的引脚图与引脚功能描述

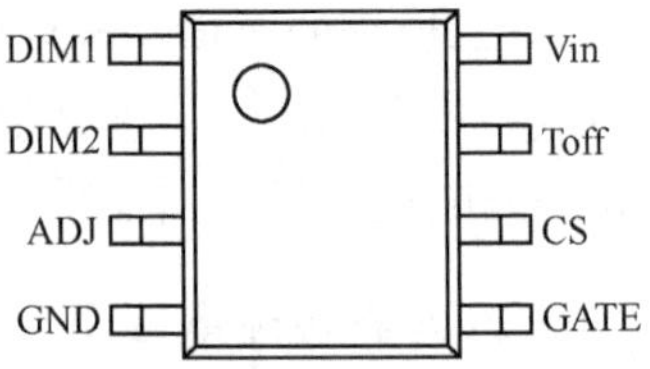

图 9-11　SN3918 的引脚图

SN3918 的引脚图如图 9-11 所示。SN3918 的引脚功能描述如表 9-5 所示。

表 9-5　SN3918 的引脚功能描述

引脚号	名称	功能描述	备　注
1	DIM1	通过这两个引脚来设置开关调光的挡数和电流大小。 DIM1 = DIM2 = "悬空"，不调光。 DIM1 = "悬空"，DIM2 = "接地"，100%～30%～100%。 DIM1 = "接地"，DIM2 = "悬空"，100%～50%～100%。 DIM1 = DIM2 = "接地"，100%～50%～20%～100%	
2	DIM2		
3	ADJ	线性调光和 PWM 调光输入引脚。 线性调光范围：0.5～2.5V。 如果 V_{ADJ} <0.5V，GATE 输出关闭，驱动器停止运转。 如果 V_{ADJ} >2.5V，全电流输出。 PWM 调光频率范围：200Hz～1kHz	当引脚接地时驱动器是关闭的，当引脚浮空时内部上拉到 3.3V
4	GND	内部所有电路的接地引脚	该引脚接到驱动电源的公共地
5	GATE	引脚连接到外部 N 沟道 MOSFET 的栅极	
6	CS	电流检测引脚，通过外部感应电阻检测 MOSFET 电流	
7	Toff	引脚设置关断时间	一个外部的电阻连接该引脚和地，来设置关断时时间
8	Vin	8～450V 的电压通过外部的一个电阻输入到该引脚，内部稳压 5V，必须接一个电容到地	

3. LED 射灯驱动电路原理图

LED 射灯驱动电路原理图如图 9-12 所示。

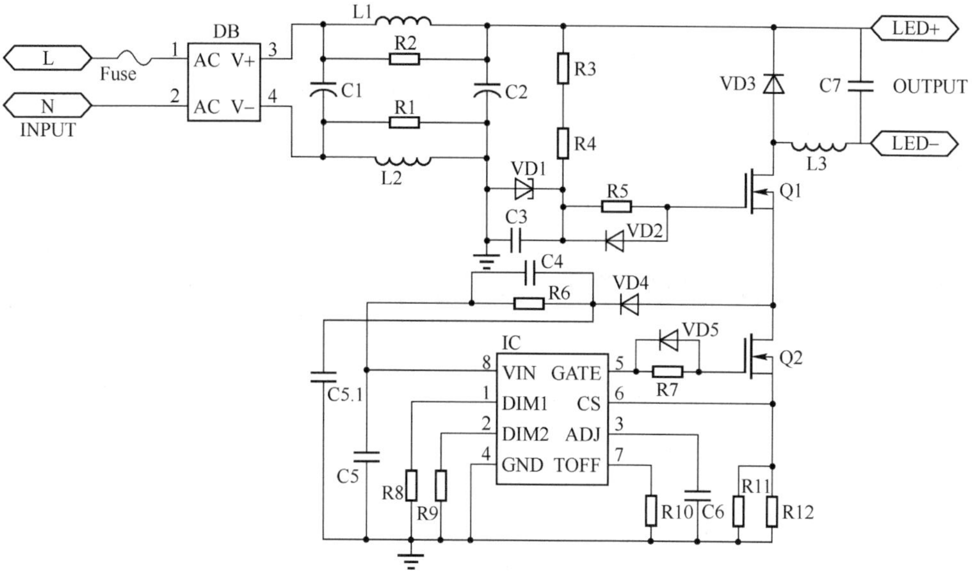

图 9-12　E27/GU10 LED 射灯驱动电路原理图

4. LED 射灯驱动电路 BOM 表

LED 射灯驱动电路 BOM 表如表 9-6 所示。

表 9-6　LED 射灯驱动电路 BOM 表（5W）

序号	标号	元器件名称	元器件规格	数量	备　注
1	C2	电解电容	6.8μA/400V	2	±10%、105℃
2	C1、C7	电解电容	4.7μA/400V	1	±10%、105℃
3	C3	贴片电容	1μA/25V 0805 X7R	1	±10%、105℃
4	C5、C5.1	贴片电容	10μA/25V	1	0805 X7R
5	C4	贴片电容	NC	0	0805 X7R
6	C6	贴片电容	0.1μA 25V	1	0805 X7R
7	VD1	稳压二极管	12V 5%	1	0805 X7R
8	VD2、VD5	贴片二极管	NC	0	
9	VD3	超快恢复二极管	ES1J　SMA	1	
10	VD4	超快恢复二极管	1N5819	1	
11	Fuse	熔断器	1A 250V	1	3×10
12	IC	控制 IC	SN3918	1	SOP-8
13	L1、L2	工字电感	3mH	2	±10% 8×10 100mA
14	L3	EE 形电感	EE13 3mH	1	±5% 600mA
15	Q1	N 沟道 MOS 管	4N60 4A 600V	1	TO-220
16	Q2	N 沟道 MOS 管	AP2306 5A 30V	1	SOT-23
17	R1	贴片电阻	NC	0	
18	R2	贴片电阻	4.7kΩ	1	±1%、0805
19	R3、R4	贴片电阻	270kΩ	2	±1%、0805
20	R5	贴片电阻	150Ω	1	±1%、0805
21	R6	贴片电阻	1kΩ	1	±1%、0805
22	R7	贴片电阻	10Ω	1	±1%、0805
23	R8、R9	贴片电阻	0Ω	2	±1%、0805

续表

序号	标号	元器件名称	元器件规格	数量	备　注
24	R10	贴片电阻	1MΩ	1	±1%、0805
25	R11	贴片电阻	1.2Ω	1	±1%、0805
26	R12	贴片电阻	1.2Ω	1	±1%、0805

9.4 LED 日光灯驱动电路的设计

SD6857 是集成 PFC 功能的原边控制模式的 LED 驱动控制芯片。它采用 PFM 调制技术，提供精确的恒流控制，具有非常高的平均效率。采用 SD6857 设计的系统，可以省去光耦、次级反馈控制、环路补偿，精简电路，降低成本。

1. SD6857 的特点

☺ 低启动电流。
☺ 一次侧控制模式。
☺ 前沿消隐。
☺ PFM 调制。
☺ 过压保护。
☺ 欠压锁定。
☺ 过温保护。
☺ 逐周期限流。
☺ 环路开路保护。
☺ 峰值电流补偿。

2. SD6857 的引脚图与引脚介绍

SD6857 的引脚图如图 9-13 所示。SD6857 的引脚功能说明如表 9-7 所示。

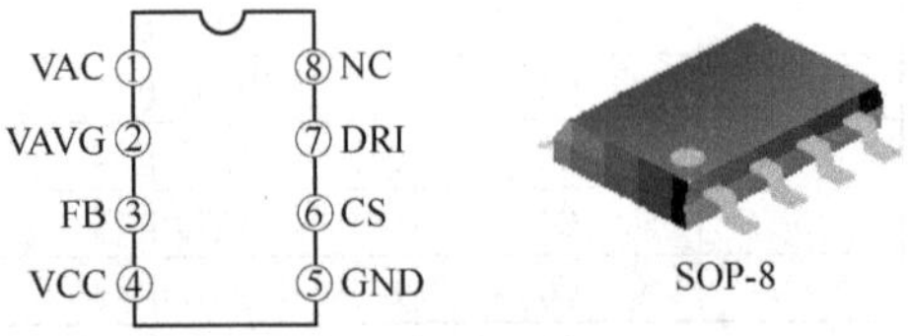

图 9-13　SD6857 的引脚图

表 9-7　SD6857 的引脚功能说明

引 脚 号	引 脚 名 称	I/O	功　　能
1	VAC	I	AC 输入电压波形采样
2	VAVG	I	AC 输入电压平均值
3	FB	I	反馈检测
4	VCC	I	芯片供电端
5	GND	I	芯片地脚
6	CS	I	电流采样脚
7	DRI	O	栅驱动脚
8	NC	—	空脚

3. 18W LED 日光灯驱动电路原理图

18W LED 日光灯驱动电路原理图如图 9-14 所示。

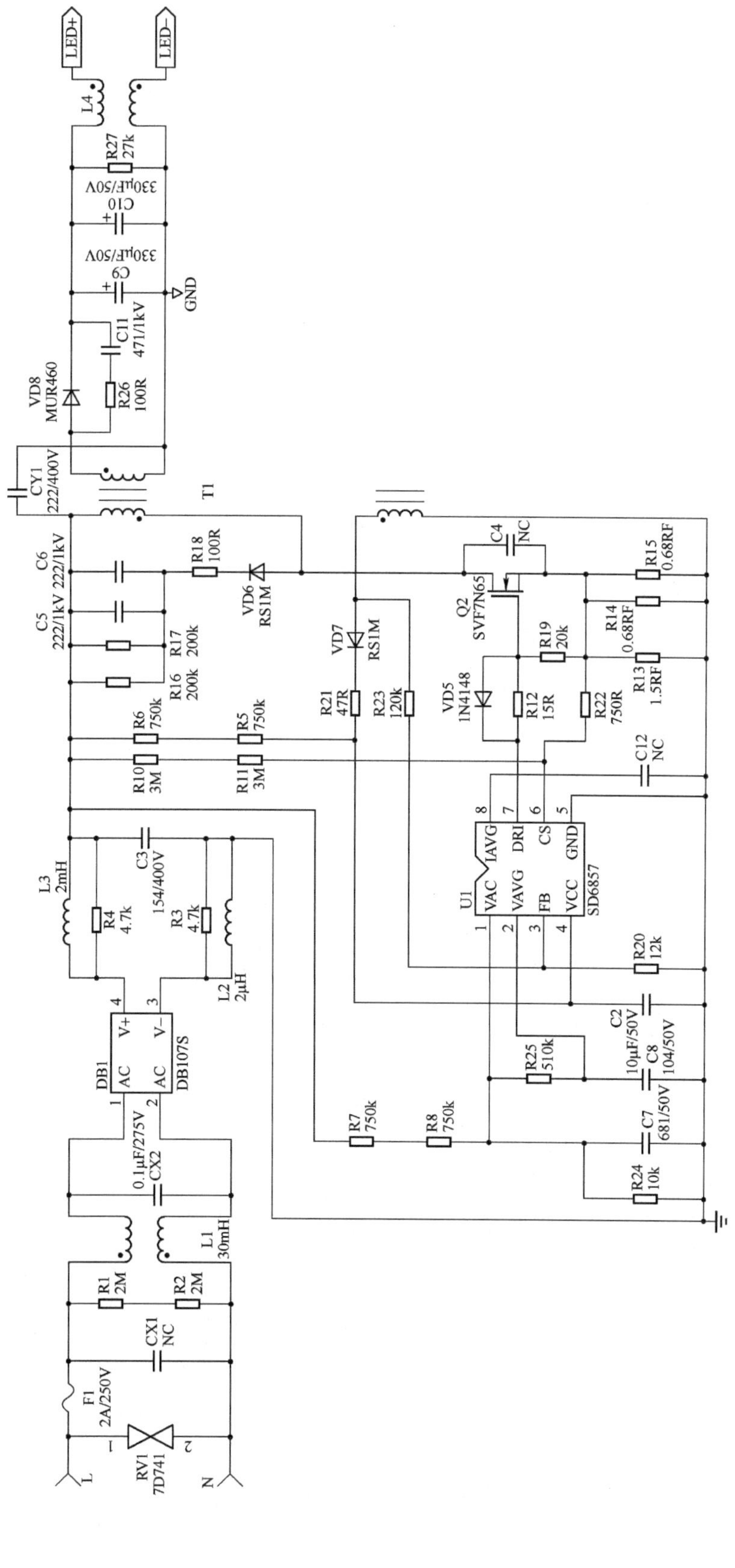

图9-14　18W LED日光灯驱动电路原理图（40V，450mA）

4. 18W LED 日光灯驱动电路原理图 BOM 表

18W LED 日光灯驱动电路原理图 BOM 表如表 9-8 所示。

表 9-8　18W LED 日光灯驱动电路原理图 BOM 表

序　号	标　号	元器件名称	参　数	备　注
1	R1、R2	贴片电阻	2MΩ	封装 1206，误差 ±5%
2	R3、R4	贴片电阻	4.7kΩ	封装 0805，误差 ±5%
3	R5、R6、R7、R8	贴片电阻	750kΩ	封装 1206，误差 ±5%
4	R10、R11	贴片电阻	3MΩ	封装 1206，误差 ±5%
5	R12	贴片电阻	47Ω	封装 1206，误差 ±5%
6	R13	贴片电阻	1.5Ω	封装 1206，误差 ±1%
7	R14、R15	贴片电阻	0.68Ω	封装 1206，误差 ±1%
8	R16、R17	贴片电阻	200kΩ	封装 1206，误差 ±5%
9	R18、R26	贴片电阻	100Ω	封装 1206，误差 ±5%
10	R19	贴片电阻	20kΩ	封装 0805，误差 ±5%
11	R20	贴片电阻	12kΩ	封装 0805，误差 ±5%
12	R21	贴片电阻	47Ω	封装 1206，误差 ±5%
13	R22	贴片电阻	750Ω	封装 1206，误差 ±5%
14	R23	贴片电阻	120kΩ	封装 0805，误差 ±5%
15	R24	贴片电阻	10kΩ	封装 0805，误差 ±5%
16	R25	贴片电阻	510kΩ	封装 0805，误差 ±5%
17	R27	贴片电阻	27kΩ	封装 1206，误差 ±5%
18	C5、C6	贴片电容	222M/1kV	1206 X7R
19	C7	贴片电容	681/50V	0805 X7R
20	C8	贴片电容	104/50V	0805 X7R
21	C11	贴片电容	471M/1kV	1206 X7R
22	VD5	二极管	1N4148	SOD123
23	VD6、VD7	二极管	RS1M	SMA
24	VD8	二极管	MUR460	SF560
25	DB1	桥堆	DB107S	
26	CX2	X 电容	0.1μF/275V	P10mm
27	CY1	Y 电容	222M/400V	P10mm
28	C3	CBB 电容	154k/400V	P10mm
29	F1	熔断器	2A/250V	
30	C2	电解电容	10μF/50V	5×11
31	C9、C10	电解电容	330μF/50V	10×20
32	U1	IC	SD6857	SOP-8
33	RV1	压敏电阻	7D471	
34	L2、L3	工字电感	2mH	8×10 DR2W 8×10 C5A OR EQU 2UEW 130℃ MW75C ϕ0.2mm
35	LF2	共模电感	30mH	EE12 2UEW 130℃ MW75C ϕ0.2mm
36	L4	共模电感	330μH	T63×3 2UEW 130℃ MW75C ϕ0.3mm
37	T1	变压器	EDR2809	
38	Q2	MOS 管	SVF7N65F	

5. 变压器的参数

变压器的原理图与绕线顺序图如图 9-15 所示。

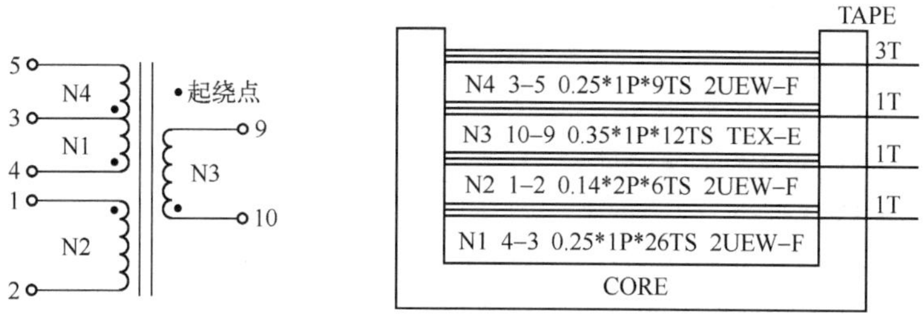

图 9-15 变压器的原理图与绕线顺序图

绕线要求如表 9-9 所示。

表 9-9 绕线要求

序号	起线	收线	线径	圈数	类型	绕线方向	胶带层数	绕线方法
N1	4	3	0.25×1P	26	2UEW－F	顺时针绕	1Ts	密绕
N2	1	2	0.14×2P	6	TEX－E	顺时针绕	1Ts	密绕
N3	10	9	0.35×1P	12	2UEW－F	顺时针绕	1Ts	疏绕
N4	3	5	0.25×1P	9	2UEW－F	顺时针绕	3Ts	密绕

【说明】

（1）立式 EDR2809（5＋5），磁芯材质为 PC40。

（2）变压器 2 脚焊线接于磁芯中柱，变压器 6、7、8 脚除掉，3 脚除掉 1/2。

（3）变压器须点胶，真空含浸。

电气要求如下：

☺ 电感：$L(4-5)=550\mu H \pm 5\%$ （$T_a=25℃$ 1kHz/0.3V_{rm}）。

☺ 漏感：$L_{k(4-5)}<50\mu H$ （$T_a=25℃$ 1kHz/0.3V_{rm}）。

☺ 匝比：（4－5）＝35Ts （20kHz/1V）

☺ 耐压：

PRI（P－S） 3750V AC 1mA/3s。

PRI（S－C） 1000V AC 1mA/3s。

9.5 LED 天花灯驱动电路的设计

MT7930 是一个单级、高功率因数，原边控制交流转直流 LED 驱动芯片。利用美芯晟科技特有的技术，只需极少的外围器件感应原边的电学信息，就可以精确地调制 LED 电流，而不需要光耦及副边感应器件。

MT7930 集成功率因数校正功能，工作在 DCM（断续电流模式）和恒定关断时间模式，可以达到很小的总谐波失真电流。

MT7930 同时实现了各种保护功能，包括过流保护（OCP）、过压保护（OVP）、短路保护（SCP）和过热保护（OTP）等，以确保系统可靠地工作。

1. MT7930 的特点

☺ AC 85 ～265V 交流输入电压。
☺ 高精度恒流 LED 电流（±3%）。
☺ 高达 50W 的输出驱动能力。
☺ 原边感应及恒流机制，无须光耦。
☺ 内置脉冲前沿消隐。
☺ 每周期峰值电流控制。
☺ 内置欠压锁定保护。
☺ VDD 过压保护、输出过压保护。
☺ 可调节恒流输出电流及输出功率。
☺ 具有软启动功能。
☺ SOP－8 封装。

2. MT7930 的引脚图与引脚功能介绍

MT7930 的引脚图如图 9-16 所示。MT7930 的引脚功能介绍如表 9-10 所示。

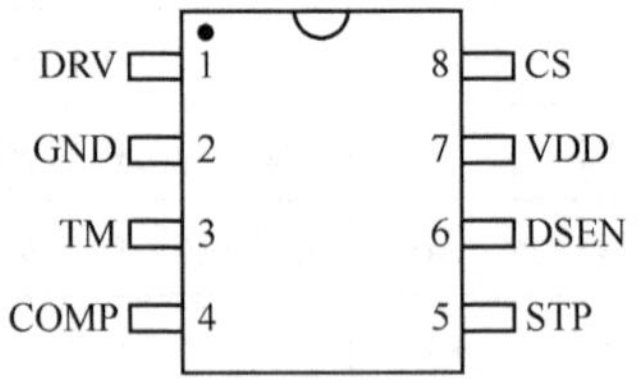

图 9-16　MT7930 的引脚图

表 9-10　MT7930 的引脚功能介绍

引脚号	引脚名称	功能描述	备注
1	DRV	外部功率 MOS 管栅极驱动	
2	GND	接地	
3	TM	测试引脚	恒定接地
4	COMP	内部误差放大器的输出	连接一个对地的电容器进行频率补偿
5	STP	启动脚	MT7930 通过该引脚软启动
6	DSEN	辅助绕组的反馈电压	通过一个电阻分压器连接到辅助绕组来反映输出电压
7	VDD	电源脚	
8	CS	电流感应脚	

3. 7W LED 天花灯驱动电路原理图

7W LED 天花灯驱动电路原理图如图 9-17 所示。

4. 7W LED 天花灯驱动电路原理图 BOM 表

7W LED 天花灯驱动电路原理图 BOM 表如表 9-11 所示。

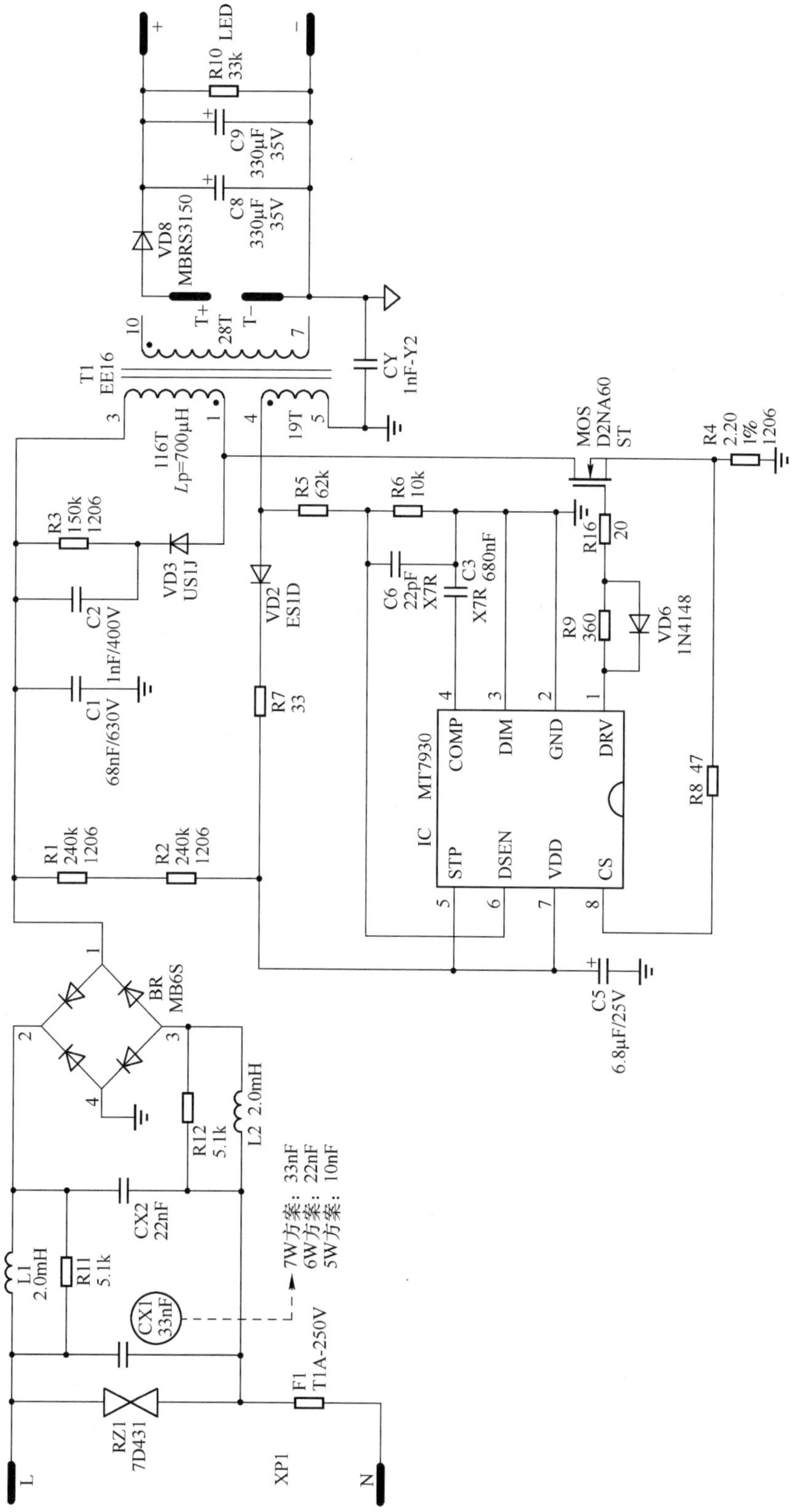

图9-17　7W LED天花灯驱动电路原理图

表 9-11　7W LED 天花灯驱动电路原理图 BOM 表

序　号	标　号	元器件名称	元器件参数	备　注
1	RZ1	压敏电阻	7D431	
2	CX1	X2 电容	275V AC/33nF	
3	CX2	X2 电容	275V AC/22nF	
4	L1/L2	工字电感	2. 0mH，6mm×8mm	外径 0. 13mm 线，绕 260T
5	R11、R12	贴片电阻	0805 – 5. 1kΩ	
6	F1	熔断器	T1A – 250V	慢速熔断型
7	BR	贴片整流桥	MB6S	
8	C1	薄膜电容	68nF/630V	CBB
9	C5	铝电解电容	6. 8μA/25V	105℃
10	C8、C9	铝电解电容	330μA/35V	105℃
11	CY	Y 电容	1nF/AC400V	
12	T1	变压器	EE16	
13	R1、R2	贴片电阻	240kΩ	1206
14	R3	贴片电阻	150kΩ	1206
15	R4	贴片电阻	2. 2Ω	±1%的精度，100ppm　1206
16	R5	贴片电阻	62kΩ	±1%的精度 0805
17	R16	贴片电阻	20Ω	0805
18	R7	贴片电阻	33Ω	0805
19	R9	贴片电阻	360Ω	0805
20	R10	贴片电阻	33kΩ	0805
21	R6	贴片电阻	10kΩ	±1%的精度 0603
22	R8	贴片电阻	47Ω	0603
23	C6	贴片电容	22pF/16V	X7R　0603
24	C3	贴片电容	680nF/16V	X7R 0603
25	C2	贴片电容	1nF/400V	1206
26	VD8	贴片二极管	MRBS3150	
27	VD2	贴片二极管	ES1D	
28	VD3	贴片二极管	US1J	
29	VD6	贴片二极管	1N4148 – 1206	
30	MOS	贴片 MOS 管	D2NA60	TO – 252
31	IC	集成电路	MT7930	SOP – 8

5. 变压器参数

☺ 磁芯材料：锰锌软磁铁氧体材料，建议为 R2KB 或 3C90 系列“功率材料”。

☺ 型号：采用 EE16 磁芯，骨架为卧式，引脚 5＋5。

☺ 初级电感量：$L_p = 700\mu H$，采用磁芯中间磨气隙的方法，以 700μH 为中心值，偏差不超过 ±10%。

☺ 漏感：尽量小。

变压器的绕线参数如表 9-12 所示。

表 9-12　变压器的绕线参数

名称	引脚（始→终）	线径 φ（mm）	圈数	材料（材质）	说　明	绕完后加绝缘胶带	说　明
骨架	骨架上				绕线前，先在骨架上加胶带	2 层	
Lp-1	1→2	0.23（外径）	60	普通漆包线	刚好绕 2 层	2 层	两个引脚加铁氟龙套管
La	4→5	0.12（外径）	19	普通漆包线	一层不满，均匀地分布在绕线窗口中	2 层	
Ls	T+→T-	0.35（内径）	28	三重绝缘线	接近 2 层	2 层	
shield	5→NC	0.14（外径）	50	普通漆包线	刚好绕 1 层	2 层	
Lp2	2→3	0.23（外径）	56	普通漆包线	刚好绕 2 层	2 层	两个引脚加铁氟龙套管

变压器的示意图如图 9-18 所示。

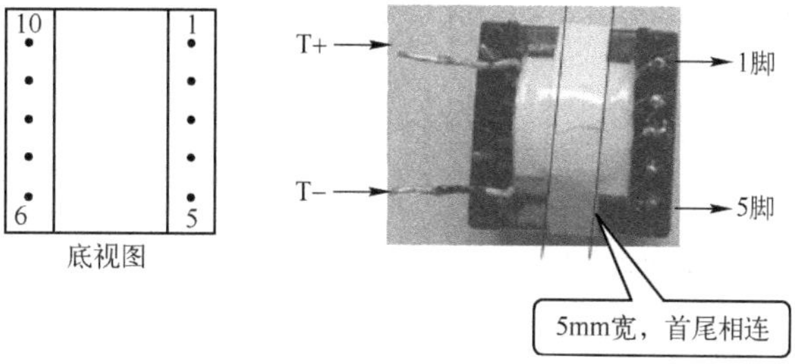

图 9-18　变压器的示意图

【说明】(1) "Ls" 绕组，T+到 T-，绕线的起始、终点两个线头不绕在引脚上让 T+和 T-两个线头悬在外面，并在 T-上标记黑色，每个外悬线头的长度为 10mm（其中剥皮浸锡部分的长度为 3mm）。

(2) 抗电强度（初级-次级）：AC 3000V/60s，电流小于 1mA。

(3) 绕线后剪短 2 脚，剪掉 6、8、9 脚。

(4) 成品浸漆。

9.6　LED 筒灯驱动电路的设计

CL1100 是一款低功率、高性能、隔离式 PWM 控制器。它利用原边反馈工作原理，TL431 和光耦可以被省去。恒压和恒流控制当中，电流和输出功率设置可以通过 CS 引脚的感应电阻进行外部检测。在恒压控制当中，多模式运作的使用实现了高性能和高效率。此外，还可以通过输出线压降补偿达到良好的负荷调节，器件工作在 PFM 下恒流模式的大负荷状态以及在轻/中型负载中PWM脉宽调制频率会减小。CL1100提供电源的软启动控制和保护范围内的自动修复功能，包括逐周期电流限制、VDD OVP保护功能、VDD电压钳位功能和欠压保护等。专有的频率抖动技术使得良好的EMI性能得以实现。所以CL1100可以达到高精度的恒压和恒流。

1. CL1100的特点

☺ 5%以内的恒压精度，5%以内的恒流精度。
☺ 原边反馈省去TL431和光耦以降低成本。
☺ 可调CV电压、CC电流及输出功率。
☺ 可调恒流输出电源设置。
☺ 内置的二次恒定电流控制与初级反馈。
☺ 内置的自适应电流调峰。
☺ 内置原边绕组电感补偿。
☺ 内置输出线压降补偿。
☺ 内置软启动功能。
☺ 内置前沿消隐电路（LEB）。
☺ 逐周期电流限制。
☺ 欠压保护（UVLO）。
☺ VDD OVP保护功能。
☺ VDD电压钳位功能。

2. CL1100的封装图与引脚功能介绍

CL1100的封装图如图9-19所示。CL1100的引脚功能介绍如表9-13所示。

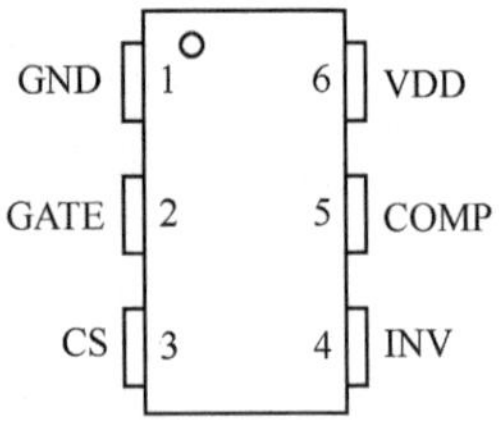

图9-19 CL1100的封装图（SOT23-6）

表9-13 CL1100的引脚功能介绍

引脚号	引脚名称	功能描述	备注
1	GND	直接接地	电源地
2	GATE	图腾柱栅极驱动功率MOSFET	输出端口
3	CS	电流检测输入	输入端口
4	INV	连接到MOSFET的电流检测的电阻节点	输入端口
5	COMP	辅助绕组进行电压反馈。连接电阻分压器和辅助绕组反映输出电压	输入端口
6	VDD	PWM占空比周期由EA输出和引脚3的电流检测信号决定	电源

3. 7W LED筒灯驱动电路原理图

7W LED筒灯驱动电路原理图如图9-20所示。

4. 7W LED筒灯驱动电路原理图BOM表

7W LED筒灯驱动电路原理图BOM表如表9-14所示。

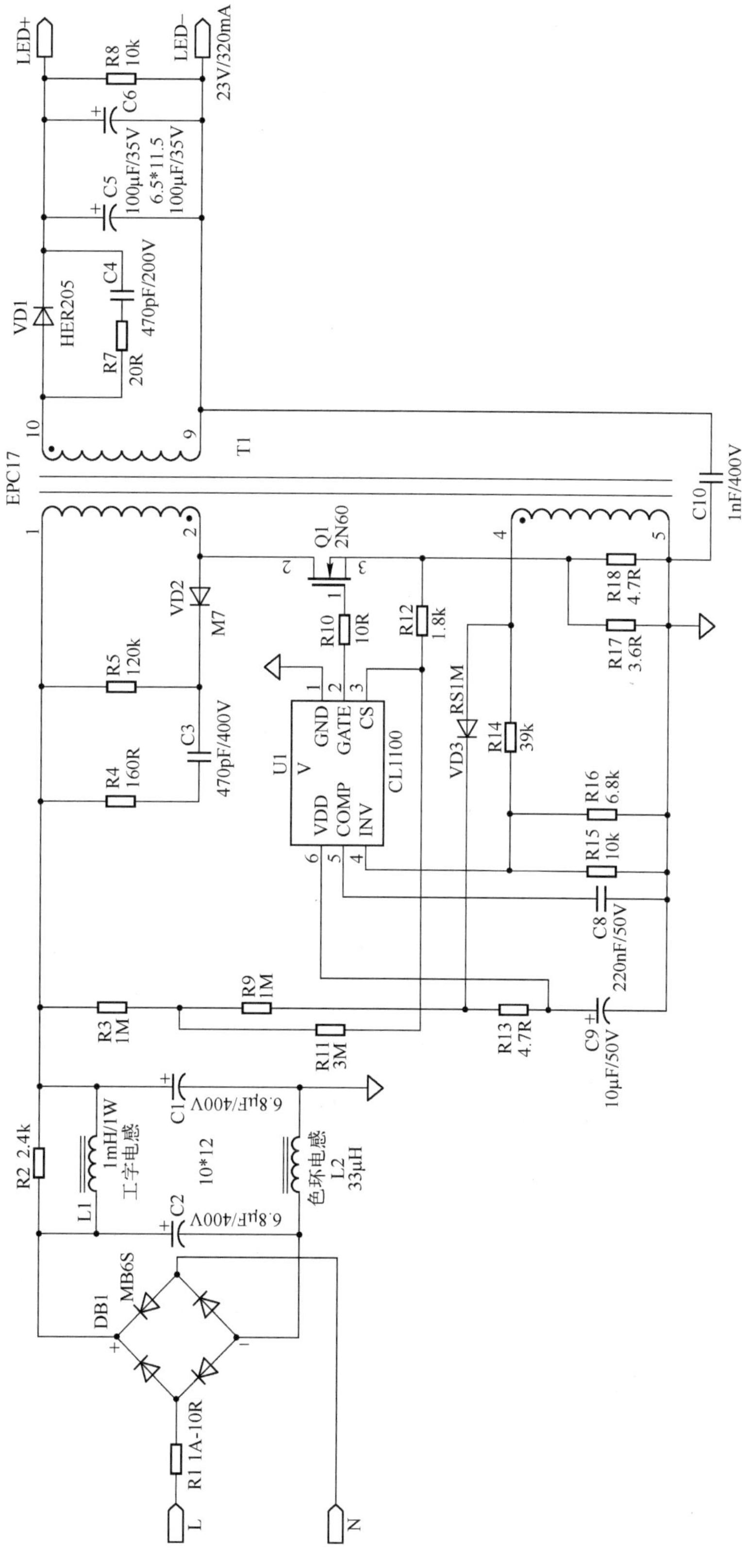

图9-20　7W LED筒灯驱动电路原理图

表 9-14　7W LED 筒灯驱动电路原理图 BOM 表

序　　号	标　　号	元器件名称	元器件规格	数　　量	备　　注
1	C1	铝电解电容	6.8μF/400V	1	直插 ϕ10×12
2	C2	铝电解电容	6.8μF/400V	1	直插 ϕ10×12
3	C3	高压陶瓷电容	470pF/400V	1	贴片 1206
4	C4	高压陶瓷电容	470pF/200V	1	贴片 1206
5	C5	铝电解电容	100μF/35V	1	直插 ϕ6.5×11.5
6	C6	铝电解电容	100μF/35V	1	直插 ϕ6.5×11.5
7	C8	陶瓷电容	220nF/50V	1	贴片 0805
8	C9	铝电解电容	10μF/50V	1	直插 ϕ5×11.5
9	C10	Y 电容	1nF/400V	1	直插
10	VD1	快恢复二极管	HER205	1	直插 DO-15
11	VD2	贴片二极管	M7	1	贴片 DO214
12	VD3	贴片二极管	RS1M	1	贴片 DO214
13	DB1	整流桥	MB6S	1	贴片 SOIC-4
14	L1	工字电感	1mH	1	直插 ϕ6×8
15	L2	色环电感	33μH	1	直插 0410
16	Q1	N-MOS 管	2N60	1	直插 TO-251
17	R1	保险电阻	1A-10Ω	1	直插 1W
18	R2	贴片电阻	2.4kΩ	1	贴片 0805
19	R3	贴片电阻	1MΩ	1	贴片 1206
20	R4	贴片电阻	160Ω	1	贴片 1206
21	R5	贴片电阻	120kΩ	1	贴片 1206
22	R7	贴片电阻	20Ω	1	贴片 1206
23	R8	贴片电阻	10kΩ	1	贴片 1206
24	R9	贴片电阻	1MΩ	1	贴片 1206
25	R10	贴片电阻	10Ω	1	贴片 0805
26	R11	贴片电阻	3MΩ	1	贴片 1206
27	R12	贴片电阻	1.8kΩ	1	贴片 0805
28	R13	贴片电阻	4.7Ω	1	贴片 0805
29	R14	贴片电阻	39kΩ	1	贴片 0805
30	R15	贴片电阻	10kΩ	1	贴片 0805
31	R16	贴片电阻	6.8kΩ	1	贴片 0805
32	R17	贴片电阻	3.6Ω	1	贴片 0805
33	R18	贴片电阻	4.7Ω	1	贴片 0805
34	T1	变压器		1	直插 EPC 17
35	U1	芯片	CL1100	1	贴片 SOT23-6

5. 变压器的参数

变压器的原理图与结构图如图 9-21 所示。

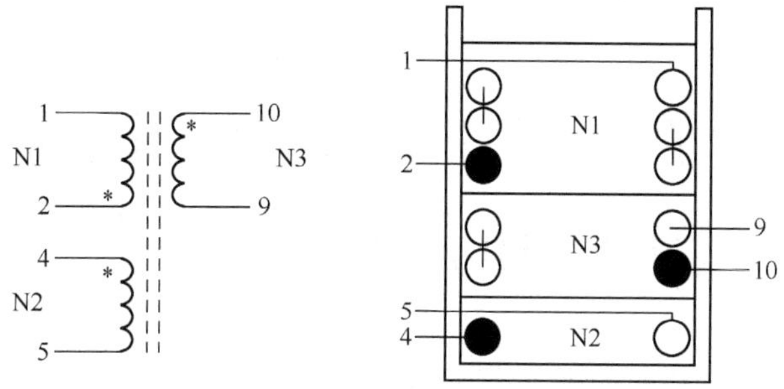

图 9-21　变压器的原理图与结构图

绕线要求如表 9-15 所示。

表 9-15　绕线要求

绕　组	绕制工艺	匝　数	线径×根数
N1	从 PIN2（起线）到 PIN1（收线），用 1 条 ϕ0.20mm 漆包线（AWG32）密绕 99TS，绕制 3 层，后包两层胶带	99	ϕ0.20mm×1P
	从 PIN4（起线）到 PIN5（收线），用 1 条 ϕ0.13mm 漆包线（AWG36）密绕 25TS，绕制一层，后包两层胶带	25	ϕ0.13mm×1P
N3	从 PIN10（起线）到 PIN9（收线），用 1 条 ϕ0.32mm 三层绝缘线均匀绕制 29TS，绕制两层，后包两层胶带	29	ϕ0.32mm 三层绝缘线×1P

【说明】

（1）骨架类型：EE17 卧式 TDK PC40，PIN 数目：EE17 5+5，其中 PIN3、6、7、8 需要针。

（2）线包包黄色玛拉胶纸，合上磁芯后包两层与磁芯一样宽度的黄色玛拉胶纸。

（3）绕线时请注意绕线方向，避免绕组起收脚交叉，绕线必须平整。

（4）磁芯加气隙，变压器引脚 1、2 套铁氟龙套管，真空浸油，烤箱烘干。成品齐平骨架包两层黄色玛拉胶纸。

电气要求如下：

☺ 电感：$L_{P(N1)}=1.6\text{mH}\pm7.5\%$　（10kHz 0.25V）。

☺ 漏感：$L_{s(N1)}<100\mu\text{H}$　（40kHz 0.25V short other PIN）。

☺ 耐压（Pressure Testing）：

PRI（初级 N1）-SEC（次级 N3）　3750V AC　5mA/5s。

PRI（初级 N1）/SEC（次级 N3）-CORE（磁芯）　2500V AC　5mA/5s。

附录A 中国国标、行标、地方灯具标准及行业规范、规则

1. LED灯具标准或行业照明标准（国内通用标准）

序号	标准编号	标准名称	发布日期	实施日期
1	GB 7000.1—2015	灯具第1部分：一般要求与试验	2015-12-23	2017-01-01
2	GB 7000.2—2008	灯具第2-22部分：特殊要求应急照明灯具	2008-04-11	2009-01-01
3	GB 7000.201—20008	灯具第2-1部分：特殊要求固定式通用灯具	2008-12-31	2010-02-01
4	GB 7000.202—2008	灯具第2-2部分：特殊要求嵌入式灯具	2008-12-31	2010-02-01
5	GB 7000.204—2008	灯具第2-4部分：特殊要求可移式通用灯具	2008-12-31	2010-02-01
6	GB 7000.207—2008	灯具第2-7部分：特殊要求庭园用可移式灯具	2008-12-30	2010-04-01
7	GB 7000.213—2008	灯具第2-13部分：特殊要求地面嵌入式灯具	2008-12-31	2010-02-01
8	GB 7000.217—2008	灯具第2-17部分：特殊要求舞台灯光、电视、电影及摄影场所（室内外）用灯具	2008-12-31	2010-02-01
9	GB 7000.218—2008	灯具第2-18部分：特殊要求游泳池和类似场所用灯具	2008-12-31	2010-02-01
10	GB 7000.225—2008	灯具第2-25部分：特殊要求医院和康复大楼诊所用灯具	2008-12-30	2010-04-01
11	GB 7000.203—2013	灯具第2-3部分：特殊要求道路与街路照明灯具	2013-12-31	2015-07-01
12	GB 7000.7—2005	投光灯具安全要求	2005-01-18	2005-08-01
13	GB 7000.9—2008	灯具第2-20部分：特殊要求灯串	2008-04-11	2009-01-01
14	GB 17743—2007	电气照明和类似设备的无线电骚扰特性的限值和测量方法	2007-11-12	2009-11-01
15	GB 17625.1—2012	电磁兼容 限值 谐波电流发射限值（设备每相输入电流≤16A）	2012-12-31	2013-07-01
16	GB/T 20145—2006	灯和灯系统的光生物安全性	2006-3-6	2006-11-01
17	CJJ 45—2015	城市道路照明设计标准	2015-11-25	2016-6-01
18	GB 50034—2013	建筑照明设计标准	2013-11-29	2016-06-01
19	JGJ 243—2011	交通建筑电气设计规范	2011-08-04	2012-06-01
20	GB 50582—2010	室外作业场地照明设计标准	2010-05-31	2010-12-01
21	GB/T 5700—2008	照明测量方法	2008-07-16	2009-01-01
22	GB 50411—2007	建筑节能工程施工验收规范	2007-01-16	2008-10-01
23	GB/T 18595—2014	一般照明用设备电磁兼容抗扰度要求	2014-12-22	2015-06-01
24	GB 17625.2—2007	电磁兼容限值对每相额定电流≤16A且无条件接入的设备在公用低压供电系统中产生的电压变化、电压波动和闪烁的限制	2007-04-30	2008-01-01
25	GB/T 9468—2008	灯具分布光度测量的一般要求	2008-06-18	2009-05-01
26	GB/T 7002—2008	投光照明灯具光度测试	2008-06-18	2009-05-01
27	GB 30255—2013	普通照明用非定向自镇流LED灯能效限定值及能效等级	2013-12-18	2014-09-01

续表

序号	标准编号	标准名称	发布日期	实施日期
28	GB/Z 30418—2013	灯具 IK 代码的应用	2013-12-31	2014-12-01
29	GB/T 30104.207—2013	数字可寻址照明接口 第 207 部分：控制装置的特殊要求 LED 模块（设备类型 6）	2013-12-17	2014-11-01
30	GB/T 30117.2—2013	灯和灯系统的光生物安全 第 2 部分：非激光光辐射安全相关的制造要求指南	2013-12-17	2014-07-15
31	GB/T 7249—2016	白炽灯的最大外形尺寸	2016-04-25	2016-11-01
32	GB/T 20144—2016	带灯罩环的灯座用筒形螺纹	2016-04-25	2016-11-01
33	GB/T 21656—2016	灯的国际编码系统（ILCOS）	2016-04-25	2016-11-01
34	GB 30734—2014	消防员照明灯具	2014-06-09	2015-04-01
35	GB/T 31728—2015	带充电装置的可移式灯具	2015-06-02	2016-01-01
36	GB/T 7002—2008	投光照明灯具光度测试	2008-06-18	2009-05-01
37	JG/T 467—2014	建筑室内用发光二极管（LED）照明灯具	2014-12-04	2015-05-01
38	JT/T 939.1—2014	公路 LED 照明灯具 第 1 部分：通则	2014-12-10	2015-04-05
39	QB/T 4847—2015	LED 平板灯具	2015-10-10	2016-03-01
40	GB/T 7256—2015	民用机场灯具一般要求	2015-06-02	2016-01-01

2. LED 灯具标准（中国国标）

序号	标准编号	标准名称	发布日期	实施日期
1	GB 24819—2009	普通照明用 LED 模块　安全要求	2009-12-15	2010-05-01
2	GB/T 24823—2009	普通照明用 LED 模块　性能要求	2009-12-15	2010-05-01
3	GB/T 24824—2009	普通照明用 LED 模块　测试方法	2009-12-15	2010-05-01
4	GB/T 24826—2016	普通照明用 LED 产品和相关设备 术语和定义	2016-04-25	2017-05-01
5	GB/T 24825—2009	LED 模块用直流或交流电子控制装置 性能要求	2009-12-15	2010-05-01
6	GB/T 24827—2015	道路与街路照明灯具性能要求	2015-09-11	2016-04-11
7	GB/T 24909—2009	装饰照明用 LED 灯	2010-06-30	2011-02-01
8	GB/T 24907—2010	道路照明用 LED 灯 性能要求	2010-06-30	2011-02-01
9	GB 24906—2010	普通照明用 50V 以上自镇流 LED 灯 安全要求	2010-06-30	2011-02-01
10	GB/T 24908—2014	普通照明用非定向自镇流 LED 灯 性能要求	2014-09-03	2015-08-01
11	GB 19510.14—2009	灯的控制装置 第 14 部分：LED 模块用直流或交流电子控制装置的特殊要求	2009-10-15	2010-12-01
12	GB 19651.3—2008	杂类灯座 第 2-2 部分：LED 模块用连接器的特殊要求	2008-12-30	2010-04-01
13	GB/T 29293—2012	LED 筒灯测试方法	2012-12-31	2013-09-01
14	GB/T 29294—2012	LED 筒灯性能要求	2012-12-31	2013-09-01
15	GB/T 29295—2012	反射型自镇流 LED 灯性能测试方法	2012-12-31	2013-09-01
16	GB/T 29296—2012	反射型自镇流 LED 灯 性能要求	2012-12-31	2013-09-01
17	GB/T 30413—2013	嵌入式 LED 灯具性能要求	2013-12-31	2014-12-01
18	GB/T 31111—2014	反射型自镇流 LED 灯规格分类	2014-09-03	2015-08-01
19	GB/T 31112—2014	普通照明用非定向自镇流 LED 灯规格分类	2014-09-03	2015-08-01
20	GB/T 31831—2015	LED 室内照明应用技术要求	2015-06-30	2016-01-01
21	GB/T 31832—2015	LED 城市道路照明应用技术要求	2015-06-30	2016-01-01
22	GB 30255—2013	普通照明用非定向自镇流 LED 灯能效限定值及能效等级	2013-12-18	2014-09-01
23	GB/T 32482.1—2016	LED 分选 第 1 部分：一般要求和白光栅格	2016-02-14	2016-09-01
24	GB/T 32486—2016	舞台 LED 灯具通用技术要求	2016-02-14	2016-09-01

续表

序号	标 准 编 号	标 准 名 称	发 布 日 期	实 施 日 期
25	GB/T 32481—2016	隧道照明用 LED 灯具性能要求	2016－02－14	2016－09－01
26	GB/T 31897. 201—2016	灯具性能 第 2－1 部分：LED 灯具特殊要求	2016－02－14	2016－09－01
27	GB/T 32483. 3—2016	灯控制装置的效率要求 第 3 部分：卤钨灯和 LED 模块 控制装置效率的测量方法	2016－02－14	2016－09－01
29	GB/T 32481—2016	隧道照明用 LED 灯具性能要求	2015－09－11	2016－04－01
30	GB/T 32655—2016	植物生长用 LED 光照术语和定义	2016－04－25	2016－11－01
31	GB/T 31897. 1—2015	灯具性能 第 1 部分：一般要求	2015－09－11	2016－04－01
32	GB/T 29458—2012	体育场馆 LED 显示屏使用要求及检验方法	2012－12－31	2013－05－01

3. 电源标准

1	SJ/T 11558. 1—2016	LED 驱动电源 第 1 部分：通用规范	2016－04－05	2016－09－01
2	SJ/T 11558. 2. 1—2016	LED 驱动电源 第 2－1 部分：LED 路灯用驱动电源	2016－01－15	2016－06－01
3	SJ/T 11558. 2. 2—2016	LED 驱动电源 第 2－2 部分：LED 隧道灯用驱动电源	2016－01－15	2016－06－01
4	SJ/T 11558. 5—2015	LED 驱动电源 第 5 部分：测试方法	2015－10－10	2016－04－01

4. 地方标准

序号	标准编号	标准名称	发布部门	实施日期
1	DB35/T 810—2008	普通照明用 LED 灯具（固定式、可移式、嵌入式）	福建省质量技术监督局	2008－07－10
2	DB35/T 811—2008	景观装饰用 LED 灯具		
3	DB35/T 812—2008	投光照明用 LED 灯具		
4	DB35/T 813—2008	道路照明用 LED 灯具		
5	DB35/T 1465—2014	户外照明用 LED 模块		2015－02－02
6	DB35/T 1494—2015	LED 道路智能照明控制系统技术规范		2015－06－01
7	DB35/T 1495—2015	矿井照明用 LED 灯具技术规范		
8	DB35/T 1466—2014	LED 高杆灯		2015－02－02
9	DB35/T 1296—2012	大功率 LED 路灯		2013－02－01
10	DB35/T 1303—2012	LED 室内照明产品 总要求		2013－03－01
11	DB35/T 1305—2012	LED 道路照明驱动电源		2013－03－01
12	DB35/T 1307—2012	公路隧道照明用 LED 灯具		2013－03－01
13	DB35/T 1402—2013	室内照明用白光 LED 球泡灯		2014－03－10
14	DB35/T 1403—2013	照明用多芯片集成封装 LED 筒灯		2014－03－10
15	DB35/T 1416—2014	室内照明用 LED 平板灯具技术规范		2014－06－05
16	DB41/T 637—2010	LED 道路照明灯具	河南省质量技术监督局	2010－11－07
17	DB41/T 636—2010	LED 商业照明灯具		
18	DB41/T 635—2010	LED 工业照明灯具		
19	DB41/T 638—2010	LED 隧道照明灯具		
20	DB61/T 488—2010	道路照明用 LED 灯	陕西省质量技术监督局	2010－04－15
21	DB42/T 566—2009	LED 路灯照明灯具	湖北省质量技术监督局	2009－10－24
22	DB43/T 672—2014	LED 路灯	湖南省质量技术监督局	2014－12－01
23	DB43/T 680—2012	LED 筒灯		2012－06－08
24	DB43/T 681—2012	LED 日光灯		2012－06－08

续表

序号	标准编号	标准名称	发布部门	实施日期
25	DB44/T 609—2009	LED 路灯	广东省质量技术监督局	2009-07-1
26	DB44/T 1042—2012	双端自镇流 LED 管形灯		2012-10-15
27	DB44/T 1161—2013	LED 投光灯		2014-11-24
28	DB44/T 1217—2013	LED 路灯、隧道灯用驱动电源 电气性能要求		2014-03-06
29	DB44/T 1329—2014	道路照明用 LED 电源/控制装置 性能要求		2014-07-18
30	DB44/T 1330—2014	普通照明用 LED 控制装置性能要求		
31	DB44/T 1331—2014	LED 射灯		
32	DB44/T 1332—2014	LED 平板灯		
33	DB44/T 1333—2014	户外 LED 装饰墙性能要求及测量方法		
34	DB44/T 1334—2014	充电式 LED 手电筒		
35	DB44/T1337—2014	汽车库 LED 照明设计标准		
36	DB44/T 1338—2014	汽车隧道 LED 照明设计标准		
37	DB44/T 1339—2014	可移式 LED 灯具		
38	DB44/T 1395—2014	集中供电式道路照明用 LED 模块的电气接口规范		2014-11-14
39	DB44/T 1488—2014	带传感器的 LED 灯测试方法		2015-03-02
40	DB44/T 1489—2014	室内 LED 照明产品光舒适度通用技术要求		2015-03-02
41	DB44/T 1490—2014	带传感器的 LED 灯性能要求		2015-03-02
42	DB44/T 1620—2015	地铁场所用 LED 照明设计标准		2015-10-01
43	DB44/T 1621—2015	非自镇流 LED 管形灯		
44	DB44/T 1622—2015	地铁场所照明用 LED 灯应用技术规范		
45	DB44/T 1628—2015	LED 灯带		
46	DB44/T 1631—2015	LED 护栏灯		
47	DB44/T 1632—2015	道路照明用 LED 电源/控制装置 可靠性测试方法		
48	DB44/T 1633—2015	游泳池和类似场所用 LED 灯具		
49	DB44/T 1634—2015	地下停车场用 LED 灯具技术规范		
50	DB44/T 1636—2015	LED 地埋灯		
51	DB44/T 1637—2015	LED 照明模块热特性测量方法		
52	DB44/T 1638—2015	自镇流 LED 玉米灯		
53	DB44/T 1493. 2—2015	LED 道路照明远程管理技术规范 第 2 部分：电力线载波控制模块		2015-11-03
54	DB44/T 1493. 3—2015	LED 道路照明远程管理技术规范 第 3 部分：应用层通信协议		2015-11-03
55	DB44/T 1641—2015	LED 洗墙灯		
56	DB44/T 1642—2015	风光互补 LED 路灯		
57	DB44/T 1643—2015	广东省 LED 路灯、隧道灯产品评价标杆体系管理规范		
58	DB44/T 1644—2015	广东省 LED 室内照明产品评价标杆体系管理规范		
59	DB44/T 1645—2015	集成式（COB）白光 LED 技术要求		
60	DB44/T 1646—2015	射灯用 LED 模块技术规格要求		
61	DB44/T 1647—2015	筒灯用 LED 模块互换标准		
62	DB44/T 1648—2015	球泡灯用 LED 模块技术规格要求		

续表

序号	标准编号	标准名称	发布部门	实施日期
63	DB37/T 1181—2009	太阳能 LED 灯具通用技术条件	山东省质量技术监督局	2009-03-01
64	DB31/T515—2010	LED 室内照明灯应用技术规范	上海市质量技术监督局	2011-03-15
65	DB31/T516—2010	LED 道路照明灯应用技术规范		
66	DB36/T 581—2010	室内照明 LED 管形灯	江西省质量技术监督局	2010-11-01
67	DB36/T 580—2010	室内照明 LED 球泡灯		2010-11-01
68	DB36/T596. 1—2010	LED 照明工程施工与验收规范 第 1 部分：施工规范		2010-12-01
69	DB36/T596. 2—2010	LED 照明工程施工与验收规范 第 2 部分：验收规范		
70	DB36/T596. 3—2010	LED 照明工程施工与验收规范 第 3 部分：LED 道路照明工程施工与验收规范		
71	DB36/T 579—2010	LED（发光二极管）路灯		2010-10-01
72	DB36/T 653—2012	太阳能 LED 路灯		2012-06-01
73	DB36/T 654—2012	室内照明 LED 面板灯		2012-06-01
74	DB36/T 740—2013	室内照明 LED 筒灯		2014-02-01
75	DB36/T 741—2013	反射型自镇流 LED 灯		2014-02-01
76	DB36/T 857—2015	公路隧道 LED 照明设计规范	江西省质量技术监督局	2015-12-01
77	DB36/T 858—2015	公路隧道 LED 照明灯技术条件		2015-12-01
78	DB36/T 859—2015	公路隧道 LED 照明施工验收规范		2015-12-01
79	DB51/T 1794—2014	道路灯 LED 模块互换规范	四川省质量技术监督局	2014-08-01
80	DB52/T 791—2013	LED 灯泡通用接口	贵州省质量技术监督局	2013-02-05
81	DB11/T 1273—2015	LED 交通诱导显示屏技术要求	北京市质量技术监督局	2016-04-01
82	DB11/T 1274—2015	LED 广告屏应用技术规范		2016-04-01
83	DBJ61/T 107—2015	西安市城镇道路太阳能光伏 LED 路灯照明技术规范	陕西省住房和城乡建设厅、陕西省质量技术监督局	2016-02-12

5. 国家半导体照明工程研发及产业联盟

序号	技术规范编号	技术规范名称
1	CSA001—2009	整体式 LED 路灯的测量方法
2	CSA002—2010	半导体照明试点示范工程 LED 道路照明产品技术规范
3	CSA003—2009	LED 隧道灯
4	CSA004—2010	半导体照明试点示范工程 LED 道路和隧道照明现场检测及验收实施细则
5	CSA005—2013	寒地 LED 道路照明产品 性能要求
6	CSA006—2010	LED 筒灯
7	CSA007—2010	反射型自镇流 LED 照明产品
8	CSA008—2011	照明用 LED 驱动电源通用规范
9	CSA009—2013	自镇流非定向 LED 灯
10	CSA010—2011	地铁场所照明用 LED 灯具技术规范
11	CSA011—2011	普通照明用双端 LED 灯 安全要求
12	CSA012—2011	普通照明用双端 LED 灯 性能要求
13	CSA013—2012	LED 平板灯（具）

续表

序号	技术规范编号	技术规范名称
14	CSA014—2012	有机发光二极管照明 术语和文字符号
15	CSA015—2012	有机发光二极管照明 测试方法
16	CSA016—2015	LED 照明应用与接口要求：非集成式 LED 模块的道路灯具/隧道灯具
17	CSA017—2013	室内 LED 照明外置式恒流控制装置接口要求
18	CSA018—2013	LED 公共照明智能系统接口应用层通信协议
19	CSA019. 1—2013	LED 照明产品检验试验规范第 1 部分：通用要求
20	CSA019. 2—2013	LED 照明产品检验试验规范第 2 部分：道路照明用的 LED 灯
21	CSA019. 3—2013	LED 照明产品检验试验规范第 3 部分：LED 筒灯
22	CSA019. 4—2013	LED 照明产品检验试验规范第 3 部分：LED 射灯
23	CSA020—2013	LED 照明产品加速衰减试验方法
24	CSA021—2013	植物生长用 LED 平板灯 性能要求
25	CSA022—2015	LED 照明应用与接口符合性测量方法：非集成式 LED 模块的道路灯具/隧道灯具
26	CSA023—2014	LED 照明应用接口要求：不带散热、控制装置分离式的 LED 模组的筒灯
27	CSA024—2014	LED 照明应用接口符合性测量方法：不带散热、控制装置分离式的 LED 模组的筒灯
28	CSA025—2014	LED 照明应用接口要求：不带散热、控制装置分离式的 LED 模组的射灯
29	CSA 026—2014	LED 照明应用接口符合性测量方法：不带散热、控制装置分离式的 LED 模组的射灯
30	CSA027—2014	LED 户外照明防雷技术要求
31	CSA028—2016	LED 远程荧光粉器件
32	CSA029—2015	室外 LED 照明产品用 LED 模块直流或交流电子控制装置加速寿命试验方法
33	CSA030—2014	LED 照明光组件 体系分类
34	CSA031—2016	爆炸性气体环境用 LED 防爆灯 性能要求
35	CSA035. 1—2016	LED 照明产品视觉健康舒适度 测试 第 1 部分：概述
36	CSA/TR001—2014	LED 照明控制系统标准化综述

6. 中国质量认证中心（照明电器自愿性产品认证规则）

序号	规 则 编 号	规 则 名 称
1	CQC12 -465137—2013	反射型自镇流 LED 灯节能认证规则
2	CQC31 -465138—2010	普通照明用自镇流 LED 灯安全与电磁兼容认证规则
3	CQC31 -465392—2013	LED 道路隧道照明产品节能认证规则
4	CQC31 -465315—2013	LED 筒灯节能认证规则
5	CQC31 -465317—2014	LED 平板灯具节能认证规则
6	CQC31 -465197—2014	双端 LED 灯（替换直管形荧光灯用）节能认证规则
7	CQC3127—2013	LED 道路/隧道照明产品节能认证技术规范
8	CQC3128—2013	LED 筒灯节能认证技术规范
9	CQC3129—2013	反射型自镇流 LED 灯节能认证技术规范
10	CQC3147—2014	LED 平板灯具节能认证技术规范
11	CQC3148—2014	双端 LED 灯（替换直管形荧光灯用）节能认证技术规范
12	CQC1106—2014	双端 LED 灯（替换直管形荧光灯用）安全认证技术规范
13	CQC31 -465192—2014	普通照明用非定向自镇流 LED 灯节能认证规则
14	CQC12 -465196—2014	双端 LED 灯安全和电磁兼容认证规则
15	CQC31 -465318—2016	中小学校及幼儿园教室照明产品节能认证规则
16	CQC3155—2016	中小学校及幼儿园教室照明产品节能认证技术规范
17	CQC11 -465001—2016	LED 照明产品蓝光危害等级认证规则

附录B 国内国际主要认证标准简介

1）3C 认证 中国强制性产品认证制度，英文名称为 China Compulsory Certification，英文缩写为 CCC。3C 标志并不是质量标志，而只是一种最基础的安全认证。凡列入强制性产品认证目录内的产品，必须经国家指定的认证机构认证合格，取得相关证书并加施认证标志后，方能出厂、进口、销售和在经营服务场所使用。3C 认证的标志如图 B-1 所示。

2）UL 认证 UL 是美国保险商实验室（Underwriter Laboratories Inc.）的简写。UL 是一家产品安全测试和认证机构，是美国产品安全标准的创始者。UL 的产品认证、试验服务的种类主要可分为列名、认可和分级。UL 认证标志如图 B-2 所示。

3）CE 认证 CE 标志是一种安全认证标志，被视为制造商打开并进入欧洲市场的护照。在欧盟市场上自由流通，就必须加贴 CE 标志，凡是贴有 CE 标志的产品就可在欧盟各成员国内销售，无须符合每个成员国的要求，从而实现了商品在欧盟成员国范围内的自由流通。CE 认证的标志如图 B-3 所示。

图 B-1 3C 认证的标志　　图 B-2 UL 认证标志　　图 B-3 CE 认证的标志

4）GS 标志 GS 的含义是德语"Geprufte Sicherheit"（安全性已认证）。GS 认证以德国产品安全法（GPGS）为依据，是按照欧盟统一标准 EN 或德国工业标准 DIN 进行检测的一种自愿性认证，是欧洲市场公认的德国安全认证标志。GS 标志是德国劳工部授权 TUV、VDE 等机构颁发的安全认证标志。GS 标志是被欧洲广大顾客接受的安全标志。通常经 GS 认证的产品销售单价更高且更加畅销。GS 标志如图 B-4 所示。

5）PSE 认证 PSE 认证是日本强制性安全认证，用以证明电机电子产品已通过日本电气和原料安全法（DENAN Law）或国际 IEC 标准的安全标准测试。日本的 DENTORL 法（电气装置和材料控制法）规定，498 种产品进入日本市场必须通过安全认证。PSE 标志如图 B-5所示。

6）CB 认证 CB 体系是 IECEE 运作的一个国际体系，IECEE 各成员国认证机构以 IEC 标准为基础对电工产品安全性能进行测试，其测试结果即 CB 测试报告和 CB 测试证书在 IECEE 各成员国得到相互认可。目的是为了减少由于必须满足不同国家认证或批准准则而产生的国际贸易壁垒。CB 标志如图 B-6 所示。

图 B-4 GS 标志　　图 B-5 PSE 标志　　图 B-6 CB 标志

7）CUL 标志　CUL 标志是用于在加拿大市场上流通产品的 UL 标志。具有此种标志的产品已经过检定符合加拿大的安全标准，这些标准与美国的 UL 引用的标准基本相同，当然，某些产品的标准也有差异。在申请 UL 的同时一并申请 CUL。CUL 标志如图 B-7 所示。

8）SAA 认证　澳大利亚的标准机构为 Standards Association of Australian，将澳大利亚认证称为 SAA 认证。进入澳大利亚市场的电器产品必须符合 SAA 认证。SAA 的标志主要有两种，一种是形式认证，一种是标准标志。形式认证只能样品负责，而标准标志是需每个都进行工厂审查的。澳大利亚和新西兰推行标准的统一和认证的相互认可，产品只要取得一个国家的认证后就可在另外一个国家销售。SAA 标志如图 B-8 所示。

9）RoHS　RoHS 是由欧盟立法制定的一项强制性标准，它的全称是《关于限制在电子电器设备中使用某些有害成分的指令》（Restriction of Hazardous Substances）。该标准主要用于规范电子电气产品的材料及工艺标准，使之更加有利于人体健康及环境保护。该标准的目的在于消除电机电子产品中的铅、汞、镉、六价铬、多溴联苯和多溴联苯醚共 6 项物质，并重点规定了铅的含量不能超过 0.1%。RoHS 标志如图 B-9 所示。

图 B-7　CUL 标志　　图 B-8　SAA 标志　　图 B-9　RoHS 标志

10）FCC 认证　FCC（Federal Communications Commission）是美国政府的一个独立机构，直接对国会负责。FCC 的工程技术部负责委员会的技术支持，以及设备认可方面的事务。凡进入美国的电子类产品都需要进行电磁兼容认证，称为 FCC 认证。FCC 认证中比较常见的方式有 3 种：Certification、DoC、Verification。FCC 标志如图 B-10 所示。

11）RCM 认证　澳大利亚和新西兰正在引入 RCM 标志，以实现电气产品的统一标识，该标志是澳大利亚与新西兰的监管机构拥有的商标，表示产品同时符合安规和 EMC 要求，是非强制性的。RCM 认证标志如图 B-11 所示。

12）SASO 认证　SASO 即沙特阿拉伯标准组织。SASO 负责为所有的日用品及产品制定国家标准，标准中还涉及度量制度、标识等。沙特其他城市都采用电压 127V 和 220V（利雅德为 235V）两种，频率为 60Hz。麦加及工业区采用电压有 220V 及 380V 两种，频率亦为 60Hz。SASO 认证标志如图 B-12 所示。

图 B-10　FCC 标志　　图 B-11　RCM 认证标志　　图 B-12　SASO 认证标志

13）VDE 认证　VDE 直接参与德国国家标准制定，是欧洲最有经验的在世界上享有很高声誉的认证机构之一。VDE的实验室依据申请，按照德国VDE国家标准或欧洲EN标准，或IEC国际电工委员会标准对电工产品进行检验和认证。在许多国家，VDE认证标志甚至比本国的认证标志更加出名，尤其被进出口商认可和看重。VDE认证标志如图B-13所示。

14）MET认证 MET（MET Laboratories，Inc）是Maryland Electrical Testing的简称。1959年成立于美国马里兰州（美国总部），第一个国家认可实验室（NRTL）。从事于产品测试技术和认证。MET认证标志适用于美国及加拿大市场：带有C－US的MET标志表示产品已经通过测试，符合美国和加拿大的适用标准，可以同时进入这两个市场。MET认证标志如图B-14所示。

15）ISO9000认证 ISO9000质量管理体系是国际标准化组织（ISO）制定的国际标准之一，是在1994年提出的概念，指“由ISO/TC176（国际标准化组织质量管理和质量保证技术委员会）制定的所有国际标准”。ISO9000品质体系认证的认证机构都是经过国家认可机构认可的权威机构，对企业的品质体系的审核是非常严格的。标准可帮助组织实施并有效运行质量管理体系，是质量管理体系通用的要求和指南。ISO9000认证标志如图B-15所示。

图B-13 VDE认证标志

图B-14 MET认证标志

图B-15 ISO9000认证标志

【说明】

☺ 欧盟认证有CE、RoHS、QAIC、REACH、ERP、TUV－mark、GS、VDE、E－MarK、EN71、PAHS、LFGB等。

☺ 亚洲认证有我国CCC、CQC，日本PSE、VCCI、TELEC，中国台湾NCC、BSMI，韩国KC、KCC，新加坡PSB等，沙特阿拉伯SASO，印度BIS。

☺ 美洲认证有FCC、CEC、UL、ETL、NVLAP、ASTM、Energy－Star、FDA、CPSIA、CSA、IC、NOM、MET等。

☺ 澳洲认证有C－TICK、SAA、RCM、GEMS等。

☺ 非洲认证有肯尼亚PVOC、尼日利亚SONCAP等。

附录 C　部分国家或地区常规电压

序　号	国家或地区名称（英文）	国家或地区名称（中文）	电压（V）	频率（Hz）
1	Argentina	阿根廷	220	50
2	Australia	澳大利亚	240	50
3	Brazil	巴西	110/220	60
4	Canada	加拿大	120	60
5	Chile	智利	220	50
6	China	中国	220	50
7	Denmark	丹麦	230	50
8	Egypt	埃及	220	50
9	Finland	芬兰	230	50
10	France	法国	230	50
11	Germany	德国	230	50
12	Greece	希腊	230	50
13	Hong Kong	中国香港地区	220	50
14	India	印度	230	50
15	Indonesia	印度尼西亚	220	50
16	Iran	伊朗	220	50
17	Israel	以色列	230	50
18	Italy	意大利	230	50
19	Japan	日本	100	50/60
20	Korea	韩国	220	60
21	Malaysia	马来西亚	240	50
22	Mexico	墨西哥	127	60
23	Netherlands	荷兰	230	50
24	New Zealand	新西兰	230	50
25	Philippines	菲律宾	110/115	60
26	Russia	俄罗斯	220	50
27	Singapore	新加坡	230	50
28	Spain	西班牙	230	50
29	South Africa	南非	220～250	50
30	Sweden	瑞典	230	50
31	Switzerland	瑞士	230	50
32	Taiwan	中国台湾地区	110/220	60

续表

序　　号	国家或地区名称（英文）	国家或地区名称（中文）	电压（V）	频率（Hz）
33	Thailand	泰国	220	50
34	Turkey	土耳其	220	50
35	United Kingdom	英国	240	50
36	USA	美国	120	60
37	Venezuela	委内瑞拉	120	60
38	Vietnam	越南	120/220	50
39	Laos	老挝	230	50
40	Burma	缅甸	230	50
41	Sri Lanka	斯里兰卡	230	50
42	Uzbekistan	乌兹别克斯坦	220	50
43	Pakistan	巴基斯坦	220	50
44	Turkmenistan	土库曼斯坦	220	50
45	Armenia	亚美尼亚	220	50
46	Ukraine	乌克兰	220	50
47	Kuwait	科威特	240	50
48	Saudi Arabia	沙特阿拉伯	127/220	60
49	Poland	波兰	230	50
50	Hungary	匈牙利	230	50
51	Argentina	阿根廷	220	50
52	Czech Republic	捷克	230	50
53	Norway	挪威	230	50
54	Belarus	白俄罗斯	220	50
55	Iceland	冰岛	230	50
56	Mexico	墨西哥	120	60
57	Colombia	哥伦比亚	120	60
58	Venezuela	委内瑞拉	120	60
59	Egypt	埃及	220	50
60	Tanzania	坦桑尼亚	230	50

参考文献

[1] 方志烈. 半导体照明技术[M]. 北京：电子工业出版社，2009.

[2] 陈大华. 绿色照明 LED 实用技术[M]. 北京：化学工业出版社，2009.

[3] 刘祖明，丁向荣. LED 照明应用基础与实践[M]. 北京：电子工业出版社，2013.

[4] 刘祖明，张安若，王艳丽. 图解 LED 应用从入门到精通（第 2 版）[M]. 北京：机械工业出版社，2016.

[5] 周志敏，周纪海，纪爱华. LED 驱动电路设计实例[M]. 北京：电子工业出版社，2008.

[6] 刘祖明. LED 照明工程设计与产品组装[M]. 北京：化学工业出版社，2011.

[7] 毛兴武，张艳雯，周建军，祝大卫. 新一代绿色光源 LED 及其应用技术[M]. 北京：人民邮电出版社，2008.

[8] 杨恒. LED 照明驱动器设计步骤详解[M]. 北京：中国电力出版社，2010.

[9] 刘祖明，黎小桃. LED 照明设计与应用（第 2 版）[M]. 北京：电子工业出版社，2014.

[10] 刘祖明，王艳丽，张安若. LED 照明设计与检测技术[M]. 北京：机械工业出版社，2016.

反侵权盗版声明

举报电话：（010）88254396；（010）88258888

传　　真：（010）88254397

E-mail：dbqq@phei.com.cn

通信地址：北京市海淀区万寿路173信箱

电子工业出版社总编办公室

邮　　编：100036